암호수학

정민석 지음

KM 경문사

머리말

인터넷은 현대 사회에서 생활의 토대를 제공하는 또 다른 환경으로 자리매김하고 있다. 인터넷은 시간적·거리적 제약을 잊게 하여 전 세계를 하나의 경계 안에 위치하게 하며 그 안에서 발생하고 저장되어 있던 모든 정보를 소통할 수 있는 창구의 역할도 하고 있다. 많은 사람들은 상점에서 물건을 구매하는 대신 전자상거래를 이용하여 상품을 구매하는데, 심지어 무형의 재화까지도 전자상거래를 통해 거래하고 있다. 이처럼 인터넷은 점차 우리의 경제활동에도 깊게 영향을 미치고 있다. 하지만 현재 우리가 사용하는 인터넷은 보안성 측면이 부족하여 개인의 정보가 그대로 타인에게 유출되어 나쁜 용도로 사용됨으로써 자신도 모르게 범죄자가 될 수도 있으므로 사람들은 점차 이에 대한 해결책을 요구하게 되었다.

암호는 이러한 문제를 해결하기 위한 방법 중 하나로서 널리 사용된다. 암호의 시작은 고대에 사용한 문자이다. 문자를 알고 있는 일부 지배계급이 자신들의 고유 정보를 피지배계급에게 노출하지 않으면서 지배계급끼리 공유, 전수 등을 목적으로 사용하였다. 하지만 문자의 사용이 흔해지면서 정보보호를 위한 또 다른 대책이 필요했을 것이다. 특히, 전쟁 중에 명령의 안전한 전달은 필수이므로 이때 암호가 주로 사용되었다. 암호의 사용은 정보의 노출 방지의 목적도 있지만, 허위 정보 제공 방지, 원본 확인 방법 제공 등의 목적도 함께 가지고 있다.

우리가 현재 사용하고 있는 인터넷 환경은 보안성 측면에서는 고대 전쟁 상황과 비슷하다고 할 수 있다. 어쩌면 더 나쁠 수도 있다. 인터넷상에서는 보이지 않는 적, 누가 나의 적인지가 분명하지 않은 상태에서 우리는 메시지를 우리가 원하는 대상에게 안전하게 보내야 하기 때문이다. 이처럼 험난한 정보화 세상 속에서 소중한 정보를 안전하게 지키는 방법으로 오랫동안 암호가 학문으로서 연구되고 개발되어 왔다.

암호학은 '수학의 꽃'이라고 불린다. 수학이라는 씨를 뿌려 잘 돌보아야 피는 바로 그 꽃에 비유한 것이며, 이는 모든 분야의 수학을 섭렵한 자만이 암호를 제대로 이해할 수 있고, 이를 연구하며 개발이 가능하다는 의미이기도 하다. 실제 암호학은 정수론, 대수학, 선형대수학, 확률론 등 다양한 수학들이 사용되고 있다. 이러한 수학의 내용들은 수학을 전공한

학생들도 단 시간 내에 습득하기 어려운 내용들이므로 암호에 대한 열정과 관심만으로 암호를 수학적으로 이해하는 것은 쉽지 않은 일이다.

이 책은 암호학에서 사용되는 다양한 수학의 기초 지식을 소개하는 것을 목적으로 하였고, 암호학을 수학적 이론으로 살펴보고자 하는 학생들이 비교적 짧은 시간에 암호학에 필요한 수학의 기초 개념을 세우고, 이 개념을 통해 암호학의 이론들을 이해할 수 있도록 하는 것을 목표로 집필되었다. 이 책의 내용을 간략히 살펴보면 다음과 같다.

제1장에서는 암호의 기초에 관해 서술하였다. 암호의 정의, 개념, 그리고 사용되는 기법, 알고리즘의 종류 등에 관한 개략적인 설명을 통해 앞으로 이 책에서 다루고자 하는 암호학의 내용들이 어떤 것들이 있는지를 살펴보았다.

제2장은 수학의 기초적 개념인 집합과 명제에 대해 서술하였다. 수학은 집합을 연구하는 학문으로 집합의 원소들 간의 작용과 관계, 집합들 간의 작용과 관계를 공부해야 하므로 이런 활동의 재료가 되는 집합의 기본 개념을 설명하는 데 목적을 두고 서술되었다.

제3장은 정수론에 대한 내용으로 작성되었다. 정수론을 처음 접하는 사람들도 비교적 쉽게 이해할 수 있도록 쉬운 증명부터 차근히 서술하였고, 이해가 어려운 부분에 대해서는 충분한 예제를 제공함으로써 이해를 돕고자 하였다.

제4장과 제5장은 대수적 구조에 관한 내용으로 제3장에서 익힌 정수론에 대한 성질을 추상적인 대상의 수집합으로 일반화하고 이를 이용하여 암호학을 기존의 정수 위에서의 연산이 아닌 새로운 수 체계에서의 연산으로 확장, 일반화할 수 있도록 하였다.

제6장은 선형대수에 관한 내용을 담고 있는데, 특히 행렬을 이용한 연산과 행렬들의 성질, 그리고 벡터들의 성질과 벡터공간의 성질에 대해 서술하였다. 행렬의 경우, 대칭키 암호의 S-box를 이용한 연산에서 중요한 역할을 담당하기도 하고, 부호이론에서 연산의 중요한 도구가 되기도 한다. 벡터의 경우는 벡터를 2진수열로 이해하여, 정수가 아닌 다른 대수 구조의 원소인 벡터를 이용하여 설명된 암호이론을 이해할 수 있도록 서술하였다.

끝으로 제7장은 확률론에 대한 기초 지식을 서술함으로써 암호학에서 확률이 어떻게 사용되며 통계를 통해 무엇을 얻을 수 있는지 등을 서술하였다.

각 장은 독립적으로 구성되어 있지만, 대수구조를 다루고 있는 제4장과 제5장은 제3장의 정수론 내용을 기억하며 살펴본다면 조금 더 쉽게 이해할 수 있을 것으로 생각한다.

저자는 과거 보안회사에서 근무하며 암호이론을 이해하고 적용하기 위해 필요하다고 느꼈던 수학적 이론들을 바탕으로 이 책을 집필하였으며, 새로이 암호학에 진입하는 사람들이 암호학에 필요한 수학을 조금이라도 쉽게 접근할 수 있기를 바라는 마음을 담았다. 이 책의 집필을 권해주신 고려대 정보보호대학원의 이상진 교수님께 감사를 드리며, 이 책의 출판을 허락해 주신 경문사 양정완 부사장님께 감사드린다. 그 외에도 책의 완성을 위해 많은 도움을 주신 여러 선생님들과 교정에 많은 도움을 주신 분들께 함께 감사드린다.

2017년
저자 정민석

차례

제1장

암호 기초

Preliminaries on Cryptography

암호는 정보를 원하는 대상에게만 공개하고자 하는 도구이다. 이러한 의미에서 최초의 암호는 바로 문자 또는 기호였을 것이다. 문자의 사용이 흔하지 않던 시대에 문자는 지배계급이 피지배계급을 효과적으로 지배하기 위한 정보를 지배계급 간에 공유하기 위한 훌륭한 도구였다. 하지만 문자가 점차 보급되고 피지배계급 사이에서도 널리 사용되자 문자는 더 이상 지배계급들만의 정보 공유를 위한 수단으로 역할을 할 수 없게 되었고, 일반인들의 정보에 대한 접근도 문자가 보급되기 이전보다 훨씬 쉬워졌다. 다시 말해, 문자의 보급과 발달은 다양한 정보의 생산을 야기하였고, 이로 인해 정보들은 넘쳐나게 되었다. 또한 책과 같은 문자로 저장된 정보매체는 정보에 대한 접근을 쉽게 하여, 접근을 허락한 사람 이외의 사람들도 어렵지 않게 정보에 접근할 수 있게 되었다. 특히 전쟁과 같은 특수한 상황에서 이러한 정보의 선택적 전달과 공개는 매우 중요한 문제로 대두되었다.

정보에 대한 접근 민감성과 이에 따른 접근 제한 등을 이유로 점차 정보보호에 대한 관심이 높아졌으며, 두 차례에 걸친 세계대전과 그 이후의 놀랄 정도의 통신의 발달은 정보를 안전하게 보관하고 전달하기 위한 다양한 기술들의 개발을 촉진하였다. 정보보호의 여러 가지 기술 중 우리가 관심을 갖는 것은 바로 수학을 통한 정보의 보호이다. 이 장에서는 정보보호, 특히 수학적 기법을 이용하여 정보를 보호하고자 하는 암호학에 대한 일반적인 내용을 소개할 것이다.

1.1 암호

암호(crypto)는 그리스어로 비밀이라는 뜻의 'kryptos'에서 유래하였다. 이는 정보를 해독이 불가능한 형태로 변형, 해독이 가능한 형태로 변형, 그리고 이와 관련된 기술이나 과학을 의미한다. 이 책에서 다룰 암호라는 개념은 이러한 일반적인 암호와 다르지 않다. 다만 수학적 이론과 컴퓨터를 이용하여 정보를 해독 불가능 또는 해독 가능 형태로 변환한다는 점이 다르다. 결국, 우리가 다룰 암호는 자신의 정보를 자신이 원하는 상대만이 볼 수 있도록 가공하는 것이다. 암호는 예전에는 군사적으로나 첩보소설 내에서만 사용될 정도로 우리의 생활과는 동떨어져 있는 것이었지만 인터넷의 발달로 여러 중요한 정보에 비대면으로 접근이 가능한 요즘은 상업적 또는 개인적 필요에 따라 우리 생활에서도 종종 등장하고 있다.

암호학(cryptology)은 정보를 전달, 저장 등 정보를 다루는 과정 중 다른 사람의 악의적인 행위나 속임수 등을 감지하거나 방지하기 위한 수학적 기술 및 그와 관련된 연구이다. 우리가 다루어야 할 정보는 모두 컴퓨터를 기반으로 하고 있기 때문에 한글, 영어, 여러 기호 할 것 없이 2진 수열(bit stream)로 다루어진다. 결국 모든 정보는 수로 표현되며, 정보를 다룬다는 것은 수를 다루는 것을 의미한다. 따라서 정보의 변환, 처리 등의 작업은 수의 변환, 처리의 작업으로 대응되며, 이러한 작업이 효과적이기 위해서는 수의 성질을 잘 알고 그 성질을 이용해야 한다. 즉, 수학 이론에 기반하여 정보의 처리, 변환이 이루어져야 하는 것이다. 따라서 암호학과 수학은 밀접한 관계를 가지며 다루어지고 있다.

암호학은 크게 두 가지로 분류할 수 있는데, 정보를 암호문으로 만드는 과정(암호화, encryption), 암호문을 원래의 정보로 되돌리는 과정(복호화, decryption)을 연구하는 암호론(Cryptography)과 주어진 암호문을 통해 원래의 정보를 유추하거나 관련된 비밀 정보를 얻는 암호 분석학(Cryptanalysis)으로 구별할 수 있다. 이 두 가지 분류는 서로 독립적으로 발달하는 것이 아니라 상호보완적이며 두 분류의 동시 발달이 결국 정보보호의 발달을 의미한다.

여기서 몇 가지 용어들을 정의하면, 암호화 되기 이전의 원래의 정보를 보통 평문(plain text)이라고 하고 암호화된 정보는 암호문(cipher text)이라고 한다. 특정 대상만이 암호화나 복호화를 하기 위해 필요한 비밀 정보를 각각 암호화 키(encryption key), 복호화 키(decryption key)라고 한다. 일반적으로 암호화, 복호화라는 용어는 생략하고 키(key)라고 쓰기도 한다.

암호학은 정보 및 그 시스템의 보호를 위한 하나의 방법으로 관심이 증가되고 있지만 이것은 정보보호를 위한 여러 방법 중 하나에 불과하다. 암호는 정보 그 자체를 보호할 수는 있지만, 암호의 사용이나 관리가 제대로 이루어지지 않았다면 정보의 안전성은 보장할 수 없다. 다시 말해, 암호학뿐만 아니라 시스템의 설계, 운영, 관리 등 정보를 다루는 모든 시스템과 과정, 활동에서 보안과 안전이 강조되어야 한다. 암호화가 정보보호를 위한 유일한 해결책은 결코 아니다. 따라서 우리가 다룰 암호는 각 대상마다 안정성이 보장되는 운영 환경에 대한 약속이 필요하다. 암호체계에 대한 안전성이나 공격 등은 모두 약속으로 정한 환경에서 이루어진다는 대전제가 필요하다.

1.2 암호의 기본성질과 필요성

암호는 기본적으로 다음과 같은 성질을 추구한다.

- 기밀성
- 무결성
- 인증성
- 부인방지

암호를 사용하는 근본적인 이유는 정보를 원하지 않는 대상에게 공개하지 않기 위함이다. 암호의 기밀성을 이용하면 이러한 목적을 이룰 수 있다. 기밀성(confidentiality)이란 약속되지 않은 대상에게는 정보를 공개하지 않는 성질이다. 즉, '누가 볼 것인가?'에 대한 문제를 해결할 수 있는 성질이다.

정보를 전달받았을 때, 그 정보는 중간에 어떠한 위조 혹은 변조도 없이 원본 그대로 전달되었을까? 혹은 저장된 정보가 저장되어 있는 동안 공격자에 의해 위조 혹은 변조되지 않았을까? 이러한 궁금증도 암호기술을 통해 해결할 수 있다. 이는 암호가 가지는 두 번째 성질인 무결성에 의해 해결된다. 무결성(integrity)이란 원본 그대로 변하지 않았음을 보장해주는 성질을 말한다. 이러한 성질을 통해 '원래 그대로인가?'에 대한 문제에 해답을 줄 수 있다.

비대면 통신이 일반적인 현재 상황에서 통신하고 있는 상대가 내가 통신하고자 하는 상대인지에 대한 확인은 중요한 문제이다. 비대면으로 중요한 정보를 전달하는 상황이라면 더욱 관심을 가지고 해결해야 하는 문제이다. 인증성(authentication)은 상대의 신분을 확인하거나 정보생성의 주체를 확인할 수 있는 성질이다. 암호를 생성할 수 있는 사람이 유일하다는 성질을 이용하여 신분을 확인하거나 정보생성의 주체를 확인할 수 있는데 이것이 바로 암호의 인증성이다. 즉, 인증성은 '그 사람이 맞나?' 혹은 '그 사람에 의해 이루어진 행위인가?'에 대한 해답을 제공한다.

역시 비대면 통신 상황에서 일어나기 쉬운 것은 행위에 대한 부인(repudiation)이다. 통신 상대의 얼굴뿐만 아니라 그 행위가 보이지 않기 때문에 실제 그 상대가 정보 생성과 같은 행위를 했는지를 전적으로 믿기 어려운 경우가 많다. 암호의 부인방지(non repudiation) 성질은 암호를 생성할 수 있는 사람이 유일하다는 성질을 통해 그 행위를 할 수 있는 사람을 정함으로써 행위를 부인할 수 없도록 하는 성질이다.

이러한 암호의 기본성질들은 정보를 안전하게 다루고자 하는 상황에서 도출된 성질이며, 각 상황의 문제를 해결할 수 있는 기본적인 요건이기도 하다. 암호의 기밀성이 필요한 상황에서는 DES, RSA 등과 같은 암호 알고리즘을 사용하고, 무결성이 필요한 상황에서는 전달하거나 보관하고자 하는 정보를 이용해 증거값을 만들어내는 해시 알고리즘을 사용하고, 인증 혹은 부인방지가 필요한 상황에서는 메시지 인증코드(message authentication code) 혹은 전자서명을 이용하여 그 목적을 달성한다.

1.3 대칭키 암호체계와 비대칭키 암호체계

암호체계란 평문을 해독 불가능한 형태로 변환하여 암호문을 만드는 암호화 과정과 암호문을 다시 해독 가능한 형태로 변환하는 복호화 과정에 사용되는 알고리즘과 알고리즘의 운영방법 등을 말한다. 이를 수학적으로 고쳐 이야기하면 평문들을 모아놓은 모임과 암호문들을 모아놓은 모임에 대하여, 각 모임의 구성원, 즉 평문 하나와 암호문 하나를 적당한 규칙으로 대응시키는 특별한 관계가 바로 암호체계이다. 두 모임의 구성원 사이에 대응 관계는 여러 가지가 있을 수 있는데, 암화화 키 혹은 복호화 키를 이용하여 대응 관계를 선택하게 된다. 이는 그림 1.1과 같이 나타낼 수 있다.

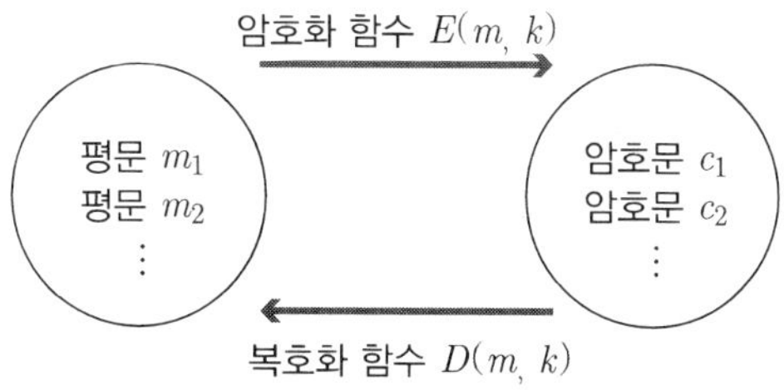

그림 1.1 암호체계 개요

일반적으로 암호체계는 암호화·복호화 키의 특징에 따라 대칭키 암호체계와 비대칭키 암호체계로 구별한다.

1.3.1 대칭키 암호체계

대칭키 암호체계(symmetric key cryptosystem)는 암호화와 복호화에 쓰이는 정보가 동일하거나 암호화·복호화 키들이 동일하지 않더라도 암호화 키(혹은 복호화 키)에서 복호화 키(혹은 암호화 키)를 쉽게 유도할 수 있는 암호체계이다. 대칭키 암호체계에는 DES, FEAL, LOKI, SEED, ARIA와 같은 암호 알고리즘이 있다.

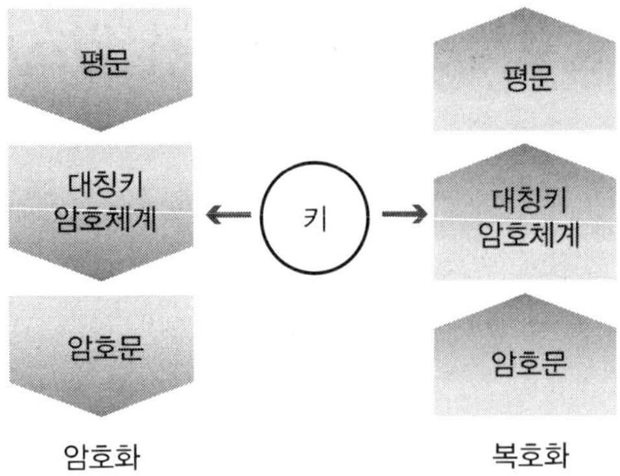

그림 1.2 대칭키 암호체계

대칭키 암호체계를 이용한 암호화와 복호화의 과정은 그림 1-2와 같이 이루어진다. 정보를 전송하려는 전송자는 자신의 비밀 키(secret key)를 이용하여 평문을 암호화하여 얻은 암호문을 전송한다. 수신자는 전송자와 동일한 키를 이용하여 수신한 암호문을 복호화하여 송신자의 평문을 얻는다. 즉, 두 사용자 간에 한 자물쇠를 사용하기로 하고 둘이 키를 나누어 가져서 서로의 평문을 상자에 넣어 자물쇠로 잠그는 것과 비슷하다고 볼 수 있다. 수식으로 표현하면 다음과 같다.

$$\text{암호화: } c = E(m,\ k)$$
$$\text{복호화: } m = D(c,\ k)$$

여기서 m은 평문, c는 암호문, $E(\cdot,\ \cdot)$은 암호화 함수, $D(\cdot,\ \cdot)$은 복호화 함수, 그리고 k는 대칭키(비밀 키)이다. 이 시스템은 송신자와 수신자 사이에 그들만이 알고 있는 키의 공유를 가정한다. 키의 생성과 전달과정 등이 대칭키 암호체계의 안전성에 큰 영향을 끼치므로 이러한 과정을 어떻게 안전하게 처리하는가가 중요한 문제이다.

대칭키 암호체계는 암호화하는 정보의 단위에 따라 블록 암호체계와 스트림 암호체계가 있다. 블록 암호체계는 평문을 특정 크기(일반적으로 64비트, 128비트 등)의 블록으로 나누어 각 블록별로 암호화가 수행된다. 대칭키 시스템의 예로 드는 대부분의 암호체계가 블록 암호체계이다. 예를 들면, DES, FEAL, IDEA, AES, SEED, ARIA 등이 있다. 블록 암호체계의 작동을 그림으로 살펴보면 다음의 그림 1.3과 같다.

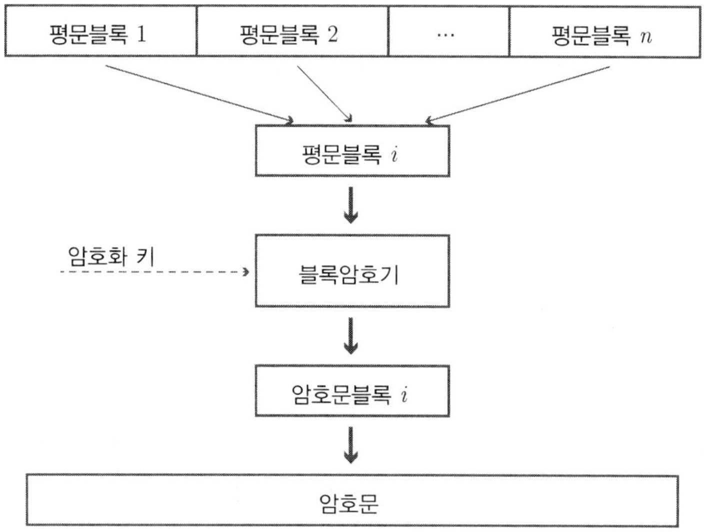

그림 1.3 블록 암호체계

블록 암호기의 운영에 있어서는 암호문 블록을 순차적으로 배열하는 방법도 있지만, 암호문 블록끼리 연산을 통해 복잡도를 높이는 등 여러 방식의 부가적 방법을 통해 암호문을 작성한다.

스트림 암호체계란 2진 난수(binary random number)를 생성하여 평문과 XOR연산[1])을 기본으로 하는 암호체계이다. 암호화·복호화는 2진수 한 자리인 한 비트 단위로 수행된다. 주어진 암호화 열쇠를 통하여 난수열(random sequence)을 만들어야 하는 문제와 주어진 난수열에서 암호화 열쇠를 추정할 수 없도록 해야 하는 문제가 중요하다.

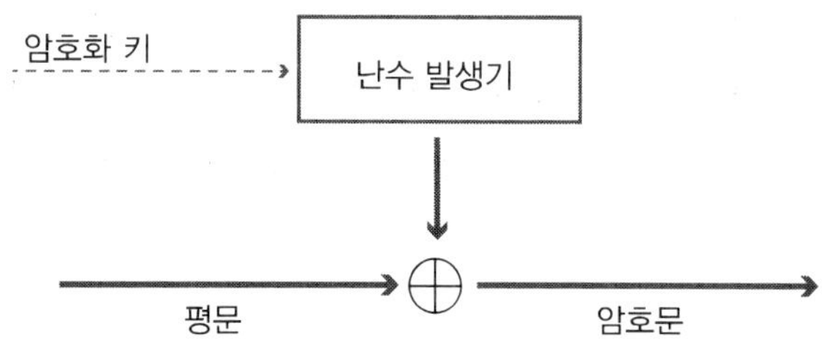

그림 1.4 스트림 암호체계

1) XOR 연산 $\oplus$는 법(modulo) 2에서의 덧셈을 말하며 그 연산은 다음 표와 같다.

$\oplus$	0	1
0	0	1
1	1	0

주어진 암호화 열쇠를 이용하여 2진 난수열을 얻기 위해서는 일반적으로 선형 피드백 레지스터(Linear Feedback Shift Register, LFSR)를 조합하면 손쉽게 난수열을 생성할 수 있다. 하지만 선형 피드백 레지스터를 이용해서 생성된 난수열은 수학적 이론의 바탕이 있기 때문에 이론적 분석이 상당 부분 가능하여 난수열을 예측할 수도 있다.

1.3.2 비대칭키 암호체계

비대칭키 암호체계(asymmetric key cryptosystem)는 암호화 키와 복호화 키가 다르며, 암호화 키(혹은 복호화 키)에서 복호화 키(혹은 암호화 키)를 유도해 낼 수 없는 암호체계를 말한다. 암호화된 정보의 전달에서 복호화 키는 안전에 중요한 역할을 한다. 정보를 안전하게 전달하려면 전달 과정에 공개하고자 하는 상대 이외에는 정보가 공개되어서는 안되므로 암호화 키보다는 복호화 키가 더 중요하다. 따라서 일반적인 비대칭키 암호체계에서는 암호화 키는 공개를 하고, 복호화 키는 정보를 받아야 하는 상대가 안전하게 관리해야 한다. 이에 암호화 키는 공개되는 키라 하여 공개 키(public key), 복호화 키는 개인이 비밀로 간직해야 하는 키라 하여 개인 키(private key)라고 한다. 이처럼 비대칭키 암호체계는 서로 다른 2개의 키가 사용되므로 투 키 시스템(two-key system)이라고도 하며, 암호화 키가 공개되므로 공개 키 시스템(public key system)이라고도 한다. RSA, ElGamal과 같은 암호 알고리즘이 비대칭키 암호 알고리즘의 대표적 예이다.

비대칭키 암호체계는 1976년 디피(Whitfield Diffie)와 헬먼(Martin Hellman)에 의해 제안되었다. 대칭키 암호체계의 키 분배 문제를 해결한 획기적인 생각이었다. 시스템 내의 각 사용자는 2개의 키를 생성하여 그중 1개를 공개한다. 여기서 공개한 키와 비밀로 간직한 키는 수학적으로 어떤 관계에 있으면서도 공개 키를 통해 비밀 키를 알아내는 것은 계산적으로 거의 불가능한 관계여야 한다. 이 시스템은 그림 1.5와 같이 이루어진다.

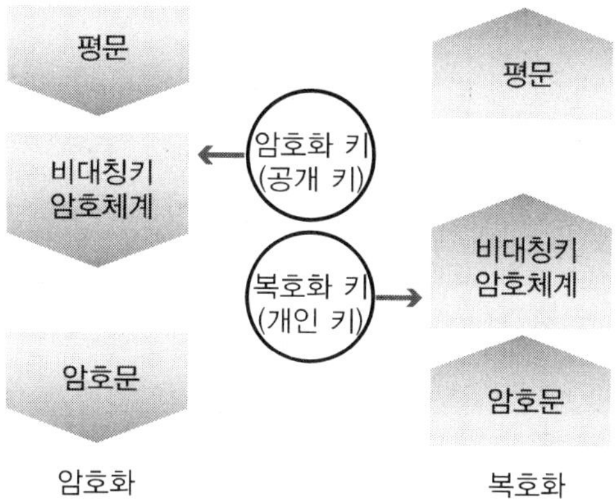

그림 1.5 비대칭키 암호체계

송신자는 수신자의 공개 키를 통해 암호화하여 수신자에게 송신한다. 수신자는 자신만이 알고 있는 비밀 키를 이용하여 복호화 한다. 즉 가치놀이라는 한 사용자에게 보내진 암호문들은 보낸 송신자조차도 복호화를 할 수 없고 오직 수신자 가치놀만이 복호화 가능하다. 이렇게 각 사용자의 공개 키의 공유만이 필요하기 때문에 대칭키 암호체계와 같은 키 분배 문제는 사라지는 것이다. 하지만 어떻게 공개 키와 비밀 키를 생성하는가 하는 궁금증이 남을 것이다. 그것은 수학적으로 풀기 어려운 소인수 분해(large integer factorization)나 이산대수(discrete logarithm) 등의 문제를 이용하여 구현된다. 자세한 예는 이후의 장에서 다룰 것이다. 비대칭키 암호체계의 암호화·복호화 과정을 다음과 같은 수식으로 나타낼 수 있다.

$$\text{암호화: } c = E(m,\ k_{pub})$$

$$\text{복호화: } m = D(c,\ k_{pri})$$

여기서, k_{pub}는 공개 키, k_{pri}는 개인 키, m은 평문, c는 암호문, $E(\cdot,\ \cdot)$은 암호화 함수, 그리고 $D(\cdot,\ \cdot)$은 복호화 함수이다.

1.3.3 비대칭키 암호체계와 대칭키 암호체계의 비교

우선 일반적으로 비대칭키 암호체계에 암호적 장점이 더 많다. 자신의 비밀 정보를 상대에게 전할 필요가 없다는 장점 외에도 정보의 암호화뿐만 아니라 여러 가지 응용을 쉽게 할 수 있다는 장점이 있다. 대칭키 암호체계를 위한 키 분배 시스템(key distribution system)이라든지 전자서명(digital signature), 신분 인증(identification)을 위해 사용된다.

위와 같은 장점에도 불구하고 대칭키 암호체계가 계속 쓰이고 있는 가장 큰 이유는 처리속도 때문이다. 비대칭키 암호체계는 공개 키와 개인 키의 특성을 얻기 위해 수학이론에 근거하여 설계된다. 따라서 시스템 내에서 사용되는 계산은 일반적인 컴퓨터의 연산에 비해 상당히 계산량이 많다. 하지만, 대칭키 암호체계의 경우, 컴퓨터에 입력되는 2진 수열의 확산과 불규칙성을 목적으로 하기 때문에 컴퓨터의 기본 연산을 기반으로 설계되어 연산속도가 매우 빠르다. 대칭키 암호체계의 대표 격인 DES와 비대칭키 암호체계의 RSA의 처리속도는 소프트웨어로 구현된 경우 약 100배 이상, 하드웨어로 구현한 경우 1,000～10,000배 정도 DES가 빠르다고 알려져 있다.

이러한 장단점 때문에 대부분 다음과 같이 두 시스템을 혼합하여 사용한다. 우선 각 통신 때마다 쓰일 일회용 키(session key)를 생성하여 공유하는 과정까지는 비대칭키 암호체계를 사용하고 그 일회용 키를 이용하여 대칭키 암호체계를 가동하여 서로의 통신 내용을 암호화·복호화 한다. 일회용 키의 크기는 전송할 일반 자료의 크기에 비해 상대적으로 작은 크기이기 때문에 시간적으로 크게 지체되지 않고 일반 전송 자료는 고속의 대칭키 암호체계를 사용하여 키의 공유라는 문제와 속도 문제를 해결하고 있다. 그리고 일회용 키를 사용하여 하나의 키로 많은 정보를 암호화 하는 것을 피하고 있다. 하나의 키를 너무 오래 사용할 경우, 알려진 평문 공격(known plantext attack)에 의해 공격당할 가능성이 높아지기 때문이다.

1.4 암호체계에서의 키 분배

암호체계를 이용하기 위해서는 참여자의 암호화 키 또는 복호화 키가 있어야 한다. 데이터의 전송에서는 대칭키 암호체계를 주로 사용하기 때문에 각 송수신자가 동일한 키를 가져야 한다. 대칭키 암호체계를 위한 키를 송수신자가 주고받아야 하므로 키의 전송 중 보안상 취약점이 발생할 수 있다. 이러한 문제를 해결하기 위해 다양한 키 분배 프로토콜이 제안되어 있으며 대부분 비대칭키 암호체계를 이용하여 대칭키를 송신자와 수신자가 서로 교환한다. 하지만, 믿을 수 있는 제3의 신뢰기관(trusted third party)이 통신 시스템 내에 존재한다면 대칭키 암호체계를 이용하여 키를 교환하기도 한다.

키 분배를 포함한 암호 통신의 모델은 그림 1.6과 같다. 키 분배 시스템이 동작하기 전에는 전체의 보안성을 높이기 위해 각 사용자의 신분인증의 과정이 포함될 수도 있다.

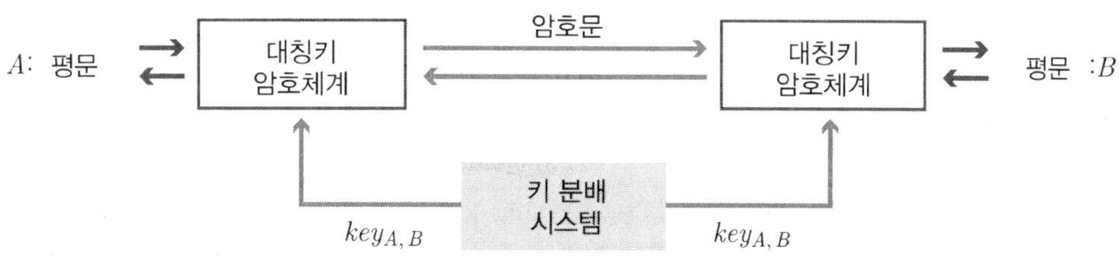

그림 1.6 키 분배 시스템을 이용한 대칭키 암호체계의 사용 예

우선 제3의 신뢰기관이 존재할 경우를 살펴보자. 각 사용자는 신뢰기관과 사전에 키를 공유하고 있어야 한다. 즉 신뢰기관은 모든 사용자의 비밀 키를 알고 있어야 한다. 예를 들어, 송신자 A가 수신자 B와 통신하고자 할 경우, 송신자 A는 신뢰기관 C에 자신의 신원을 밝히고 수신자 B와 통신을 할 것이라고 알린다. 신뢰기관 C는 미리 알고 있던 송신자 A의 키로 수신자 B가 미리 신뢰기관 C에 위탁한 키를 암호화하여 A에 전송하면 A는 신뢰기관 C에게 받은 B의 키를 이용하여 수신자 B와 통신에 사용할 암호화 키를 공유하여 암호통신을 한다.

비대칭 암호체계를 이용할 경우 송신자 A는 직접 수신자 B와 통신을 시작하여 서로의 공개 키와 자신만의 개인 키로 서로 같은 통신용 암호화 키를 공유하게 된다. 이러한 방법의 대표적인 예로 디피와 헬먼의 키 교환 프로토콜과 SSL 키 교환 프로토콜이 있다.

1.5 암호 기법

비대칭키 암호체계에서는 키의 특성상 수학의 어려운 문제들을 기반으로 설계된다. 하지만 고전 암호인 대칭키 암호체계에서는 아주 어려운 수학 이론보다는 흔히 사용할 수 있는 수학적 지식들이 사용되는데, 주로 사용하는 암호 기법은 전치, 치환, 대입이다. 실제로 암호의 안전성을 높이기 위해 전치, 대입, 치환을 두 가지 이상 혼합하여 사용된다.

전치, 치환, 대입은 평문의 문자열을 복잡하게 섞어 그 규칙을 알지 못하는 사람이 의미를 파악하지 못하도록 하는 방법으로 현재는 2진 수열의 0과 1을 섞거나 0을 1로, 1을 0으로 바꾸는 방법이 사용된다. 이러한 방법을 수학적으로 분석하면 행렬과 벡터들의 연산으로 바꾸어 나타내거나 간단한 정수론적 수식을 이용하여 나타낼 수 있다. 여기에 선형대수적 성질과 정수의 성질을 이용하면 보다 안전한 암호체계를 구현할 수 있다.

1.5.1 전치암호

$d \cdot n$개의 문자로 이루어진 문자열을 생각하자. 이 문자들의 개수의 약수인 d에 대하여 한 행에 d개의 문자들을 나열하여 $n \times d$ 행렬을 만들고, 이 행렬의 전치행렬을 만든 후 다시 나열하여 암호화하는 암호를 전치암호(transpose cipher)라고 한다. 즉, 문자들의 위치를 바꾸어 재배열하여 규칙을 모르면 해독할 수 없도록 한 암호이다.

인류의 역사상 가장 오래된 암호로 알려진 스키테일(scytale) 암호는 전치암호의 대표적인 예이다. 기원전 400년경 고대 그리스인이 사용한 이 암호는 폭이 좁은 긴 띠 모양의 종이를 곤봉(스키테일)에 감고 가로로 평문을 쓴 후에 종이를 풀어놓음으로써 문자가 재배열되도록 하는 방법을 이용하였다. 하지만, 이와 같은 암호는 암호화된 문자의 개수를 알 수 있으므로 그 수의 약수들에 대하여 행렬을 만들고 전치행렬들을 구하여 어렵지 않게 해독할 수 있다.

예제 1.1 다음은 CRYPTOGRAPHY 전치암호로 암호화하는 과정이다.

(i) 문자열의 길이 12, 3×4행렬로 배치한다.

CRYP
TOGR
APHY

(ii) 행과 열을 바꾸어 전치행렬을 얻는다.

CTA
ROP
YGH
PRY

(iii) 왼쪽에서 오른쪽으로 읽는다.

CTAROPYGHPRY(암호문)

복호화는 암호화의 역순(4×3행렬을 만들어 전치)으로 이루어진다.

1.5.2 치환암호

주어진 문자들의 열을 d개씩 나누어 각각의 위치를 바꿈으로써 만들어지는 암호를 치환암호(permutation cipher)라 한다. 치환(permutation)은 수학적으로는 다음과 같이 정의한다.

정의 1.1 1부터 n까지의 수를 1부터 n까지의 수에 하나씩 빠짐없이 대응시키는 관계를 집합 1부터 n까지의 치환이라 한다. 이때 치환

$$1\to i_1,\ 2\to i_2,\ \dots,\ n\to i_n$$

을 $\begin{pmatrix} 1 & 2\cdots & n \\ i_1 & i_2\cdots & i_n \end{pmatrix}$으로 나타낸다.

예제 1.2 $\begin{pmatrix} 1 & 2 & 3 & 4 \\ 2 & 3 & 4 & 1 \end{pmatrix}$은 $1\to 2$로, $2\to 3$으로, $3\to 4$로, 다시 $4\to 1$로 대응시킨다는 의미이다.

예제 1.3 치환 $\begin{pmatrix} 1 & 2 & 3 & 4 \\ 2 & 3 & 4 & 1 \end{pmatrix}$을 이용하여 평문 CRYPTOGRAPHY를 암호화하는 과정을 알아보자. 네 평문 CRYP의 첫 번째 위치의 C는 두 번째 위치로, 두 번째 위치의 R은 세 번째 위치로, 세 번째 위치의 Y는 네 번째 위치로, 네 번째 위치의 P는 첫 번째 위치로 옮기면 PCRY가 된다. 같은 방법으로 암호문은 다음과 같이 얻는다.

주기 4 : CRYP TOGR APHY
암호문 : PCRY RTOG YAPH

이 암호를 복호화하기 위하여 치환 $\begin{pmatrix} 1 & 2 & 3 & 4 \\ 2 & 3 & 4 & 1 \end{pmatrix}$의 역치환 $\begin{pmatrix} 1 & 2 & 3 & 4 \\ 4 & 1 & 2 & 3 \end{pmatrix}$을 이용한다.

1.5.3 대입암호

평문을 이루는 모든 언어는 작은 단위의 기호로 이루어진다. 예를 들어, 한글은 24개의 모음과 자음으로 이루어지고 영어는 26개의 알파벳으로 이루어진다. 이들 24개의 기호의 집합 또는 26개의 기호의 집합과 같이 평문을 만드는 데에 필요한 기호들의 모임을 알파벳(alphabet)이라 하고 알파벳에 속하는 기호도 알파벳이라고 한다. 평문에 따라 알파벳은 숫자 및 문장부호 등을 포함할 수 있다.

알파벳들의 모임 속의 알파벳을 알파벳들의 모임 속의 알파벳으로 대응하는 관계에 의하여 평문의 모든 기호가 암호화되는 암호를 대입암호(substitution cipher, 또는 대치암호)라 한다. 다시 말해 문자나 기호를 다른 문자나 기호로 바꾸어 암호문을 생성하는 암호이다. 로마의 줄리어스 시저가 처음 사용한 시저암호가 대표적인 대입암호이다. 시저암호는 암호변환함수 f를 이용했다.

$$A \xrightarrow{f} D$$

$$B \rightarrow E$$

$$\vdots$$

$$Z \rightarrow C$$

시저암호는 대입암호의 간단한 예로서 복호 또는 해독이 쉽게 이루어진다. 그러나 일반적인 대입암호는 복잡한 여러 가지 형태가 있다.

예제 1.4 다음과 같은 대응관계 f

$$
\begin{aligned}
&\mathrm{A} \xrightarrow{f} \mathrm{D} \\
&\mathrm{B} \rightarrow \mathrm{E} \\
&\ \vdots \\
&\mathrm{Z} \rightarrow \mathrm{C}
\end{aligned}
$$

를 이용하여 평문 'I AM A BOY'를 암호화하면, 암호문은 'L DP D ERB'이다. 이때, 알파벳 A부터 Z를 1부터 26의 자연수에 각각 대응시켜 수식으로 나타내면 암호화함수 f와 복호화함수 f^{-1}는 각각

$$
\begin{aligned}
f(x) &\equiv x+3 \pmod{26}, \\
f^{-1}(x) &\equiv x-3 \pmod{26}
\end{aligned}
$$

로 간단히 나타낼 수 있다. 여기서 $\bmod 26$은 26으로 나눈 나머지를 의미한다.

1.6 해시함수와 전자서명

전자서명은 공개 키 암호 기반으로 설계되어 계산량이 많아 실제로 컴퓨터를 이용한 계산에서도 많은 부담을 주는 계산 중 하나이다. 일반적으로 서명은 문서 전체 등 방대한 양의 정보에 대한 확인 등의 목적으로 시행되는데, 전자서명 해야 할 정보가 많아지면 많아질수록 계산량은 기하급수적으로 증가하게 된다. 이러한 불편을 줄이기 위해 해시함수를 이용하여 전자서명 해야 할 정보의 양을 줄여 계산상 이익을 추구하는 방법을 사용한다.

1.6.1 해시함수

해시함수(hash function)는 암호학에서뿐만 아니라 전산학의 여러 부분에서 사용되고 있다. 원래 해시함수의 개념은 어떤 대상들의 이름이 매우 길다고 할 때, 각 대상을 구별하여 부를 수 있도록 짧은 길이의 별명을 붙여주는 것과 같다. 각 대상을 구별하기 위해서는 대상들의 수가 상당히 크더라도 서로 중복되지 않아야 한다. 입력되는 값의 범위는 제한이 없지만, 일반적인 해시함수의 경우에는 출력되는 값의 범위는 제한되어 있다. 따라서 모든 경우를 계산하여 보면 출력값이 같아지는 입력값이 반드시 존재한다. 그래서 암호학에서 사용되는 안전한 암호적 해시함수(cryptographic hash function)는 다음과 같은 조건을 만족하여야 한다.

(1) 계산된 해시값을 가지고 원래 해시함수의 입력값을 알아낼 수 없는 일방향성(one-wayness)
(2) 계산된 해시값과 같은 해시값을 갖는 입력을 찾아낼 수 없는 약한 충돌회피성(weak-collison freeness)
(3) 같은 해시값을 갖는 입력쌍을 찾아낼 수 없는 강한 충돌회피성(strong-collison freeness)

두 번째 조건과 세 번째 조건은 미묘한 차이가 있다. 두 번째 조건은 주어진 값과 같은 해시값을 구할 수 있는지에 대한 성질이고, 세 번째 조건은 가능한 모든 입력값에 대하여 해시함수의 계산값이 같아지는 경우를 찾는 것이 얼마나 어려운지에 대한 것이다. 이 외에도 해시함수의 조건으로는 빠른 계산과 고정된 크기의 해시값 출력 등이 있다.

해시함수의 설계 역시 대칭키 암호체계에서와 마찬가지로 입력되는 2진 수열을 얼마나 예측 불가능한 형태로 바꾸어 출력하는가가 중요하다. 따라서 전치, 치환, 대입 등의 암호 기법들이 사용되며 이를 수학적으로 분석, 구현하기 위해서 선형대수, 정수론 등의 수학이론이 사용된다.

1.6.2 전자서명

암호에 조금 관심이 있는 사람이라면 전자서명(digital signature)에 대해서 들어본 적이 있을 것이다. 전자서명은 말 그대로 기존에 손으로 하던 서명을 전산 시스템 내에서 구현한 것이다. 기존 서명이 지니는 특징은 다음과 같다.

- 위조할 수 없다.
- 서명을 한 사람과 서명을 받은 사람이 인정할 수 있어야 한다.
- 한 번 한 서명이 재사용 되어서는 안 된다.
- 서명 이후 서류의 변경이 없어야 한다.
- 서명자가 거부할 수 없어야 한다.

이러한 특징을 가진 서명을 전산망에서 구축하는 데에는 다음과 같은 문제가 있다.

- 전산망에 있는 비트 수열들은 복사하기 매우 쉽다.
- 전산망의 자료들은 서명 후라도 흔적을 남기지 않고 변조가 가능하다.

따라서 요즘 일부 기업에서 나오는 전자 결재 시스템을 보면, 회사 내에 전산망을 구축하고 서류에 서명을 입력하면 서류의 서명란에 원래 서명을 스캐닝한 그래픽 영상이 표시되는 것이 있는데 이러한 것들은 전자서명으로 볼 수 없다. 위의 조건을 만족하는 전자서명의 구현을 위해서 비대칭키 암호체계와 같은 암호체계가 사용된다. 서명의 성질 중 가장 중요한 것 중 하나는 바로 서명은 서명자만이 생성해야 한다는 것이다. 그래야만 생성된 서명을 부인할 수 없으며 그 사람만이 생성할 수 있기 때문에 서명한 사람과 서명을 확인하는 사람이 모두 인정할 수 있다. 이러한 성질은 비대칭키 암호체계를 통해 구현할 수 있다. 비대칭키 암호체계의 개인 키는 한 사람만 가지는 정보이므로 개인 키로 암호화되었다면 그 개인 키를 소유한 사람이 암호화를 했다는 증거가 된다. 그리고 공개 키를 이용하여 암호화된 내용을 항상 복호화하고 이를 확인할 수 있기 때문에 서명을 서로가 인정할 수 있다. 다시 말해, 자신만이 알고 있는 정보와 서류의 내용을 이용하기 때문에 서명 후 서류의 변경이나 자신의 서명을 재사용할 수 없다.

전자서명의 기본이 되는 알고리즘은 비대칭키 암호체계에 사용되는 알고리즘이다. 안전한 전자서명의 설계는 정수론, 대수학, 타원곡선 이론 등 어려운 수학 이론을 기반으로 하고 있다. 더 나아가 전자서명은 암호체계의 적용 정책과도 관련되어 있어 암호체계를 어떻게 배치하고 사용할 것인가에 대한 문제이기도 하다. 결국 안전한 전자서명의 설계는 수학적 이론과 함께 정책적인 문제도 포함하는 광범위한 문제이다.

1.6.3 해시함수와 전자서명의 이용

해시함수는 정보를 누가 변경하지 않았다는 무결성(integrity)을 보장하기 위해 사용한다. 정보를 특정한 규칙에 따라 계산하여 해시값을 얻고 이를 정보와 함께 전송하면, 수신자는 정보를 동일한 규칙으로 계산하여 나온 결과값을 전송된 해시값과 비교하여 계산값과 해시값의 동일여부로 정보의 무결성을 확인한다.

해시함수는 전자서명과 함께 사용되기도 한다. 전자서명은 비대칭키 암호체계를 이용하여 만들어지는데, 비대칭키 암호체계는 계산량이 많은 지수계산 등을 사용하므로 방대한 데이터에 전자서명을 할 때에는 엄청난 시간이 걸린다. 이러한 시간적 낭비를 줄이기 위해 데이터의 해시값을 구하고, 그 해시값에 전자서명을 함으로써 시간을 줄이며 안전성은 그대로 유지하도록 하는 상황에서 사용한다.

전자서명에서 해시함수를 사용한 예는 그림 1.7과 같다. 이때 사용되는 해시함수가 충돌회피성을 만족하지 않으면, 제3자가 원래의 평문과 같은 해시값을 갖는 다른 평문으로 바꿔치기 할 수도 있으며, 서명자가 해시값이 같은 2개의 평문을 준비하고 나중에 자신의 전자서명에 대해 부인할 수도 있다.

전자서명은 신분인증으로 활용된다. 신분인증은 어떤 사용자가 진짜 그 ID를 가진 사용자인지를 확인하는 것이다. 스파이 영화에 자주 등장하는 지문 인식 장치나 음성 인식 등이 바로 신분인증 방법 중 하나이다. 신분인증의 방법으로는 물리적 소유물(출입증, ID 카드, 키)로 하는 방법과 생물학적 특징(목소리, 지문 등)에 의한 방법, 지식의 소유(비밀 번호 등)에 의한 방법이 있다. 암호학에서 사용되는 신분인증은 각 사용자가 공개되어 있는 공

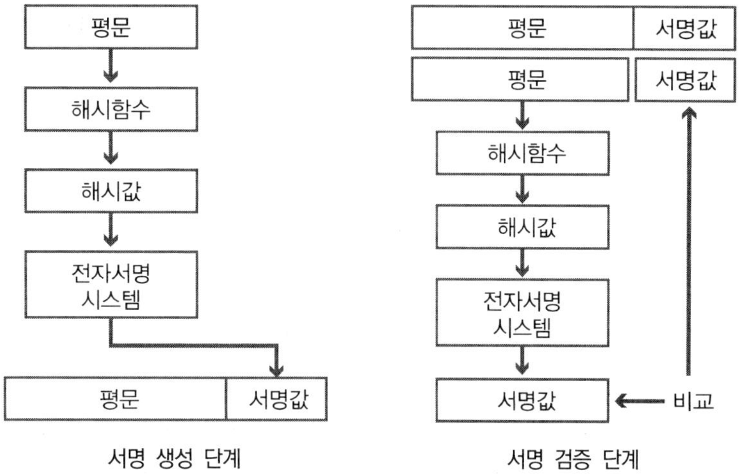

그림 1.7 해시함수를 이용한 전자서명의 예

개 키에 대응하는 개인 키를 알고 있는지를 확인하는 방법이다. 전자서명을 이용한 신분인증의 예는 그림 1.8과 같다.

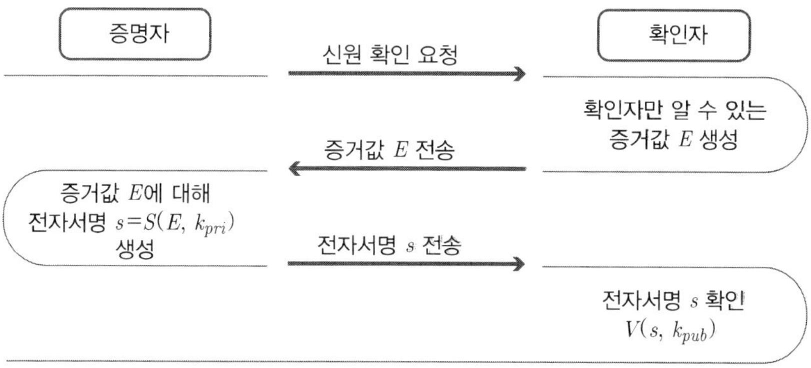

그림 1.8 전자서명을 이용한 신분인증의 예

확인자는 자신이 선택한 임의의 증거값에 대한 증명자의 전자서명을 통하여 증명자가 개인 키를 보유하고 있는지 확인한다. 정당한 증명자라면 증명자는 자신의 개인 키를 소유하고 있을 것이며 그 개인 키로 생성된 전자서명은 증명자의 공개 키에 의해 확인될 것이다.

연습 문제

01 고대 암호인 스키테일 암호를 행렬을 이용하여 설명하여라.

02 시저암호와 같은 대입암호가 가질 수 있는 약점에 대하여 설명하여라.

03 비대칭키 암호체계인 공개 키 암호 알고리즘에는 어떤 것들이 있으며 각 알고리즘은 어떤 수학적 이론을 기초로 하여 설계되었는지 설명하여라.

제2장

암호와 집합

Cryptography and Sets

2.1 집합

2.2 명제

2.3 관계와 함수

현재 대부분의 정보는 컴퓨터를 이용하여 다루어지고 있다. 따라서 정보는 2진 수열로 표현되고 처리되며 저장된다. 결국, 컴퓨터를 이용하여 정보를 다룰 때의 암호는 2진 수열을 해독 가능하거나 혹은 해독 불가능한 형태로 변환하는 것이며, 이를 효과적으로 수행하고, 암호의 안전도를 높이기 위해서는 수학적 이론에 근거한 접근과 분석이 필요하다. 특히 암호는 수학적, 통계적 분석을 통해 그 안전성이 평가되므로 암호에서 수학은 필수적이다.

대부분의 공개 키 암호 알고리즘은 수학의 어려운 문제들을 기반으로 하고 있다. 따라서 이러한 알고리즘의 작동원리를 이해하고, 이를 효과적으로 구현하기 위해서는 수학 이론을 살펴볼 필요가 있다. 암호화와 복호화의 과정은 평문들의 모임과 암호문들의 모임 사이의 적당한 대응관계로 이해할 수 있다. 평문들의 모임과 암호문들의 모임을 이해하기 위해서는 집합이라는 개념이 필요하고, 평문의 모임과 암호문의 모임, 즉 두 집합 간의 대응관계를 이해하기 위해서는 함수의 개념이 필요하다. 암호의 안전성을 이야기하기 위해서는 논리적으로 거짓이 없는 성질이 필요하며 이러한 성질이 거짓이 아니라는 것을 말하기 위해서는 명제가 필요하다.

수학의 기본은 집합이다. 집합에 연산이 주어지고 그 연산을 통해 집합의 원소들이 작용하는 결과를 통해 다양한 수학적 이론들이 생겨난다. 결국 수학이론을 이해하기 위해서는 집합을 이해해야 한다. 본 장에서는 집합의 정의, 성질과 명제들의 성질, 그리고 집합과 집합 간의 관계, 함수에 대해 이야기하고자 한다.

2.1 집합

2.1.1 집합의 정의

서로 다른 대상이 여럿 있을 때, 각 대상들의 성질을 찾아 같은 성질끼리 모은다면 서로 다른 대상들의 모임과는 차별되는 특별한 모임이 될 것이다. 이렇게 대상을 관찰하여 각 대상의 성질을 파악하고 이를 분석하여 같은 성질을 갖는 대상끼리 모은 모임을 집합이라고 한다. 따라서 집합은 다음과 같이 간결하며 명확하게 정의할 수 있다.

정의 2.1 어떤 모임에 속하는 구성원과 속하지 않는 구성원을 객관적으로 구별할 수 있는 경우, 그 모임을 집합(set)이라고 한다.

즉, 집합이란 객관적 기준에 의해 모임의 구성원이 결정되기 때문에 누가 보더라도 항상 같은 구성원을 갖는 모임이다. 수학은 객관성을 추구한다. 한 대상을 보는 관점에 따라 그 대상이 달라진다면 그 대상은 수학적으로 분석하기 어렵다. 따라서 그 대상을 보는 관점에 상관없이 설명할 수 있는 개념이 필요하고, 그 개념들이 바로 집합이 되는 것이다.

정의 2.2 집합을 구성하는 구성원을 원소(element)라고 한다.

집합과 원소는 다음과 같은 기호를 이용하여 나타낸다.

(1) 집합 A의 원소 a는

$$a \in A \text{ 또는 } A \ni a$$

로 나타내고, 'a는 집합 A에 속한다' 또는 'a는 집합 A의 원소이다'라고 한다.

(2) b가 집합 A의 원소가 아닐 때에는

$$b \notin A \text{ 또는 } A \not\ni b$$

로 나타내고, 'b는 집합 A에 속하지 않는다' 또는 'b는 집합 A의 원소가 아니다'라고 한다.

이때 집합 A의 원소의 개수는 $|A|$ 또는 $n(A)$로 나타내는데, 원소가 무한개인 무한집합

의 경우에 집합의 크기는 원소의 개수보다 원소가 집합 안에 얼마나 빽빽하게 있는가를 나타내는 농도(cardinality)로 표현하고 기호 $|A|$를 이용하여 나타낸다. 또 유한 개의 원소 혹은 무한개의 원소를 갖는 집합은 구별없이 기호 $|\cdot|$를 이용해서 원소의 개수 또는 집합의 크기를 나타낸다.

2.1.2 공집합과 포함관계

집합에서 가장 기본이 되는 개념인 공집합은 다음과 같이 정의한다.

정의 2.3 원소를 하나도 갖지 않는 집합을 공집합(empty set)이라고 하고, $\varnothing$, 또는 $\{\ \}$와 같이 표현한다.

일반적으로 공집합은 $\varnothing$으로 나타낸다. 공집합은 집합론의 기본이 되는 집합이다. 실제 집합은 우리가 사는 현실 세계의 것들과는 다른 의미를 갖는 추상적인 개념이다. 추상적인 개념을 다룰 때에는 실제 그런 대상 혹은 개념이 존재할 수 있는 근거를 찾아야 한다. 추상적인 이론이지만 존재 가능성이 없는 대상을 상대로 이론을 만든다는 것은 무의미하기 때문이다.[1)]

2개의 집합 A와 B의 크기관계를 생각해보자. '집합 A가 집합 B보다 크다' 혹은 '집합 A가 집합 B보다 작다'라는 개념은 어떻게 나타내면 좋을까? 다음은 두 집합 서로 간의 포함하고 포함되는 관계를 정의한 것이다.

정의 2.4 **포함관계(inclusion)**
두 집합 A와 B에 대하여, 집합 B의 모든 원소가 집합 A의 원소이면 '집합 B는 집합 A에 포함된다', 또는 '집합 A는 집합 B를 포함한다'라고 한다.

정의 2.5 두 집합 A와 B에 대하여, 집합 B가 집합 A의 부분집합(subset)이라는 것은 집합 B가 집합 A에 포함되는 경우이고, 이는

1) 존재하지 않는 추상적 대상이 모두 의미가 없는 것은 아니다. 지금 존재하는 대상의 성질을 확장하여 추상적인 대상을 만들었다면 그것은 분명 의미를 가진다.

$$B \subseteq A \text{ 또는 } A \supseteq B$$

로 나타낸다.

정리 2.1
공집합은 모든 집합의 부분집합이다.

>> 증명 임의의 집합 A에 대하여, 만일 x가 A의 원소가 아니라면 공집합의 정의에 의하여 x는 공집합 $\varnothing$의 원소가 아니다. 이는 x가 $\varnothing$의 원소이면 x는 A의 원소라는 것과 같은 의미이므로 공집합은 A의 부분집합이다. ■

정의 2.5 **집합의 상등(identity of two sets)**
집합 A와 B가 같다는 것은 집합 A의 모든 원소가 집합 B의 원소이고, 집합 B의 모든 원소가 집합 A의 원소인 경우, 즉 $A \subseteq B$이고 $B \subseteq A$인 경우이다. 이는

$$A = B$$

로 나타낸다.

실제로 두 집합 A와 B가 같은 집합이라는 것은 $A \subseteq B$이고 $B \subseteq A$임을 보여줌으로써 확인할 수 있다.

정의 2.6 집합 A의 부분집합 B에 대하여, B가 집합 A와 같지 않다면, 즉 $B \neq A$이면 B를 집합 A의 진부분집합(proper subset)이라고 하고,

$$B \subset A \text{ 또는 } A \supset B$$

로 나타낸다. 진부분집합임을 강조할 때엔 $B \subsetneq A$ 또는 $A \supsetneq B$와 같이 나타내기도 한다.

2.1.3 집합의 연산

두 집합 A와 B를 이용하여 새로운 집합을 만드는 방법에 대하여 생각해 보자. 우선 두 집합의 원소를 하나의 집합으로 모은 것과 두 집합의 원소들 중 공통으로 속해 있는 원소들을 모은 것은 다음과 같이 정의한다.

정의 2.7 (1) 두 집합 A와 B에 대하여, 집합

$$\{x \mid x \in A \text{ 또는 } x \in B\}$$

를 집합 A와 B의 합집합(union)이라고 하고,

$$A \cup B$$

로 나타낸다.

(2) 두 집합 A와 B에 대하여, 집합

$$\{x \mid x \in A \text{ 그리고 } x \in B\}$$

를 집합 A와 B의 교집합(intersection)이라고 하고,

$$A \cap B$$

로 나타낸다.

두 집합의 원소 중 두 집합에 공통으로 속한 원소가 하나도 없는 경우는 다음과 같이 정의하여 구별한다.

정의 2.8 두 집합 A와 B에 대하여, $A \cap B = \varnothing$이면 집합 A와 B는 서로소(disjoint)라고 한다.

이제, 생각할 수 있는 범위의 최대 크기의 집합을 생각하자. 이러한 집합은 실제 존재할 수도 있고 생각에서만 존재할 수도 있다. 이 집합을 전체집합(universal set)이라고 하자. 전체집합은 관심에 따라 변할 수도 있다. 실수에서 이론을 연구하고 싶다면 그 사람에게 전체집합은 실수의 집합이 될 것이며, 삼각형에 관해 연구하는 사람에게는 전체집합이 도형의 집합 또는 아주 특별한 경우로 국한하여 삼각형들의 집합이 될 것이다.

전체집합 U와 그 부분집합 A에 대하여 다음과 같은 집합을 정의하자.

정의 2.9 전체집합 U와 그 부분집합 A에 대하여, 집합

$$\{x \mid x \in U \text{ 그리고 } x \notin A\}$$

를 집합 A의 여집합(complement)이라고 하고, A^c 또는 A'로 나타낸다.[2)]

두 집합 A와 B에 대하여, 이제 관심을 집합 A에 두도록 하자. 집합 A의 원소들 중 집합 B에는 속하지 않는 원소들이 있을 것이다. 이러한 원소들의 모임은 집합이 되고 이 집합은 다음과 같은 이름으로 정의한다.

정의 2.10 두 집합 A와 B에 대하여, 집합

$$\{x \mid x \in A \text{ 그리고 } x \notin B\}$$

를 집합 A에서 집합 B의 차집합(difference)이라 하고,

$$A - B$$

로 나타낸다.

전체집합 U의 부분집합 A에 대하여 A의 여집합 A^c는 $U-A$로 나타낼 수 있다. 또한, 두 집합 A와 B를 모두 포함하는 전체집합 U에 대하여, 집합 A에서 집합 B의 차집합은

$$A - B = A \cap B^c$$

로 이해할 수 있다.

두 집합 A와 B에 대하여, A와 B의 교집합의 여집합 또는 A와 B의 합집합의 여집합은 어떤 집합과 같을까? 이에 대한 답은 영국 수학자 드 모르간이 다음과 같이 제시했다.

정리 2.2 드 모르간 법칙(de Morgan's law)
두 집합 A와 B에 대하여, 다음이 성립한다.

2) 집합 A의 여집합은 짝을 이루는 전체의 나머지 한쪽이라는 의미의 'complement'의 첫 글자를 따서 주로 A^c를 사용하여 나타낸다.

(1) $(A \cup B)^c = A^c \cap B^c$

(2) $(A \cap B)^c = A^c \cup B^c$

≫ 증명 (1) x가 $(A \cup B)^c$의 임의의 원소라고 하자. 여집합의 정의에 의해 x는 $A \cup B$에 속하지 않는데, 이는 x가 A에도 속하지 않고, B에도 속하지 않음을 의미한다. 즉, $x \notin A$이고 $x \notin B$이다.[3] 이는 여집합의 정의에 의하여 $x \in A^c$이고 $x \in B^c$이다. 교집합의 정의에 의해 $x \in A^c \cap B^c$임을 알 수 있다. 따라서

$$(A \cup B)^c \subseteq A^c \cap B^C$$

이다.

반대로, x가 $A^c \cap B^c$의 임의의 원소라고 하자. 교집합의 정의에 의해 x는 A^c의 원소이고 동시에 B^c의 원소이다. 즉 $x \in A^c$이고 $x \in B^c$이다. 여집합의 정의에 의해서 각각은 $x \notin A$이고 $x \notin B$인데, 이는 x가 A의 원소도 아니며 B의 원소도 아님을 의미한다. x가 A에도 속하지 않고 B에도 속하지 않으므로 x는 $A \cup B$에도 속하지 않는다. 여집합의 정의에 의해 $x \in (A \cup B)^c$이다. 따라서

$$(A \cup B)^c \supseteq A^c \cap B^c$$

이다.

결국

$$(A \cup B)^c = A^c \cap B^c$$

가 성립한다.

(2) (1)과 비슷한 방법으로 성립함을 쉽게 보일 수 있다. ■

정의 2.11 $A_1,\ A_2,\ \ldots,\ A_n$은 n개의 집합이다.

(1) $i = 1,\ 2,\ \ldots,\ n$인 모든 i에 대하여 $a_i \in A_i$일 때, $(a_1,\ a_2,\ \ldots,\ a_n)$을 순서 n조(ordered n-tuple)이라고 한다.

---

3) A와 B의 원소가 아닐지라도 x는 항상 일반적인 전체집합의 원소임을 기억하라.

(2) $i=1,\ 2,\ \ldots,\ n$인 모든 i에 대하여 $a_i \in A_i$인 순서 n조 $(a_1,\ a_2,\ \ldots,\ a_n)$을 모두 모은 집합은

$$A_1 \times A_2 \times \cdots \times A_n = \{(a_1,\ a_2,\ \ldots,\ a_n) \mid a_i \in A_i,\ i=1,\ 2,\ \ldots,\ n\}$$

으로 나타내고 이 집합을 집합 $A_1,\ A_2,\ \ldots,\ A_n$의 데카르트 곱(Cartesian product) 또는 곱집합(product set)이라고 한다.

(3) 곱집합 $A_1 \times \cdots \times A_n$의 두 원소 $(a_1,\ a_2,\ \ldots,\ a_n)$과 $(b_1,\ b_2,\ \ldots,\ b_n)$이 같다는 것은 $i=1,\ 2,\ \ldots,\ n$인 모든 i에 대하여 $a_i = b_i$임을 의미한다. 특히 $i=1,\ 2,\ \ldots,\ n$인 모든 i에 대하여 $A_i = A$인 경우는 간단히 A^n으로 나타내기도 한다.

예제 2.1 두 집합 $A=\{a,\ b,\ c\}$와 $B=\{0,\ 1\}$에 대해서 $A \times B$와 B^3은 다음과 같은 집합이다.

(1) $A \times B = \{(a,\ 0),\ (a,\ 1),\ (b,\ 0),\ (b,\ 1),\ (c,\ 0),\ (c,\ 1)\}$

(2) $B^3 = \{(0,0,0),(0,0,1),(0,1,0),(0,1,1),(1,0,0),(1,0,1),(1,1,0),(1,1,1)\}$

이를 통해 $|A \times B| = |A| \cdot |B|$임을 쉽게 알 수 있다.

연습 문제

01 다음을 증명하여라.

(1) $A \subseteq B$이면 $A \cap B = A$이고, $A \cap B = A$이면 $A \subseteq B$이다.

(2) $A \subseteq B$이면 $A - B = \varnothing$이고, $A - B = \varnothing$이면 $A \subseteq B$이다.

(3) $A \subseteq B \cap C$이면 $A \subseteq B$이고 $A \subseteq C$이다.

(4) $B \cup C \subseteq A$이면 $B \subseteq A$이고 $C \subseteq A$이다.

(5) $A - B = (A \cup B) - B = A - (A \cap B)$

(6) $A \cap B = A - (A - B)$

(7) $A - (B - C) = (A - B) \cup (A \cap C)$

(8) $A = B$이면 $A \Delta B = \varnothing$이고, $A \Delta B = \varnothing$이면 $A = B$이다.
여기서 $A \Delta B = (A - B) \cup (B - A)$이다.

02 다음 문장이 참인지 거짓인지 확인하고, 참이면 증명하고 거짓이면 반례를 제시하여라.

(1) $A - B = B - A$

(2) $A \cap B \subsetneq A$

(3) $A \subseteq B \cup C$이면 $A \subseteq B$이거나 $A \subseteq C$이다.

(4) $B \cap C \subseteq A$이면 $B \subseteq A$이거나 $C \subseteq A$이다.

(5) $A \subseteq C$이고 $B \subseteq C$이면 $(A \cup B) \subseteq C$이다.

03 집합 A의 부분집합들의 집합을 $\wp(A)$라고 하자.[4] $A \subseteq B$이면 $\wp(A) \subseteq \wp(B)$가 성립함을 증명하여라.

04 집합 A와 B에 대하여, $(A - B) \cup B = A$이면 $B \subseteq A$이고, $B \subseteq A$이면 $(A - B) \cup B = A$임을 증명하여라.

4) 집합 A의 모든 부분집합들의 집합을 A의 멱집합(power set)이라고 한다.

05 집합의 연산법칙을 이용하여 다음의 등식이 성립함을 보여라.

(1) $(A-C)\cup(B-C)=(A\cup B)-C$

(2) $(A-C)\cap(B-C)=(A\cap B)-C$

06 집합 A의 부분집합들의 집합을 $\wp(A)$라고 할 때, 다음 등식의 참, 거짓을 구별하고 참이면 증명을, 거짓이면 반례를 제시하여라.

(1) $\wp(A)\cup\wp(B)=\wp(A\cup B)$

(2) $\wp(A)\cap\wp(B)=\wp(A\cap B)$

07 집합 A와 B에 대하여,

$$(A-B)\cup(B-A)=(A\cup B)-(A\cap B)$$

임을 보여라.

08 러셀은 "모든 집합을 포함하는 집합은 없다"라고 함으로써 20세기 초 수학계에 충격을 안겨주었다. 다음이 참임을 밝힘으로써 러셀의 주장이 옳음을 증명하여라.

(1) 모든 집합을 원소로 하는 집합 U가 존재한다고 가정하자. 집합 R을

$$R=\{S\in U \mid S\not\in S\}$$

라고 하면 $R\not\in R$이다.

(2) 모든 집합을 원소로 하는 집합 U가 존재한다고 가정하자. 집합 R을

$$R=\{S\in U \mid S\not\in S\}$$

라고 하면 $R\in R$이다.

(3) 모든 집합을 포함하는 집합은 없다.

2.2 명제

2.2.1 명제의 정의

수학의 문장은 모두 논리적으로 참과 거짓이 구별되는 문장이다. 참과 거짓, 즉 어떤 성질의 만족 여부는 집합에서 원소의 소속성과 같이 이야기할 수 있다. 수학에서 사용되는 문장은 다음과 같이 정의한다.

정의 2.12 참과 거짓이 구별되며 참과 거짓이 동시에 성립하지 않는 문장을 명제(statement)라고 한다. 명제의 참, 거짓에 대한 결론을 명제의 진리값(truth value)이라고 하고, 명제가 참일 때엔 진리값을 'T'라고 나타내고 거짓일 때엔 'F'라고 나타낸다.

예제 2.2 다음 문장은 참과 거짓을 결정할 수 있기 때문에 명제이다.

(1) 서울은 한국의 수도이다.
(2) $2+1$은 5이다.
(3) $\sqrt{3}$의 소수점 아래 105번째 수는 7이다.
(4) 달은 파란색 치즈로 만들어져 있다.
(5) 화성에는 지적 생명체가 없다.
(6) 지금 비가 온다.

참과 거짓이 구별되는 명제라고 해서 반드시 참과 거짓을 쉽게 알아낼 수 있는 것은 아니다. 어떤 명제는 참인지 거짓인지에 대한 결론에 도달하는 것이 불가능할 수도 있음을 명심하자.

예제 2.3 다음 문장은 참, 거짓을 말할 수 없기 때문에 명제가 아니다.

(1) 놀러가자.
(2) 하늘은 풍성하다.
(3) 오늘 어때?
(4) 잘 가.

2.2.2 명제의 연산

두 명제가 같은 명제인지는 발생할 수 있는 모든 경우에 따른 진리값을 표로 나타낸 진리표(truth table)를 통해 확인할 수 있다.

현상 a가 성질 P를 만족한다는 것은, 성질 P를 만족하는 모든 대상의 집합을 A라고 하면, a가 A의 원소가 됨을 의미한다. 이는 또 다른 현상 b가 성질 P를 만족하는지는 b가 A의 원소임을 확인하여 판단할 수 있다. 이처럼 명제는 집합과 밀접한 관계를 가지며, 집합의 성질이 명제의 성질에 그대로 적용된다.

정의 2.13 명제 p에 대하여, 명제 $\neg p$를 p의 부정(negation)이라고 하고, 'p가 아니다' 또는 'not p'라고 읽는다.

p	$\neg p$
T	F
F	T

표 2.1 $\neg p$의 진리표

정의 2.14 두 명제 p와 q에 대하여, 명제 $p \wedge q$를 p와 q의 논리곱(conjuction)이라고 하고, 'p 그리고 q' 또는 'p and q'라고 읽는다.

p	q	$p \wedge q$
T	T	T
T	F	F
F	T	F
F	F	F

표 2.2 $p \wedge q$의 진리표

정의 2.15 두 명제 p와 q에 대하여, 명제 $p \vee q$를 p와 q의 논리합(disjunction)이라고 하고, 'p 또는 q' 혹은 'p or q'라고 읽는다.

p	q	$p \vee q$
T	T	T
T	F	T
F	T	T
F	F	F

표 2.3 $p \vee q$의 진리표

정의 2.16 두 명제 p와 q\$에 대하여, 두 명제의 진리값이 모든 경우에 대하여 같은 값을 가질 때, 두 명제 p와 q는 논리적 동치(logical equivalence)라고 하고, $p \equiv q$라고 나타낸다.

예제 2.4 두 명제 p와 q에 대하여, $p \vee q$의 진리값은 $\neg[(\neg p) \wedge (\neg q)]$의 진리값과 일치함을 알 수 있다.

p	q	$\neg p$	$\neg q$	$[(\neg p) \wedge (\neg q)]$	$p \vee q$	$\neg[(\neg p) \wedge (\neg q)]$
T	T	F	F	F	T	T
T	F	F	T	F	F	T
F	T	T	F	F	T	T
F	F	T	T	T	F	F

표 2.4 $p \vee q$와 $\neg[(\neg p) \wedge (\neg q)]$의 진리표

따라서 두 합성명제는 논리적 동치이므로

$$p \vee q \equiv \neg[(\neg p) \wedge (\neg q)]$$

이다.

정의 2.17 두 명제 p와 q에 대하여, 명제 $p \rightarrow q$를 p와 q의 조건명제(conditional statement)라고 하고, 'p이면 q이다'라고 읽는다. 이때, 명제 p를 가정(hypothesis 또는 assumption)이라고 하고 q를 결론(conclusion)이라고 한다.

p	q	$p \to q$
T	T	T
T	F	F
F	T	T
F	F	T

표 2.5 $p \to q$의 진리표

정의 2.18 두 명제 p와 q의 조건명제 $p \to q$가 참일 때, 명제 p를 명제 q가 되기 위한 충분조건(sufficient condition)이라 하고, q를 p가 되기 위한 필요조건(necessary condition)이라고 한다.

조건명제 $p \to q$가 참이라고 가정하자. 이때, p가 참이라면 주어진 조건명제가 참이므로 q는 반드시 참이어야 한다. 따라서 q가 참이 되기 위해 p는 참이기만 하면 충분하므로 충분조건이라고 한다. 반대로 q가 참이라는 조건은 p에 상관없이 주어진 조건명제가 참이 되기 위해 반드시 필요한 조건이다. 그런 의미에서 q는 p가 참이 되기 위한 필요조건이라고 한다.

예제 2.5 다음 명제를 생각하자.

주어진 수가 3이라면 그 수는 5보다 작다.

이 명제는 다음과 같이 2개의 명제로 나눌 수 있다.

p: 주어진 수는 3이다.
q: 주어진 수는 5보다 작다.

따라서 주어진 명제를 기호로 나타내면 $p \to q$이다. 이 명제가 참이라면, 명제 p가 참이 되는 것은 명제 q가 참이 되기 위한 충분조건이다. 실제로 주어진 수가 3이라면 조건명제가 참이므로 명제 '5보다 작다'는 참이다. 그리고 명제 q가 참이 되는 것은 명제 p가 참이 되기 위한 필요조건인데, 실제 q가 참이라고 해서 주어진 수가 3이라고 할 수는 없다. 1일 수도 있고 2일 수도 있기 때문이다. 3이 되기 위해서는 다른 부수적인 조건들이 필요한 셈이다. 그런 의미에서 q는 p가 참이 되기 위한 필요조건이 된다.

정의 2.19 두 명제 p와 q에 대하여, 명제 $p \leftrightarrow q$를 p와 q의 쌍조건명제(biconditional statement)라고 하고, 'p이면 q이고, 동시에 q이면 p이다'라고 읽는다.

p	q	$p \leftrightarrow q$
T	T	T
T	F	F
F	T	F
F	F	T

표 2.6 $p \leftrightarrow q$의 진리표

정의 2.20 두 명제 p와 q의 쌍조건명제 $p \leftrightarrow q$가 참일 때, 명제 p와 q를 필요충분조건(necessary-sufficient condition)이라고 한다.

정의 2.21 명제 t에 대하여, 가능한 모든 논리적 경우에 대하여 명제 t가 모두 참이면 그 명제를 항진명제(tautology)라고 한다.

예제 2.6 다음 명제들은 항진명제이고 이는 진리표를 통해 확인할 수 있다.

(1) $p \vee \neg p$

(2) $p \rightarrow p$

(3) $(p \wedge q) \rightarrow (q \wedge p)$

(4) $(p \wedge q) \rightarrow q$

(5) $p \rightarrow (p \vee q)$

정리 2.3 대우법칙

두 명제 p와 q에 대하여

$$(p \rightarrow q) \equiv (\neg q \rightarrow \neg p)$$

이다.

>> 증명 다음의 진리표를 이용하여 주어진 명제가 성립함을 알 수 있다.

p	q	$\neg p$	$\neg q$	$p \to q$	$\neg q \to \neg p$	$(p \to q) \equiv (\neg q \to \neg p)$
T	T	F	F	T	T	T
T	F	F	T	F	F	T
F	T	T	F	T	T	T
F	F	T	T	T	T	T

정의 2.22 (1) 두 명제 p와 q에 대하여, 조건명제 $p \to q$가 항진명제일 때, 이 조건명제를 함의(implication)라고 하고, $p \Rightarrow q$로 나타낸다.

(2) 두 명제 p와 q에 대한 쌍조건명제 $p \leftrightarrow q$가 항진명제일 때, 이 쌍조건명제를 동치(equivalence)라고 하고, $p \Leftrightarrow q$로 나타낸다.

조건명제 $p \to q$에 대하여, $q \to p$를 명제의 역(converse), $\neg p \to \neg q$를 명제의 이(inversion), $\neg q \to \neg p$를 명제의 대우(contraposition)라고 한다. 이때, $q \to p$와 $\neg p \to \neg q$는 서로 대우 관계이므로 대우의 법칙에 의해 서로 동치이다.

연습 문제

01 다음과 같이 주어진 문장들에 대하여, 명제는 'S', 명제가 아닌 경우는 'N'으로 표시하여라.

(1) 1442년 1월에 서울 어딘가에 눈이 내렸다.

(2) 아리스토텔레스는 평발이다.

(3) 교실 앞에 있는 전자칠판의 가격은 얼마니?

(4) 잔디밭에 들어가지 마시오.

(5) 정수 $2^{987654321}+37$은 소수이다.

02 다음 명제의 진리표를 작성하여라.

(1) $p \vee \neg p$

(2) $\neg(\neg p \vee \neg q)$

(3) $(\neg q) \rightarrow (\neg p)$

(4) $p \wedge (q \vee r)$

(5) $(p \wedge q) \vee (p \wedge r)$

(6) $(p \vee q) \vee r$

(7) $p \vee (q \vee r)$

03 명제 $\neg p \vee q$는 $p \rightarrow q$와 서로 동치임 보여라.

04 주어진 복합명제를 보기와 같이 주어진 기호를 이용하여 기호화하여라. (주어진 기호는 접속사로 연결된 문장 하나씩을 의미하며 그 진리값은 참이라고 가정한다.)

보기
나는 너에게 친절하지 않은 사람은 아니다. (F) : $\neg(\neg F)$

(1) 만일 당신이 천사라면, 당신에게는 날개가 있다. $(A,\ W)$

(2) 육류의 공급량이 소비량에 맞지 않으면 육류의 가격은 상승할 것이고 육류의 가

격이 상승하면 육류의 소비량은 공급량을 따르지 않을 것이다. (P, S)

(3) 농부들이 가격을 내리거나 정부가 시장에 개입할 것이다. (F, G)

(4) 육류 수출이 증가하거나 가축사육이 늘지 않는다면 가격은 상승할 것이다. (E, R, P)

05 명제 p, q, r, s에 대하여, 다음이 성립함을 증명하여라.

(1) $(p \to q) \wedge (r \to s) \Rightarrow (p \vee r \to q \vee s)$

(2) $(p \to q) \wedge (r \to s) \Rightarrow (p \wedge r \to q \wedge s)$

(3) $(p \to q) \wedge p \Rightarrow q$

(4) $(p \to q) \wedge \neg q \Rightarrow \neg p$

(5) $(p \to q) \Leftrightarrow (p \wedge \neg q \to q \wedge \neg q)$[5)]

06 드 모르간 법칙을 이용하여 다음 문장의 부정문을 작성하여라.

이 함수는 최댓값을 갖거나 수학은 어렵다.

07 명제 p, q에 대하여, 다음은 임의의 명제 r에 대해서도 항상 성립함을 증명하여라.

$$(p \to q) \Rightarrow (p \vee r \to q \vee r)$$

5) 이 성질을 귀류법이라 한다.

2.3 관계와 함수

이 절에서는 곱집합의 부분집합이 가지는 특별한 성질과 그 응용에 대하여 살펴보자.

2.3.1 관계와 동치관계의 정의

집합 A와 집합 B\$에 대하여 곱집합 $A\times B$의 부분집합을 집합 A에서 B로의 관계(relation)라고 한다. 특히 집합 A 위로의 관계는 곱집합 $A\times A(=A^2)$의 부분집합을 말한다. 다음과 같이 정의되는 집합 A 위로의 관계는 특별한 의미를 갖는다.

정의 2.23 공집합이 아닌 집합 A 위에서 정의된 관계 E가 다음 세 조건을 만족할 때, 관계 E를 집합 A 위의 동치관계(equivalence relation)라고 한다.

(i) 모든 원소 $a\in A$에 대하여, $(a, a)\in E$이다.

(ii) 두 원소 $a, b\in A$에 대하여, $(a, b)\in E$이면 반드시 $(b, a)\in E$이다.

(iii) 세 원소 $a, b, c\in A$에 대하여, $(a, b)\in E$이고 $(b, c)\in E$이면 반드시 $(a, c)\in E$이다.

정의 2.24 집합 A 위에 정의된 동치관계 E에 대하여, $(a, b)\in E$인 두 원소 $a, b\in A$는 서로 동치(equivalent)인 원소라고 하고, 원소 $a\in A$와 동치인 집합 A의 원소들을 모두 모은 집합을 동치류(equivalent class)라고 하고 $\overline{a}$로 나타낸다. 즉

$$\overline{a}=\{x\in A\mid (a, x)\in E\}$$

이다.

예제 2.7 자연수의 집합 $\mathbb{N}$에 대하여 $\mathbb{N}\times\mathbb{N}$ 위의 관계 Z를

$$((a, b), (c, d))\in Z\Leftrightarrow a+d=b+c$$

로 정의하자.

(1) 자연수의 순서쌍 $(1, 2)$는 자연수의 순서쌍 $(3, 4)$와 Z-관계가 있다. 즉

$((1, 2), (3, 4)) \in Z$이다. 이렇게 정의된 관계 Z는 동치관계임을 쉽게 증명할 수 있다.

(2) 그러면 이제 $(1, 2)$와 동치관계에 있는 모든 원소들의 집합, 즉 $(1, 2)$의 동치류는

$$\begin{aligned}\overline{(1, 2)} &= \{(a, b) \in \mathbb{N} \times \mathbb{N} \mid ((1, 2), (a, b)) \in Z\} \\ &= \{(a, b) \in \mathbb{N} \times \mathbb{N} \mid 1 + b = 2 + a\} \\ &= \{(a, b) \in \mathbb{N} \times \mathbb{N} \mid b = a + 1\}\end{aligned}$$

이다.

예제 2.7에서 정의된 관계는 자연수로부터 정수를 이끌어내는 방법 중 하나이다. 덧셈만 정의되어 있고, 부족함의 표시가 없는 자연수에 부족함의 표수가 있는 정수를 정의하기 위해서는 '부족'을 나타낼 수 있는 방법이 필요했던 것이다. 이를 자연수 순서쌍의 관계를 이용해서 나타냈고, 이제 이 관계의 동치류들을 하나의 원소로 간주하여 $-1, -2, \ldots$와 같은 음의 정수를 정의했다.

집합 A 위에 정의된 동치관계 E에 대하여, 동치류들은 다음과 같은 성질을 가짐을 동치관계의 정의를 이용하여 쉽게 설명할 수 있다.

정리 2.4

집합 A 위에 동치관계 E에 대하여, 동치류들은 다음이 성립한다.

(1) $(a, b) \in E \Leftrightarrow \overline{a} = \overline{b}$

(2) $a \in \overline{b} \Leftrightarrow \overline{a} = \overline{b} \Leftrightarrow b \in \overline{a}$

(3) 모든 $a \in A$에 대하여 $a \in \overline{a}$이고, 임의의 $a, b \in A$에 대하여 $\overline{a} \cap \overline{b} = \varnothing$과 $\overline{a} = \overline{b}$ 중 하나만 성립한다.

집합을 분할하기 위해서는 적당한 동치관계만 정의해주면 정리 2.4의 성질 (3)을 이용하면 집합을 겹치는 부분 없이 정확하게 분할할 수 있다.

2.3.2 함수

집합 A의 성질을 파악하고자 하는데 그 성질의 파악이 어렵다면 우리가 잘 알고 있는 집합 B와 A의 적당한 관계를 만들어 B의 성질을 통해 A의 성질을 유추할 수 있다. 이때 사용되는 관계는 다음과 같이 정의할 수 있는데, 이는 수학에서 중요한 의미를 갖는다.

정의 2.25 집합 A에서 B로의 관계 f에 대하여, 집합 A의 모든 원소 a마다 $(a, b) \in f$인 집합 B의 원소 b가 유일하게 존재하면 관계 f를 A에서 B로의 함수(function) 또는 사상(map)이라고 하고, f를

$$f : A \to B$$

와 같이 나타낸다. 여기서 집합 A를 정의역(domain), 집합 B를 공역(codomain)이라고 하고, 집합 $f(A) = \{b \in B \mid (a, b) \in f\}$를 함수 f의 치역(range)이라고 한다. 이때, $(a, b) \in f$를 $b = f(a)$로 나타내고 b를 a의 함수 f에 대한 함수값(function value) 또는 상(image)이라고 한다.

수의 덧셈, 곱셈과 같은 연산도 함수로 이해할 수 있다. 덧셈이나 곱셈은 집합의 원소들을 이용하여 또 다른 원소를 대응시키는 방법으로 이해할 수 있다는 의미이다. 다시 말해, 집합 A의 두 원소로 이루어진 순서쌍 (a_1, a_2)에 대하여 A의 원소 a_3를 유일하게 대응시키는 함수

$$f : A^2 \to A, \quad f(a_1, a_2) = a_3$$

를 A 위에서 정의된 이항연산(binary operation) 또는 간단히 연산(operation)이라고 한다. $f(a_1, a_2) = a_3$와 같은 상황을 연산 기호 $\circ$의 기호를 써서

$$a_1 \circ a_2 = a_3$$

와 같이 나타내기도 한다. 연산기호는 $\circ$ 외에도 $*$, $+$, $\times$, $\cdot$ 등의 기호를 쓰기도 한다.

정의 2.26 (1) 특별한 함수 중 집합 A에서 A로의 함수이면서 $a \in A$를 a 자기 자신으로 대응시키는 함수

$$1_A : A \to A, \quad 1_A(a) = a$$

을 항등함수(identity function) 또는 항등사상(identity map)이라고 한다.

(2) 두 함수 $f: A \to B$와 $g: B \to C$에 대하여, 새로운 함수 $h: A \to C$를, 모든 $a \in A$에 대하여

$$h: A \to C, \quad h(a) = g(f(a))$$

와 같이 정의할 수 있는데, 이때 함수 h를 f와 g의 합성(composite)이라고 $h = g \circ f$로 나타낸다. 즉, $h(a) = (g \circ f)(a) = g(f(a))$이다.

함수는 정의역의 원소와 이에 대응되는 치역의 원소의 관계에 따라 다음과 같이 나눌 수 있다.

정의 2.27 집합 A에서 집합 B로의 함수 $f: A \to B$는 다음과 같이 정의할 수 있다.

(1) 집합 A의 임의의 서로 다른 두 원소 a_1, a_2에 대하여, $f(a_1) = f(a_2)$이면 함수 f를 A에서 B로의 일대일 함수(one-to-one function)라고 한다.

(2) 집합 B의 임의의 원소 b에 대하여 $f(a) = b$가 되는 원소 a가 항상 집합 A에 존재하면 함수 f를 A에서 B 위로의 함수(onto function)라고 한다.

(3) 함수 f가 A에서 B로의 일대일 함수이며 위로의 함수이면 f를 일대일 대응(one-to-one correspondence)이라고 한다.

정의 2.27에 의하면 항등함수 $1_A: A \to A$는 일대일 대응이며, 두 함수 $f: A \to B$와 $g: B \to A$가 $g \circ f = 1_A$이면 f는 일대일 함수이고, g는 위로의 함수임을 어렵지 않게 알 수 있다. 특히 $g \circ f = 1_A$이고 $f \circ g = 1_B$이면 f와 g는 일대일 대응이 되는 것도 쉽게 알 수 있다. 이렇게 되는 g는 유일하게 존재하는데 이때 g를 f의 역함수(inverse function)라고 한다.

함수는 두 집합에 주어진 대수구조를 비교 분석할 때도 사용된다. 이때엔 특별히 연산결과까지 보존할 수 있는 함수를 사용하는데, 이러한 함수를 준동형사상(homomorphism)이라 하고, 준동형사상이 일대일 대응이 되는 경우에는 동형사상(isomorphism)이라고 한다. 준동형사상과 동형사상은 대수학에서 큰 역할을 하고 있으며, 이들을 이용하여 복잡하고 어려운 대수구조를 우리가 알고 있거나 알기 쉬운 구조에 대응시켜 복잡한 구조를 좀 더 쉽게 접근할 수 있도록 하여, 수집합의 구조 및 수들의 연산에 의한 작용에 대한 연구에 많은 도움을 준다.

연습 문제

01 예제 2.7에서 정의된 관계 Z가 동치관계임을 증명하여라.

02 정리 2.4의 (1), (2), (3)이 성립함을 증명하여라.

03 정수 집합 $\mathbb{Z}$에 대하여, $\mathbb{Z}\times\mathbb{Z}$ 위에 다음과 같은 관계 Q가 정의되어 있다.

$$((a,\ b),\ (c,\ d))\in Q \Leftrightarrow ad=bc \ (\text{단, } b,\ d\neq 0)$$

(1) 관계 Q가 동치관계임을 보여라.

(2) 관계 Q에 대한 $(1,\ 2)$의 동치류를 구하여라.

제3장

암호와 정수론

Cryptography and number theory

현대 사회에서 컴퓨터는 폭넓은 분야에서 사용되고 있다. 특히 정보를 다루는 분야에서는 컴퓨터를 이용하여 다양한 정보를 가공하고 처리하고 있다. 따라서 컴퓨터를 이용하여 정보를 처리하기 위해서는 컴퓨터가 이해할 수 있는 형태로 정보를 표현해야 하는데, 그 표현은 0과 1로 이루어진 2진 수열이 된다. 0과 1로 표현된 정보는 적절한 연산을 통해 우리가 쉽게 이해할 수 있는 10진수의 정수로 나타낼 수 있다. 그렇기 때문에 세상의 모든 정보는 정수라는 표현방법을 통해 다룰 수 있으며, 정보의 생산, 가공, 전달, 저장하는 모든 과정이 모두 정수라는 표현방법으로 이루어진다고 할 수 있다.

정수를 연구하는 수학을 정수론(number theory)이라 한다. 18세기부터 19세기에 걸쳐 명성을 날렸던 가우스(Karl Friedrich Gauss, 1777～1855)는 다음과 같이 말하며 수학에서 정수론이 얼마나 중요한지를 강조하였다.

> *Die Mathematik ist die Königin der Wissenschaften und die Zahlentheorie ist die Königin der Mathematik*
>
> (수학은 과학의 여왕이고, 정수론은 수학의 여왕이다)
>
> \- Karl Friedrich Gauss

실제로 정수론은 수학의 전 분야에 있어 아주 중요한 핵심 역할을 하고 있으며, 아직도 수많은 난제들을 품고 있는 수학 내의 신비한 세계이다. 특히, 대부분의 소수 관련 문제들은 쉽사리 풀리지 않고 있으며, 이러한 소수 문제의 어려움이 암호학에서 암호체계를 구성하고 그 안전성을 보장하고 있다. 이 장에서는 자연수를 포함한 정수에 대한 기본적인 정의와 성질, 이와 관련된 암호이론에 대하여 설명하고자 한다.

3.1 자연수와 정수

자연수 전체의 집합은 우리에게 익숙한 수집합 중 가장 작은 수집합이며 인간의 삶과 밀접한 관계를 맺고 있는 수집합이다. 정수 전체의 집합 또한 우리에게 익숙한 두 번째로 작은 수집합이며 자연수와 더불어 우리의 삶과 굉장히 밀접한 관계를 맺고 있다. 본 절에서는 자연수와 정수의 정의, 그리고 이들의 성질에 대해 살펴볼 것이다.

3.1.1 자연수의 정의와 페아노 공리

인간에게 가장 밀접한 수는 바로 자연수(natural number)이다. 자연수는 셈을 위한 수(number for counting)로 처음 등장했으며 수학에서 다루는 수 체계 중 가장 간단한 체계이며 매우 중요한 수집합이다. 이런 자연수의 집합을 크로네커(Leopold Kronecker, 1823～1891)는 다음과 같이 말했다.

Die ganzen Zahlen hat der liebe Gott gemacht, alles andere ist Menschenwerk

(자연수는 신의 작품이고 나머지는 인간의 작품이다.)

\- Leopold Kronecker

즉 자연수만큼은 그 탄생이 인간의 머리로 따라 갈 수 없을 만큼 자연스러우며 그 구조 또한 인간이 설명할 수 없는 구조임을 강조한 것이다. 이러한 자연수를 이탈리아 수학자 페아노(Giuseppe Peano, 1858～1932)는 체계적으로 정의하였다.

공리 3.1 **페아노 공리(Peano's axiom)**

다음의 P1～P5를 만족하는 집합 $\mathbb{N}$이 존재한다. 이때, 집합 $\mathbb{N}$의 원소를 자연수(natural number)라고 하고, $\mathbb{N}$을 자연수의 집합(set of natural numbers)이라고 한다.

P1. $1 \in \mathbb{N}$, 즉 $\mathbb{N}$은 공집합이 아니고 1이라는 원소를 가진다.

P2. 각각의 $n \in \mathbb{N}$에 대하여 바로 뒤의 원소(successor) n^*가 집합 $\mathbb{N}$에 유일하게 존재한다.

P3. 각각의 $n \in \mathbb{N}$에 대하여 $n^* \neq 1$이다. 즉, 1은 집합 $\mathbb{N}$의 어떠한 원소에 대해서도 바로 뒤의 원소가 될 수 없다.

P4. 각각의 m, $n \in \mathbb{N}$에 대하여 $n \neq m$이면 $n^* \neq m^*$이다. 즉 서로 다른 $\mathbb{N}$의 원소들은 서로 다른 바로 뒤의 원소를 갖는다.

P5. (수학적 귀납법의 원리, principle of mathematical induction) 집합 $\mathbb{N}$의 부분집합 A가 다음 두 조건을 만족하면 $A = \mathbb{N}$이다.

(i) $1 \in A$

(ii) $n \in A$이면 $n^* \in A$이다

공리 3.1에 의하면 1은 자연수이고, 각 자연수들의 바로 뒤의 수를 $1^* = 2$, $2^* = 3$, ...과 같이 나타냄으로써 우리가 쓰는 자연수를 구성할 수 있다. 이러한 원소들은 P4에 의해 모두 다른 원소들이며, P3에 의해 1은 가장 작은 자연수[1]이다. 그리고 P5를 이용하여 모든 자연수에 대해 성립하는 성질을 증명할 수 있다.

3.1.2 수학적 귀납법

수학적 귀납법은 적당한 정수 이상의 모든 정수 n에 관하여 서술된 명제 $p(n)$이 참임을 증명하는 방법이다. 귀납법적 사고방식은 자연수를 자연스럽게 사용하여 온 우리에게 무척 익숙하다. "하나를 보면 열을 안다"라는 격언은 이 귀납법적 사고방식을 대변하고 있다 할 수 있겠다. 수학적 귀납법은 공리 3.1의 P5, 즉 수학적 귀납법의 원리에서 출발한다.

정리 3.2 수학적 귀납법

자연수 n에 관한 명제 $p(n)$이 다음 두 조건을 만족한다면 명제 $p(n)$은 모든 자연수 n에 대해서 참이다.

(i) $p(1)$은 참이다.

(ii) 적당한 자연수 k에 관하여 $p(k)$가 참이면 $p(k+1)$도 참이다.

1) 아직 순서에 대한 정의는 없지만, '바로 다음'이라는 용어가 순서를 나타낸 것으로 이해할 수 있다.

>> 증명 집합 P를 명제 $p(n)$을 참으로 하는 모든 n의 집합, 즉

$$P=\{n\in\mathbb{N} \mid p(n)\text{은 참}\}$$

이라 하자. 첫 번째 조건에서 $p(1)$은 참이므로 $1\in P$이고, 두 번째 조건에서 적당한 자연수 k에 대하여, $p(k)$가 참이면 $p(k+1)$도 참이라고 했기 때문에, $k\in P$이면 $k+1\in P$이다. 이것은 수학적 귀납법의 원리의 가정을 정확히 만족하므로 $P=\mathbb{N}$이다. ■

예제 3.1 다음의 명제들은 수학적 귀납법으로 참임을 증명할 수 있는 명제들이다.

(1) $p(n)$: 모든 자연수 n에 관하여 $\sum_{k=1}^{n} k=\frac{n(n+1)}{2}$이다.

(2) $p(n)$: $n\geq 4$인 모든 자연수 n에 관하여 $n!\geq 2^n$이다.

(3) $p(n)$: 모든 자연수 n에 관하여 다음이 성립한다.

$$\begin{bmatrix}1 & 1\\0 & 1\end{bmatrix}^n=\begin{bmatrix}1 & n\\0 & 1\end{bmatrix}$$

수학적 귀납법에서 중요한 것은 n은 자연수라는 점이다. 자연수는 셀 수 있는 수이므로 셀 수 있는 수 집합의 원소에 대한 명제에는 수학적 귀납법을 적용하여 성립함을 보일 수 있지만, 실수와 같이 셀 수 없는 수에 대해서는 수학적 귀납법을 이용하여 명제의 성립을 증명할 수 없음을 명심하자. 이제 수학적 귀납법을 이용한 증명의 예제를 살펴보고 이를 숙달하도록 하자.

예제 3.2 다음 명제 $p(n)$이 모든 자연수 n에 관하여 성립함을 보여라.

$$p(n):\ \begin{bmatrix}1 & a\\0 & 1\end{bmatrix}^n=\begin{bmatrix}1 & na\\0 & 1\end{bmatrix}$$

>> 풀이 명제 $p(n)$은 자연수 n에 대한 명제이다. $p(n)$의 성립은 자연수 n에 대한 수학적 귀납법을 이용하여 보일 것이다.

먼저, $n=1$이면,

$$\begin{bmatrix}1 & a\\0 & 1\end{bmatrix}^1=\begin{bmatrix}1 & a\\0 & 1\end{bmatrix}=\begin{bmatrix}1 & 1\cdot a\\0 & 1\end{bmatrix}$$

이므로 $p(1)$은 참이다. 이제 적당한 자연수 k에 대하여 $p(k)$가 참이라고 가정하면,

$$\begin{aligned}\begin{bmatrix}1 & a\\0 & 1\end{bmatrix}^{k+1}&=\begin{bmatrix}1 & a\\0 & 1\end{bmatrix}^k\begin{bmatrix}1 & a\\0 & 1\end{bmatrix}\\&=\begin{bmatrix}1 & ka\\0 & 1\end{bmatrix}\begin{bmatrix}1 & a\\0 & 1\end{bmatrix}\\&=\begin{bmatrix}1 & (k+1)a\\0 & 1\end{bmatrix}\end{aligned}$$

이 성립한다. 그러므로 $p(k+1)$이 참이다.

결국, 수학적 귀납법에 의하여 모든 자연수 n에 대하여 $p(n)$은 참이다. □

수학적 귀납법은 임의의 자연수 n에 대하여 주어진 명제가 참임을 증명하는 가장 일반적인 증명법을 제공한다. 하지만 수학적 귀납법은 증명하고자 하는 명제의 답을 구해주지는 않는다. 다시 말하면, (좌변) = (우변)으로 주어지는 등식이 성립하는지는 증명할 수 있지만, 좌변에서 풀어나가서 우변을 유도하지는 못한다. 위의 예에서 보듯이, 좌변의 n에 1을 대입한 결과와 2를 대입한 결과, 3을 대입한 결과 등을 우변에 나열한 후, 일반적인 n에 관한 우변의 식을 유추하여 '추정'해 낸다. 수학적 귀납법은 우리의 추정이 참인지 여부를 증명에 의하여 확인해 주기는 하지만 우변의 식을 사전 지식 없이 유도해 주지는 못한다.

3.1.2 자연수의 덧셈과 곱셈

이제 가장 간단한 수 집합인 자연수의 집합 $\mathbb{N}$에 덧셈(addition)과 곱셈(multiplication)이라는 연산(operation)을 이용하여 자연수들 간의 관계를 만들고자 한다. 이때 자연수의 덧셈과 곱셈은 다음과 같이 정의하자.

정의 3.1 두 자연수 n과 p에 대하여 다음을 정의한다.

(1) [덧셈] $n+1=n^*$, $n+p^*=(n+p)^*$

(2) [곱셈] $n\cdot 1=n$, $n\cdot p^*=(n\cdot p)+n$

셈 기호 $\cdot$은 혼동의 여지가 없다면 생략하기도 한다. 즉 $a \cdot b = ab$와 같이 쓸 수 있다. 이렇게 덧셈과 곱셈은 귀납적으로 정의되고, 그 결과는 항상 집합 $\mathbb{N}$의 원소가 됨을 알 수 있다. 이 덧셈과 곱셈은 우리가 현재 사용하는 덧셈과 곱셈이다. 이들 연산은 기본적으로 결합법칙, 교환법칙이 성립한다. 이에 대한 증명은 수학적 귀납법을 이용하여 할 수 있다.

정리 3.3

임의의 세 자연수 a, b, c에 대하여, 다음이 성립한다.

(1) [결합법칙(associative law)] $(a+b)+c = a+(b+c)$, $(a \cdot b) \cdot c = a \cdot (b \cdot c)$

(2) [교환법칙(commutative law)] $a+b = b+a$, $a \cdot b = b \cdot a$

>> **증명** 덧셈에 대한 결합법칙과 교환법칙을 증명할 것이다. 곱셈에 대한 증명은 덧셈과 비슷하게 각자 해보기 바란다.

(1) c에 대한 수학적 귀납법을 사용할 것이다.

(i) $c=1$일 때, 바로 뒤의 원소와 덧셈의 정의로부터

$$(a+b)+1 = (a+b)^* = a+b^* = a+(b+1)$$

를 얻는다.

(ii) 적당한 자연수 c에 대하여 $(a+b)+c = a+(b+c)$가 성립한다고 하자. 그러면

$$\begin{aligned}(a+b)+c^* &= ((a+b)+c)^* && \text{[덧셈의 정의]}\\ &= (a+(b+c))^* && \text{[귀납법 가정]}\\ &= a+(b+c)^* && \text{[덧셈의 정의]}\\ &= a+(b+c^*) && \text{[덧셈의 정의]}\end{aligned}$$

이다. 따라서 모든 자연수 c에 대하여

$$(a+b)+c = a+(b+c)$$

가 성립한다.

(2) 우선 $1+a = a+1$임을 a에 대한 수학적 귀납법으로 증명한다.

(i) $a=1$이면 자명하다.

(ii) 이제 적당한 a에 대하여 $1+a=a+1$이 성립한다고 가정하자. 그러면

$$\begin{aligned} 1+a^* &= (1+a)^* && \text{[덧셈의 정의]} \\ &= (a+1)^* && \text{[귀납법 가정]} \\ &= (a^*)^* && \text{[덧셈의 정의]} \\ &= a^*+1 && \text{[덧셈의 정의]} \end{aligned}$$

이다. 따라서 모든 자연수 a에 대하여

$$1+a=a+1$$

이다. 이제 $a+b=b+a$의 증명은 b에 대한 귀납법을 이용하자.

(i) $b=1$일 때, $a+1=1+a$이다.

(ii) 적당한 b에 대하여 $a+b=b+a$가 성립한다고 하자. 그러면

$$\begin{aligned} a+b^* &= (a+b)^* && \text{[덧셈의 정의]} \\ &= (b+a)^* && \text{[귀납법 가정]} \\ &= b+a^* && \text{[덧셈의 정의]} \\ &= b+(a+1) && \text{[덧셈의 정의]} \\ &= b+(1+a) && \text{[1이 포함된 교환법칙]} \\ &= (b+1)+a && \text{[결합법칙]} \\ &= b^*+a && \text{[덧셈의 정의]} \end{aligned}$$

이다. 따라서 모든 자연수 b에 대하여

$$a+b=b+a$$

이다. ■

자연수의 덧셈에 대한 결합법칙과 교환법칙을 증명하였지만 자연수의 곱셈에 대한 결합법칙과 교환법칙도 덧셈과 마찬가지로 수학적 귀납법을 이용하여 성립함을 보일 수 있다. 이 밖의 간단한 성질을 더 살펴보면 다음과 같은 성질을 알 수 있고, 이러한 성질이 성립함은 귀류법 또는 수학적 귀납법을 이용해서 보일 수 있다.

정리 3.4
임의의 세 자연수 a, b, c에 대하여, 다음이 성립한다.
(1) [분배법칙] $(a+b)c=ac+bc$
(2) [덧셈에 대한 소거법칙] $a+c=b+c$이면 $a=b$이다.
(3) [곱셈에 대한 소거법칙] $ac=bc$이면 $a=b$이다.

위와 같이 정의된 자연수와 연산의 개념은 하루아침에 만들어진 것이 아니다. 이것은 인류가 선사 시대부터 익히 사용하여 온 자연수의 개념을 현대에 이르러 수학자들이 공리적으로 재정의한 것에 지나지 않는다. 앞서 언급했던 "자연수는 신이 만들었으며 그 외의 수는 사람이 만들었다"는 크로네커의 말은 자연수가 사람들에게는 선험적 대상이라는 의미이다. 즉, 자연수는 우리가 태어나면서부터 우리에게 주어졌고, 우리는 자연수들의 집합이 교환법칙, 결합법칙, 소거법칙 등의 기본 성질을 만족하는 대상 중에 최소의 수 집합이라고 받아들여 왔다. 하지만 수학자들은 선험적인 대상인 자연수를 좀 더 논리적으로 정의하고 싶었으며, 그래서 페아노는 자연수를 체계적으로 정의하였다. 이렇게 페아노 등의 여러 수학자들의 노력으로 이루어진 정의를 바탕으로 덧셈과 곱셈의 기본 성질들도 논리적으로 설명되는 것이다. 수학을 전공하지 않은 사람에게는 이러한 자연수의 공리적인 정의가 자연스럽지 않게 느껴질 수도 있다. 하지만 이러한 공리적 정의는 군(group), 환(ring), 체(field)와 같은 추상적 대수 구조를 공리계로 일반화하여 발전시키는 초석이 되었으며, 이러한 추상적인 대수구조들은 현대 컴퓨터 공학에서 연산 구조의 기초로 구체화되어 나타났다.

3.1.3 자연수의 정렬성

자연수에 순서를 주어 수의 크기를 결정함으로써 두 수를 비교할 수 있게 하였다. 자연수는 다음과 같은 방법으로 순서를 정할 수 있다.

정의 3.2 (1) 두 자연수 m, n에 대하여,

$$m+p=n$$

인 자연수 p가 존재하면, '자연수 m은 자연수 n보다 작다'고 하고 $m<n$

또는 $n > m$으로 나타낸다.

(2) $m < n$이거나 $m = n$일 때 $\le n$으로 쓴다.

정의 3.2에 의해 자연수는 다음과 같이 모두 순서를 부여하여 서로 비교할 수 있다.

정리 3.5 삼일률(law of trichotomy)

두 자연수 m, n에 대하여, 다음 중 하나만 성립한다.

(1) $m = n$ (2) $m < n$ (3) $m > n$

정리 3.5에 의하면, 서로 다른 임의의 두 자연수는 항상 서로의 크기를 비교할 수 있다. 다시 말해 순서에 따라 한 줄로 세울 수 있다. 1은 자연수 중 가장 작은 원소가 되고, 따라서 자연수 집합은 최소 원소를 갖고 있음을 알 수 있다. 그리고 자연수의 임의의 부분집합에 대해서도 최소 원소에 관한 이야기를 다음과 같이 할 수 있다.

정리 3.6 자연수의 정렬 원칙(well-ordering principle for ℕ)

공집합이 아닌 자연수의 임의의 부분집합 A는 최소 원소를 반드시 갖는다.

≫ 증명 집합 A를 공집합이 아닌 자연수의 부분집합이라고 하자. 이때, 집합 A의 최소 원소가 없다고 가정하고, 집합 M을

$$M = \{x \in \mathbb{N} \mid \text{집합 } A\text{의 임의의 원소 } a\text{에 대하여 } x < a\}$$

로 정의하자. 그러면 A는 최소 원소를 갖고 있지 않으므로 $1 \notin A$이다. 그런데 1은 자연수의 최소 원소이므로 임의의 $a \in A$에 대하여 $1 < a$이다. 따라서 $1 \in M$이다. 만일 $k \in M$인 자연수 k가 있다고 하자. 그러면 임의의 $a \in A$에 대하여, $k < a$이다. 만약 $k+1 \in A$라면 $k+1$은 A의 최소 원소가 되어, A는 최소원이 없다는 가정에 모순이다. 따라서 $k+1 \notin A$이고, 모든 $a \in A$에 대하여 $k+1 < a$이다. 즉 $k+1 \in M$이다. 이는 페아노 공리의 P5 성질에 의해 $M = \mathbb{N}$이 된다. 그런데 M의 정의에 의해, $A \cap M = \varnothing$이므로 $A = \varnothing$이 되어 A가 공집합이 아니라는 가정에 모순이다. 결국 A는 최소원소를 갖는다. ■

자연수의 정렬성은 언뜻 보아서 당연한 이야기를 정리해 놓은 것 같으나 이는 우리가 익숙하게 알고 있는 자연수에 관한 다양한 성질들을 증명하는 데에 필수적이다.

3.1.4 정수의 정의

원시 수렵 사회에서 간단하게 사냥감들의 수를 세던 시기에서 무기가 발달함에 따라 사냥하여 얻는 포획량이 늘게 되고, 그러면서 점차 이웃 부족과의 상업이 발달하게 되었다. 상업적 만남을 통해 서로 물물교환을 하면서 '부족하다'는 개념을 표현할 수 있는 수가 필요하게 되었다. 이와 관련해 수학에서는 그러한 수를 자연수 간의 적절한 관계를 통해 정의하였다.

정의 3.3 임의의 두 자연수 a, b에 대하여, 집합

$$[a,\ b] = \{(c,\ d) \mid c,\ d \in \mathbb{N}\text{이고 } a+d=b+c\}$$

를 정수(integer)라고 한다. 그리고 자연수 a, b에 대하여 구별되는 모든 $[a,\ b]$의 집합을 정수들의 집합(set of integers)이라 하고 $\mathbb{Z}$로 나타낸다.

정의 3.3에서 정의된 정수는 우리가 알고 있는 정수와 모양은 다르지만 근본적으로 같다. $a>b$일 때 $[a,\ b]$는 $b+c=a$인 자연수 c로 생각하고 그대로 c라고 표시하고, $a<b$일 때 $[a,\ b]$는 $a+c=b$인 자연수 c로 생각할 수 있고, 이는 $-c$로 표시한다. $[a,\ a]$는 0을 의미한다고 생각하자. 예를 들어

$$[1,\ 3]=[2,\ 4]=[3,\ 5]=\cdots=-2$$

인 셈이다. 그래서 우리는 $[1,\ 3]$, $[2,\ 4]$ 등은 따로 구별하지 않고 -2 하나로 나타낸다.

참고 정수들은 다음 세 가지 중 한 가지 유형의 정수이다.

(1) 임의의 자연수 a에 대하여, $[a,\ a]$를 영(zero)이라 하고, 0으로 나타낸다.

(2) 두 자연수 a, b에 대하여, $a>b$인 정수 $[a,\ b]$를 양의 정수(positive integer)라고 하고 $a=b+c$인 자연수 c가 존재하면 $[a,\ b]$는 c로 나타낸다. 이는 자연수 c와 동일시한다.

(3) 두 자연수 a, b에 대하여, $a < b$인 정수 $[a, b]$를 음의 정수(negative integer)라 고 하고, $b = a + c$인 자연수 c가 존재할 때 $[a, b]$를 $-c$로 나타낸다.

이와 같이 정수의 정의와 표현을 이용하여 정수들의 집합 $\mathbb{Z}$를 다시 적으면

$$\{0,\ 1,\ -1,\ 2,\ -2,\ 3,\ -3,\ \ldots,\ n,\ -n,\ \ldots\}$$

이 된다.

3.1.5 정수의 덧셈과 곱셈, 그리고 뺄셈

이제 정수들 간의 덧셈과 곱셈을 생각해보자. 정수의 덧셈과 곱셈은 자연수의 덧셈과 곱셈에 기초하여 정의된다.

정의 3.4 임의의 두 정수 $[a, b]$, $[c, d]$에 대하여 다음과 같이 덧셈과 곱셈을 정의한다.
(1) [덧셈] $[a, b] + [c, d] = [a + c, b + d]$
(2) [곱셈] $[a, b] \cdot [c, d] = [ac + bd, ad + bc]$

이렇게 정의된 덧셈과 곱셈의 결과는 항상 다시 정수가 된다. 덧셈과 곱셈에 대한 예는 다음과 같다.

예제 3.3 (1) $[4, 2] + [1, 7] = [5, 9]$이다.
(2) $[4, 2]$는 2이고 $[1, 7]$은 -6이고 $[5, 9]$는 -4이므로 두 정수 2와 -6의 합은 정의 3.4에 의해

$$2 + (-6) = -4$$

가 되는 것이다.

정의 3.4와 같이 정의된 덧셈과 곱셈은 자연수의 덧셈과 곱셈을 기반으로 정의되었기 때문에 교환법칙과 결합법칙이 성립함을 자연수의 덧셈과 곱셈에서의 교환법칙과 결합법칙으로 설명할 수 있다.

정리 3.7
임의의 정수 a, b, c에 대하여,
(1) $a+b=b+a$, $a\cdot b=b\cdot a$
(2) $(a+b)+c=a+(b+c)$, $(a\cdot b)\cdot c=a\cdot(b\cdot c)$
가 성립한다.

임의의 정수 z에 대하여 $z+0=z$가 성립한다. 이때 0을 덧셈에 대한 항등원(identity for addition)이라고 한다. 또한 임의의 정수 z에 대하여 $z+(-z)=0$이고, 이때 $-z$를 z의 덧셈에 대한 역원(inverse for addition)이라고 한다. 덧셈에 대한 역원을 이용하여 다음과 같이 빼셈(substraction)을 정의할 수 있다.

정의 3.5 두 정수 m, n의 빼셈(substraction)은 다음과 같이 정의한다.

$$m-n=m+(-n)$$

정의 3.5의 빼셈을 정수의 덧셈으로 계산해보면, 우선 두 정수 m, n에 대하여 각각 $m=[a,\ b]$, $n=[c,\ d]$인 자연수 a, b, c, d가 존재할 것이다. 이제 $m-n$은

$$m-n=m+(-n)=[a,\ b]+[d,\ c]=[a+d,\ b+c]$$

와 같이 계산된다.

예제 3.4 $8-13$을 계산하면

$$8-13=[9,\ 1]-[14,\ 1]=[10,\ 15]=-5$$

가 된다.

3.1.6 정수의 순서

이제 정수의 순서(order)에 관하여 다음과 같이 정의하여 보도록 하자. 정수의 정의에 따라 임의의 정수는 자연수의 집합에 속하거나 0이거나 또는 0도 아니면서 자연수의 집합에

속하지도 않는 등 반드시 한 가지만 성립한다. 그러므로 두 정수 a, b에 관하여 이들의 차 $b-a$ 또한 정수이므로, $b-a \in \mathbb{N}$, $b-a=0$, $b-a \notin \mathbb{N} \cup \{0\}$ 중 단 한 가지를 만족하게 된다. 이 각각에 관하여,

(1) $b-a \in \mathbb{N} \Rightarrow a<b$

(2) $b-a=0 \Rightarrow a=b$

(3) $b-a \notin \mathbb{N} \cup \{0\} \Rightarrow a<b$

라고 정의하고 각각을 a는 b보다 '작다', '같다', '크다'라고 한다. 또한

(1) $a \leq b$: $a<b$ 또는 $a=b$

(2) $a \geq b$: $a>b$ 또는 $a=b$

임을 뜻한다. 특히, 임의의 0이 아닌 정수 a를 보면 다음이 성립한다.

(1) $a \in \mathbb{N} \Rightarrow a>0$

(2) $-a \in \mathbb{N} \Rightarrow a<0$

정수도 자연수처럼 크기에 따라 순서를 부여할 수 있다.

정의 3.6 두 정수 m, n에 대하여 $n=m+k$인 양의 정수 k가 존재하면 $m<n$이라고 나타낸다.

정의 3.6에 따라 정수 전체에 순서를 부여할 수 있다. 실제 $m<n$이라면 $n=m+k$인 양의 정수 k가 존재할 것이다. 그러면 $-m=-n+k$임은 어렵지 않게 알 수 있고 따라서 $-n<-m$이 된다. 이와 같은 방법으로 정수에 다음과 같이 순서를 부여하여 작은 수부터 큰 수 순서로 나열할 수 있다.

$$\ldots,\ -3,\ -2,\ -1,\ 0,\ 1,\ 2,\ 3,\ \ldots$$

정의 3.7 정수 전체의 집합 $\mathbb{Z}=\{\ldots,-2,-1,0,1,2,\ldots\}$의 임의의 원소 a에 대하여

$$|a|=\begin{cases} a, & (a \geq 0 \text{ 일 때}) \\ -a, & (a<0 \text{ 일 때}) \end{cases}$$

를 정의할 수 있고, $|a|$을 a의 절댓값(absolute value)이라고 한다.

절댓값에 관한 다음의 성질을 쉽게 생각할 수 있다.

정리 3.8

임의의 a, $b \in \mathbb{Z}$에 대하여 다음이 성립한다.

(1) $|ab| = |a||b|$

(2) $|a+b| \leq |a| + |b|$

연습 문제

01 **(베르누이 부등식, Bernoulli's inequality)** 모든 실수 $x > -1$와 모든 자연수 n에 대하여

$$(1+x)^n \geq 1+nx$$

가 성립함을 증명하여라.

02 자연수에 대하여 다음 법칙을 증명하여라.

(1) 곱셈의 결합법칙

(2) 곱셈의 교환법칙

(3) 분배법칙

(4) 소거법칙

03 임의의 a_1, a_2, a_3, …, $a_n \in \mathbb{R}$에 대하여

$$|a_1 a_2 \ldots a_n| = |a_1||a_2| \ldots |a_n|$$

이 성립함을 증명하여라. 여기서 $\mathbb{R}$은 실수의 전체집합이다.

04 베르누이 부등식을 이용하여 다음 부등식을 증명하여라.

$$\left(1+\frac{1}{n}\right)^n > \left(1+\frac{1}{n-1}\right)^{n-1}$$

05 **(산술-기하평균 부등식)** 임의의 양의 실수 a_1, a_2, a_3, …, a_n에 대하여

$$\frac{a_1+a_2+\ldots+a_n}{n} \geq \sqrt[n]{a_1 a_2 \ldots a_n}$$

이 성립함을 증명하여라.

06 모든 자연수 i에 대하여 $x_i \geq 0$인 실수 x_i에 대하여, 다음 부등식을 증명하여라.

(1) $x_{n+1}\left(\dfrac{1}{x_1}+\dfrac{1}{x_2}+\cdots+\dfrac{1}{x_n}\right)+\left(\dfrac{1}{x_{n+1}}\right)(x_1+x_2+\cdots+x_n)\geq 2n$

(2) $(x_1+x_2+\cdots+x_n)\left(\dfrac{1}{x_1}+\dfrac{1}{x_2}+\cdots+\dfrac{1}{x_n}\right)\geq n^2$

07 수학적 귀납법을 이용하여 n개의 원소를 갖는 집합 S의 부분집합의 개수가 2^n임을 증명하여라. (힌트: 공집합도 생각할 것)

08 정수의 덧셈과 곱셈이 잘 정의되었다는 것을 보여라. 즉, 임의의 두 정수 $[a,\ b]=[a',\ b']$와 $[m,\ n]=[m',\ n']$에 대하여

$$[a,\ b]+[m,\ n]=[a',\ b']+[m',\ n']$$

과

$$[a,\ b]\cdot[m,\ n]=[a',\ b']\cdot[m',\ n']$$

임을 보여라.

3.2 가분성

정수는 다른 정수들의 곱으로 표현할 수 있다. 예를 들어, 6은 2와 3의 곱으로 나타낼 수 있다. 그리고 반드시 1과 자기 자신의 곱으로만 나타낼 수 있는 정수도 있다. 즉 더 이상 쪼개지지 않는 정수가 있다. 이렇게 더 이상 쪼개지지 않는 정수를 적당히 골라서 곱하여 모든 정수를 나타낼 수 있는데, 이처럼 더 이상 쪼개지지 않는 정수는 다른 정수를 만드는 기본 재료와 같은 역할을 한다. 그리고 정수는 이런 재료들의 유일한 곱의 형태로 나타날 수 있는데, 이는 정수 집합이 가지는 특별한 대수 구조적 성질 때문이다. 이처럼 정수를 1과 자신이 아닌 다른 정수의 곱으로 나타낼 수 있는가의 문제를 분석하기 위해 가장 기본적으로 다루어야 할 성질은 가분성, 즉 나누어떨어지는지 여부와 관련된 성질이다. 이 절에서는 정수의 가분성을 이해하기 위한 기본적인 정의 및 개념들을 확인하고 가분성을 기반으로 간단한 정수의 특성을 살펴본다.

3.2.1 약수와 배수

정수는 덧셈 연산에 대해서는 역원이 존재하여 두 정수의 뺄셈을 정의할 수 있지만, 곱셈의 경우에는 역원이 존재하지 않기 때문에 두 정수의 나눗셈을 일반적으로 정의할 수 없다. 이와 같은 정수의 특성에 의해 다음의 정리를 얻을 수 있다.

정리 3.9 나눗셈 알고리즘
정수 $a,\ b \in \mathbb{Z}(b > 0)$에 대하여,

$$a = bq + r \quad (0 \le r < b)$$

를 만족하는 두 정수 $q,\ r \in \mathbb{Z}$가 각각 유일하게 존재한다.

>> 증명 $a \ge 0$이라고 가정하고, 집합 S를

$$S = \{r+1 \mid q \in \mathbb{Z},\ r = a - bq \ge 0\}$$

라 하자. 그러면 집합 S는 자연수의 부분집합이고, $q = -a$라 하면 $r = a -$

$(-a)b \geq 0$이다. 따라서 자연수의 정렬성에 의해 최소 원소 r_0+1가 S에 존재한다. 즉, 적당한 정수 q_0에 대하여,

$$a = bq_0 + r_0, \quad r_0 \geq 0$$

이다. 만약 $r_0 \geq b$이면,

$$a - b(q_0+1) = a - bq_0 - b = r_0 - b \geq 0$$

이고, 따라서 $r_0 - b + 1 \in S$이다. 그런데 r_0+1는 S의 최소 원소이지만 $b > 0$이므로 $r_0+1 > r_0+1-b$가 되어 모순이다. 결국, $r_0 < b$이다.

이제 유일성을 보이자. 두 식

$$a = bq + r, \quad 0 \leq r < b$$

와

$$a = bq' + r', \quad 0 \leq r' < b$$

를 각각 만족하는 $q \neq q'$이고 $r \neq r'$인 두 쌍의 정수 q, r과 q', r'이 존재한다고 가정하자. 위의 두 식을 정리하면

$$b(q-q') = r' - r$$

이다. 그런데 $0 \leq r$, $r' < b$이므로

$$-1 < q - q' = \frac{r'-r}{b} < 1$$

이다. 그런데 q와 q'은 모두 정수이므로 $q = q'$이고, $r = r'$이다.

$a < 0$일 때에도 비슷한 방법으로 정리의 결과가 성립함을 증명할 수 있다. 따라서 $a = bq + r(0 \leq r < b)$ 만족하는 두 정수 q, $r \in \mathbb{Z}$가 각각 유일하게 존재한다. ■

정리 3.9에서 q는 a를 b로 나눈 몫(quotient)이라고 하고 r은 a를 b로 나누었을 때의 나머지(remainder)라고 한다. 정리 3.9의 나머지에 따라 다음을 정의할 수 있다.

정의 3.8 두 정수 a, $b \in \mathbb{Z}$에 대하여, $b = ac$인 정수 c가 존재할 때, a를 b의 약수(divisor) 또는 인수(factor)라 하고, b를 a의 배수(multiple)라고 한다.

정수 a와 b에 대하여, a가 b의 약수이면 $a|b$로 나타내고, 각 정수 a에 대하여 a의 배수들의 집합을 $a\mathbb{Z} = \{ax \mid x \in \mathbb{Z}\}$로 나타낸다. 두 정수 a, b에 대하여 $b|a$이면 a는 b의 배수이며, 이때 a의 배수는 모두 b의 배수가 된다. 따라서 $a\mathbb{Z} \subseteq b\mathbb{Z}$가 된다. 물론 그 역도 성립하여 $a\mathbb{Z} \subseteq b\mathbb{Z}$이면 $b|a$이다. 만일 $a\mathbb{Z} = b\mathbb{Z}$이면 $a|b$이고 $b|a$가 되어 a와 b는 서로가 서로를 나눈다. 즉, $a = \pm b$가 됨을 쉽게 알 수 있다.

정수의 약수와 배수는 다음과 같은 성질을 만족한다.

정리 3.10

임의의 세 정수 a, b, $c \in \mathbb{Z}$에 대하여, 다음이 성립한다.

(1) $a|a$, $1|a$, $a|0$

(2) $0|a \Leftrightarrow a = 0$

(3) $a|b$이고 $a|c \Rightarrow a|(b+c)$이다.

(4) $a|b \Rightarrow a|-b$

(5) $a|b$이고 $b|c \Rightarrow a|c$이다.

(6) $a|b$이고 $b|a \Leftrightarrow a = \pm b$이다.

>> 증명 (1)과 (4)는 자명하다.

(2) $0|a$이므로 a는 어떤 정수 k에 대해 $a = 0 \cdot k = 0$이다.

(3) $a|b$이고 $a|c$이므로 적당한 두 정수 k_0와 k_1가 존재하여 $b = ak_0$와 $c = ak_1$가 성립한다. 따라서 $b + c = ak_0 + ak_1 = a(k_0 + k_1)$를 만족하므로 $b + c$는 a로 나누어떨어진다.

(5) $a|b$이고 $b|c$이므로, 적당한 두 정수 k_0와 k_1에 대하여 $b = ak_0$, $c = bk_1$이다. 즉, $c = bk_1 = (ak_0)k_1 = a(k_0k_1)$이므로 $a|c$이다.

(6) $a|b$이고 $b|a$이므로 $b = ak_0$와 $a = bk_1$을 만족하는 두 정수 k_0와 k_1가 존재한다. 그런데 $b = ak_0$이고 $a = bk_1$이므로 $a = ak_0k_1$이다. k_0와 k_1는 정수이므로 $k_0k_1 = 1$이다. 따라서 $k_0 = k_1 = 1$이거나 $k_0 = k_1 = -1$이다. 결국 $a = \pm b$이다. ■

3.2.2 최대공약수와 최소공배수

정수의 약수를 살펴보면 그 정수의 수학적 특성을 알 수 있다. 특히 동일한 정수를 약수로 가지는 두 정수는 특별한 성질을 가진다. 이때, 두 정수가 공통적으로 가지는 약수을 찾고 여기서 나타나는 특성들을 분석하는 것은 정수를 이해하기 위해 중요하다. 다음에 설명할 정의 3.9는 두 정수가 공통으로 가지는 약수에 대한 정수의 특성을 정의하고 있다.

정의 3.9 세 정수 a, b, e에 대하여, $e|a$ 이고 $e|b$이면 e를 a와 b의 공약수(common divisor)라 한다. 공약수 중 가장 큰 정수를 최대공약수(the greatest common divisor)라 한다. a와 b의 최대공약수 g는 $\gcd(a, b)$ 또는 (a, b)로 표시한다.

정리 3.11
정수 d가 a와 b의 최대공약수이면 다음을 만족하고, 다음 조건을 모두 만족하는 d는 두 정수 a와 b의 최대공약수이다.
(i) $d \geq 0$
(ii) $d|a$이고 $d|b$이다.
(iii) $e|a$이고 $e|b$인 모든 e에 대하여 $e|d$이다.

정리 3.11은 정리 3.9에 의해 쉽게 증명할 수 있다. 정리 3.11에서 확인할 수 있듯이 어떤 정수 d가 두 정수 a, b의 최대공약수임은 조건 (i), (ii), (iii)이 성립함을 보임으로써 증명할 수 있다. 특히 (i)과 (ii)는 양의 공약수라는 의미이므로 최대공약수임은 (iii)이 성립함을 보이면 된다. 즉, d가 $\gcd(a, b)$가 됨을 보이는 것은 $d|a$와 $d|b$를 보이고 a와 b의 모든 공약수 c에 대해 $c|d$가 만족함을 보이면 된다.

두 정수 a와 b의 양의 약수들의 집합을 각각 A, B라고 할 때, a와 b의 공약수들의 집합은 $A \cap B$이고 a와 b의 최대공약수는 $A \cap B$의 원소 중 가장 큰 원소이다.

예제 3.5 12의 약수의 집합은 $\{1, 2, 3, 4, 6, 12\}$이고, 18의 약수의 집합은 $\{1, 2, 3, 6, 9, 18\}$이다. 따라서 두 수의 공약수들의 집합은 $\{1, 2, 3, 6\}$이며 최대공약수는 6이다.

두 정수 a와 b의 공약수는 a와 b의 합과 차의 약수가 됨을 어렵지 않게 보일 수 있다.

정리 3.12
두 정수 a와 b에 대하여, $c|a$이고 $c|b$인 정수 c가 존재하면,
(1) $c|a+b$
(2) $c|a-b$
가 성립한다.

두 정수 a와 b의 최대공약수는 두 정수에 적당한 정수를 곱한 수의 합으로 나타낼 수 있다. 특히 최대공약수는 두 정수의 적당한 배수들의 양의 합 중 가장 작은 수이다. 이는 정리 3.13과 같이 설명할 수 있다.

정리 3.13
임의의 정수 a, b에 대해서 $d=\gcd(a, b)$이면 $d=ax+by$를 만족하는 적당한 두 정수 x, y가 존재한다.

>> 증명 집합 A를

$$A=\{ax+by \mid x,\ y \in \mathbb{Z}\}$$

라 하고 집합 A에서 가장 작은 양의 정수를 d라 하자. 그러면 $d=ax_0+by_0$인 x_0, $y_0 \in \mathbb{Z}$가 존재한다. 이제 $a=dq+r$, $0 \le r < d$라 하면

$$\begin{aligned} r &= a-dq \\ &= a-(ax_0+by_0)q \\ &= a(1-x_0q)+b(-y_0q) \end{aligned}$$

가 되어 $r \in A$이다. 그런데 d는 A의 원소 중 가장 작은 양의 정수이므로 $r=0$이고 결국 $d|a$이다. 비슷한 이유로 $d|b$이다. 그러므로 d는 a와 b의 공약수이다.

임의의 공약수 c는 $c|ax$이고 $c|by$이다. 그러므로 정리 3.10에 의해서 집합 A

의 모든 원소는 c에 의해 나누어떨어지고, 따라서 $c|(d = ax_0 + by_0)$이다. 그러므로 d는 a와 b의 최대공약수이다. ■

1은 모든 정수의 약수이므로 두 정수 a와 b의 약수의 집합의 교집합, 즉 a와 b의 공약수들의 집합은 공집합은 아니다. 그런데 공약수들의 집합의 원소가 1뿐인 두 정수, 다시 말해 두 정수의 최대공약수가 1인 경우는 매우 특별한 성질을 가지므로 정수론에서 중요하게 다루어진다. 이와 같이 최대공약수가 1이 되는 두 정수의 관계를 다음과 같이 별도로 정의한다.

정의 3.10 두 정수 a와 b에 대하여, $\gcd(a, b) = 1$이면 두 정수를 서로소라고 한다.

서로소인 두 정수 a와 b는 정리 3.13에 의하여 다음을 만족한다.

정리 3.14
세 정수 a, b, c에 대하여, $\gcd(a, b) = 1$이고 $a|bc$이면, $a|c$이다.

>> 증명 정리 3.13에 의하면, 적당한 정수 x, y가 존재하여 $1 = ax + by$가 성립하므로 $c = acx + bcy$이다. 그런데 $a|bc$이므로 $a|bcy$이고, 당연히 $a|acx$이다. 그러므로 $a|(acx + bcy)$이고 $acx + bcy = c$이므로 $a|c$이다. ■

정리 3.14를 이용하면 약수가 1과 자기 자신뿐인 정수에 대해서 다음과 같은 특별한 성질이 있음을 알 수 있다.

정리 3.15
세 정수 a, b, p에 대하여, p는 1과 p 자신만을 약수로 가진다고 하자. 이때 $p|ab$이면 $p|a$ 또는 $p|b$이다.

>> 증명 우선 $p \nmid a$라 가정하자, 그러면 p의 약수는 1과 p뿐이므로 $\gcd(p, a) = 1$이다. 따라서 정리 3.14에 의해 $p|b$이다. $p \nmid b$의 경우도 마찬가지로 $p|a$임을 쉽게

얻을 수 있다. 결국 $p|a$ 또는 $p|b$이다. ■

정리 3.16

두 정수 a와 b에 대하여 $a = bq + r$인 두 정수 q와 r이 존재한다고 하자. 그러면 $\gcd(a, b) = \gcd(b, r)$이다.

>> **증명** 주어진 가정에 의해 $r = a - bq$이다. $\gcd(a, b) = d$라고 하면 $d|a$이고 $d|b$이므로 $d|r$이다. 따라서 $d|\gcd(b, r)$이 성립한다. 그러면 적당한 정수 k에 대하여, $\gcd(b, r) = kd$로 나타낼 수 있다. 이제 $k \neq 1$라고 가정하자. 그런데 $\gcd(b, r) = kd$이므로 $kd|(bq + r)$이고 $a = bq + r$이므로 $kd|a$이다. 즉, kd는 a와 b의 공약수이고, $k \neq 1$이므로 $d < kd$가 되어 d가 a와 b의 최대공약수라는 가정에 모순이다. 이는 결국 $k \neq 1$이라는 가정이 틀렸음을 의미한다. 따라서 $k = 1$이고 $\gcd(a, b) = \gcd(b, r)$가 성립한다. ■

정리 3.13에 의해 두 정수의 최대공약수를 두 정수의 적당한 배수의 합으로 만들 수 있음이 보장되고 정리 3.16에 의해 두 정수의 적당한 배수의 양의 합 중에서 최솟값을 찾음으로써 최대공약수를 계산할 수 있었다. 이와 같은 성질을 이용하면 다음에서 설명하는 두 정수의 최대공약수를 찾는 알고리즘을 유도할 수 있다.

정리 3.17 유클리드 알고리즘(Euclidean algorithm)

$a \geq b$인 두 양의 정수 a와 b에 대하여, $r_0 = a$과 $r_1 = b$라 하자. 이제 나눗셈 $r_i = r_{i+1}q_{i+1} + r_{i+2}$, $0 \leq r_{i+2} < r_{i+1}$을 $i = 0$부터 적용하여 $r_{n+1} = 0$이 될 때까지 반복적으로 적용하면 $r_n = \gcd(a, b)$이다.

>> **증명** 유클리드 알고리즘은 정리 3.16에 의해 성립한다. 실제로 r_{n+1}이 처음으로 0이 된다고 가정하면 나눗셈 $r_i = r_{i+1}q_{i+1} + r_{i+2}$을 $i = 0$부터 $i = n - 1$까지 반복하여 수행함으로써 다음의 결과를 얻을 수 있다.

$$
\begin{aligned}
a &= r_0 \\
b &= r_1 \\
r_0 &= r_1 q_1 + r_2 \\
r_1 &= r_2 q_2 + r_3 \\
&\vdots \\
r_{n-1} &= r_n q_n + r_{n+1}
\end{aligned}
$$

$$
\begin{array}{c|ll|c}
a & r_0 & r_1 & b \\
 & r_1 q_1 & r_2 q_2 & \\
\hline
 & r_2 & r_3 & \\
 & \vdots & \vdots & \\
 & r_{n-2} & r_{n-1} & \\
 & r_{n-1} q_{n-1} & r_n q_n & \\
\hline
 & r_n & 0 &
\end{array}
$$

이와 같이 전개된 식과 정리 3.16에서 다음의 관계식을 얻을 수 있다.

$$\gcd(r_0,\ r_1) = \gcd(r_1,\ r_2) = \cdots = \gcd(r_n,\ r_{n+1}) = \gcd(r_n,\ 0) = r_n$$

따라서, 유클리드 알고리즘을 이용하여 주어진 두 정수의 최대공약수를 찾을 수 있다. ■

정리 3.13에서 설명되었듯이 주어진 두 정수 a, b의 최대공약수는 적당한 두 정수 s, t에 대하여 $sa+tb$ 꼴로 표현될 수 있다. 유클리드 알고리즘을 간단히 수정하면 최대공약수를 계산하는 과정에 두 정수 s, t도 계산할 수 있다. 두 정수 s, t도 함께 계산하기 위해 수정된 유클리드 알고리즘을 확장 유클리드 알고리즘이라고 부르며 그 내용은 다음과 같다.

따름정리 3.18 확장 유클리드 알고리즘(extended Euclidean algorithm)
두 양의 정수 a, b에 대해 $\gcd(a,\ b) = s_n a + t_n b$를 만족하는 두 정수 s_n과 t_n은 다음의 과정을 수행함으로써 구할 수 있다.

$$
\begin{aligned}
s_0 &= 1 & t_0 &= 0 \\
s_1 &= 0 & t_1 &= 1 \\
s_j &= s_{j-2} - q_{j-1} s_{j-1} & t_j &= t_{j-2} - q_{j-1} t_{j-1}
\end{aligned}
$$

>> 증명 수학적 귀납법을 이용하자. 우선 $r_0 = a$, $r_1 = b$라 하면,

$$r_0 = a \cdot 1 + b \cdot 0, \quad r_1 = a \cdot 0 + b \cdot 1$$

이므로 $s_0 = 1$, $t_0 = 0$, $s_1 = 0$, $t_1 = 1$이다. 그런데 유클리드 알고리즘에 의해

$$r_2 = r_0 - q_1 r_1$$

인 정수 q_1과 $0 \le r_2 < r_1$인 r_2를 구할 수 있다. 그런데 $r_0 = s_0 a + t_0 b$이고 $r_1 = s_1 a + t_1 b$이므로,

$$\begin{aligned} r_2 &= r_0 - q_1 r_1 \\ &= (s_0 a + t_0 b) - (s_1 a + t_1 b) q_1 \\ &= (s_0 - q_1 s_{1)} . a + (t_0 - q_1 t_{1)} \cdot b \\ &= s_2 \cdot a + t_2 \cdot b \end{aligned}$$

가 성립한다. 여기서 $s_2 = s_0 - q_1 s_1$이고, $t_2 = t_0 - q_1 t_1$이다. 따라서 귀납법 가정의 첫 번째 단계가 성립한다.

이제 적당한 자연수 i에 대하여,

$$r_i = s_i \cdot a + t_i \cdot b, \quad r_{i+1} = s_{i+1} \cdot a + t_{i+1} \cdot b$$

이 성립하는 s_i, t_i, s_{i+1}, t_{i+1}이 존재하여

$$s_{i+1} = s_{i-1} - q_i s_i, \quad t_{i+1} = t_{i-1} - q_i t_i$$

가 성립한다고 가정하자. 유클리드 알고리즘에서

$$r_{i+2} = r_i - r_{i+1} q_{i+1}$$

를 구할 수 있고,

$$\begin{aligned} r_{i+2} &= r_i - ri + 1 q_{i+1} \\ &= (s_i \cdot a + t_i \cdot b) - (s_{i+1} \cdot a + t_{i+1} \cdot b) q_{i+1} \\ &= (s_i - s_{i+1} q_{i+1}) \cdot a + (t_i - t_{i+1} q_{i+1}) \cdot b \\ &= s_{i+2} \cdot a + t_{i+2} \cdot b \end{aligned}$$

임을 알 수 있다. 여기서 $s_{i+2} = s_i - s_{i+1} q_{i+1}$이고, $t_{i+2} = t_i - t_{i+1} q_{i+1}$이다.

따라서 모든 자연수 i에 대해 $r_i = s_i \cdot a + t_i \cdot b$이 성립하므로 $r_n = s_n \cdot a + t_n \cdot b$도 성립한다. ■

예제 3.6 $a = 4864$, $b = 3458$이라 하면 확장 유클리드 알고리즘에 의해 다음과 같이 최대 공약수를 구할 수 있다.

a	b	q	r	s	t
−	−	−	−	1	0
−	−	−	−	0	1
4864	3458	1	1406	1	−1
3458	1406	2	646	−2	3
1406	646	2	114	5	−7
646	114	5	76	−27	38
114	76	1	38	32	−45
76	38	2	0	−91	128

표와 같이 계산하면 최대공약수는 $38 = 4864 \times 32 + 3458 \times (-45)$이다.

만약 $a|c$이고 $b|c$이면 c를 a와 b의 공배수(common multiple)라 하고, 공배수 중 가장 작은 양의 정수를 최소공배수(the least common multiple)라 하며 $c = \mathrm{lcm}(a, b)$로 표시한다.

정리 3.19

임의의 정수 a, b에 대해서 $l = \mathrm{lcm}(a, b)$이면 다음 조건을 모두 만족하고, 역으로 l이 다음 조건을 모두 만족하면 l은 a와 b의 최소공배수이다.

(i) l은 a와 b의 공배수이다.

(ii) c가 a와 b의 공배수이면 $l|c$이다.

>> 증명 $d = \mathrm{lcm}(a, b)$라 하자. 그리고 c가 a와 b의 공배수라 하자. 그러면 적당한 정수 q와 $0 \le r < d$인 정수 r이 존재하여 $c = dq + r$이 성립한다. c, d가 a와 b의 공배수이므로 $r = c - dq$도 공배수가 된다. 그런데 양의 공배수 중 가장 작은 것이 d이므로 $r = 0$이다. 따라서 $d|c$가 성립한다.

역으로 l이 두 조건 (i), (ii)를 모두 만족하면 공배수 중 가장 작은 배수이므로 l이 최소공배수인 것은 자명하다. ■

정리 3.20
두 정수 a와 b의 최소공배수를 l이라 하면 $a\mathbb{Z}\cap b\mathbb{Z}=l\mathbb{Z}$이다.

>> 증명 정수 c가 $a\mathbb{Z}\cap b\mathbb{Z}$의 원소라고 하면 $a|c$이고 $b|c$이다. 따라서 c는 a와 b의 공배수이므로 정리 3.19에 의해 $l|c$가 성립하여 $c\in l\mathbb{Z}$이다. 역으로 $c\in l\mathbb{Z}$라 하면 $l|c$이다. 그런데 $a|l$, $b|l$이고 $l|c$이므로 $a|c$이고 $b|c$이다. 즉, $c\in a\mathbb{Z}\cap b\mathbb{Z}$이다. 따라서 $a\mathbb{Z}\cap b\mathbb{Z}=l\mathbb{Z}$이다. ■

두 정수가 서로소라는 것은 정리 3.21을 이용하여 설명할 수 있는데, 이는 정리 3.17을 이용하여 쉽게 증명할 수 있다.

정리 3.21
두 정수 a, b에 대하여 다음은 서로 동치이다.
(1) $\gcd(a,\ b)=1$
(2) $as+bt=1$인 정수 s와 t가 존재한다.

최대공약수와 최소공배수는 3개 이상의 정수에 대해서도 생각할 수 있으며 서로소에 대한 개념도 3개 이상의 정수들에 대하여 정의할 수 있다.

정의 3.11 3개 이상의 정수 a_1, a_2, ..., a_n에 대하여 $\gcd(a_1,\ a_2,\ \dots,\ a_n)=1$일 때, a_1, a_2, ..., a_n도 역시 서로소라고 한다. 그리고 1부터 n까지의 서로 다른 i와 j에 대하여 항상 $\gcd(a_i,\ a_j)=1$이면, a_1, a_2, ..., a_n는 쌍마다 서로소(pairwise relatively prime)라고 한다.

정리 3.21은 다음과 같이 확장하여 생각할 수 있다.

정리 3.22
정수 a_1, a_2, ..., a_n에 대하여 다음은 서로 동치이다.

(1) $\gcd(a_1, a_2, ..., a_n) = 1$

(2) $a_1 s_1 + a_2 s_2 + \cdots + a_n s_n = 1$인 정수 s_1, s_2, ..., s_n이 존재한다.

3.2.3 소수와 합성수

음의 정수 m은 $m = (-1)n$과 같이 적당한 양의 정수 n과 -1의 곱으로 나타낼 수 있다. 따라서 음의 정수의 약수와 관련된 성질을 생각하는 문제는 양의 정수의 약수만을 생각해도 충분히 그 성질을 파악할 수 있다. 이제 양의 정수를 약수와 관련된 성질에 따라 분류하고자 한다. 양의 정수는 약수로 1과 자기 자신만을 갖는 경우와 그렇지 않은 경우에 따라 다음과 같이 분류할 수 있다.

정의 3.12 **[소수와 합성수]** 1보다 큰 양의 정수 n에 대하여, 양의 약수가 1과 n뿐이면 n을 소수(prime number)라고 한다. 하지만, 1과 n 이외의 다른 약수가 있으면 n을 합성수(composite number)라고 한다.

이와 같은 정수의 구분은 약수에 따른 구분이다. 약수의 개수에 따라 정수를 구분하면 소수는 약수의 개수가 2개인 정수이고, 합성수는 약수의 개수가 3개 이상인 정수이다.[2] 약수의 개수가 1개인 정수는 1뿐이고 1은 소수도 합성수도 아니다.

앞서 설명한 정리 3.15를 소수의 정의를 이용하면 다시 적으면 다음과 같다.

정리 3.23

소수 p와 두 정수 a, b에 대하여 $p|ab$이면 $p|a$ 또는 $p|b$이다.

소수는 1과 자기 자신을 제외한 다른 정수로 더 이상 나누어지지 않는 양의 정수이므로, 합성수를 계속 나누어 더 이상 나누어지지 않는 순간까지 나누어 볼 수 있는데, 정의 3.13은 이러한 과정과 결과를 정의한다.

2) 특별한 설명이 없으면 약수는 양의 약수만 생각하기로 하자.

정의 3.13 합성수 n을 소수들의 곱으로 표현하는 것을 소인수분해(prime factorization)라고 한다. 이를 간단히 정수의 인수분해(factorization)라고도 한다. 이때, 소수들의 곱에 사용된 소수를 소인수(prime factor)라고 한다.

0이 아닌 정수는 인수분해가 유일하게 결정된다. 즉, 음양의 부호를 고려하지 않으면 모든 0이 아닌 정수는 소수들의 곱으로 유일하게 표현된다. 정리 3.24는 0이 아닌 정수의 소인수 분해가 유일하다는 것을 보장해준다.

정리 3.24

모든 0이 아닌 정수 n은 서로 다른 소수 p_i와 양의 정수 e_i에 의해

$$n = \pm p_1^{e_1} p_2^{e_2} \cdots p_r^{e_r}$$

와 같은 형태로 표현된다. 소수들의 배열 순서를 고려하지 않는 한, 이 표현은 유일하다.

>> 증명 어떤 정수 n이 2개의 다른 형태로 인수분해된다고 가정하자. 음수인 경우도 마찬가지로 증명할 수 있으므로 정수 n은 양수라고 가정하자. 그러면 서로 다른 소수 $p_1 < p_2 < \cdots < p_r$와 음이 아닌 정수 $e_1, e_2, \ldots, e_r, f_1, f_2, \ldots, f_r$에 대해

$$n = p_1^{e_1} p_2^{e_2} \cdots p_r^{e_r} = p_1^{f_1} p_2^{f_2} \cdots p_r^{f_r} \tag{3.1}$$

와 같이 나타낼 수 있다. 이때, 인수분해의 방법이 서로 다르므로 $e_i \neq f_i$인 i가 1부터 r까지 중에 적어도 하나 존재한다. 만일 $e_i > f_i$라면 식 (3.1)의 양변을 $p_i^{e_i}$로 나누면

$$p_1^{e_1} \cdots p_{i-1}^{e_{i-1}} \cdot 1 \cdot p_{i+1}^{e_{i+1}} \cdots p_r^{e_r} = p_1^{f_1} \cdots p_{i-1}^{f_{i-1}} \cdot p_i^{f_i - e_i} \cdot p_{i+1}^{f_{i+1}} \cdots p_r^{f_r}$$

이 된다. 그런데 n은 정수이고 p_i들은 모두 다른 소수이므로 $p_i^{f_i - e_i} \geq 1$이어야 하는데 $e_i > f_i$이므로 $p_i^{f_i - e_i} < 1$이다. 이는 모순이다. $e_i < f_i$의 경우도 $e_i > f_i$의 경우와 같은 방법으로 모순을 이끌어낼 수 있다. 따라서 $e_i = f_i$이다. 이는 두 가지 인수분해 방법이 다르다는 가정에 모순이므로 정수 n은 유일하게 인수분해된다. ■

정리 3.24는 정수 표현의 유일성을 보여준다. 즉, 소수가 정수를 구성하는 기본 구성요소라고 생각하면 정수는 소수들로 유일하게 표현할 수 있다.

두 정수의 최대공약수와 최소공배수의 관계는 소인수분해를 이용해서 설명할 수 있다. 최대공약수의 경우 두 정수를 동시에 나누어야 하므로 최대공약수의 소수인 인수는 두 정수의 공약수가 되어야 한다. 따라서 두 정수의 소수인 인수들 중 동시에 포함된 소수인 인수를 찾아야 하고, 두 정수의 소수인 인수는 최소공배수의 인수이므로 두 정수가 가진 소수인 인수들을 모두 포함하는 효과적인 방법을 고려하면 된다. 이는 정리 3.25로 설명할 수 있다.

정리 3.25

두 정수 a, b가 $a = p_1^{e_1} \cdots p_k^{e_k}$, $b = p_1^{f_1} \cdots p_k^{f_k}$로 소인수분해 된다면 다음이 성립한다.

(1) $\gcd(a, b) = p_1^{\min(e_1, f_1)} \cdots p_k^{\min(e_k, f_k)}$

(2) $\mathrm{lcm}(a, b) = p_1^{\max(e_1, f_1)} \cdots p_k^{\max(e_k, f_k)}$

두 정수 중 큰 수와 작은 수를 살펴보면 두 정수 모두 선택됨을 알 수 있다. 보조정리 3.26은 이러한 성질을 이용하여 두 정수의 합을 두 정수의 대소비교를 이용하여 표현한 것이다.

보조정리 3.26

두 정수 a와 b에 대하여 $a + b = \max(a, b) + \min(a, b)$이다.

보조정리 3.26과 정리 3.25를 이용하면 정리 3.27이 성립함을 쉽게 보일 수 있다.

정리 3.27

두 양의 정수 a와 b에 대하여, $ab = \gcd(a, b) \cdot \mathrm{lcm}(a, b)$이다.

증명 두 정수 a와 b는 모두 k개의 서로 다른 소수의 거듭제곱의 곱의 꼴로 표현된다고 가정하자. 즉, $a = p_1^{e_1} \cdots p_k^{e_k}$와 $b = p_1^{f_1} \cdots p_k^{f_k}$라고 하자. 그러면,

$$ab = p_1^{e_1+f_1} \cdots p_k^{e_k+f_k} \tag{3.2}$$

이다. 보조정리 3.26에 의해, 식 (3.2)는 다음과 같이 정리할 수 있다.

$$\begin{aligned} ab &= p_1^{\max(e_1, f_1)+\min(e_1, f_1)} \cdots p_k^{\max(e_k, f_k)+\min(e_k, f_k)} \\ &= (p_1^{\max(e_1, f_1)} \cdots p_k^{\max(e_k, f_k)}) \cdot (p_1^{\min(e_1, f_1)} \cdots p_k^{\min(e_k, f_k)}) \\ &= \gcd(a, b) \cdot \mathrm{lcm}(a, b). \end{aligned}$$

따라서, $ab = \gcd(a, b) \cdot \mathrm{lcm}(a, b)$이다. ■

소수는 앞서 설명한 바와 같이 암호에서 중요한 역할을 한다. 특히 수의 성질을 이용하여 고안된 암호 알고리즘에서 소수의 역할은 매우 중요하며, 소수가 공격자에 의해 쉽게 찾아지는 경우 암호 알고리즘 존재 자체에 큰 영향을 끼친다. 이렇게 중요한 역할을 하는 소수에 대한 여러 가지 의문 중 하나는 바로 소수의 개수이다. 소수는 유한하게 존재할까? 아니면 무한히 많이 존재할까? 다음의 정리는 유클리드가 소수의 개수에 대한 질문에 제시한 명쾌한 답이다.

정리 3.28
소수의 개수는 무한하다.

≫ 증명 소수의 개수가 유한하다고 가정하자. 즉, 유한한 k개의 소수 $p_1, p_2, \ldots, p_k$만 존재한다고 가정하자. 이제 $n = 1 + p_1 p_2 \cdots p_k$라고 하면, n은 $p_1, p_2, \ldots, p_k$ 중 어느 수와도 같지 않으므로 합성수이다. 따라서 n은 $p_1, p_2, \ldots, p_k$ 중 하나로 반드시 나누어 떨어져야 한다. $p_1, p_2, \ldots, p_k$ 중 하나인 p_{i_0}에 대하여, $p_{i_0} | n$라 하면,

$$n = p_{i_0} \cdot (p_1 p_2 \cdots p_{i_0-1} p_{i_0+1} \cdots p_k) + 1$$

이 되어 나머지가 0이 아니어서 $p_i \nmid n$이다. 이는 $p_{i_0} | n$에 대해 모순이다. 따라서 소수의 개수는 무한하다. ■

소수의 빈도는 암호학적으로 큰 의미를 가진다. 빈도에 따라 특정 암호기법의 안전성 또는 효율성이 결정되는 경우가 많기 때문이다. 가장 작은 소수부터 나열해보면,

$$2,\ 3,\ 5,\ 7,\ 11,\ 13,\ 17,\ \ldots$$

이다. 소수를 열거해보면 수가 커질수록 소수가 나타나는 빈도가 낮아짐을 알 수 있다. 소수의 개수가 무한함은 정리 3.28을 통해 확인하였다. 그러나 소수의 발생 빈도는 대상 정수의 크기가 커짐에 따라 적어진다. 이와 같은 소수의 빈도는 다음의 특성을 만족함이 알려져 있다.

정리 3.29 소수 정리

양의 정수 x보다 작은 소수의 개수를 $\pi(x)$라고 할 때,

$$\pi(x) \approx \frac{x}{\ln x}$$

이다.

정리 3.29를 기반으로 특정 크기의 정수가 소수일 확률을 계산할 수 있다.

예제 3.7 2진수 전개법을 이용하여 정수를 표현했을 때, 길이가 ℓ인 임의의 정수가 소수일 확률을 계산하여라. (이때, 이 정수를 ℓ 비트 정수라고 한다.)

>> 풀이 ℓ 비트 정수의 개수는 ℓ 비트로 만들 수 있는 정수의 개수에서 $\ell-1$ 비트로 만들 수 있는 정수의 개수를 빼야 하므로

$$(2^{\ell}-1)-(2^{\ell-1}-1)=2^{\ell}-2^{\ell-1}$$

이고, 따라서 $2^{\ell}-2^{\ell-1}$개의 ℓ 비트 정수가 존재한다. 이 중에서 소수의 개수를 구하면, 2^{ℓ} 이하의 소수의 개수에서 $2^{\ell-1}$ 이하의 소수의 개수를 빼야 한다. 즉,

$$\begin{aligned}\pi(2^{\ell})-\pi(2^{\ell-1}) &\approx \frac{2^{\ell}}{\ln 2^{\ell}}-\frac{2^{\ell-1}}{\ln 2^{\ell-1}}=\frac{2^{\ell-1}(\ell-2)}{\ell(\ell-1)\ln 2} \\ &\approx \frac{2^{\ell-1}}{\ell\ln 2}\end{aligned}$$

이므로 ℓ 비트 소수의 개수는 약 $\frac{2^{\ell-1}}{\ell \ln 2}$개다.

따라서 구하는 확률은 약 $\frac{1}{\ell \ln 2}$이다. □

비록 위 식을 사용하여 소수의 개수를 정확하게 계산할 수는 없지만 상당히 근사한 범위에서 추정할 수 있다.

다음의 정리 3.30은 임의의 합성수 n이 두 개의 인수들의 곱으로 표현될 때 작은 인수의 크기에 대한 상한을 제시한다.

정리 3.30

임의의 합성수 n은 $\sqrt{n}$보다 작거나 같은 인수를 적어도 하나 가진다.

>> 증명 n이 $\sqrt{n}$보다 작거나 같은 인수를 포함하지 않는다고 가정하고 $\sqrt{n}$보다 큰 t개의 소수 $p_1, p_2, \ldots, p_t$로 인수분해 된다고 가정하자. 즉, $n = p_1^{e_1} p_2^{e_2} \cdots p_t^{e_t}$이라고 가정하자. n이 $\sqrt{n}$보다 작거나 같은 인수를 포함하지 않는 합성수이므로 $t \geq 2$이다. 따라서

$$n = p_1 \times \cdots \times p_t > (\sqrt{n})^2 = n$$

이 성립한다. 그런데 n이 n보다 크다는 모순된 결과가 발생하였으므로 n이 $\sqrt{n}$보다 작거나 같은 인수를 포함하지 않는다는 가정은 잘못되었다. 결국, n은 $\sqrt{n}$보다 작거나 같은 인수를 적어도 하나 가진다. ■

주어진 정수가 소수인지 합성수인지 판단하는 것은 매우 중요한 문제이다. 소수와 합성수가 가지는 수학적인 특성이 매우 다르기 때문이다. 위의 정리는 주어진 정수의 소수성을 판단하기 위해 사용될 수 있다. 정리 3.30에 따르면 합성수 n이 $\sqrt{n}$보다 큰 소수만으로 구성될 수 없기 때문에 주어진 정수 n는 $\sqrt{n}$보다 작은 소수로 나누어지는지 확인해봄으로써 n이 소수인지 아닌지 확인할 수 있다.

연습 문제

01 홀수의 제곱은 모두 $8k+1$의 꼴로 나타낼 수 있음을 보여라.

02 정수 a, b, c에 대하여 $a|b$, $a|c$일 때, 다음이 성립하는지 확인하여라.

(1) $a|(2b+3c)$

(2) $a|bc$

(3) $a|(bc+c)$

03 다음 집합이 덧셈과 곱셈에 대하여 닫혀 있는지 확인하여라.

(1) $2\mathbb{Z}\cap 3\mathbb{Z}$

(2) $S=\{2x+3y \mid x,\ y\in\mathbb{Z}\}$

04 유클리드 알고리즘을 이용하여 다음을 구하여라.

(1) $\gcd(78,\ 32)$

(2) $\gcd(105,\ 320)$

(3) $\gcd(44350,\ 20785)$

05 두 양의 정수 a와 b에 대하여 $as+bt=\gcd(a,\ b)$가 되는 정수 s와 t를 구하여라.

(1) $a=78,\ b=32$

(2) $a=105,\ b=320$

(3) $a=44350,\ b=20785$

06 임의의 정수 k에 대하여, $\gcd(3k+2,\ 5k+3)=1$임을 증명하여라.

07 서로소인 두 정수 a와 b에 대하여 다음이 성립함을 보여라.

(1) $d=\gcd(a+b,\ a-b)$라고 하면 $d|2$이다. 실제로 a와 b가 모두 홀수이면 $d=2$

이고, 그 밖의 경우에는 $d = 1$이다.

(2) $d = \gcd(a+b,\ a^2+b^2)$라고 하면, $d|2$이다. 실제로 a와 b가 모두 홀수이면 $d = 2$이고, 그 밖의 경우에는 $d = 1$이다.

08 다음이 성립함을 보여라.

(1) 양의 정수 n에 대하여, n^3+1의 꼴의 정수 중에서 소수인 정수는 2뿐이다.

(2) 소수 p가 n^3-1의 꼴이면 $p = 7$이다.

09 정수 $n(n \geq 3)$에 대하여, $n < p < n!$인 소수 p가 존재함을 증명하여라.

10 항등식 $4x^4+1 = (2x^2+2x+1)(2x^2-2x+1)$을 이용하여

$$m = 2^{4n+2}+1 \quad (n \geq 1)$$

과 같은 모습의 정수는 두 양의 정수의 곱으로 인수분해됨을 보여라.

3.3 합동

서로 다른 정수 간의 관계를 규정짓는 기준 중 하나는 앞에서 살펴본 바와 같이 정수를 구성하는 인수이다. 최대공약수나 최소공배수와 같이 공유하는 인수의 구성에 따라 두 정수 사이의 관계를 확인할 수 있었다. 이 절에서는 두 정수의 관계를 정의하기 위한 새로운 기준을 제시하고, 새로운 기준에 준한 특성들을 살펴보도록 한다.

3.3.1 법 n에 대한 합동

기하학에서는 두 도형을 크기의 변형없이 이동 또는 회전하여 완전히 겹칠 수 있는 경우, 두 도형이 합동이라고 한다. 즉, 동일하게 볼 수는 있으나 현재 상태에서 같지는 않은 대상을 합동이라고 한다. 정수론에서는 다음과 같이 합동을 정의한다.

정의 3.14 세 정수 a, b, n에 대하여, $n|(a-b)$이면 a와 b는 법 n에 대해서 합동(congruent modulo n)이라 하고 $a \equiv b \mod n$으로 나타낸다.

예제 3.8 $a=73$, $b=17$이면 $a=17 \cdot 4+5$이다. 따라서 $a \equiv 5 \mod 17$이다.

정의 3.14로부터 다음과 같은 성질을 쉽게 얻을 수 있다.

정리 3.31
세 정수 a, b, n에 대하여,

$$a \equiv b \mod m$$

이 성립함은 적당한 정수 k에 대하여

$$a = km + b$$

가 성립함과 동치이다.

정리 3.31은 법 n에 대해 두 정수가 합동이라는 것을 말하거나 증명할 때 널리 사용된다.

정리 3.32

세 정수 a, b, c에 대하여, 다음이 성립한다.

(1) $a \equiv b \bmod m$가 성립함은 a와 b 각각을 m으로 나누었을 때의 나머지가 같음과 동치이다.

(2) $a \equiv a \bmod m$

(3) $a \equiv b \bmod m$이면 $b \equiv a \bmod m$이다.

(4) $a \equiv b \bmod m$이고 $b \equiv c \bmod m$이면, $a \equiv c \bmod m$이다.

>> **증명** (1) $a \equiv b \bmod m$는 정리 3.31에 의해 성립한다.

(2) $m | 0 (= a - a)$이므로 성립한다.

(3) $m | a - b$이면 $m | -(a-b)$이므로 성립한다.

(4) $a \equiv b \bmod m$와 $b \equiv c \bmod m$이므로 $b = mq_1 + a$와 $c = mq_2 + b$를 만족하는 두 정수 q_1와 q_2가 존재하고, 이로부터

$$c = mq_2 + b = mq_2 + mq_1 + a = m(q_1 + q_2) + a$$

이다. 따라서 정리 3.31에 의해 $a \equiv c \bmod n$임을 알 수 있다. ■

정수 집합 $\mathbb{Z}$에 대하여, $\mathbb{Z} \times \mathbb{Z}$의 부분집합 C_n을

$$C_n = \{(a,\ b) \mid a \equiv b \bmod n,\ a,\ b \in \mathbb{Z}\}$$

라고 하면, 집합 C_n은 관계이고, 이를 '합동관계'라고 한다. 또한 정리 3.32의 (2), (3), (4)에 의해 반사성, 대칭성, 추이성이 모두 성립하므로 C_n은 동치관계이다.

임의의 양의 정수 n이 주어졌을 때, 법 n에 대하여 양변이 합동임을 나타낸 식을 합동식이라 한다. 합동식은 등식과 유사한 성질을 가지며 이는 정리 3.33을 통해 확인할 수 있다.

정리 3.33

네 정수 a, b, c, d와 양의 정수 m에 대하여, $a \equiv b \bmod m$, $c \equiv d \bmod m$이라 하자. 그

러면 다음이 성립한다.

(1) $a+c \equiv b+d \bmod m$

(2) $ac \equiv bd \bmod m$

>> **증명** 가정에서 $a \equiv b \bmod m$와 $c \equiv d \bmod m$이므로 적당한 두 정수 k_1, k_2에 의해 $a = b+k_1 m$와 $c = d+k_2 m$가 성립한다. 이 성질을 이용하여 (1)과 (2)를 증명할 수 있다.

(1) $a+c = b+d+(k_1+k_2)m$이므로 $a+c \equiv b+d \bmod m$이다.

(2) $ac = (b+k_1 m)(d+k_2 m) = bd+(dk_1+bk_2+k_1 k_2 m)m$이므로

$ac \equiv bd \bmod m$이다. ■

양의 정수 m에 대하여, 법 m에 대한 합동관계에서의 덧셈과 곱셈은 일반적인 덧셈과 곱셈과 마찬가지로 법 m에 대한 합동에서의 덧셈과 곱셈에 관한 교환법칙, 결합법칙, 분배법칙이 성립한다. 이는 보조정리 3.34로 설명할 수 있고, 이러한 성질들은 법 m에 대한 합동의 정의를 이용해서 쉽게 증명할 수 있다.

보조정리 3.34

세 정수 a, b, c와 양의 정수 m에 대하여, 다음이 성립한다.

(1) [교환법칙] $a+b \equiv b+a \bmod m$, $ab \equiv ba \bmod m$.

(2) [결합법칙] $(a+b)+c \equiv a+(b+c) \bmod m$, $(ab)c \equiv a(bc) \bmod m$.

(3) [분배법칙] $a(b+c) \equiv ab+ac \bmod m$, $(a+b)c \equiv ac+bc \bmod m$.

3.3.2 합동식

양의 정수 n과 임의의 정수 a에 대하여, $aa' \equiv 1 \bmod n$이면 a'을 법 n에 대한 a의 곱셈의 역원(multiplicative inverse of a modulo n)이라 하고 a'을 a^{-1}로 표시한다. 곱셈에 대한 역원은 나눗셈 연산의 가능성과 연관되어 있다. 결국 0을 제외한 모든 원소들에 대하여 곱셈의 역원이 존재하는 수집합이라면 우리는 그 수집합을 이용하여 곱셈, 나눗셈을 잘 정

의할 수 있다. 그런데 법 n에 대한 곱셈에서 그 역원이 존재하는지 여부는 정리 3.35와 같이 판단할 수 있다.

정리 3.35

양의 정수 n과 임의의 정수 a에 대하여, 다음 두 명제는 동치이다.

(1) a는 법 n에 대한 a의 곱셈의 역원을 갖는다.

(2) $\gcd(a, n) = 1$

>> 증명 (1) ⇒ (2) 가정에 의해 a가 법 n에 대한 곱셈의 역원 a'을 가지므로 $aa' \equiv 1 \bmod n$이 성립하고, 적당한 정수 k에 대하여 $aa' = 1 + kn$가 성립하고 $aa' + (-k)n = 1$이다. 따라서 정리 3.13에 의해 $\gcd(a, n) = 1$이다.

(2) ⇒ (1) 가정에 의해 $\gcd(a, n) = 1$이므로 적당한 정수 a'과 k에 대하여, $aa' + nk = 1$이 성립하고, $aa' = 1 + n(-k)$이므로 $aa' \equiv 1 \bmod n$이다. 따라서 a는 법 n에 대한 곱셈의 역원을 가진다. ■

따름정리 3.18의 확장 유클리드 알고리즘을 이용하여 정수 a의 법 n에 대한 곱셈의 역원을 구할 수 있다.

예제 3.9 28과 75는 서로소이다. $28x \equiv 1 \bmod 75$의 해 $x \equiv 28^{-1} \bmod 75$를 확장 유클리드 알고리즘을 이용하여 구해보자.

실제 확장된 유클리드 알고리즘에 의해 r_i, q_i, s_i, t_i의 값을 구하면 다음과 같다.

i	r_i	q_i	s_i	t_i
0	75		1	0
1	28	2	0	1
2	19	1	1	−2
3	9	2	−1	3
4	1	9	3	−8

결국, 확장 유클리드 알고리즘으로부터

$$75 \cdot 3 + 28 \cdot (-8) = 1$$

임을 알 수 있고, 따라서, $28^{-1} \equiv -8 \equiv 67 \bmod 75$가 된다.

등식의 곱셈에 대한 소거법칙에 의하면 0이 아닌 실수 a에 대하여 $ax = ay$이면 $x = y$이다. 하지만 합동식에서는 0이 아닌 정수가 동시에 곱해진 경우라 할지라도 곱셈에 대한 소거법칙이 항상 성립하는 것은 아니다.

예제 3.10 $2 \cdot 5 = 10 \equiv 0 \bmod 10$이고 $4 \cdot 5 = 20 \equiv 0 \bmod 10$이 되어 $2 \cdot 5 \equiv 4 \cdot 5 \bmod 10$이지만, $2 \not\equiv 4 \bmod 10$이다.

결국 곱셈에 대한 소거법칙은 나눗셈과 관련된 성질이므로 곱셈에 대한 역원의 존재유무와 관련된다. 합동식에서의 소거법칙은 정리 3.36에서 기술된 방법에 따른다.

정리 3.36
세 정수 a, z, z'와 양의 정수 n에 대하여, 다음이 성립한다.
(1) $\gcd(a, n) = 1$이면,

$$az \equiv az' \bmod n \Leftrightarrow z \equiv z' \bmod n$$

이다.
(2) $d = \gcd(a, n)$이면,

$$az \equiv az' \bmod n \Leftrightarrow z \equiv z' \bmod \frac{n}{d}$$

이다.

증명 $\gcd(a, n) = d$일 때,

$$az \equiv az' \bmod n \Leftrightarrow z \equiv z' \bmod \frac{n}{d}$$

이 성립하면 $\gcd(a, n) = 1$일 때

$$az \equiv az' \bmod n \Leftrightarrow z \equiv z' \bmod n$$

임은 자명하다. 따라서 (2)의 $\gcd(a,\ n)=d$인 경우만 증명한다.

$\gcd(a,\ n)=d$이므로 적당한 정수 s와 t에 대하여 $as+nt=d$이고, $as=d+n(-t)$이다. 즉 $as\equiv d \bmod n$이다. 이제 $az\equiv az' \bmod n$이므로 $asz\equiv asz' \bmod n$이고, $as\equiv d \bmod n$이므로 $dz\equiv dz' \bmod n$이다. 즉 적당한 정수 k에 대하여 $dz-dz'=kn$이다. 그런데 $d|n$이므로 $z-z'=\left(\frac{n}{d}\right)k$이므로 $z\equiv z' \bmod \frac{n}{d}$이다.

이제는 반대로 $z\equiv z' \bmod \frac{n}{d}$라고 하자. 그러면 적당한 정수 k에 대하여 $z-z'=\left(\frac{n}{d}\right)k$이고 $az-az'=\left(\frac{n}{d}\right)ak$이다. 그런데 $d|a$이므로 $az-az'=n\left(\frac{a}{d}\right)k$이고 $az\equiv az' \bmod n$이다. ■

예제 3.11 정리 3.36에 따르면, 5와 6은 서로소이므로 합동식

$$5\cdot 2\equiv 5\cdot(-4) \bmod 6$$

에서 양변에서 5를 소거할 수 있으며, 실제 양변에서 5를 소거하면

$$2\equiv -4 \bmod 6$$

라는 결과를 얻는다. 그러나 합동식

$$3\cdot 5\equiv 3\cdot 3 \bmod 6$$

의 경우, 3과 6은 서로소가 아니기 때문에 양변에서 3을 소거할 수 없다. 실제로 $5\not\equiv 3 \bmod 6$이다. 그러나 정리 3.36의 (2)에 의하면, $\gcd(3,6)=3$이므로 $5\equiv 3 \bmod 2$임을 알 수 있다.

두 정수 a, b와 양의 정수 n에 대하여, 합동식 $az\equiv b \bmod n$ 형태의 z를 미지수로 하는 방정식의 해를 구해보자. 이때 해는 다음의 보조정리를 이용하여 구할 수 있다.

보조정리 3.37

임의의 정수 a, b와 양의 정수 n에 대해서, $\gcd(a,n)=1$이면 합동방정식 $az\equiv b \bmod n$은 해 z를 갖는다. 그리고 $z\equiv z' \bmod n$을 만족하는 모든 정수 z'는 이 방정식의 해이다.

>> 증명 a^{-1}을 법 n에 대한 a의 곱셈의 역원이라 하면 $z = ba^{-1}$은 분명히 이 방정식의 해이다. 정리 3.36에 의해, $az' \equiv b \bmod n$을 만족하는 정수 z'에 대해서,

$$az \equiv b \equiv az' \bmod n \Leftrightarrow z \equiv z' \bmod n$$

가 성립한다. ■

a, b가 임의의 정수이고, n이 양의 정수라 하자. 그리고 a는 0이 아니며 $\gcd(a, n) = 1$이라고 할 때, 보조정리 3.37은

$$az \equiv b \mod n, \quad 0 \le z < n$$

을 만족하는 정수 z가 유일하게 존재한다는 것을 의미한다. 보조정리 3.37은 따름정리 3.38과 같이 일반화될 수 있다.

따름정리 3.38

두 정수 a, b와 양의 정수 n에 대하여 $d = \gcd(a, n)$일 때, 다음이 성립한다.

(1) $d \mid b$이면, 합동방정식 $az \equiv b \bmod n$은 해가 존재한다. 이때, 해가 z_0라면, $z \equiv z_0 \bmod \frac{n}{d}$를 만족하는 모든 정수 z는 이 방정식의 해이다.

(2) $d \nmid b$이면, $az \equiv b \bmod n$은 해를 갖지 않는다.

예제 3.12 $a = 1, 2, 3, 4, 5, 6$이고 z가 0부터 11까지 변할 때, $az \bmod 12$의 값들은 다음의 표와 같다.

z	0	1	2	3	4	5	6	7	8	9	10	11
$2z \bmod 12$	0	2	4	6	8	10	0	2	4	6	8	10
$3z \bmod 12$	0	3	6	9	0	3	6	9	0	3	6	9
$4z \bmod 12$	0	4	8	0	4	8	0	4	8	0	4	8
$5z \bmod 12$	0	5	10	3	8	1	6	11	4	9	2	7
$6z \bmod 12$	0	6	0	6	0	6	0	6	0	6	0	6

a가 2, 3, 4, 6일 때에는 $\gcd(a, 12) \neq 1$이므로 $az \equiv b \bmod 12$를 만족하는 z가 존재하기 위해서는 $\gcd(a, 12) \mid b$일 때만 존재한다. 또한 이때, $\gcd(a, 12) \mid b$인

b에 대하여 $az \equiv b \bmod 12$가 되는 z가 유일하지 않다는 것도 표에서 확인할 수 있다.

$a=5$일 때, $\gcd(a,\ 12)=1$이므로 0부터 11까지의 b에 대하여 $5z \equiv b \bmod 12$는 해가 존재하고 그 해는 0부터 11까지의 정수 중 유일하게 나타나는 것도 역시 확인할 수 있다.

3.3.3 중국인의 나머지 정리

양의 정수 n과 두 정수 a, b에 대하여, 합동방정식 $ax \equiv b \bmod n$의 해의 존재성은 a와 n의 최대공약수에 따라 결정됨을 알았다. 이러한 합동방정식 여러 개를 동시에 만족하는 해를 찾는 문제는 어떻게 풀어야 할까? 중국에서는 다음과 같은 문제에 대해 오래전부터 관심을 가졌다.

3으로 나누면 2가 남고
5로 나누면 3이 남고
7로 나누면 2가 남는 제일 작은 수는?

이 문제가 바로 중국인의 나머지 정리(Chinese remainder theorem)의 기원이라고 한다. 중국인의 나머지 정리는 연립 일차 합동방정식의 해를 찾는 문제이다. 가우스와 오일러(Euler)가 이 정리를 연구하고 많이 이용하였지만 그 풀이의 아이디어는 3세기경 중국의 수학자인 손자(孫子)가 《손자산경(孫子算經)》에서 밝히고 있다. 그래서 이 풀이를 '중국인의 나머지 정리'라 부른다. 이러한 연립 일차 합동방정식 문제의 풀이를 일반화하면 다음의 정리와 같다.

정리 3.39 중국인의 나머지 정리
k개의 양의 정수 m_1, m_2, ..., m_k가 쌍마다 서로소일 때, 연립 일차 합동방정식

$$\begin{aligned} x &\equiv a_1 \bmod m_1, \\ x &\equiv a_2 \bmod m_2, \\ &\vdots \\ x &\equiv a_k \bmod m_k \end{aligned}$$

을 만족하는 해는 법 $m = m_1 m_2 \cdots m_k$에 대하여 유일하다. 실제, $1 \le i \le k$인 정수 i에 대하여, $M_i = \frac{m}{m_i}$이고 정수 N_i가 $M_i N_i \equiv 1 \bmod m_i$를 만족한다고 하면,

$$u = \sum_{i=1}^{k} M_i N_i a_i$$

가 주어진 연립 일차 합동방정식의 해이다.

>> **증명** $M_i = \frac{m}{m_i}$라 하자. 그러면 $\gcd(M_i,\ m_i) = 1$이다. 그러면 $M_i N_i \equiv 1 \bmod m_i$를 만족하는 적당한 정수 N_i가 존재한다. 이제

$$x = a_1 M_1 N_1 + a_2 M_2 N_2 + \cdots + a_k M_k N_k$$

라 하면 x는 위의 연립 일차 합동방정식을 만족한다. 만약 2개의 정수 x_0와 x_1이 위의 연립 일차 합동방정식을 만족한다고 하자. 그러면 $1 \le i \le k$인 모든 정수 i에 대하여 $x_0 \equiv x_1 \equiv a_i \bmod m_i$이고 $m_i \mid (x_0 - x_1)$이다. 따라서 $m \mid (x_0 - x_1)$이므로 $x_0 \equiv x_1 \bmod m$이다. 즉, 해는 유일하다. ■

중국인의 나머지 정리는 합성수 n에 대한 합동방정식의 문제를 해결할 때 이 문제를 n의 소인수에 대한 문제로 변환하여 해결하고 이 결과들을 이용하여 n에 대한 문제를 해결하는 데에 효과적으로 사용하는 것이 목적이다. 대표적인 예가 바로 RSA의 복호화 과정이며, 실제로 두 소수의 곱 n에 대해 연산을 하면 계산복잡도가 높아져 속도가 느려지는데, 이것을 n의 소인수의 문제로 축소하여 그 복잡도를 낮춰 계산하도록 하여 동작을 고속화하는 데에 사용된다.

예제 3.13 연립 일차 합동방정식

$$x \equiv 3 \bmod 7,$$
$$x \equiv 7 \bmod 13$$

의 해는 정리 3.39로부터 법 91에서 유일하다는 것을 알 수 있다. 실제로,

$$2 \cdot 7 + 13 \cdot (-1) = 1$$

이 성립하므로 $2 \cdot 7 \equiv 1 \bmod 13$이며 $13 \cdot (-1) \equiv 1 \bmod 7$이다. 그러므로 해는

$$x \equiv 3 \cdot (-13) + 7 \cdot 14 \equiv 59 \bmod 91$$

이다.

연습 문제

01 다음 물음에 답하여라.

(1) n자리 정수 $N = a_{n-1}10^{n-1} + a_{n-2}10^{n-2} + \cdots + a_1 10 + a_0$에 대하여, $3 \mid \sum_{i=0}^{n-1} a_i$이면 N은 3의 배수이고, 그 역도 성립함을 증명하여라.

(2) n자리 정수 $N = a_{n-1}10^{n-1} + a_{n-2}10^{n-2} + \cdots + a_1 10 + a_0$에 대하여, $11 \mid \sum_{i=0}^{n-1} (-1)^i a_i$이면 N은 11의 배수이고, 그 역도 성립함을 증명하여라.

(3) item 111111, 18381, 65412351 중에서 3의 배수, 9의 배수, 11의 배수를 찾아라.

02 다음 합동식이 성립하도록 정수 $m(m \geq 2)$의 값을 정하여라.

(1) $4 \equiv 1 \bmod m$

(2) $5 \equiv 27 \bmod m$

(3) $1000 \equiv 1 \bmod m$

03 다음 합동식 중에서 참인 것은 증명하고 거짓인 것은 반례를 제시하여라.

(1) $a^2 \equiv b^2 \bmod m$이면 $a \equiv b \bmod m$이다.

(2) $a^2 \equiv 0 \bmod m^2$이면 $a \equiv 0 \bmod m$이다.

(3) $d = \gcd(a, m)$일 때, $ab \equiv ac \bmod m$이면 $b \equiv c \bmod \frac{m}{d}$이다.

04 합동식 $2^b \equiv 1 \bmod 17$을 만족하는 가장 작은 양의 정수 n의 값을 구하여라. 또 $2^{200} + 1$을 17로 나누었을 때의 나머지를 구하여라.

05 다음 정수를 47로 나누었을 때의 나머지를 구하여라.

(1) 2^{46} (2) 2^{53} (3) $2^{200} - 1$

06 다음이 성립함을 증명하여라.

(1) 정수 a가 짝수이면 $a^2 \equiv 0 \bmod 4$이고, 홀수이면 $a^2 \equiv 1 \bmod 4$이다.

(2) $n \equiv 3 \bmod 4$이면 n은 두 정수의 제곱의 합으로 나타낼 수 없다.

07 수학적 귀납법을 이용하여 다음이 성립함을 증명하여라.

(1) 모든 양의 정수 n에 대하여 $4^n \equiv 1 + 3n \bmod 9$이 성립한다.

(2) 모든 양의 정수 n에 대하여 $5^n \equiv 1 + 4n \bmod 16$이 성립한다.

08 모든 정수 n에 대하여 $n^5 \equiv n \bmod 5$임을 증명하여라.

09 임의의 정수 a에 대하여 다음 중 하나가 성립함을 증명하여라.

$$a^2 \equiv 0 \bmod 8, \quad a^2 \equiv 1 \bmod 8, \quad a^2 \equiv 4 \bmod 8.$$

또 이 사실을 이용하여 부정방정식 $x^2 + y^2 + z^2 = 1007$의 정수해가 존재하지 않음을 밝혀라.

10 다음 연립 일차 합동방정식의 해를 구하여라.

(1) $11x \equiv 2 \bmod 40$

(2) $55x \equiv -33 \bmod 40$

(3) $12x \equiv 25 \bmod 97$

(4) $-85x \equiv 2 \bmod 97$

(5) $15x \equiv 10 \bmod 85$

(6) $-26x \equiv 38 \bmod 30$

11 양의 정수 m과 정수 a에 대하여 다음이 성립함을 증명하여라.

(1) $\gcd(a, m) = 1$이면 $aa' \equiv 1 \bmod m$인 정수 a'이 존재한다.

(2) $aa' \equiv 1 \bmod m$인 정수 a'이 존재하면, $\gcd(a, m) = \gcd(a', m) = 1$이다.

12 p가 소수일 때 다음이 성립함을 증명하여라.

(1) $ab \equiv 0 \bmod p \Leftrightarrow a \equiv 0 \bmod p$ 또는 $b \equiv 0 \bmod p$이다.

(2) $ab \equiv ac \bmod p$, $a \not\equiv 0 \bmod p$이면 $b \equiv c \bmod p$이다.

(3) $x^2 \equiv c^2 \bmod p \Leftrightarrow x \equiv c \bmod p$ 또는 $x \equiv -c \bmod p$이다. 특히, $x^2 \equiv 1 \bmod p$ $\Leftrightarrow x \equiv 1 \bmod p$ 또는 $x \equiv -1 \bmod p$이다.

13 문제 12와 문제 13의 성질을 이용하여 다음이 소수 p에 대하여 성립함을 증명하여라.

$$(p-1)! \equiv -1 \bmod p$$

14 정수 $p(p \geq 2)$에 대하여 $(p-1)! \equiv -1 \bmod p$이면 p는 소수임을 증명하여라.

15 다음 연립 일차 합동방정식의 해를 구하여라.

(1) $\begin{cases} x \equiv 4 \bmod 13 \\ x \equiv 2 \bmod 17 \end{cases}$

(2) $\begin{cases} 3x \equiv 7 \bmod 11 \\ 5x \equiv 2 \bmod 17 \end{cases}$

(3) $\begin{cases} x \equiv 1 \bmod 2 \\ x \equiv 2 \bmod 3 \\ x \equiv 3 \bmod 5 \end{cases}$

(4) $\begin{cases} 2x \equiv 2 \bmod 9 \\ 4x \equiv 2 \bmod 10 \\ x \equiv 4 \bmod 7 \end{cases}$

16 두 양의 정수 m_1, m_2와 정수 c_1, c_2에 대하여, 연립 일차 합동방정식

$$\begin{cases} x \equiv c_1 \bmod m_1 \\ x \equiv c_2 \bmod m_2 \end{cases}$$

가 해를 가지기 위한 필요충분조건은 $\gcd(m_1, m_2) \mid (c_1 - c_2)$임을 증명하여라.

3.4 완전잉여계 $\mathbb{Z}_n$과 오일러 φ 함수

법 n에 대하여 정수 a와 합동인 정수들은 모두 n으로 나눈 나머지가 a를 n으로 나눈 나머지와 같은 정수들이다. 이러한 공통점으로 정수들을 구분하여 정수 집합의 부분집합을 만들면, 이 부분집합들은 정수와 비슷한 성질을 지니며 유용하게 활용될 수 있다.

3.4.1 완전잉여계 $\mathbb{Z}_n$

정의 3.15 양의 정수 n와 정수 a에 대하여, 집합

$$\overline{a} = \{z \in \mathbb{Z} \mid z \equiv a \bmod n\}$$

을 정수 a를 포함하는 법 n에 대한 잉여류(residue class modulo n)라고 한다.

법 n에 대한 잉여류들은 다음과 같은 성질을 갖고 있다.

정리 3.40

양의 정수 n과 임의의 두 정수 a, b에 대하여, 다음이 성립한다.

(1) $\overline{a} \neq \varnothing$ 이다.

(2) $\overline{a} = \overline{b}$이면 $a \equiv b \bmod n$이고, 그 역도 성립한다.

(3) $a \in \overline{b}$이면 $b \in \overline{a}$이고, 그 역도 성립한다. 또한 $a \in \overline{b}$이면 $\overline{a} = \overline{b}$이고, 그 역 또한 성립한다.

(4) $\overline{a} \cap \overline{b} = \varnothing$과 $\overline{a} = \overline{b}$ 중 단 하나가 성립한다.

>> 증명 (1) $a \equiv a \bmod n$이므로 $a \in \overline{a}$이다. 따라서 $\overline{a} \neq \varnothing$ 이다.

(2) $\overline{a} = \overline{b}$이므로 $a \in \overline{b}$이고, 잉여류의 정의에 의해 $a \equiv b \bmod n$이다. 역으로, 임의의 $z \in \overline{b}$에 대하여, $z \equiv b \bmod n$이다. 그런데 $a \equiv b \bmod n$이므로 $z \equiv a \bmod n$도 성립한다. 따라서 $z \in \overline{a}$이고, $\overline{b} \subseteq \overline{a}$이다. 이제 반대로, $w \in \overline{a}$에

대해서 비슷한 방법으로 $w \in \overline{b}$가 성립함을 보일 수 있고, 이는 $\overline{a} \subseteq \overline{b}$를 의미한다. 결국 $\overline{a} = \overline{b}$이다.

(3) $a \in \overline{b}$이면 $a \equiv b \bmod n$이고 $b \equiv a \bmod n$이므로 $b \in \overline{a}$이다. 그 역도 마찬가지 이유로 성립한다. 그리고 $a \in \overline{b}$이면 $a \equiv b \bmod n$이므로 (2)에 의해 $\overline{a} = \overline{b}$이다.

(4) $\overline{a} \cap \overline{b} \neq \varnothing$이라고 가정하자. 그러면 $z \in \overline{a} \cap \overline{b}$인 정수 z가 존재하여 $z \equiv a \bmod n$이고 $z \equiv b \bmod n$이다. 즉 $a \equiv b \bmod n$이다. 결국 (2)에 의해 $\overline{a} = \overline{b}$이다. 따라서 $\overline{a} \cap \overline{b} = \varnothing$과 $\overline{a} = \overline{b}$ 중 단 하나가 성립한다. ■

양의 정수 n과 임의의 정수 z에 대하여, 법 n에 대한 잉여류 $\overline{z}$를 생각해 보자. 정리 3.40에 의하면, $\overline{z}$는 항상 공집합이 아니다. 그리고 $\mathbb{Z} = \bigcup_{z \in \mathbb{Z}} \overline{z}$임은 쉽게 알 수 있다. 특히, 서로 다른 두 정수 z와 w에 대하여 $\overline{z} = \overline{w}$이거나 $\overline{z} \cap \overline{w} = \varnothing$이므로, 잉여류들이 서로소가 되도록 적당히 정수들을 선택하면 그 잉여류들의 합집합이 $\mathbb{Z}$가 될 수 있다. 이를 요약하면 다음 정리와 같다.

정리 3.41

양의 정수 n에 대하여 다음이 성립한다.

(1) 임의의 정수 a에 대하여 $\overline{a} = \overline{r}$이며 $0 \leq r \leq n-1$인 정수 r이 유일하게 존재한다.

(2) 법 n에 대한 잉여류들의 집합을 $\overline{\mathbb{Z}}_n$이라고 하면,

$$\overline{\mathbb{Z}}_n = \{\overline{z} \mid z \in \mathbb{Z}\} = \{\overline{0}, \overline{1}, \ldots, \overline{n-1}\}$$

이다.

>> 증명 (1) 임의의 정수 a에 대하여, 정리 3.9에 의해

$$a = nq + r, \quad 0 \leq r < n$$

인 정수 q와 r이 각각 유일하게 존재한다. 즉 $a \equiv r \bmod n$이고, $\overline{a} = \overline{r}$이며 $0 \leq r \leq n-1$인 r이 유일하게 존재한다.

(2) (1)에 의해 자명하다. ■

정리 3.41에 의하면 법 n에 대한 잉여류 중 서로 다른 잉여류들은 $\overline{0}$, $\overline{1}$, ..., $\overline{n-1}$와 같이 n개뿐이고 이들의 모임은

$$\overline{\mathbb{Z}}_n = \{\overline{0},\ \overline{1},\ ...,\ \overline{n-1}\}$$

으로 나타낸다. 법 n에 대한 모든 잉여류들의 합집합은 정수 전체의 집합과 같고, 임의의 잉여류들은 정리 3.41에 의해 $\overline{0}$, $\overline{1}$, ..., $\overline{n-1}$ 중 하나와 일치하므로

$$\mathbb{Z} = \bigcup_{k=0}^{n-1} \overline{k} = \bigcup_{k=0}^{n-1} \{z \in \mathbb{Z} \mid z \equiv k \bmod n\}$$

이다. $\overline{\mathbb{Z}}_n = \{\overline{0},\ \overline{1},\ ...,\ \overline{n-1}\}$처럼 중복되는 것이 없고 전체의 합집합이 $\mathbb{Z}$가 되는 모임을 법 n에 대한 완전잉여계(complete residue system)라 부르며 그 정의는 다음과 같다.

정의 3.16 (1) 법 n에 대한 잉여류 전체 집합을 $\overline{\mathbb{Z}}_n$은

$$\overline{\mathbb{Z}}_n = \{\overline{z} \mid z \in \mathbb{Z}\}$$

이다.

(2) 집합 S를 정수의 집합 $\mathbb{Z}$의 부분집합이라 하자. 정수 n을 $n \geq 1$라고 할 때, 임의의 정수 z에 대하여 $\overline{z} = \overline{s}$인 s가 S에 항상 존재하고 그 집합들 중 S가 가장 작을 때, 집합 $S_{n=}\{\overline{s} \mid s \in S\}$를 법 n에 대한 완전잉여계라고 부른다.

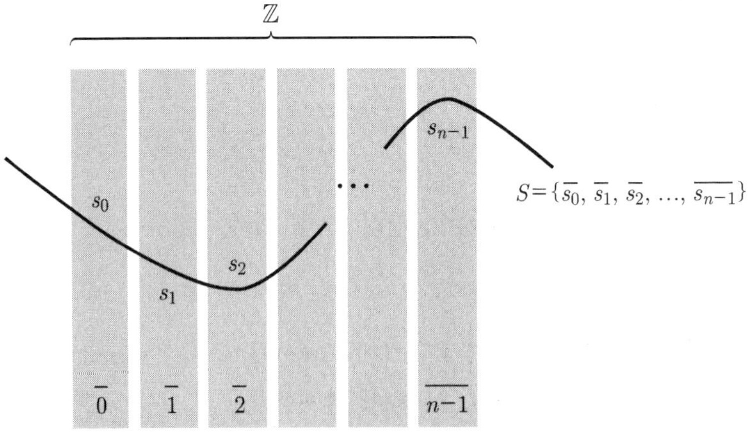

그림 3.1 법 n에 관한 완전잉여계 S

예제 3.14 6은 5로 나눈 나머지가 1인 원소들과 법 5에 대해 합동이 되므로 6은 $\overline{1}$의 원소가 되고 6은 $\overline{0}$, $\overline{2}$, $\overline{3}$, $\overline{4}$ 중 어떠한 잉여류의 원소도 아니다. 결국 모든 정수는 5로 나누었을 때, 나머지 0, 1, 2, 3, 4 중 하나와 반드시 합동이므로 위 정의에 따라 $\overline{\mathbb{Z}}_5 = \{\overline{0}, \overline{1}, \overline{2}, \overline{3}, \overline{4}\}$는 완전잉여계가 된다.

···▸ **참고** (1) z_1, z_2, ..., z_n이 연속된 정수라고 하면, 집합 $S = \left\{\overline{z_1}, \overline{z_2}, ..., \overline{z_n}\right\}$은 법 n에 대한 완전잉여계이다.

(2) 홀수 n에 대하여, 집합

$$\left\{\overline{-\frac{n-1}{2}}, ..., \overline{-1}, \overline{0}, \overline{1}, \overline{2}, ..., \overline{\frac{n-1}{2}}\right\}$$

도 법 n에 대한 완전잉여계이다.

법 n에 대한 완전잉여계는 여러 가지를 선택할 수 있지만, 보통은 0부터 시작하는 정수들로 표현한다. 법 n에 대한 완전잉여계의 표현과 법 n에 대한 완전잉여계에서의 연산은 다음과 같이 정의한다.

정의 3.17 법 n에 대한 완전잉여계는 $\mathbb{Z}_n = \{0, 1, ..., n-1\}$로 나타내며, $\mathbb{Z}_n$의 원소들의 덧셈과 곱셈은 법 n에 대한 합동식으로 정의된다.

정의 3.17에 의하면, $\mathbb{Z}_n$에서의 덧셈과 곱셈은 법 n에 대한 합동식으로 정의되므로 덧셈과 곱셈에 대하여 닫혀 있고, 교환법칙, 결합법칙, 배분법칙이 성립한다.

법 n에 대한 잉여류들의 집합 S가 완전잉여계이기 위한 필요충분조건은 다음과 같다.

정리 3.42

집합 $S = \{s_0, s_1, ..., s_{n-1}\}$이 완전잉여계이기 위한 필요충분조건은 집합 S가 다음 두 가지 조건을 만족하는 것이다.

(i) $|S| = n$

(ii) 집합 S의 임의의 두 원소 s_i와 s_j에 대하여, $s_i \neq s_j$이라면 $s_i \not\equiv s_j \bmod n$이다.

법 n에 대한 완전잉여계와 $\gcd(a, n)=1$인 정수 a와 임의의 정수 b를 이용하면 항상 새로운 완전잉여계를 다음과 같이 만들 수 있다.

정리 3.43
집합 $S=\{s_0, s_1, \ldots, s_{n-1}\}$은 법 n에 대한 완전잉여계라 하자. $\gcd(a, n)=1$인 정수 a와 임의의 정수 b에 대하여 집합 T를

$$T=\{as_0+b, as_1+b, \ldots, as_{n-1}+b\}$$

와 같이 정의하면, T도 법 n에 대한 완전잉여계이다.

정리 3.35에 의하면, $\mathbb{Z}_n$의 원소 중, n과 서로소인 것은 n을 법으로 하는 곱셈에 대한 역원을 갖는다.

정의 3.18 법 n에 대한 잉여류 $\overline{a}\in\overline{\mathbb{Z}}_n$에 대하여 $\gcd(a, n)=1$일 때, $\overline{a}$를 법 n에 대한 기약잉여류(reduced residue class)라고 하고, 법 n에 대한 기약잉여류 전체의 집합 $\overline{\mathbb{Z}}_n^*$은

$$\overline{\mathbb{Z}}_n^*=\{\overline{a}\in\overline{\mathbb{Z}}_n \mid \gcd(a, n)=1\}$$

이다. 법 n에 대한 기약잉여계 $\mathbb{Z}_n^*$은

$$\mathbb{Z}_n^*=\{a\in\mathbb{Z}_n \mid \gcd(a, n)=1\}$$

이다.

예제 3.15 p가 양의 소수이면 p는 p보다 작은 모든 정수와 서로소이다. 따라서 $\mathbb{Z}_p^*$는 0을 제외한 $\mathbb{Z}_p$의 모든 원소를 포함한다. 즉,

$$\mathbb{Z}_p^*=\mathbb{Z}_p-\{0\}=\{1, 2, \ldots, p-1\}$$

이다.

다음 성질은 기약잉여계의 정의로부터 쉽게 얻을 수 있다.

정리 3.44

양의 정수 n과 $k<n$인 양의 정수 k에 대하여, 집합 $R=\{r_0, r_1, \ldots, r_k\}$을 법 n에 대한 기약잉여계라 하자. 그러면 다음이 성립한다.

(1) n과 서로소인 정수 a에 대하여, $a=r_i \bmod n$인 R의 원소 r_i가 유일하게 존재한다.

(2) 또 다른 집합 T도 법 n에 대한 기약잉여계라면, 집합 R의 모든 원소 r 각각에 대하여 $t\equiv r \bmod n$인 t가 각각 유일하게 존재한다.

3.4.2 오일러 φ 함수

소수는 암호학에서 중요한 역할을 한다. 특히 RSA를 사용하기 위해 암호화 키를 설정할 때 없어서는 안 되는 존재이다. 임의의 수가 주어졌을 때 소수인지 판단하는 것은 쉽지 않다. 페르마의 작은 정리(Fermat's little theorem)라 불리는 다음 정리는 정수론 및 대수학에서 자주 사용되는 것으로서, p가 소수일 때 $\mathbb{Z}_p$에서 성립하는 독특한 성질을 설명하고 있다. 이 성질은 나중에 소수를 판정할 때 유용하게 사용된다.

정리 3.45 페르마의 작은 정리

p가 양의 소수일 때, $\mathbb{Z}_p^*$의 임의의 원소 a에 대하여 다음이 성립한다.

$$a^{p-1}\equiv 1 \bmod p$$

>> 증명 임의의 $a\in\mathbb{Z}_p^*$에 대하여

$$a\mathbb{Z}_p^*=\{a, 2a, 3a, \ldots, (p-1)a\}$$

라 하자. $a\mathbb{Z}_p^*$의 모든 원소를 곱하면 $a^{p-1}((p-1)!)$이다. 그런데, $\mathbb{Z}_p$는 완전잉여계이고 $a\not\equiv 0 \bmod p$이므로, $1\le r\le p-1$인 정수 r에 대하여 $ar\equiv b \bmod p$인 $b\in\mathbb{Z}_p^*$가 존재한다. 그러므로 법 p에 대하여 $a\mathbb{Z}_p^*$의 모든 원소의 곱과 $\mathbb{Z}_p^*$의 모든 원소의 곱은 같다. 즉,

$$a^{p-1}((p-1)!)\equiv (p-1)! \bmod p$$

이다. $(p-1)!$은 p와 서로소이므로 양변에 법 p에 대한 $(p-1)!$의 곱셈에 대한 역원을 곱하여 없앨 수 있다. 따라서 $a^{p-1} \equiv 1 \bmod p$이다. ■

정리 3.45에 의하여, 다음의 따름정리가 성립하게 된다.

따름정리 3.46
p가 양의 소수라 하자. 그러면 다음이 성립한다.
(1) $\gcd(a,\ p)=1$을 만족하는 임의의 정수 a에 대해서 $a^{p-1} \equiv 1 \bmod p$이다.
(2) 어떤 두 정수 $r,\ s$가 $r \equiv s \bmod p-1$을 만족하면, 임의의 정수 a에 대해서 $a^r \equiv a^s \bmod p$이다.
(3) 임의의 정수 a에 대해서 $a^p \equiv a \bmod p$이다.

오일러는 이러한 페르마의 발견을 다음과 같이 정의된 함수를 이용하여 설명하였다.

정의 3.19 양의 정수 n에 대하여, $\varphi(n)$은

$$\begin{aligned}\varphi(n) &= \{n\text{보다 작은 양의 정수 중 } n\text{과 서로소인 정수의 개수}\} \\ &= |\mathbb{Z}_n^*| \quad (\mathbb{Z}_n^*\text{의 원소의 개수})\end{aligned}$$

로 정의한다. 이와 같이 정의된 함수 $\varphi : \mathbb{N} \to \mathbb{Z}$를 오일러 φ 함수라고 한다.

정의 3.19에서 다음 정리가 성립함을 쉽게 알 수 있다.

정리 3.47
p가 소수이고, n이 양의 정수이면

$$\varphi(p^n) = p^n - p^{n-1} = p^n\left(1-\frac{1}{p}\right)$$

이다.

>> **증명** p^n보다 작은 정수 중 p를 인수로 갖는 정수의 개수는 p^{n-1}이다. 따라서

$$\varphi(p^n) = p^n - p^{n-1}$$

이다. ■

n이 합성수일 때 다음 성질을 이용하면 $\varphi(n)$을 쉽게 구할 수 있다.

정리 3.48
두 정수 m과 n이 서로소일 때 $\varphi(mn) = \varphi(m)\varphi(n)$이다.

>> 증명 정의 3.19에 의해, $\varphi(mn)$은 mn보다 작고 mn과 서로소인 양의 정수의 개수를 의미한다. 그런데, 어떤 정수가 mn과 서로소일 필요충분조건은 m과 n에 모두 서로소가 되는 것이다. mn보다 작은 양의 정수 중 m과 n에 모두 서로소인 것의 개수를 세어보자.

우선, mn보다 작은 양의 정수의 집합 $A = \{1, 2, \ldots, mn-1\}$을 고려한다. 집합 A를 다음과 같은 m개의 집합으로 나누어보자.

$$\begin{aligned} A_0 &= \{mn\text{보다 작은 } m\text{의 배수}\} = \{0, m, 2m, \ldots, (n-1)m\}, \\ A_1 &= A_0 + 1 = \{km+1 \mid km \in A_0\}, \\ A_2 &= A_0 + 2 = \{km+2 \mid km \in A_0\}, \\ &\vdots \\ A_{m-1} &= A_0 + (m-1) = \{km+(m-1) \mid km \in A_0\}. \end{aligned}$$

즉, mn보다 작은 임의의 양의 정수를 어떤 정수 $1 \le k \le n-1$와 $0 \le r \le m-1$을 이용하여 $km+r$로 표현할 수 있으며, $km+r \in A_r$이다. 그리고

$$\gcd(m, r) = 1 \Leftrightarrow \gcd(m, km+r) = 1$$

임은 쉽게 증명될 수 있다. m과 서로소인 인덱스 r을 갖는 집합 A_r의 원소들은 모두 m과 서로소이며, 그렇지 않은 인덱스를 가진 집합의 원소들은 모두 m과 서로소가 아니다. m과 서로소인 인덱스를 갖는 집합은 모두 $\varphi(m)$개 있다.

이제, m과 서로소이고 $0 \le r \le m-1$인 임의의 정수 r에 대하여 각 A_r에 n

과 서로소인 원소가 몇 개씩 들어 있는지 세어보자. $\gcd(m, n) = 1$이기 때문에, 집합 $A_r = \{r, m+r, 2m+r, \ldots, (n-1)m+r\}$은 법 n에 대한 완전잉여계 $\mathbb{Z}_n$과 같다. 그러므로 각 A_r에는 n과 서로소인 정수가 $\varphi(n)$개 있다.

결국 $\varphi(mn) = \varphi(m)\varphi(n)$이다. ■

정리 3.48로부터 다음과 같은 결과를 쉽게 얻어낼 수 있다.

따름정리 3.49

어떤 정수 n이 소수 $p_1, \cdots, p_k$에 대하여 $n = p_1^{e_1} p_2^{e_2} \cdots p_k^{e_k}$와 같이 소인수분해 된다면

$$\varphi(n) = n\left(1 - \frac{1}{p_1}\right) \cdots \left(1 - \frac{1}{p_k}\right)$$

이 성립한다.

오일러 φ 함수는 다음과 같은 성질을 만족한다.

정리 3.50

n이 양의 정수일 때 다음이 성립한다.

(1) $\varphi(n) = n$이면 $n = 1$이며 그 역도 성립한다.

(2) $\varphi(n) = 1$이면 $n = 1$ 또는 2이며, 그 역도 성립한다.

(3) $\varphi(n) = n-1$이면 n은 소수이고, 그 역도 성립한다.

(4) 만약 n이 합성수이면 $2 \le \varphi(n) \le n-2$이다.

1을 제외한 모든 양의 정수는 소수 혹은 합성수이다. 특히 3 이상의 모든 소수는 홀수이므로 $p \ge 3$인 소수 p에 대하여 $\varphi(p) = p-1$이 짝수임은 쉽게 알 수 있다. 또한 합성수 n을 소인수분해 했을 때를 생각하면 $\varphi(n)$이 홀수가 되는 것도 쉽게 알 수 있다. 이를 정리하면 다음과 같다.

정리 3.51

3 이상의 정수 n에 대하여, $\varphi(n)$은 짝수이다.

양의 정수 n과 n의 양의 약수 d에 대하여 $\varphi(d)$의 합은 다음과 같은 의미있는 결과를 나타낸다.

정리 3.52

양의 정수 n에 대하여, $\sum_{d|n}\varphi(d) = n$이다.

>> 증명 n의 약수 d에 대하여, 집합 C_d를 $C_d = \{1 \le x \le n \mid \gcd(x, n) = d\}$라 하자. $x \in C_d$이면 $\gcd\left(\frac{x}{d}, \frac{n}{d}\right) = 1$이므로 $|C_d| = \varphi\left(\frac{n}{d}\right)$이다. 그러므로

$$n = \sum_{d|n}|C_d| = \sum_{d|n}\varphi\left(\frac{n}{d}\right) = \sum_{d|n}\varphi(d)$$

이다. ■

다음의 정리는 정리 3.45(페르마의 작은 정리)를 오일러 함수를 이용하여 일반화한 것이다.

정리 3.53 오일러 정리(Euler's theorem)

임의의 두 양의 정수 a와 n에 대하여, $\gcd(a, n) = 1$이면

$$a^{\varphi(n)} \equiv 1 \bmod n$$

이다.

>> 증명 $\mathbb{Z}_n^* = \{r_1, r_2, \ldots, r_{\varphi(n)}\}$이라 하자. 그러면 $\gcd(a, n) = 1$이기 때문에 $\mathbb{Z}_n^*$의 모든 원소에 a 를 곱해도 $\mathbb{Z}_n^* = \{r_1, r_2, \ldots, r_{\varphi(n)}\}$이 된다. 이 사실을 이용하여 정리 3.45와 같은 방법으로 증명할 수 있다. ■

연습 문제

01 다음 집합을 구하여라.

(1) $\mathbb{Z}_8^*$ (2) $\mathbb{Z}_{12}^*$ (3) $\mathbb{Z}_{15}^*$

02 다음 정수 m에 대하여 $\varphi(m)$의 값을 구하여라.

(1) $m = 100$ (2) $m = 2 \cdot 3 \cdot 5 \cdot 7 \cdot 11$ (3) $m = 10!$

03 양의 정수 m에 대하여 다음이 성립함을 증명하여라.

(1) m이 홀수이면 $\varphi(2m) = \varphi(m)$이다.

(2) m이 짝수이면 $\varphi(2m) = 2\varphi(m)$이다.

(3) m이 3의 배수이면 $\varphi(3m) = 3\varphi(m)$이다.

(4) $\varphi(3m) = 3\varphi(m)$이면 m은 3의 배수이다.

04 두 양의 정수 m, k에 대하여 다음 등식이 성립함을 증명하여라.

(1) $\varphi(m^2) = m\varphi(m)$ (2) $\varphi(m^k) = m^{k-1}\varphi(m)$

05 두 양의 정수 m, n에 대하여, $m|n \Rightarrow \varphi(m)|\varphi(n)$임을 증명하여라.

06 다음 집합이 법 6에 관한 기약잉여계인지 판정하여라.

(1) $\{1, 5\}$ (2) $\{2, 2^4\}$

(3) $\{7, 7^2\}$ (4) $\{1, 11\}$

(5) $\{-1, 1\}$ (6) $\{5, 5^2\}$

07 $m \geq 2$일 때, $\mathbb{Z}_m^* = \{r_1, r_2, \ldots, r_{\varphi(m)}\}$에 대하여 다음이 성립함을 보여라.

$$r_1 + \cdots + r_{\varphi(m)} = \frac{m\varphi(m)}{2}$$

08
문제 7을 이용하여, $m \geq 3$일 때 $\mathbb{Z}_m^* = \{r_1, \ldots, r_{\varphi(m)}\}$에 대하여 다음이 성립함을 보여라.

(1) $T = \{m - r_1, \ldots, m - r_{\varphi(m)}\}$는 법 m에 관한 기약잉여계이다.

(2) $r_1 + \cdots + r_{\varphi(m)} \equiv 0 \bmod m$

[힌트] $\mathbb{Z}_m^*$의 각 원소는 T의 단 하나의 원소와 법 m에 관해 합동이다. 그리고 $m \geq 3$일 때 $\varphi(m)$은 짝수이다.

09
페르마의 작은 정리를 이용하여 999999가 7의 배수임을 밝혀라.

10
정수 3^{10000}을 35로 나누었을 때의 나머지를 구하여라. 또 정수 3^{100}의 1의 자리의 수를 구하여라.

11
다음이 성립함을 증명하여라.

(1) 두 양의 정수 m, n에 대하여

$$\begin{cases} a \equiv b \bmod m \\ a \equiv b \bmod n \end{cases} \Leftrightarrow a \equiv b \bmod \operatorname{lcm}(m, n)$$

이다.

(2) 모든 정수 a에 대하여 $a^7 \equiv a \bmod 42$이다.

[힌트] (1)의 결과와 페르마의 작은 정리를 이용하라.

12
p가 홀수인 소수일 때, $\gcd(a, p) = 1$인 모든 정수 a에 대하여

$$a^{\frac{p-1}{2}} \equiv -1 \bmod p \quad \text{또는} \quad a^{\frac{p-1}{2}} \equiv 1 \bmod p$$

임을 증명하여라.

13
p가 소수일 때 두 정수 a, b에 대하여 다음이 성립함을 증명하여라.

(1) $(a+b)^p \equiv a^p + b^p \bmod p$

(2) $(ab)^p \equiv a^p b^p \bmod p$

(3) $a^p \equiv b^p \bmod p \Rightarrow a \equiv b \bmod p$

3.5 원시근

법 n에 대한 기약잉여계의 원소를 계속하여 거듭제곱하면 언젠가는 1이 되는 원소가 있다. 이러한 원소와 그 거듭제곱을 모으면 아주 유용한 기약잉여계의 부분집합을 만들 수 있다. 그런데 이 부분집합이 기약잉여계 자체가 된다면 여러 가지 의미에서 유용할 것이다.

3.5.1 법 n에 대한 정수의 위수

오일러의 정리를 이용하면 서로소인 두 정수 a와 n에 대하여, $a^{\varphi(n)} \equiv 1 \bmod n$임을 알 수 있다. 그렇다면 주어진 정수 a를 최소한 몇 번 거듭제곱해야 1이 되는 것일까? 정수마다 거듭제곱의 수는 다를 것이다. 이 거듭제곱의 횟수를 다음과 같이 정의한다.

정의 3.20 정수 $a \in \mathbb{Z}_m^*$에 대하여 $a^t \equiv 1 \bmod m$이 되는 최소의 양의 정수 t를 법 m에 대한 a의 위수(order)라 하고, $\mathrm{ord}_m(a)$ 또는 $\mathrm{ord}(a)$로 나타낸다.

정리 3.54
정수 $a \in \mathbb{Z}_n^*$에 대하여, $a^s \equiv 1 \bmod n$이면 $\mathrm{ord}_n(a) | s$이다.

>> 증명 $s = \mathrm{ord}_n(a)q + r (0 \le r < \mathrm{ord}_n(a))$이라 하자. 여기서 $0 \le r < \mathrm{ord}_n(a)$이므로

$$a^r \equiv a^s a^{-\mathrm{ord}_n(a)} \equiv 1 \bmod n$$

이다. 그런데 $r < \mathrm{ord}_n(a)$이므로 $r = 0$이다. ■

정리 3.54에서 다음의 성질을 쉽게 얻을 수 있다.

따름정리 3.55
정수 $a \in \mathbb{Z}_n^*$에 대하여, $\mathrm{ord}_n(a) | \varphi(n)$이다.

예제 3.16 집합 $\mathbb{Z}_{21}^* = \{1, 2, 4, 5, 8, 10, 11, 13, 16, 17, 19, 20\}$의 각 원소의 위수는 다음과 같다.

$a \in \mathbb{Z}_{21}^*$	1	2	4	5	8	10	11	13	16	17	19	20
$\mathrm{ord}_{21}(a)$	1	6	3	6	2	6	6	2	3	6	6	2

법 n에 대하여 합동이며 서로소인 두 정수는 같은 위수를 가짐을 위수의 정의에 의해 쉽게 보일 수 있다.

정리 3.56
서로소인 두 정수 a와 b에 대하여, $a \equiv b \bmod n$이면, $\mathrm{ord}_n(a) = \mathrm{ord}_n(b)$이다.

위수의 정의와 나눗셈 알고리즘을 이용하면 다음 성질을 쉽게 보일 수 있다.

정리 3.57
1 이상의 정수 n과 서로소인 정수 a에 대하여, $\mathrm{ord}_n(a) = r$이라 하자. 그러면 다음이 성립한다.

(1) 양의 정수 k에 대하여, $a^k \equiv 1 \bmod n$이면 $r|k$이고, 그 역도 성립한다.

(2) $r|\varphi(n)$

(3) 두 양의 정수 i, j에 대하여, $a^i \equiv a^j \bmod n$이면 $r|(i-j)$, 즉 $i \equiv j \bmod r$이고, 그 역도 성립한다.

(4) 집합 A를 $A = \{a^0, a^1, a^2, \ldots, a^{r-1}\}$라 하자. 그러면, 서로 다른 모든 i, j에 대하여 $a^i \not\equiv a^j \bmod n$이고, 모든 $i = 0, 1, \ldots, r-1$에 대하여도 $\gcd(a^i, n) = 1$이다.

3.5.2 원시근

법 n에 대한 기약잉여계 $\mathbb{Z}_n^*$의 원소 a는 오일러 정리에 따르면 $a^{\varphi(n)} \equiv 1 \bmod n$이다. 하지만, a의 위수가 $\varphi(n)$이라는 보장은 없다. 그렇다면 기약잉여계의 원소들 중 위수가 $\varphi(n)$인 원소들에 대하여 생각해보자.

정의 3.21 $\mathbb{Z}_n^*$의 원소 a가 $\text{ord}_n(a) = \varphi(n)$을 만족하면 a를 원시근(primitive root)이라 한다.

법 n에 대한 기약잉여계의 원시근 a의 위수가 $\varphi(n)$이라는 것은 a를 $\varphi(n)$번 제곱하여 서로 다른 $\varphi(n)$개의 원소를 만들어 낼 수 있다는 의미이다. 결국 법 n에 대한 기약잉여계는 원시근 a를 거듭제곱하여 만들어 낼 수 있다. 이는 다음에서 설명하는 여러 가지 성질에서 확인할 수 있다.

정리 3.58 라그랑주(Lagrange) 정리

소수 p와 양의 정수 n에 대하여, 다항식

$$f(x) = a_{nx}^{n} + a_{n-1}x^{n-1} + \cdots + a_0$$

의 계수 a_0, a_1, ..., a_n이 모두 $\mathbb{Z}_p$의 원소이고 차수가 n이면 $f(x) \equiv 0 \bmod p$는 $\mathbb{Z}_p$에서 기껏해야 n개의 근을 갖는다.

>> 증명 수학적 귀납법을 이용하여 다항식의 차수를 하나씩 증가시키면서 성질이 성립함을 확인할 것이다.

우선 $n = 1$인 경우, 즉 $f(x) = a_{1x} + a_0 \equiv 0 \bmod p$의 근은 $\mathbb{Z}_p$에서 최대 1개이다.

이제, 차수가 $n-1$보다 작은 경우 성립한다고 가정하고, 주어진 다항식 $f(x)$의 차수가 n이라 하자. 그리고 $f(x) \equiv 0 \bmod p$의 근이 존재하지 않는 경우는 성립하므로 근이 존재한다고 하고, 그 근 중 하나를 α라 하자. 그러면 $f(x) = (x - \alpha)g(x)$ 꼴로 인수분해되며 $g(x)$의 차수는 $n-1$이다. 그런데 귀납법의 가정에 의해 $g(x)$는 최대 $n-1$개의 근이 $\mathbb{Z}_p$에 존재하므로 $f(x)\equiv 0 \bmod p$의 근은 $\mathbb{Z}_p$에 최대 n개가 존재한다.

따라서 수학적 귀납법에 의해 계수가 $\mathbb{Z}_p$의 원소인 n차 다항식은 $\mathbb{Z}_p$에서 최대 n개의 근을 가진다. ■

따름정리 3.59

p를 소수라 하자. 만약 $d|p-1$이면 x^d-1은 $\mathbb{Z}_p$에서 정확히 d개의 근을 갖는다.

≫ 증명 페르마의 작은 정리에 의해 $x^{p-1}-1$은 $p-1$개의 근을 가진다. 따라서 정리 3.58에 의해 성립한다. ■

정리 3.60

p를 소수라 하고, $d|p-1$라 하자. 그러면 $\mathbb{Z}_p^*$에서 위수가 d인 원소의 개수는 $\varphi(d)$개 있다.

≫ 증명 $F(d)=\left|\left\{x\in\mathbb{Z}_p^* \mid \mathrm{ord}_p(x)=d\right\}\right|$라 하자. 그러면 $p-1=\sum_{d|p-1}F(d)$이다. 정리 3.52에 의해 다음이 성립한다.

$$p-1=\sum_{d|p-1}F(d)=\sum_{d|p-1}\varphi(d)$$

이제 모든 $d|p-1$에 대해 $F(d)\le\varphi(d)$임을 증명하자. 만약 $F(d)=0$이면 $F(d)\le\varphi(d)$은 당연히 성립한다. $F(d)\ne 0$이라 하고, $a\in\mathbb{Z}_p$의 위수를 d라 하자. 그러면 a, a^2, ..., a^d은 $\mathbb{Z}_p$에서 x^d-1의 서로 다른 근이다. 한편 $\gcd(k, d)=1$이면 $\mathrm{ord}_p(a^k)=d$이다. 그러므로 $F(d)=\varphi(d)$이다. ■

결국 소수 p에 대하여 $\mathbb{Z}_p^*$의 원소 중 원시근, 즉 위수가 $p-1$인 원소의 개수는 정리 3.60에 의해 다음과 같다는 것을 알 수 있다.

따름정리 3.61
p가 소수이면 $\mathbb{Z}_p^*$는 $\varphi(p-1)$개의 원시근을 갖는다.

기약잉여계들은 항상 원시근을 갖고 있을까? 예를 들어 법 15에 대한 기약잉여계에는 위수가 $\varphi(15)=8$인 원소가 없다. 즉, 원시근이 존재하지 않는다. 원시근을 알면 그 원소로 기약잉여계를 생성할 수 있으므로 여러 가지로 편리한 점이 많다. 하지만, $\mathbb{Z}_{15}^*$와 같이 원시근이 없는 기약잉여계도 있기 때문에 항상 원시근만 염두에 두고 성질을 파악할 수는 없다. 하지만, 소수 p에 대하여 법 p 혹은 법 p^k의 기약잉여계는 원시근의 존재성과 관련하여 특별한 성질이 있다. 그 특별한 성질들은 다음과 같다.

정리 3.62
p는 2가 아닌 소수라 하자. 만약 $\mathbb{Z}_p^*=\langle r\rangle$이면 r 또는 $r+p$가 $\mathbb{Z}_{p^2}^*$의 원시근이 된다.

정리 3.63
p는 2가 아닌 소수라 하자. 만약 r이 $\mathbb{Z}_{p^2}^*$의 원시근이면 임의의 양의 정수 k에 대해서 r은 $\mathbb{Z}_{p^k}^*$의 원시근이다.

정리 3.64
a가 홀수이고 $k\geq 3$이면 $a^{\frac{\varphi(2^k)}{2}}\equiv 1 \bmod 2^k$이다.

정리 3.65
정수 k가 $k\geq 3$일 때, $\mathbb{Z}_{2^k}^*$에서 5의 위수는 $\dfrac{\varphi(2^k)}{2}$이다.

정리 3.66
p는 2가 아닌 소수라 하고, r은 $\mathbb{Z}_{p^k}^*$의 원시근이라 하자. 만약 r이 홀수이면 r은 $\mathbb{Z}_{2p^k}^*$의

원시근이고, 짝수이면 $r+p^k$가 $\mathbb{Z}_{2p^k}^*$의 원시근이다.

법 15에서의 기약잉여계 $\mathbb{Z}_{15}^*$와 같이 원시근을 가지지 않는 경우도 있다. 하지만 다음은 원시근이 존재하는 경우에 대해 명료하게 설명하고 있다.

정리 3.67

p는 2 아닌 소수이고 정수 k는 $k \geq 1$일 때, $\mathbb{Z}_n^*$이 원시근을 갖는 경우는 $n=2,\ 4,\ p^k,\ 2p^k$일 때뿐이다.

임의의 정수 n에 대하여

$$\lambda(n) = \min\{r \in \mathbb{Z}^+ \mid x^r \equiv 1 \bmod n \text{ for all } x \in \mathbb{Z}_n^*\}$$

는 기약잉여계 $\mathbb{Z}_n^*$의 원소 중 위수가 가장 작은 원소를 의미한다. 이때 특별한 성질을 가지는 정수 n을 선택하면 다음과 같은 흥미로운 결과가 성립함을 알 수 있다.

정리 3.68

양의 정수 n이 $n = 2^{t_0} p_1^{t_1} \cdots p_m^{t_m}$와 같이 소인수분해 될 때,

$$\lambda(n) = \operatorname{lcm}(\lambda(2^{t_0}),\ \varphi(p_1^{t_1}),\ \ldots,\ \varphi(p_m^{t_m}))$$

이고, 또한 $\mathbb{Z}_n^*$의 원소 중 위수가 $\lambda(n)$이 되는 원소가 존재한다.

>> **증명** 정리 3.65와 정리 3.67로부터 $\mathbb{Z}_{p_i^{t_i}}^*$의 원시근 a_i가 존재한다. 그러면 중국인의 나머지 정리에 의해 정리가 성립함을 알 수 있다. ■

연습 문제

01 법 12에 관한 기약잉여계 $\mathbb{Z}_{12}^* = \{1, 5, 7, 11\}$에 속하는 각 정수에 대하여 법 12에 관한 위수를 각각 구하여라.

02 법 17에 관한 3의 위수를 구하고, 이를 이용하여 다음을 구하여라.

(1) $\mathrm{ord}_{17}(3^4)$

(2) $\mathrm{ord}_{17}(10)$

(3) $\mathrm{ord}_{17}(15)$

03 2가 법 13에 관한 원시근임을 확인하여라. 그리고 법 13에 관한 기약잉여계 $\mathbb{Z}_{13}^* = \{1, 2, 3, 4, 5, 6, 7, 8, 9, 10, 11, 12\}$에 속하는 각 정수의 법 13에 대한 위수를 구하고 법 13에 관한 원시근을 모두 구하여라.

04 법 17에 관한 원시근의 개수와 법 47에 관한 원시근의 개수를 각각 구하여라.

05 홀수인 소수 p에 대하여 $\varphi(p) = p-1$가

$$\varphi(p) = p - 1 = q_1^{k_1} q_2^{k_2} \cdots q_r^{k_r}$$

와 같이 인수분해 될 때, 다음이 성립함을 증명하여라.

(1) 각 $i(1 \le i \le r)$에 대하여 $\mathrm{ord}_p(a_i) = q_i^{k_i}$인 정수 a_i가 존재한다.

(2) $a = a_1 a_2 \cdots a_r$이라고 하면 a는 법 p에 관한 원시근이다.

06 문제 5의 절차에 따라 법 29에 관한 원시근을 하나만 구하여라.

3.6 이차 잉여류

기약잉여계의 원소들의 제곱근을 생각할 수 있을까? a가 $\mathbb{Z}_n^*$의 원소일 때 제곱해서 a가 되는 x가 $\mathbb{Z}_n^*$에 존재할까? 제곱근의 유무와 관련한 정수의 성질은 정수론의 여러 분야에서 상당히 유용하게 사용되며 특히 소수와 관련된 성질을 밝히고자 할 때 유용하다.

3.6.1 이차 잉여류와 이차 비잉여류

실수에서 우리는 거듭제곱근을 쉽게 생각할 수 있다. 거듭제곱근과 같은 개념을 기약잉여계에서도 적용해보고자 한다.

정의 3.22 0 아닌 정수 $a \in \mathbb{Z}_n$에 대해서 $x^2 \equiv a \bmod n$를 만족하는 정수 x가 존재하면 a를 법 n에 대한 이차 잉여류(quadratic residue modulo n)라 말하고, 그러한 x가 존재하지 않으면 법 n에 대한 이차 비잉여류(quadratic nonresidue modulo n)라 말한다. 그리고 $\mathbb{Z}_n$의 이차 잉여류들을 모두 모아놓은 집합을 Q_n이라 나타내며 이차 비잉여류들의 집합을 $\overline{Q_n}$로 나타낸다.

정리 3.69

p가 소수라 하고 α를 $\mathbb{Z}_p^*$의 원시근이라 하자. 그러면

$$a \in Q_p \Leftrightarrow a \equiv \alpha^i \bmod p$$

일 때 i가 짝수이다. 따라서 $|Q_p| = |\overline{Q_p}| = \frac{(p-1)}{2}$이다.

정리 3.69에 의하면 이차 잉여인 원소의 개수와 이차 비잉여인 원소의 개수가 같고 기약잉여계의 원소의 개수의 정확히 절반씩 됨을 알 수 있다. 다음에 주어지는 예제는 이차 잉여와 이차 비잉여에 대한 간단한 예이다.

예제 3.17 $\alpha = 6$은 $\mathbb{Z}_{13}^*$의 원시근이다. 그러므로 α의 거듭제곱으로 $\mathbb{Z}_{13}^*$의 모든 원소를 다음과 같이 나타낼 수 있다.

i	0	1	2	3	4	5	6	7	8	9	10	11
$\alpha^i \bmod 13$	1	6	10	8	9	2	12	7	3	5	4	11

이때, i가 짝수인 1, 3, 4, 9, 10, 12의 경우는 제곱근이 존재하여 이차 잉여이지만 나머지 원소들은 제곱근이 존재하지 않아 이차 비잉여이다. 그러므로 $Q_{13} = \{1, 3, 4, 9, 10, 12\}$이고 $\overline{Q_{13}} = \{2, 5, 6, 7, 8, 11\}$이다.

p를 3 이상의 소수라고 하자. 그러면 법 p에 대하여 기약잉여계 $\mathbb{Z}_p^*$의 원소 a가 이차 잉여인지 아닌지는 다음 정리와 같이 판별할 수 있다.

정리 3.70

p를 3 이상의 소수라고 하자. 이제 p와 서로소인 정수 a에 대하여 다음이 성립한다.

(1) $a^{\frac{(p-1)}{2}} \equiv 1 \bmod n$이면 a는 법 p에 대한 이차 잉여이고, 그 역도 성립한다.

(2) $a^{\frac{(p-1)}{2}} \equiv -1 \bmod n$이면 a는 법 p에 대한 이차 비잉여이고, 그 역도 성립한다.

$\mathbb{Z}_p^*$의 모든 원소의 제곱과 법 p에 대해 합동인 $\mathbb{Z}_p^*$*의 원소는 모두 이차 잉여이다. 그런데 $i^2 \equiv j^2 \bmod p$이면 $i \equiv j \bmod p$ 또는 $i \equiv -j \bmod p$이고, 그 역도 성립하므로 다음과 같은 성질을 얻을 수 있다.

정리 3.71

n은 2보다 큰 두 소수 p, q의 곱이라 하자. 그러면 $a \in Q_n$일 필요충분조건은 $a \in Q_p$이고 $a \in Q_q$이다. 따라서 $|Q_n| = |Q_p| \cdot |Q_q| = \frac{(p-1)(q-1)}{4}$이다.

정의 3.23 $a \in Q_n$이라 하자. 만약 $x \in \mathbb{Z}_n^*$이고 $x^2 \equiv a \bmod n$이면 x를 a의 제곱근이라 한다.

특히 소수 p를 법으로 하는 잉여계의 이차 잉여인 원소들은 다음과 같은 특별한 성질을 만족한다.

정리 3.72

(1) p가 3 이상의 소수이면 $a \in Q_p$의 제곱근은 2개 존재한다.

(2) $n = p_1 p_2 \cdots p_k$이고 모든 p_i가 3 이상의 소수이면 $a \in Q_n$의 제곱근은 2^k개 존재한다.

정리 3.73

$p = 4k+3$ 형태의 소수라 하자. 그리고 $a \in Q_p$일 때, a의 제곱근은 $\pm a^{\frac{(p+1)}{4}}$이다.

3.6.2 르장드르 기호와 자코비 기호

기약잉여계의 원소가 이차 잉여인지 이차 비잉여인지에 따라 1 또는 -1이 대응되는 함수를 생각하자. 이 함수를 르장드르 기호(Legendre symbol) 또는 자코비 기호(Jacobi symbol)라고 한다. 이 기호를 이용하여 임의의 정수의 이차 잉여 여부를 판단할 수 있다.

정의 3.24 p를 소수라 하자. 르장드르 기호 $\left(\frac{a}{p}\right)$는

$$\left(\frac{a}{p}\right) = \begin{cases} 1, & a\text{가 이차 잉여} \\ -1, & a\text{가 이차 비잉여} \end{cases}$$

와 같이 정의한다.

르장드르 기호 $\left(\frac{a}{p}\right)$는 다음과 같은 특성이 있다.

정리 3.74

p를 홀수인 소수이고 a, b는 p와 서로소인 정수라고 하자.

(1) 만약 $\left(\frac{a}{p}\right)=1$이고 $a \equiv b \bmod p$이면 $\left(\frac{a}{p}\right)=\left(\frac{b}{p}\right)$이다.

(2) $\left(\frac{a}{p}\right) \equiv a^{\frac{p-1}{2}} \bmod p$이다.

(3) $\left(\frac{ab}{p}\right)=\left(\frac{a}{p}\right)\left(\frac{b}{p}\right)$, $\left(\frac{a^2}{p}\right)=1$, $\left(\frac{a^2b}{p}\right)=\left(\frac{b}{p}\right)$가 성립한다.

>> 증명 (1) 르장드르 기호의 정의를 바탕으로 성립한다.

(2) 법 p에 대한 이차 잉여의 성질을 바탕으로 성립함을 쉽게 알 수 있다.

(3) (2)에 의해

$$\left(\frac{ab}{p}\right)=(ab)^{\frac{p-1}{2}}=a^{\frac{p-1}{2}}b^{\frac{p-1}{2}}=\left(\frac{a}{p}\right)\left(\frac{b}{p}\right)$$

이다. 이 성질로부터 나머지 두 가지 성질의 성립여부도 확인할 수 있다.■

정리 3.74에서 다음과 같은 유용한 성질을 유도할 수 있다.

따름정리 3.75

p는 홀수인 소수일 때 다음이 성립한다.

(1) $\left(\frac{-1}{p}\right)=(-1)^{\frac{p-1}{2}}$

(2) $p \equiv 1 \bmod 4 \Leftrightarrow \left(\frac{-1}{p}\right)=1$

(3) $p \equiv -1 \bmod 4 \Leftrightarrow \left(\frac{-1}{p}\right)=-1$

>> 증명 (1) 정리 3.74의 (2)에 의해 성립한다.

(2) $p \equiv 1 \bmod 4$이므로 적당한 정수 k에 대하여 $p=4k+1$이다. 그러면 (1)에 의해

$$\left(\frac{-1}{p}\right) = (-1)^{\frac{p-1}{2}} = (-1)^{2k} = 1$$

이 성립한다.

역으로 $\left(\frac{-1}{p}\right) = 1$이면 $(-1)^{\frac{p-1}{2}} = \left(\frac{-1}{p}\right) = 1$이 되고, 따라서 적당한 정수 k에 대하여 $\frac{p-1}{2} = 2k$이 되어 $p \equiv 1 \bmod 4$이다.

(3) (2)와 비슷한 방법으로 성립함을 알 수 있다. ■

르장드르 기호의 성질을 이용하면 $p \equiv 1 \bmod 4$를 만족하는 소수 p가 무수히 많음을 증명할 수 있다.

정리 3.76

$p \equiv 1 \bmod 4$를 만족하는 소수 p는 무수히 많다.

>> 증명 적당한 자연수 s에 대하여, $p \equiv 1 \bmod 4$를 만족하는 소수 p가 s개 존재한다고 가정하고 그 소수들의 집합을 $Q = \{q_1, \ldots, q_s\}$라고 하자. 이제 $N = (2q_1 \cdots q_s)^2 + 1$이라고 하면 N은 Q의 원소가 아니므로 Q의 적당한 소수 p로 나누어 떨어진다. 즉

$$(2q_1 \cdots q_s)^2 + 1 \equiv 0 \bmod p$$

이다. 이는 -1은 법 p에서 이차 잉여임을 의미하므로 $\left(\frac{-1}{p}\right) = 1$이다. 그런데 정리 3.75에 의해 p는 $p \equiv 1 \bmod 4$를 만족하고, 결국 $p \in Q$이다. 그러므로 $p \mid q_1 \cdots q_s$이다. 그런데 $p \mid N$이므로 $p \mid 1$이 되어 p가 1보다 크다는 소수의 성질에 모순이다. 따라서 $p \equiv 1 \bmod 4$ 꼴의 소수 p는 무수히 존재한다. ■

$\mathbb{Z}_p^*$에는 이차 잉여인 원소와 이차 비잉여인 원소가 각각 $\frac{p-1}{2}$개씩 존재하므로 $\mathbb{Z}_p^*$의 모든 원소에 대한 르장드르 기호의 값을 더하면 다음과 같은 결과를 얻게 됨을 쉽게 알 수 있다.

정리 3.77
p는 홀수인 소수일 때,

$$\left(\frac{1}{p}\right)+\left(\frac{2}{p}\right)+\cdots+\left(\frac{p-1}{p}\right)=0$$

이다.

1은 이차 잉여임을 쉽게 알 수 있다. 그리고 정리 3.75에 의해 $p-1$도 법 p에 대해 이차 잉여인지 아닌지 쉽게 판단할 수 있다. 2에 대해서도 법 p에서 이차 잉여인지 아닌지를 쉽게 알 수 있는 방법을 가우스는 다음과 같이 제시하였다.

정리 3.78
홀수인 소수 p에 대하여

$$\left(\frac{2}{p}\right)=(-1)^{\frac{p^2-1}{8}}$$

이다.

소수 p의 형태를 8의 배수꼴로 나누어 생각하면 다음과 같은 따름정리를 얻을 수 있다.

따름정리 3.79
홀수인 소수 p에 대하여 다음이 성립한다.
(1) $p\equiv\pm 1 \bmod 8 \Leftrightarrow \left(\frac{2}{p}\right)=1$
(2) $p\equiv\pm 3 \bmod 8 \Leftrightarrow \left(\frac{2}{p}\right)=-1$

임의의 정수가 법 p에 대하여 이차 잉여인지를 구하는 것은 어려운 일이다. 하지만, 앞서 설명된 몇몇 특별한 성질을 잘 이용하면 어렵지 않게 구할 수노 있다. 다음은 이렇게 어렵지 않게 이차 잉여인지를 확인하는 방법 중 하나로, 비교하는 정수와 법에 해당하는 정수의 크기를 점차 줄여 쉽게 계산이 가능하도록 하는 방법이다.

정리 3.80 이차 상호법칙(law of quadratic reciprocity)
서로 다른 두 소수 p와 q에 대하여,

$$\left(\frac{q}{p}\right)\left(\frac{p}{q}\right)=(-1)^{\frac{p-1}{2}\frac{q-1}{2}},\ \text{즉}\ \left(\frac{q}{p}\right)=(-1)^{\frac{p-1}{2}\frac{q-1}{2}}\left(\frac{p}{q}\right)$$

가 성립한다.

정리 3.80으로부터 다음과 같은 따름정리를 쉽게 얻을 수 있다.

따름정리 3.81
서로 다른 두 소수 p와 q에 대하여 다음이 성립한다.
(1) $\left(\frac{q}{p}\right)=\left(\frac{p}{q}\right)\Leftrightarrow p\equiv 1 \bmod 4$ 또는 $q\equiv 1 \bmod 4$이다.
(2) $\left(\frac{q}{p}\right)=-\left(\frac{p}{q}\right)\Leftrightarrow p\equiv q\equiv -1 \bmod 4$

르장드르 기호의 일반화된 개념이 자코비 기호이다.

정의 3.25 정수 n이 $n=p_1^{e_1}\cdots p_k^{e_k}$로 소인수분해 될 때 $\left(\frac{a}{n}\right)$를

$$\left(\frac{a}{n}\right)=\left(\frac{a}{p_1}\right)^{e_1}\left(\frac{a}{p_2}\right)^{e_2}\cdots\left(\frac{a}{p_k}\right)^{e_k}$$

와 같이 정의하고 이를 자코비 기호라고 한다. n이 소수일 때의 자코비 기호는 르장르드 기호와 같다.

정의 3.25에서 보는 것처럼 자코비 기호는 n의 소인수별 르장드르 기호를 생각하면 된다. 이렇게 정의된 자코비 기호는 르장드르 기호와 유사한 성질을 가진다.

정리 3.82
양의 정수 n이 홀수이고 n과 서로소인 두 정수 a, b에 대하여 다음이 성립한다.

(1) $\left(\frac{1}{n}\right)=1$

(2) $a \equiv b \bmod n \Leftrightarrow \left(\frac{a}{n}\right)=\left(\frac{b}{n}\right)$

(3) $\left(\frac{ab}{n}\right)=\left(\frac{a}{n}\right)\left(\frac{b}{n}\right)$, $\left(\frac{a^2}{n}\right)=1$, $\left(\frac{a^2 b}{n}\right)=\left(\frac{b}{n}\right)$

-1과 2에 대한 자코비 기호의 값도 르장드르 기호의 성질과 -1의 기우성을 바탕으로 다음 정리와 같이 구할 수 있다.

정리 3.83
홀수인 양의 정수 n에 대하여 다음이 성립한다.

(1) $\left(\frac{-1}{n}\right)=(-1)^{\frac{n-1}{2}}$

(2) $\left(\frac{2}{n}\right)=(-1)^{\frac{n^2-1}{8}}$

정리 3.83으로부터 다음 성질을 쉽게 유도할 수 있다.

따름정리 3.84
홀수인 양의 정수 n에 대하여 다음이 성립한다.

(1) $n \equiv 1 \bmod 4 \Leftrightarrow \left(\frac{-1}{n}\right)=1$

(2) $n \equiv -1 \bmod 4 \Leftrightarrow \left(\frac{-1}{n}\right)=-1$

(3) $n \equiv \pm 1 \bmod 8 \Leftrightarrow \left(\frac{2}{n}\right)=1$

(4) $n \equiv \pm 3 \bmod 8 \Leftrightarrow \left(\frac{2}{p}\right)=-1$

자코비 기호도 르장드르 기호와 마찬가지로 다음과 같이 이차 상호법칙이 성립한다.

정리 3.85

서로소이며 홀수인 두 양의 정수 n과 m에 대하여

$$\left(\frac{m}{n}\right)\left(\frac{n}{m}\right)=(-1)^{\frac{n-1}{2}\frac{m-1}{2}},\ 즉\ \left(\frac{m}{n}\right)=(-1)^{\frac{n-1}{2}\frac{m-1}{2}}\left(\frac{n}{m}\right)$$

이다.

두 정수 a와 n에 대하여 $a>n$일 때 $\left(\frac{a}{n}\right)$을 효과적으로 구하는 방법은 다음과 같이 제시되었다.

정리 3.86

정수 n은 홀수인 양의 정수이고 a는 n보다 크고 $\gcd(a,\ n)=1$인 정수이다. 이때 정수 s_i와 t_i를 다음과 같이 정의하자.

$$\begin{aligned}
&s_0=a,\ s_1=n\\
&s_0=s_1q_1+2^{t_1}s_2\ \ (t_1\ge 0,\ s_2\text{는 홀수})\\
&s_1=s_2q_2+2^{t_2}s_3\ \ (t_2\ge 0,\ s_3\text{는 홀수})\\
&\qquad\vdots\\
&s_{n-3}=s_{n-2}q_{n-2}+2^{t_{n-2}}s_{n-1}\ \ (t_{n-2}\ge 0,\ s_{n-1}\text{은 홀수})\\
&s_{n-2}=s_{n-1}q_{n-1}+2^{t_{n-1}}\cdot 1\ \ (t_{n-1}\ge 0).
\end{aligned}$$

그러면

$$\left(\frac{a}{n}\right)=(-1)^{t_1\frac{s_1^2-1}{8}+\cdots+t_{n-1}\frac{s_n^2-1}{8}+\frac{s_{1-1}}{2}\frac{s_2-1}{2}+\frac{s_{2-1}}{2}\frac{s_3-1}{2}\cdots+\frac{s_{n-2-1}}{2}\frac{s_{n-1}-1}{2}}$$

이다.

연습 문제

01 법 11에 관한 기약잉여계 $\mathbb{Z}_{11}^{*} = \{1, 2, 3, 4, 5, 6, 7, 8, 9, 10\}$에 속하는 정수 중에서 법 11에 관하여 이차 잉여와 이차 비잉여인 정수를 구하여라.

02 p가 $p \geq 7$인 소수일 때 다음이 성립함을 밝혀라.

(1) 세 정수 1, 4, 9는 모두 법 p에 관한 이차 잉여이다.

(2) 세 정수 2, 5, 10 중에서 적어도 하나는 법 p에 관한 이차 잉여이다.

(3) 법 p에 관하여 이차 잉여이면서 연이은 두 정수 a, $a+1$이 존재한다.

(4) 세 정수 2, 3, 6 중에서 적어도 하나는 법 p에 관한 이차 잉여이다.

(5) 법 p에 관하여 이차 잉여이면서 그 차가 2인 두 정수 a, $a+2$가 존재한다.

03 다음 르장드르 기호의 값을 구하여라.

(1) $\left(\frac{12}{19}\right)$ (2) $\left(\frac{-20}{37}\right)$

(3) $\left(\frac{23}{59}\right)$ (4) $\left(\frac{189}{313}\right)$

(5) $\left(\frac{860}{103}\right)$ (6) $\left(\frac{860}{107}\right)$

04 다음 이차합동식이 해를 가지는지를 판정하여라.

(1) $x^2 \equiv 196 \bmod 23$ (2) $x^2 \equiv 196 \bmod 59$

05 p가 홀수인 소수일 때

$$p \equiv 1 \mod 8 \text{ 또는 } p \equiv 3 \bmod 8 \text{이면 } \left(\frac{-2}{p}\right) = 1$$

임을 증명하여라.

06 다음 자코비 기호의 값을 구하여라.

(1) $\left(\dfrac{7}{21}\right)$

(2) $\left(\dfrac{27}{101}\right)$

(3) $\left(\dfrac{25}{111}\right)$

(4) $\left(\dfrac{1009}{2307}\right)$

(5) $\left(\dfrac{2663}{3299}\right)$

07 양의 홀수 P와 $\gcd(a, P)=1$인 정수 a에 대하여

$$a=(-1)^s 2^t q \quad (q\text{는 양의 홀수})$$

일 때,

$$\left(\frac{a}{P}\right)=(-1)^{s\cdot\frac{P-1}{2}+t\cdot\frac{P^2-1}{8}}\left(\frac{q}{P}\right)$$

임을 증명하여라.

08 $8k-1$꼴의 소수가 무수히 많음을 보여라.

3.7 소수 판정법

모든 정수는 소수의 곱으로 표현될 수 있다. 정수가 갖는 성질은 대부분 그 정수를 구성하는 소수에서 비롯되기 때문에, 정수론에서는 소수의 성질을 연구하는 것이 매우 중요시된다. 암호학에서 사용되는 대부분의 정수론적 방법 또한 소수의 성질을 이용한 것이다. 그렇기 때문에 암호체계에 좋은 암호학적 성질을 부여하는 소수를 찾는 것이 중요하게 여겨지고 있다.

3.7.1 결정론적 소수 판정법과 확률론적 소수 판정법

소수는 어떻게 찾을까? 임의의 크기의 소수를 구성하는 방법은 아직까지 알려진 것이 없다. 한 가지 대안은 원하는 크기의 수를 무작위로 선택한 다음, 그것이 소수인지 테스트하는 것이다. 이러한 알고리즘을 소수 판정법이라 부르는데, 가장 단순하면서도 확실한 소수 판정법은 테스트하고자 하는 수를 가장 작은 소수부터 차례대로 나누어 보는 것이다. 만약 테스트하고자 하는 수 n이 합성수라면 최소한 두 수의 곱이 될 것이므로, $\sqrt{n}$ 이하의 소수들만 테스트에 이용하면 된다. 이러한 방법을 결정론적(deterministic)인 방법이라 한다.

결정론적 소수 판정법은 n이 커질수록 테스트에 이용해야 할 소수의 수도 증가한다는 부담감이 있기 때문에, 확률론적(probabilistic) 소수 판정법이 주로 사용된다.

일반적인 확률론적 소수 판정법은 대략 알고리즘 3.1과 같은 구조를 갖는다.

알고리즘 3.1 확률론적 소수 판정법의 일반적인 구조

입력: 홀수인 정수 $n \geq 3$, 그리고 테스트 반복 회수 $t \geq 1$

출력: '소수' 또는 '합성수'

1. $i = 1$부터 t까지 다음을 수행
   1.1. 정수 a를 무작위로 선택
   1.2. $f(n, a)$ 계산
   1.3. $f(n, a) \neq 0$이면 '합성수'를 출력하고 알고리즘 종료
2. '소수' 출력

알고리즘 3.1에서 n과 a를 입력으로 갖는 함수 f는 n의 소수성(primality)을 판별하기 위한 도구이다. $f(n, a) = 0$이면 n이 a에 의한 테스트를 통과했음을 의미한다. 보통, 입력된 n이 합성수임에도 불구하고 무작위로 선택된 a에 의해 테스트를 한 번 통과할 확률은 p로 정해진다. 알고리즘에 n과 함께 t를 입력함으로써 테스트는 t번까지 독립적으로 반복 시행되므로, n이 합성수임에도 불구하고 알고리즘이 '소수'를 출력할 확률은 p^t이 된다. 즉, p가 작고 t가 클수록 '소수'가 출력된 n이 소수일 것이라는 확신은 더욱 커진다. n이 아무리 큰 값이라고 해도, 신뢰할 만한 확률은 p와 t에 의해서 결정된다. 그리고 소수가 아님에도 소수라고 판단하는 경우에 대한 확률이 무시할 수 있는 수준이 되기 위한 테스트 횟수 t는 거의 고정적으로 정해질 수 있다. 이런 의미에서 확률론적 소수 판정법은 결정론적 소수 판정법보다 훨씬 효율적이다.

입력된 n에 대하여 $f(n, a) \neq 0$이 되도록 하는 a를, 'n이 합성수임을 보여주는 증거'라는 의미에서 n에 대한 증거(witness)라 한다. 반대로, n이 합성수임에도 불구하고 $f(n, a) = 0$을 만족하는 a를 'n을 소수처럼 보이게 하는 거짓 증거'라는 의미에서 n에 대한 거짓 증거(liar)라 한다. n이 합성수임에도 불구하고 무작위로 선택된 임의의 a에 대하여 $f(n, a) = 0$을 만족할 확률 p의 값은

$$p < \frac{\text{거짓증거의 개수}}{a\text{의 개수}}$$

와 같은 상한을 가진다.

3.7.2 페르마 판정법

페르마의 작은 정리(정리 3.45)에 의하면, n이 소수이고 a가 1과 $n-1$ 사이의 정수일 때, $a^{n-1} \equiv 1 \bmod n$을 만족한다. 하지만 $a^{n-1} \equiv 1 \bmod n$를 만족한다고 해서 n이 소수라고 할 수는 없다. 그러므로 n이 소수인지 합성수인지 묻는 질문이 주어졌을 때, 구간 $[1, n-1]$에서 그와 같은 식을 만족하지 않는 a를 찾으면 n이 합성수임을 밝힐 수 있다. 따라서 이 테스트에서 검증함수 f는

$$f(n, a) \equiv a^{n-1} \bmod n$$

이다.

정의 3.26 n이 홀수인 합성수이고, a를 1과 $n-1$ 사이의 정수라 하자.

(1) $a^{n-1} \not\equiv 1 \bmod n$이면, a를 n에 대한 페르마 증거(Fermat witness)라 한다.

(2) 반대로, $a^{n-1} \equiv 1 \bmod n$이면, n을 a에 관한 페르마 의사소수(Fermat pseudoprime)라 하며, a를 n에 대한 페르마 거짓증거(Fermat liar)라 한다.

예제 3.18 [페르마 의사소수] 합성수 $n = 341(= 11 \cdot 34)$은 $2^{340} \equiv 1 \bmod 341$를 만족하므로, 2에 관한 의사소수이다.

알고리즘 3.2 페르마 판정법

입력: 홀수인 정수 $n \geq 3$, 그리고 테스트 반복 회수 $t \geq 1$

출력: '소수' 또는 '합성수'

1. $i = 1$부터 t까지 다음을 수행
   1.1. 정수 a를 무작위로 선택
   1.2. $f(n, a) \equiv a^{n-1} \bmod n$ 계산
   1.3. $f(n, a) \neq 1$이면 '합성수'를 출력하고 알고리즘 종료
2. '소수' 출력

알고리즘 3.2.가 '합성수'를 출력하면 n은 분명히 합성수이다. 그러나 반대로 알고리즘이 '소수'를 출력한다고 해서 n이 정말 소수라는 것이 증명되었음을 의미하지는 않는다. 그렇지만 어떤 a에 관한 의사소수는 매우 드물다고 알려져 있기 때문에, 페르마 판정법은 대부분의 경우에서 소수와 합성수를 제법 옳게 구별한다. 그런데 드물기는 하지만 페르마 판정법을 통과할 확률이 높은 합성수가 존재한다.

정의 3.27 정수 n은 $\gcd(a, n) = 1$을 만족하는 모든 정수 a에 대하여 $a^{n-1} \equiv 1 \bmod n$을 만족하는 합성수일 때 n을 카마이클 수(Carmichael number)라고 한다.

가장 작은 카마이클 수는 $561 = 3 \cdot 11 \cdot 17$이다. 카바이클 수는 그렇게 많지 않아서, 10^{15} 이하의 수 중에는 단지 105212개의 정수가 카마이클 수라는 사실이 밝혀져 있다.

만약 n이 카마이클 수라면, n에 대한 페르마 증거는 1과 $n-1$ 사이의 정수 중 n과 서

로소가 되지 않은 수들이다. 그러므로 n의 소인수들이 모두 큰 값이라면, 테스트 횟수 t가 크다고 할지라도 페르마 판정법은 n을 '소수'라고 판정할 확률이 매우 높다. 이런 결함을 보완하기 위해 페르마의 작은 정리보다 더 강력한 판정 기준을 이용하는 솔로베이-슈트라센 판정법이나 밀러-라빈 판정법이 개발되었다.

3.7.3 솔로베이-슈트라센 판정법

솔로베이-슈트라센(Solovay-Strassen) 판정법은 RSA와 같이 소인수분해 문제를 이용한 공개 키 암호체계가 나타나면서 자주 쓰이게 된 최초의 소수 판정법이었다. 그러나 더 효율적인 밀러-라빈(Miller-Rabin) 판정법이 등장함으로써 지금은 사용되지 않는 알고리즘이기도 하다. 솔로베이-슈트라센 판정법은 다음의 정리를 이용한다.

정리 3.87 오일러 준거(Euler's criterion)
n을 홀수인 소수라 하자. 그러면 n과 서로소인 모든 정수 a에 대하여 $a^{(n-1)/2} \equiv \left(\frac{a}{n}\right) \bmod n$이다.

정리 3.87로부터 다음과 같은 성질을 가지는 정수를 정의할 수 있다.

정의 3.28 n을 홀수인 합성수라 하자. a를 1과 $n-1$ 사이의 정수라 하자.

(1) $\gcd(a, n) > 1$이거나 $a^{(n-1)/2} \not\equiv \left(\frac{a}{n}\right) \bmod n$이면, a는 n에 대한 오일러 증거(Euler witness)라 한다.

(2) 반대로 $\gcd(a, n) = 1$이고 $a^{(n-1)/2} \equiv \left(\frac{a}{n}\right) \bmod n$이면, n을 a에 관한 오일러 의사소수(Eular pseudoprime)라 하며, a를 n에 대한 오일러 거짓증거(Euler liar)라 한다.

예제 3.19 [오일러 의사소수] 합성수 $91(=7 \cdot 13)$은 $9^{45} \equiv 1 \bmod 91$이고 $\left(\frac{9}{91}\right) = 1$이므로 9에 관한 오일러 의사소수이다.

정리 3.87이 확률론적 소수 판정법에 사용될 수 있는 이유는 n을 홀수인 합성수라고 할 때, 1과 $n-1$ 사이의 정수 중에서 n에 대한 오일러 거짓증거가 되는 것은 $\frac{\varphi(n)}{2}$개 이하이기 때문이다.

알고리즘 3.3 솔로베이-슈트라센 판정법

입력: 홀수인 정수 $n \geq 3$, 그리고 테스트 반복 횟수 $t \geq 1$

출력: '소수' 또는 '합성수'

1. $i=1$부터 t까지 다음을 수행
   1.1. 정수 a를 $[2, n-2]$에서 무작위로 선택
   1.2. $f(n, a) \equiv a^{(n-1)/2} \bmod n$ 계산
   1.3. $f(n, a) \neq 1$이고 $f(n, a) \neq n-1$이면 '합성수'를 출력하고 알고리즘 종료
   1.4. 자코비 기호 $s = \left(\frac{a}{n}\right)$를 계산
   1.5. $f(n, a) \not\equiv s \bmod n$이면 '합성수'을 출력하고 알고리즘 종료
2. '소수' 출력

$\gcd(a, n) = d$이면, d는 $f(n, a) = a^{(n-1)/2} \bmod n$의 약수이다. 그러므로 단계 1.3에서 $f(n, a) \neq 1$인지 확인함으로써 $\gcd(a, n) \neq 1$인지 체크할 필요가 없어진다. 만약 알고리즘 3.3이 '합성수'를 출력한다면 정리 3.86에 의해, n은 분명히 합성수이다. 반대로, n이 합성수임에도 불구하고 알고리즘이 '소수'를 출력할 확률은, 단계 1.2에서 a가 랜덤하고 독립적으로 선택되기 때문에 $\left(\frac{1}{2}\right)^t$보다 작다.

3.7.4 밀러-라빈 판정법

실제로 가장 많이 쓰이는 소수 판정법인 밀러-라빈 판정법은 다음과 같은 정리를 이용한다.

정리 3.88

n을 홀수인 소수라 하자. 적당한 홀수 r에 대하여 $n-1=2^s r$라 하자. a를 $\gcd(a, n)=1$을 만족하는 임의의 정수라 하자. 그러면 $a^r \equiv 1 \bmod n$이 성립하거나, $0 \le j \le s-1$인 적당한 j에 대하여 $a^{2^j r} \equiv -1 \bmod n$이다.

정리 3.88로부터 다음과 같은 성질을 만족하는 정수를 정의할 수 있다.

정의 3.29 n을 홀수인 합성수라 하자. 그리고 $n-1=2^s r$(r은 홀수)라 하자. a를 1과 $n-1$ 사이의 정수라 하자.

(1) $a^r \not\equiv 1 \bmod n$이고 0과 $s-1$ 사이의 모든 정수 j에 대해서 $a^{2^j r} \not\equiv -1 \bmod n$이면, a는 n에 대한 강한 증거(strong witness)라 한다.

(2) 반대로 $a^r \equiv 1 \bmod n$이거나 0과 $s-1$ 사이의 모든 정수 j에 대해서 $a^{2^j r} \equiv -1 \bmod n$이면, n은 a에 관한 강한 의사소수(strong pseudo prime)라 하며, a를 n에 대한 강한 거짓증거(strong liar)라 한다.

예제 3.20 합성수 $n=91(=7 \cdot 13)$에 대하여 $91-1=90=2 \cdot 45$이기 때문에, $s=1$이고 $r=45$이다. $9^r=9^{45} \equiv 1 \bmod 91$이기 때문에, 91은 9에 관한 강한 의사소수이다. 91에 대한 모든 강한 거짓증거의 집합은 다음과 같다.

$$\{1, 9, 10, 12, 16, 17, 22, 29, 38, 53, 62, 69, 74, 75, 79, 81, 82, 90\}$$

91에 대한 강한 거짓증거의 개수는 $18=\dfrac{\varphi(91)}{4}$이다.

정리 3.89

n이 홀수인 합성수라면, n에 대한 강한 거짓증거의 개수는 $\dfrac{n-1}{4}$ 이하이다. $n \ne 9$이면, n에 대한 강한 거짓증거의 개수는 $\dfrac{\varphi(n)}{4}$ 이하이다.

알고리즘 3.4 밀러-라빈 판정법

입력: 홀수인 정수 $n \geq 3$, 그리고 테스트 반복 횟수 $t \geq 1$
출력: '소수' 또는 '합성수'

---

1. $n-1$을 $n-1=2^s r$(r은 홀수)의 형태로 표현
2. $i=1$부터 t까지 다음을 수행
   1.1. 정수 a를 $[2,\ n-2]$에서 무작위로 선택
   1.2. $y \equiv a^r \bmod n$ 계산
   1.3. $y \neq 1$이고 $y \neq n-1$이면 다음을 수행
      1.3.1. $j \leftarrow 1$
      1.3.2. $j \leq s-1$이고 $y \neq n-1$인 동안 다음을 수행
         1.3.2.1. $y \leftarrow y^2 \bmod n$
         1.3.2.2. $y=1$이면 '합성수' 출력 후 알고리즘 종료
         1.3.2.3. $j \leftarrow j+1$
      1.3.3. $y \neq n-1$이면 '합성수' 출력 후 알고리즘 종료
3. '소수' 출력

알고리즘 3.4에서 랜덤하게 선택된 a가 정의 3.29의 첫 번째 조건을 만족하는지 테스트한다. 단계 1.3.2.2에서 $y=1$이면, $a^{2^j r} \equiv 1 \bmod n$이다. 그렇다면 $a^{2^{j-1} r} \not\equiv 1 \bmod n$이기 때문에, n은 합성수이다.[3] 단계 1.3.3에서 $y \neq n-1$이면, a는 n의 강한 증거이다. 알고리즘 3.4가 '합성수'를 출력했을 때, n이 소수라면 정리 3.88을 만족해야 하므로 n은 합성수일 수밖에 없다. 또, n이 소수라면, 알고리즘은 항상 '소수'를 출력할 것이다. 반대로, n이 합성수라면, 알고리즘이 '소수'를 출력할 확률은 정리 3.89에 의해 $\left(\frac{1}{4}\right)^t$보다 작게 된다.

---

3) x, y가 정수일 때, $x^2 \equiv y^2 \bmod n$이고 $x \not\equiv \pm y \bmod n$이면, $\gcd(x-y,\ n)$은 n의 자명하지 않은 인수이다.

3.7.5 페르마 판정법, 솔로베이-슈트라센 판정법, 밀러-라빈 판정법의 비교

정리 3.90은 페르마 거짓증거, 오일러 거짓증거, 강한 거짓증거의 관계를 설명해준다.

정리 3.90
n이 홀수인 합성수라 하자.
(1) a가 n에 대한 오일러 거짓증거라면, a는 n에 대한 페르마 거짓증거이다.
(2) a가 n에 대한 강한 거짓증거라면, a는 n에 대한 오일러 거짓증거이다.

예제 3.21 합성수 $n = 65(= 5 \times 13)$에 대하여 정리 3.89를 살펴보자.

(1) 페르마 거짓증거: 1, 8, 12, 14, 18, 21, 27, 31, 34, 38, 44, 47, 51, 53, 57, 64
(2) 오일러 거짓증거: 1, 8, 14, 18, 47, 51, 57, 64
(3) 강한 거짓증거: 1, 8, 18, 47, 57, 64

이와 같이 조건이 강해질수록 거짓증거의 수가 현저히 줄게 되어 합성수를 소수로 잘못 판정하는 경우는 줄어들게 된다.

정리 3.90에서 보여진 각 거짓들 간의 관계로부터 세 가지 소수 판정법 중 밀러-라빈 판정법의 결과가 가장 정확하다는 것을 알 수 있다. 그런데, 다음 정리에 의하면 $n \equiv 3 \bmod 4$일 때에는 밀러-라빈과 솔로베이-슈트라센 판정법의 정확도가 동일하다.

정리 3.91
$n \equiv 3 \bmod 4$이면 a가 n에 대한 오일러 거짓증거가 되는 것과 강한 거짓증거가 되는 것은 필요충분조건이다.

다른 두 판정법을 제치고 밀러-라빈 판정법이 사용되는 이유는 연산량이 적으며 구현이 용이하고 정확성이 높기 때문이다. 상대적으로 솔로베이-슈트라센 판정법은 연산량이 많으며, 자코비 심볼을 계산해야 하기 때문에 구현이 더 어렵다. 페르마 판정법은 밀러-라빈 판정법과 연산량이 비슷하지만 정확성이 떨어진다.

3.8 소인수분해 알고리즘

합성수의 소인수분해와 관련된 문제는 RSA 등 몇몇 수론의 어려운 문제를 기반으로 하는 암호 알고리즘과 밀접한 관계를 가지며, 주어진 수의 소인수분해가 암호 알고리즘의 안전도를 위협할 수도 있다. 주어진 합성수가 작은 수라면 소인수분해는 별 노력 없이도 가능하지만, 합성수가 매우 큰 수라면 그 어려움은 상상하지 못할 정도로 커진다. 물론 주어진 수가 합성수인지 판단하는 것조차 앞서 살펴본 것처럼 쉬운 문제는 아니다. 합성수의 소인수분해를 위해 여러 학자들이 다양한 방법을 연구하고 제안하고 있다. 이 절에서는 그중 대표적인 몇 가지 방법을 살펴보기로 하자.

3.8.1 폴라드의 ρ-방법

폴라드(Pollard)의 ρ-방법은 비교적 작은 자연수를 약수로 가지는 합성수를 인수분해 할 때 사용하는 방법이다. 폴라드의 ρ-방법은 $x_0 = 2$, $x_{i+1} = x_i^2 + 1 \bmod p$($p$는 소수)의 규칙으로 생성되는 수열을 이용하여 이 수열의 항이 중복되는 순간을 찾아서 주어진 합성수 n을 소인수분해하는 원리로 구성된다. 그 알고리즘은 다음과 같다.

알고리즘 3.5 폴라드 ρ-방법으로 n의 약수 구하기

입력: 한 소수의 거듭제곱 꼴이 아닌 합성수 n

출력: 1이 아닌 n의 약수 d

1. $a \leftarrow 2$, $n \leftarrow 2$
2. $i = 1$부터 계속해서 다음을 수행

   2.1. $a \leftarrow a^2 + 1 \bmod n$, $b \leftarrow b^2 + 1 \bmod n$, $b \leftarrow b^2 + 1 \bmod n$ 계산

   2.2. $d = \gcd(a - b,\ n)$ 계산

   2.3. $1 < d < n$이면 d를 출력하고 알고리즘 종료

   2.4. $d = n$이면 '실패'를 출력하고 알고리즘 종료

단계 2.1에서 b는 연속적으로 두 번 계산되어 a보다 더 빠르게 증가하도록 한다. 만일 알고리즘 3.5가 실패한다면 a와 b를 구하는 식을 변경하여 다시 알고리즘을 사용해보기도 한다. 이때 변경하는 방법은 $a \leftarrow a^2 + c$의 꼴이며 여기서 c는 0과 -2가 아닌 정수면 가능하다.

예제 3.22 $n = 455459$일 때, 폴라드 ρ-방법으로 n의 약수를 다음과 같이 찾을 수 있다.

a	b	d
5	26	1
26	2871	1
677	179685	1
2871	155260	1
44380	416250	1
179685	43670	1
121634	164403	1
155260	247944	1
44567	68343	743

따라서 n의 약수는 743이다. 실제 $455459 = 743 \times 613$이다.

3.8.2 폴라드의 $p-1$ 방법

폴라드의 $p-1$ 방법도 ρ-방법처럼 특별한 상황에 사용할 수 있는 인수분해 방법이다. 폴라드 $p-1$ 방법은 주어진 합성수의 소인수를 p라고 할 때, $p-1$의 소인수들이 $p-1$ 이하의 비교적 작은 정수 B보다 크지 않을 때 사용하면 효과적이다. 그 알고리즘은 다음과 같다.

알고리즘 3.6 폴라드 $p-1$ 방법으로 n의 약수 구하기

입력: 한 소수의 거듭제곱 꼴이 아닌 합성수 n

출력: 1이 아닌 n의 약수 d

1. n의 소인수 중 가장 클 것 같은 소수보다 큰 정수 B를 선택
2. $2 \le a \le n-1$인 임의의 정수 a를 선택
3. $d = \gcd(a, n)$ 계산
4. $d \ge 2$이면 d를 출력 후 알고리즘 종료
5. B보다 작은 모든 소수 q에 대하여 다음을 수행
   5.1. $l = \left\lfloor \frac{\ln n}{\ln a} \right\rfloor$ 계산
   5.2. $a \leftarrow a^{q^l} \bmod n$ 계산
6. $d = \gcd(a-1, n)$ 계산
7. $d = 1$ 또는 $d = n$이면 '실패' 출력, 그렇지 않으면 d를 출력

예제 3.23 폴라드 $p-1$ 방법을 이용하여 $n = 19048567$의 약수를 구해보자.

우선, $B = 19$로 선택하자. 그리고 $a = 3$이라고 하면 $\gcd(a, n) = \gcd(3, n) = 1$이다. 이제 알고리즘 3.6의 단계 5의 반복문을 실행하며 각 변수들의 값을 구하면 다음과 같다.

q	l	a
2	24	2293244
3	15	13555889
5	10	16937223
7	8	15214586
11	6	9685355
13	6	13271154
17	5	11406961
19	5	554506

19 이하의 모든 소수에 대하여 a의 값을 계산하였고, 이때 얻은 a의 값을 이용하여 n과 $a-1$의 최대공약수를 유클리드 알고리즘으로 구하면, $d = \gcd(554506-1, n) = 5281$이다. 따라서 n은 5281을 약수를 갖는다. 실제 $n = 5281 \times 3607$이다.

3.9 RSA 암호와 그 공격

1977년 리베스트(Rivest), 샤미르(Shamir)와 아들만(Adleman)이 발표한 RSA 암호 알고리즘은 암호화 키를 공개하도록 하는 공개 키 암호 알고리즘이며, 이는 임의의 자연수에 대해 소인수분해가 어렵다는 소인수분해 문제에 안전성의 기반을 두고 있다.

3.9.1 RSA 암호체계

정의 3.30 **RSA 키쌍의 선택**

임의의 소수 p, q에 대하여, $n = pq$라 하고, 평문들의 집합과 암호문들의 집합을 $\mathbb{Z}_n$이라고 하자. 이때, 암호체계 K를

$$K = \{(n,\ p,\ q,\ e,\ d) \mid n = pq,\ \ ed \equiv 1 \bmod \varphi(n)\ \ \text{여기서 } p,\ q\text{는 소수}\}$$

와 같이 정의한다. 이때, $(n,\ e)$는 공개하는 공개 키이고, $(p,\ q,\ d)$는 공개되지 않는 개인 키이다.

정의 3.31 **(RSA 암호화와 복호화)** K는 정의 3.30에 따라 정의된 RSA 키쌍의 집합이라고 하자. 그러면 $k = (n,\ p,\ q,\ e,\ d) \in K$에 대하여, 평문 $x \in \mathbb{Z}_n$에 대한 암호화 함수 $e_k(x)$와 암호문 $y \in \mathbb{Z}_n$에 대한 복호화 함수 $d_k(y)$는

$$y = e_k(x) \equiv x^e \bmod n,$$
$$x = d_k(y) \equiv y^d \bmod n$$

와 같이 정의한다.

예제 3.24 (RSA 키 생성 및 암호화·복호화)

(1) 키 생성

가치놀은 두 소수 $p = 101$과 $q = 113$을 선택했다. 그러면, $n = 11413 (= 101 \times 113)$이고 $\varphi(n) = 100 \times 112 = 11200$이다. $11200 = 2^6 \cdot 5^2 \cdot 7$로 소인수 분

해가 되므로 e가 2, 5, 7로 나누어지지 않으면 암호화 키로 사용할 수 있다. 실제로는 $\varphi(n)$을 소인수분해하는 것은 아니고 유클리드 알고리즘을 이용하여 $\gcd(\varphi(n),\ e)=1$임을 확인하면 된다.
가치놀이 적당한 $e=3533$을 선택하면, 확장된 유클리드 알고리즘을 이용하여

$$e^{-1} \equiv 6597 \bmod 11200$$

을 구할 수 있다. 따라서 가치놀의 복호화 키 d는 6597이 된다.

(2) 암호화
가치놀은 $n=11413$과 $e=3533$을 공개한다. 그러면 가치놀에게 9726을 다른 사람 모르게 보내고 싶은 나들이는 공개된 n과 e를 이용하여

$$9726^{3533} \equiv 5761 \bmod 11413$$

을 계산하여 가치놀에게 5761을 전달한다.

(3) 복호화
나들이가 보낸 암호문 5761을 받은 가치놀은

$$5761^{6597} \equiv 9726 \bmod 11413$$

을 계산하여 나들이가 보내고자 하는 평문이 9726임을 알 수 있게 된다.

3.9.2 RSA 암호에 대한 공격

임의의 정수의 소인수분해가 어렵다는 것은 이미 널리 알려진 사실이다. 그렇다면 RSA의 n을 소인수 분해하지 않고 RSA를 공격할 수 있을까 하는 의문이 들 수도 있다. 사실 n과 $\varphi(n)$을 알고 있다면, 연립방정식

$$\begin{cases} n = pq, \\ \varphi(n) = (p-1)(q-1) \end{cases}$$

을 풀어 p와 q를 구할 수 있다. 하지만 $\varphi(n)$도 n을 소인수분해 하거나 전수조사를 통해 알아내야 하므로 역시 어려운 문제임에는 틀림없다. 하지만 다음의 두 가지 경우에 대해서는 간단한 공격이 가능하므로 RSA 암호를 사용함에 있어 주의해야 하는 부분이다.

(1) RSA 개인 키 d의 중요성

복호화할 때 사용되는 지수 d를 알게 되면 알고리즘 3.7에 의해 n을 알아낼 수 있게 된다.

알고리즘 3.7 개인 키 d를 이용한 n의 소인수분해

입력: RSA의 법 n, 개인 키 d, 그리고 공개 키 e

출력: '실패' 또는 '성공' (n의 약수)

1. $1 \le w \le n-1$인 정수 w를 임의로 선택
2. $x \leftarrow \gcd(w,\ n)$
3. $1 < x < n$이면 '성공'과 x 출력 후 알고리즘 종료
4. $ed-1 = 2^s r$이 되는 s와 홀수 r을 계산
5. $v \leftarrow w^r \bmod n$
6. $v = 1$이면 '실패' 출력 후 알고리즘 종료
7. $v \ne 1 \bmod n$인 동안 다음을 수행
   7.1. $v_0 \leftarrow v$
   7.2. $v \leftarrow v^2 \bmod n$
8. $v_0 \equiv -1 \mod n$이면 '실패' 출력 후 알고리즘 종료, 그렇지 않으면 다음을 수행
   8.1. $x \leftarrow \gcd(v_0+1,\ n)$
   8.2. '성공'과 x 출력 후 알고리즘 종료

예제 3.25 RSA의 법 n을 89855713이라 하고, 이때 개인 키 d와 공개 키 e를 각각 $e = 34986517$, $d = 82330933$이라 하자. 알고리즘 3.7을 이용하여 법 n을 소인수분해하자.

이때, 난수 w를 $w=5$라 하여 알고리즘 3.7을 따르면 단계 5에서 $v = 85877701$를 얻게 되어 v가 1과 법 n에 대해 합동이 아니므로 단계 7의 반복문에서 $v \equiv 1 \bmod n$이 되는 것을 확인할 수 있고, 단계 8.1에서 $\gcd(v+1,\ n)$을 구하면 9103을 얻게 되는데 이 수가 바로 n의 소인수임을 알 수 있다.

(2) 서로 다른 공개 키로 같은 평문을 암호화하는 경우의 오류

RSA의 법 n에 대하여, 서로소인 2개의 공개 키 e_1과 e_2가 주어져 있다고 하자. 이 경우, 개인 키가 공개되지 않아도 공개 키로 암호화된 두 암호문을 이용하여 원래의 평문을 쉽게 구할 수 있다.

만일 같은 평문 m을 e_1과 e_2로 암호화하는 경우, 즉

$$c_1 = m^{e_1} \bmod n$$
$$c_2 = m^{e_2} \bmod n$$

을 계산하자. 그런데 e_1과 e_2가 서로소이므로 $e_1 s + e_2 t = 1$인 두 정수 s, t가 존재할 것이며, 이로부터 우리는

$$m \equiv m^{e_1 s + e_2 t} \equiv (m^{e_1})^s (m^{e_2})^t \equiv (c_1)^s (c_2)^t \bmod n$$

가 되어 우리가 알고 있는 암호문 c_1, c_2, 그리고 공개 키가 서로소라는 사실로부터 얻어지는 두 정수 s, t로부터 평문 m을 얻게 된다.

결국, RSA 암호체계는 공개 키와 개인 키가 달라 키 관리에 유리한 점은 있지만, 어떻게 사용하느냐에 따라 그 장점과 안전도를 그대로 유지할 수도 있고, 혹은 굉장히 안전하지 못한 방법이 될 수도 있다. 즉, 아무리 안전하다고 알려진 암호체계라 할지라도 사용자의 부주의가 암호체계의 약점을 만들어낼 수도 있음을 유의하자.

제4장

암호와 대수적 구조

Cryptography and Algebraic Structure

집합 G에 대하여, G의 원소들끼리의 작용을 통해 새로운 원소를 대응시키는 함수관계를 연산(operation)이라고 한다. 이렇게 일종의 연산이 주어진 집합을 대수적 구조(algebraic structure)라고 한다. 이러한 대수적 구조에는 군, 환, 체, 모듈(module), 벡터 공간(vector space) 등이 있다.

대수적 구조가 고안된 후 연구되었던 가장 근본적인 문제는 방정식의 해를 구하는 것이다. 방정식의 해를 구하는 과정에서 발달한 대수학은 이제 수학 전반에 걸쳐 중요한 기반 구조를 이루고 있으며 대수학에서 다루는 군, 환, 체와 같은 대수적 구조들은 암호학에서도 유용하게 사용되고 있다. 특히 공개 키 암호 알고리즘에서는 정수론과 더불어 중요한 연산의 기반으로 대수적 구조들이 사용된다.

이 장에서는 대수적 구조 중에서 암호학을 떠받치고 있는 군, 환, 체의 기초와 기본 성질을 살펴볼 것이다. 주로 정의와 함께 간단한 예를 들어 봄으로써, 암호학에서 사용되는 대수적 구조에 관한 용어와 이론들을 이해하고 활용하는 연습을 제공할 것이다. 대수적 구조에 관한 이론을 보다 자세히 공부하고 싶다면 다양한 추상대수학 관련 서적을 읽어보는 것을 권한다.

4.1 기본 정의

본격적인 대수적 구조의 설명에 앞서 집합을 대수적 구조로 만들어주는 연산을 정의하고자 한다.

정의 4.1 공집합이 아닌 집합 G에 대하여, 함수

$$\cdot : \ G \times G \to G$$

가 정의될 때, $\cdot$를 집합 G 위에서 정의된 이항연산이라고 한다. 일반적으로 연산은 이항연산을 의미한다.

이항 연산 $\cdot$가 G 위에서 정의되었다는 것은 정의 4.1에 의해 $G \times G$를 정의역으로 하고 G를 공역으로 하는 함수 $\cdot$가 정의되었다는 것을 의미한다.

정의 4.2 공집합이 아닌 집합 G에 대하여, 이항연산 $\cdot$가 G 위에서 정의되어 있을 때, 집합 G는 연산 $\cdot$에 대하여 닫혀 있다(closed)라고 한다.

예제 4.1 (1) 자연수의 집합 $\mathbb{N}$에 대하여, 덧셈 $+$는 $\mathbb{N}$에서 정의된 이항연산이며 $\mathbb{N}$은 $+$에 대하여 닫혀 있다.

(2) 정수의 집합 $\mathbb{Z}$에 대하여, 나눗셈 $\div$는 $\mathbb{Z}$ 위에 정의된 이항연산은 아니다. 왜냐하면 $3 \div 2$는 정수가 아니므로 $\div$는 $\mathbb{Z} \times \mathbb{Z}$에서 정의된 함수가 아니다. 결국, $\mathbb{Z}$는 $\div$에 대하여 닫혀 있지 않다.

우리가 흔히 사용하는 사칙연산의 기본은 덧셈과 곱셈이다. 뺄셈과 나눗셈은 각각 덧셈과 곱셈의 역 연산으로 덧셈과 곱셈을 잘 정의하면 이 연산들에 의해 생성되는 대수적 구조의 성질로부터 쉽게 얻을 수 있는 연산들이다. 이제 연산의 작용에 의해 얻어지는 대수적 구조들에 대해 살펴보자.

4.2 군

공집합이 아닌 집합에 하나의 이항연산이 정의되어 있는 대수적 구조 중 특별한 성질을 만족하는 대수적 구조를 군(group)이라 한다. 군은 대수학, 해석학, 위상수학, 기타 수리논리 등에서 공통적인 기본 개념으로 등장하며, 수학을 도구로 하는 화학, 양자 역학, 입자 물리학 등에서도 매우 중요한 역할을 한다. 이 절에서는 여러 대수적 구조 중 가장 기본이며 가장 널리 사용되고 있는 대수적 구조인 군에 대해 알아본다.

4.2.1 군의 정의

다음은 이항연산이 정의된 집합이 어떤 성질을 만족해야 군이 될 수 있는지를 보여준다.

정의 4.3 집합 G는 공집합이 아닌 집합이고 G는 연산 $\cdot$에 대하여 닫혀 있다.

G1. [결합법칙] 모든 $a, b, c \in G$에 대해서

$$a \cdot (b \cdot c) = (a \cdot b) \cdot c$$

이다.

G2. [항등원] 모든 $a \in G$에 대해서

$$a \cdot e = e \cdot a = a$$

인 원소 $e \in G$가 존재한다.

G3. [역원] 임의의 $a \in G$에 대해서

$$a \cdot x = x \cdot a = e$$

인 원소 $x \in G$가 존재한다.

집합 G와 G 위에서 정의된 연산 $\cdot$가 위 세 조건 G1, G2, G3를 모두 만족할 때 G를 군이라 부르고 $(G, \cdot)$로 나타낸다.

정의 4.3에서 $(G, \cdot)$가 군이 될 필요충분조건은 연산 $\cdot$가 결합법칙을 만족하고 집합

G에 항등원이 존재하며 모든 원소가 역원을 G에서 가질 때이다. 군의 모든 성질은 위의 세 가지 성질로부터 나온다고 볼 수 있다. 특히, 이항 연산이 우리에게 잘 알려진 $+$이면 이러한 군을 덧셈군(additive group)이라고 부른다. 그리고 연산 $\cdot$가 어떠한 언급이 없이도 명확히 구별될 때엔 연산 표시 없이 간단히 G와 같이 나타내기도 한다.

예제 4.2 $(\mathbb{Z}, +)$는 군이다. 항등원은 0이고 $a+(-a)=(-a)+a=0$이므로 a의 역원은 $-a$이다. 물론 $+$는 $\mathbb{Z}$에서 결합법칙을 만족하는 것은 자명하다. 마찬가지로 유리수 집합 $\mathbb{Q}$에 대한 $(\mathbb{Q}, +)$와 실수 집합 $\mathbb{R}$에 대한 $(\mathbb{R}, +)$도 군이다.

예제 4.3 $(\mathbb{Z}, \times)$는 군이 되지 않는다. $\times$는 $\mathbb{Z}$에서 결합법칙을 만족하고 항등원 1도 $\mathbb{Z}$에 존재한다. 그러나 $2\times x=1$이 되는 x가 $\mathbb{Z}$에 존재하지 않는 등, 역원의 존재성을 만족하지 않는다.

예제 4.4 $(\mathbb{Q}, \times)$는 군이 되지 않는다. 0의 역원이 존재하지 않는다. 그러나 $\mathbb{Q}^*=\mathbb{Q}-\{0\}$이라고 두면 $(\mathbb{Q}^*, \times)$는 군이 된다. 마찬가지로 $(\mathbb{R}-\{0\}, \times)$도 군이 된다.

예제 4.5 $\mathbb{R}^n=\{(a_1, a_2, \dots, a_n) \mid a_i \in \mathbb{R}\}$이라고 하고 $\mathbb{R}^n$에서의 연산 $\cdot$를

$$(a_1, a_2, \dots, a_n)\cdot(b_1, b_2, \dots, b_n)=(a_1+b_1, a_2+b_2, \dots, a_n+b_n)$$

라고 하면 $(\mathbb{R}^n, \cdot)$는 군이 된다. 항등원은 $(0, 0, \dots, 0)$이고 $(a_1, \dots, a_n)$의 역원은 $(-a_1, \dots, -a_n)$이다. 또 $\cdot$의 결합법칙은 실수에서의 $+$의 결합법칙에서 쉽게 유도할 수 있다.

예제 4.6 $\mathbb{R}$에서 $a\cdot b=a+b-2$라고 하면 $(\mathbb{R}, \cdot)$는 다음의 (1), (2), (3)과 같은 이유로 군이 된다.

(1) 다음 식이 성립함으로 결합법칙이 성립한다.

$$\begin{aligned}(a\cdot b)\cdot c &= (a+b-2)\cdot c = a+b-2+c-2\\ &= a+b+c-4\end{aligned}$$

$$a \cdot (b \cdot c) = a \cdot (b + c - 2) = a + b + c - 2 - 2$$
$$= a + b + c - 4$$

(2) 임의의 $a \in \mathbb{R}$에 대해서 $a \cdot e = a$라 하면 $a + e - 2 = a$이므로 $e = 2$이다. 실제로

$$a \cdot 2 = a + 2 - 2 = a, \quad 2 \cdot a = 2 + a - 2 = a$$

이므로 2가 항등원이다.

(3) $a \cdot x = 2$를 x에 관해서 풀면 $a + x - 2 = 2$이므로 $x = -a + 4$이다. 실제로

$$a \cdot (-a + 4) = a + (-a + 4) - 2 = 2$$
$$(-a + 4) \cdot a = (-a + 4) + a - 2 = 2$$

가 되어 a의 역원은 $-a + 4$이다.

군 중에서 특별한 연산법칙을 만족하는 군은 다음과 같은 이름으로 분류한다.

정의 4.4 $(G, \cdot)$는 군이다.

G4. [교환법칙] 모든 $a, b \in G$에 대해서

$$a \cdot b = b \cdot a$$

이 성립한다.

군 $(G, \cdot)$가 G4를 만족할 때, $(G, \cdot)$를 아벨군(abelian group) 또는 가환군(commutative group)이라고 부른다.

예제 4.7 (1) $(\mathbb{Z}, +)$, $(\mathbb{Q}, +)$, $(\mathbb{R}, +)$는 모두 아벨군이다.

(2) $(\mathbb{Q} - \{0\}, \times)$, $(\mathbb{R} - \{0\}, \times)$는 모두 아벨군이다.

예제 4.8 집합 S_A를 $S_A = \{f \mid f$는 A에서 A로의 일대일 대응$\}$이라고 하면 임의의 $f, g \in S_A$에 대해서 f, g의 합성 $f \circ g$도 A에서 A로의 일대일 대응이다. 따라서 $f \circ g \in S_A$이고 함수의 합성은 결합법칙이 성립한다.

또 A에서 A로의 항등 함수 1_A는 모든 $f \in S_A$에 대해서

$$1_A \circ f = f \circ 1_A = f$$

이므로 S_A에서 연산 $\circ$에 대한 항등원이 된다. 또 $f \in S_A$의 역함수 f^{-1}는

$$f \circ f^{-1} = f^{-1} \circ f = 1_A$$

를 만족하므로 f의 역원이 됨을 알 수 있다. 따라서 $(S_A, \circ)$는 군이 된다. 그러나 함수에서는 일반적으로 $f \circ g \neq g \circ f$이므로 교환법칙이 성립하지 않는다. 따라서 $(S_A, \circ)$는 아벨군이 아니다.

4.2.2 군의 기본성질

군에 관한 모든 복잡한 이론도 사실은 아주 간단하고 단순한 군의 기본적인 몇 가지 사실에서 출발하는데, 이 기본적인 사실들은 모두 군의 정의에서 유도할 수 있다.

정리 4.1

군 $(G, \cdot)$에 관하여 다음 사실이 성립한다.

(1) 항등원 e는 유일하다.

(2) 임의의 $a \in G$에 관하여 a^{-1}는 유일하다. 또한 $a, b \in G$에 대하여

$$(a \cdot b)^{-1} = b^{-1} \cdot a^{-1}$$

이고,

$$(a^{-1})^{-1} = a$$

이다.

(3) [소거법칙] $a, b, c \in G$에 대하여

$$a \cdot b = a \cdot c \Leftrightarrow b = c$$
$$a \cdot b = c \cdot b \Leftrightarrow a = c$$

이다.

(4) [지수법칙] $a \in G$와 자연수 m, n에 대하여

$$(a^{-1})^n = (a^n)^{-1},\ a^m \cdot a^n = a^{m+n}$$

이다.

>> 증명 (1) 군 $(G, \cdot)$의 항등원을 e, f라고 가정하면 항등원의 정의에 따라 $e = e \cdot f = f$이므로 항등원은 유일하다.

(2) $a \in G$의 역원을 x, y라고 가정하면, 역원의 정의와 연산의 결합법칙에 의해

$$x = x \cdot e = x \cdot (a \cdot y) = (x \cdot a) \cdot y = e \cdot y = y$$

이다. 따라서 a의 역원은 유일하다.

또한,

$$(a \cdot b) \cdot (b^{-1} \cdot a^{-1}) = a \cdot (b \cdot b^{-1}) \cdot a^{-1} = a \cdot e \cdot a^{-1} = e$$

이므로 $(b^{-1} \cdot a^{-1})$은 $(a \cdot b)$의 역원이다. 역원은 유일하므로

$$(a \cdot b)^{-1} = (b^{-1} \cdot a^{-1})$$

이다.

역원의 유일성에 의해 $(a^{-1})^{-1} = a$는 자명하다.

(3) a^{-1}가 항상 존재하므로 양변에 연산을 해주면 자명하게 성립한다.

(4) 군은 결합법칙이 성립하므로 $(a^{-1})^n \cdot a^n = e$과 $a^m \cdot a^n = a^{m+n}$이 성립한다. ■

성질 $(ab)^{-1} = b^{-1}a^{-1}$를 반복적으로 사용하여 다음과 같은 따름 정리를 얻을 수 있다.

따름정리 4.2

$(G, \cdot)$는 군이고, a_1, ..., $a_n \in G$일 때,

$$(a_1 a_2 \cdots a_n)^{-1} = a_n^{-1} \cdots a_2^{-1} a_1^{-1}$$

이 성립한다.

군 G의 원소 a, b, c에서 $ab = ca$일 때 a를 소거하여 $b = c$라고 하면 안 된다. 아벨군이 아닐 때는 $b \neq c$이지만 $ab = ca$일 경우도 있기 때문이다.

예제 4.9 다음과 같은 2×2 행렬들의 곱을 생각해 보자.

$$\begin{bmatrix} 1 & 2 \\ 0 & 1 \end{bmatrix}\begin{bmatrix} 2 & 3 \\ 1 & -1 \end{bmatrix} = \begin{bmatrix} 4 & -7 \\ 1 & -3 \end{bmatrix}\begin{bmatrix} 1 & 2 \\ 0 & 1 \end{bmatrix} = \begin{bmatrix} 4 & 1 \\ 1 & -1 \end{bmatrix}$$

하지만 $\begin{bmatrix} 2 & 3 \\ 1 & -1 \end{bmatrix} \neq \begin{bmatrix} 4 & -7 \\ 1 & -3 \end{bmatrix}$이다.

역원에 관한 연산도 흔히 다음과 같은 실수를 하는 경우가 많은데 군 G의 원소 a, b에 대하여 G가 아벨군이 아니면 $(ab)^{-1} = a^{-1}b^{-1}$라고 해서는 안 된다.

예제 4.10 두 행렬 $\mathrm{A} = \begin{bmatrix} 1 & 2 \\ 0 & 1 \end{bmatrix}$와 $\mathrm{B} = \begin{bmatrix} 2 & -1 \\ 2 & 0 \end{bmatrix}$에 대하여 $\mathrm{AB} = \begin{bmatrix} 6 & -1 \\ 2 & 0 \end{bmatrix}$이므로

$$(\mathrm{AB})^{-1} = \begin{bmatrix} 0 & \frac{1}{2} \\ -1 & 3 \end{bmatrix},$$

$$\mathrm{A}^{-1}\mathrm{B}^{-1} = \begin{bmatrix} 1 & -2 \\ 0 & 1 \end{bmatrix}\begin{bmatrix} 0 & \frac{1}{2} \\ -1 & 1 \end{bmatrix} = \begin{bmatrix} 2 & -\frac{3}{2} \\ -1 & 1 \end{bmatrix}$$

이므로 $(\mathrm{AB})^{-1} \neq \mathrm{A}^{-1}\mathrm{B}^{-1}$이다.

4.2.3 부분군

집합이 연산과 함께 군을 이룰 때, 부분집합 역시 그 연산으로 군이 되는 경우가 있다. 군의 부분이 다시 군이 되어 대수적 성질을 가지는 경우는 작은 부분을 통해 전체를 이해하기에 좋은 성질이다. 부분집합이 군이 되는 경우에 대하여 살펴보자.

정의 4.5 집합 G가 연산 $\cdot$에 대하여 군을 이룰 때, G의 부분집합 H 역시 연산 $\cdot$에 대해서 군이 된다면 H를 G의 부분군(subgroup)이라고 한다.

예제 4.11 (1) $(\mathbb{Q}, +)$는 $(\mathbb{R}, +)$의 부분군이다.
(2) $(\mathbb{Q}-\{0\}, \times)$는 $(\mathbb{R}-\{0\}, \times)$의 부분군이다.

예제 4.12 군 $(\mathbb{Z}, +)$에서

$$3\mathbb{Z} = \{x \in \mathbb{Z} \mid x\text{는 3의 배수}\} = \{\dots, -6, -3, 0, 3, 6, 9, \dots\}$$

라고 하면 $3\mathbb{Z} \subset \mathbb{Z}$이다. 또 3의 배수인 두 수의 합도 3의 배수이므로 $3\mathbb{Z}$는 $+$에 대해서 닫혀 있다. $3\mathbb{Z}$는 $\mathbb{Z}$의 부분집합이고 모든 정수는 덧셈에서 결합법칙이 성립하므로 $3\mathbb{Z}$의 원소들도 $+$에서 결합법칙이 성립한다. 당연히 $0 \in 3\mathbb{Z}$이고 마지막으로 $x \in 3\mathbb{Z}$이면 $-x \in 3\mathbb{Z}$이므로 $3\mathbb{Z}$의 모든 원소의 역원도 $3\mathbb{Z}$에 존재한다. 따라서 $(3\mathbb{Z}, +)$는 군이 되므로 정의 4.5에 의해 $(3\mathbb{Z}, +)$는 $(\mathbb{Z}, +)$의 부분군이다.

정리 4.3
군 $(G, \cdot)$에 대하여, 집합 G의 공집합이 아닌 부분집합 H가 다음 두 조건을 만족하면 H는 G의 부분군이다.
(i) 임의의 $a, b \in H$에 대해서 $a \cdot b \in H$이다.
(ii) $a \in H$이면 $a^{-1} \in H$이다.

증명 조건 (i)에 의해 집합 H'는 연산 $\cdot$에 대하여 닫혀 있다. $(G, \cdot)$가 군이므로 임의의 $a, b, c \in H$에 대하여 $(a \cdot b) \cdot c = a \cdot (b \cdot c)$이다. (2)에 의해, 임의의 $a \in H$에 대하여 연산 $\cdot$에 대한 역원 a^{-1}은 H의 원소이다. 또한, 연산 $\cdot$에 대한 항등원을 e라고 하면, H의 원소 a에 대하여, $a \cdot a^{-1} = e \in H$이 성립함을 조건 (i)과 (ii)로부터 알 수 있다. 따라서 H는 연산 $\cdot$에 대하여 군을 이룬다. 그런데 H는 G의 부분집합이므로 군 $(H, \cdot)$는 군 $(G, \cdot)$의 부분군이다. ■

정리 4.3은 군 G의 부분집합 H가 부분군이 됨을 보이기 위해서는 연산에 대해 닫혀 있

고, H의 각 원소의 역원이 H에 존재하는지만 확인하면 됨을 의미한다. 그리고 군 $(G, \cdot)$와 집합 G의 부분집합 H에 대하여 $(H, \cdot)$가 군 $(G, \cdot)$의 부분군이면 당연히 정리 4.3의 두 조건을 만족한다. 결국, 군 $(H, \cdot)$가 군 $(G, \cdot)$의 부분군이라는 것은 군 $(H, \cdot)$가 정리 4.3의 조건 (i)과 (ii)를 모두 만족한다는 것과 동치이다.

예제 4.13 집합 G를 $G=\{f:\mathbb{R}\to\mathbb{R}\mid f$는 전단사 함수$\}$라고 하면 함수의 합성 $(f\circ g)(x)=f(g(x))$에 대해서 $(G, \circ)$는 군을 이룸을 어렵지 않게 보일 수 있다. 한 점 $a\in\mathbb{R}$에 대해서 a를 고정시키는 함수들의 집합, 즉 $H(a)=\{f\in G\mid f(a)=a\}$라고 하면 임의의 $f,\ g\in H(a)$에 대해서

$$(f\circ g)(a)=a,\quad f^{-1}(a)=a$$

이므로 $H(a)$는 G의 부분군이 된다.

예제 4.14 $F(\mathbb{R})=\{f\mid f:\mathbb{R}\to\mathbb{R}\}$은 실함수들의 집합이다. 임의의 $f,\ g\in F(\mathbb{R})$에 대해서 $(f+g)(x)=f(x)+g(x)$라고 하면 $(F(\mathbb{R}), +)$는 군이 된다. 이때 항등원은 모든 $x\in\mathbb{R}$에 대해서 $e(x)=0$인 함수 e이고 f의 역원 g는 모든 $x\in\mathbb{R}$에 대해서 함수 $g(x)=-f(x)$이다. $C(\mathbb{R})=\{f\in F(\mathbb{R})\mid f$는 연속 함수$\}$라고 할 때, $f,\ g$가 연속이면 $f+g$도 연속이고 $-f$도 연속이므로 $(C(\mathbb{R}), +)$는 $(F(\mathbb{R}), +)$의 부분군이다.

군 $(G, \cdot)$의 부분군 $(H, \cdot)$와 H의 임의의 원소 $a,\ b$에 대하여 $a\cdot b^{-1}\in H$가 항상 성립한다. 그 역 또한 성립함을 다음 정리를 통해 알 수 있는데, 이는 부분군임을 판단하는 또 다른 기준이 된다.

정리 4.4
$(G, \cdot)$은 군이고, 집합 H는 집합 G의 공집합이 아닌 부분집합이라 하자. H의 임의의 원소 $a,\ b$에 대해서 $a\cdot b^{-1}\in H$면 H는 G의 부분군이다.

>> **증명** $H\neq\varnothing$이므로 H의 한 원소 x를 선택할 수 있다. x는 G의 원소이므로 x^{-1}가 존재하고, 가정에 의해 $e=x\cdot x^{-1}\in H$이므로 H는 연산 $\cdot$의 항등원을 원

소로 갖는다. 또한 $x^{-1} = ex^{-1} \in H$이므로 H의 임의의 원소 x의 연산 $\cdot$에 대한 역원 x^{-1}도 H의 원소이다. H의 모든 원소에 대한 역원은 다시 H의 원소이므로 가정에 의해 집합 H는 연산 $\cdot$에 대해 닫혀 있다. 결합법칙은 H가 집합 G의 부분집합이고 집합 G가 연산 $\cdot$에 대해 군을 이루므로 성립한다. 따라서 $(H, \cdot)$은 군을 이루고, $(H, \cdot)$는 $(G, \cdot)$의 부분군이다. ■

정리 4.4는 정리 4.3의 조건 (i)과 (ii)를 만족함을 보임으로써 증명할 수도 있다. 결국 부분군임을 보이는 것은 부분집합의 임의의 두 원소 a와 b에 대하여 ab^{-1}가 다시 부분집합의 원소임을 보임으로써 보다 간단히 해결할 수 있다.

예제 4.15 임의의 정수 $n \in \mathbb{Z}$에 대해서 집합 $n\mathbb{Z} = \{..., -n, 0, n, 2n, ...\}$는 n의 배수들의 집합이다. 군 $(\mathbb{Z}, +)$에서 $n\mathbb{Z}$는 $\mathbb{Z}$의 부분집합이고 임의의 $a, b \in \mathbb{Z}$에 대해서 $a = nt$, $b = nk$ 꼴이므로 다음이 성립한다.

$$a - b = nt - nk = n(t-k) \in n\mathbb{Z}$$

따라서 $n\mathbb{Z}$는 $\mathbb{Z}$의 부분군이다.

정리 4.3과 정리 4.4의 증명을 살펴보면, 집합 G가 연산 $\cdot$에 대해 군을 이룰 때, 그 부분집합 H의 원소들은 결합법칙은 G가 군이라는 사실로부터 바로 성립한다. 결국 부분군임은 연산에 대해 닫혀 있는지와, 항등원, 역원의 존재성으로 판단할 수 있다.

만일 군 G의 부분집합 H가 유한 집합이면 정리 4.3의 첫 번째 조건만으로도 부분군이 됨을 판단할 수 있다.

정리 4.5

H는 군 G의 공집합이 아닌 유한 부분집합이다. 만일 H가 G의 연산에 대해서 닫혀 있으면 H는 G의 부분군이다.

>> 증명 정리 4.3로부터 $a \in H$면 $a^{-1} \in H$만 보이면 된다. H의 원소가 n개라고 하자. $a \in H$라고 하면 집합 $S = \{a, a^2, a^3, ..., a^{n+1}\}$는 H가 연산에 대해서 닫혀

있으므로 $S \subset H$이다. 그런데 H는 원소가 n개뿐이므로 S의 원소가 모두 다를 수는 없다. 이 중 어느 2개는 같을 것이므로 $a^i = a^j (1 \leq i < j \leq n+1)$라고 하자. 소거법칙을 사용하면 $a^{j-i} = e(j-i > 0)$가 된다. 만일 $j-i=1$이면 $a=e$가 되어 $a^{-1} = e \in H$이다. 또 만일 $j-i>1$이면 $j-i-1>0$이고 $e = a^{j-i} = a^{j-i-1} \cdot a$이므로 $a^{-1} = a^{j-i-1} \in H$가 된다. ■

예제 4.16 법 6에 대한 덧셈을 $\oplus$로 나타내고, $G = (\mathbb{Z}_6, \oplus)$, $H = \{0, 3\}$라고 하면 H는 $\oplus$에 대해서 닫혀 있다. 따라서 H는 G의 부분군이다. 마찬가지로 $K = \{0, 2, 4\}$라고 하면 K도 역시 G의 부분군이다.

정리 4.6

G는 군이고 H, K가 G의 부분군이면 $H \cap K$도 G의 부분군이다.

>> 증명 a, $b \in H \cap K$라고 하면 교집합의 정의에 의해 $ab \in H \cap K$이고 $a^{-1} \in H \cap K$이다. 따라서 $H \cap K$는 연산에 대해 닫혀 있고 각 원소의 역원이 존재하므로 G의 부분군이다.

예제 4.17 $(2\mathbb{Z}, +)$, $(3\mathbb{Z}, +)$는 모두 $(\mathbb{Z}, +)$의 부분군이다. $x \in 2\mathbb{Z} \cap 3\mathbb{Z}$라고 하면 x는 2와 3의 공배수이므로 x는 6의 배수이다. 따라서 $x \in 6\mathbb{Z}$이다. 역으로 x가 6의 배수이면 당연히 $x \in 2\mathbb{Z}$이고 $x \in 3\mathbb{Z}$이다. 따라서 $2\mathbb{Z} \cap 3\mathbb{Z} = 6\mathbb{Z}$도 $(\mathbb{Z}, +)$의 부분군이다.

예제 4.18 H, K가 G의 부분군이면 $H \cap K$는 G의 부분군이지만 $H \cup K$는 일반적으로 G의 부분군이 되지 않는다. 예를 들어, $2\mathbb{Z}$과 $3\mathbb{Z}$는 덧셈에 관해 $\mathbb{Z}$의 부분군이다. $2 \in 2\mathbb{Z}$이고 $3 \in 3\mathbb{Z}$이지만 $2+3=5$는 2의 배수도, 3의 배수도 아니므로 $5 \notin 2\mathbb{Z} \cup 3\mathbb{Z}$이다. 따라서 $2\mathbb{Z} \cup 3\mathbb{Z}$는 덧셈에 대해서 닫혀 있지 않으므로 $(\mathbb{Z}, +)$의 부분군이 아니다.

4.2.4 순환군

군 G가 G의 특정 원소 하나 혹은 몇 개에 의해 만들어진다면 군 G에 대한 성질을 관찰하거나 이를 이용하여 다른 분야에 적용하고자 할 때 여러모로 편리할 것이다. 이렇게 몇 개의 원소들에 의해 만들어지는 군에 대하여 살펴보자.

정리 4.7
군 $(G, \cdot)$와 임의의 원소 $g \in G$에 대하여

$$\langle g \rangle = \{g^i \mid i \in \mathbb{Z}\} = \{..., g^{-2}, g^{-1}, g^0 = e, g, g^2, ...\}$$

은 연산 $\cdot$에 대하여 군을 이룬다.

>> 증명 $g \in \langle g \rangle$이므로 $\langle g \rangle \neq \varnothing$이다. 임의의 두 원소 $x, y \in \langle g \rangle$에 대하여, $x = g^i$이고 $y = g^j$인 두 정수 i와 j가 각각 존재한다. 그러면 $x \cdot y^{-1} = g^{i-j} \in \langle g \rangle$임은 지수법칙과 정수들의 집합 $\mathbb{Z}$가 $+$에 대하여 닫혀 있다는 사실로부터 쉽게 얻을 수 있다.

결국, 정리 4.3에 의해 $(\langle g \rangle, \cdot)$는 군 $(G, \cdot)$의 부분군이다. ■

이렇게 하나의 원소에 의해 만들어지는 부분군은 다음과 같이 정의한다.

정의 4.6 군 $(G, \cdot)$와 임의의 원소 $g \in G$에 대하여

$$\langle g \rangle = \{g^i \mid i \in \mathbb{Z}\} = \{..., g^{-2}, g^{-1}, g^0 = e, g, g^2, ...\}$$

을 g에 의해 생성된 순환부분군(cyclic subgroup generated by g)이라고 한다. 만일 $G = \langle g \rangle$이라면, G를 순환군(cyclic group)이라고 하고 g를 G의 생성원(generator)이라고 한다.

예제 4.19 군 $(\mathbb{Z}, +)$에서 $3 \in \mathbb{Z}$로 생성되는 순환 부분군은

$$\langle 3 \rangle = \{..., -6, -3, 0, 3, 6, 9, ...\} = 3\mathbb{Z}$$

이다. 또 $\langle 1 \rangle = \{..., -2, -1, 0, 1, 2, ...\} = \mathbb{Z}$이므로 $(\mathbb{Z}, +)$는 1에 의해서

생성되는 순환군이다.

예제 4.20 집합 $\mathbb{Z}_8$에서 정의된 연산 $\oplus$는 법 8에서의 덧셈이라 하자. $2 \in \mathbb{Z}_8$에 대하여

$$\langle 2 \rangle = \{n2 \mid n \in \mathbb{Z}\} = \{0,\ 2,\ 4,\ 6\}$$

이다. $\langle 6 \rangle = \{6,\ 4,\ 2,\ 0\}$이므로 $\langle 2 \rangle = \langle 6 \rangle$이다. 또 $\langle 1 \rangle = \{1,\ 2,\ \ldots\} = \mathbb{Z}_8$이므로 $(\mathbb{Z}_8,\ \oplus)$는 순환군이다.

예제 4.21 $(\mathbb{Q},\ +)$는 순환군이 아니다. 만일 $(\mathbb{Q},\ +)$가 순환군이라면 $\mathbb{Q} = \langle a \rangle$가 되는 0이 아닌 유리수 a가 존재할 것이다. 그러나 어떠한 정수 n에 대해서도 $na = \dfrac{a}{2}$가 될 수 없다. 이는 $\mathbb{Q}$가 순환군이라는 데에 모순이다.

순환군은 군 중에서도 비교적 구조가 간단하지만 아주 특별한 구조이므로 다른 군들과 구별되는 특별한 성질도 많다. 정수 집합 $\mathbb{Z}$와 합동류 집합 $\mathbb{Z}_n$의 성질들을 추상화한 최초의 군이므로 정수론의 성질 중 대부분은 순환군의 이론으로 쉽게 유도할 수 있다. 이렇게 원소 하나의 생성되는 순환군 혹은 생성군에 관해서는 다음과 같이 확장하여 정의할 수 있다.

정의 4.7 군 $(G,\ \cdot\ )$에 대하여, $X \subset G$일 때 X를 포함하는 G의 최소 부분군(the smallest subgroup of G containing X)을 X에 의해서 생성되는 G의 부분군(subgroup of G generated by X)이라 부르고 $\langle X \rangle$로 표시한다. 또 이때 X의 원소를 $\langle X \rangle$의 생성원(generator)이라고 부른다. 만일 $G = \langle X \rangle$일 때 X는 G를 생성한다(X generates G)라고 하고 X가 유한 집합이고 $G = \langle X \rangle$일 때 G를 유한하게 생성되었다(generated finitely)고 한다.

군 G의 두 부분집합 X와 Y가 $X \neq Y$일지라도 $\langle X \rangle = \langle Y \rangle$가 될 수도 있다. 집합 $S(X)$를

$$S(X) = \{H_i \mid H_i\text{는 } X\text{를 포함하는 } G\text{의 부분군}\}$$

이라고 하면 $G \in S(X)$이므로 $S(X) \neq \varnothing$이고 $\langle X \rangle = \bigcap_i H_i$이다.

4.2.5 위수

정의 4.8 군 G의 원소가 유한 개일 때 G를 유한군(finite group)이라고 한다. 그리고 G의 원소가 무한개일 때 G를 무한군(infinite group)이라고 한다. G의 원소의 개수를 G의 위수(order)라고 하고, $|G|$로 표시한다. G가 무한군일 때 G는 무한 위수(infinite order)를 가진다고 하고 $|G| = \infty$이다.

예제 4.22 $(\mathbb{Z}, +)$의 위수는 무한하고 $(\mathbb{Z}_n, +)$의 위수는 n이다.

예제 4.23 집합 S_3는 $S_3 = \{f \mid f: \{1, 2, 3\} \to \{1, 2, 3\}$인 전단사 함수$\}$라고 하면 $(S_3, \circ)$는 군이고 $|S_3| = 3! = 6$이다.

정리 4.8 지수 법칙

G는 군이고, $a \in G$, $m, n \in \mathbb{Z}$라 하자.

(1) $a^m a^n = a^{m+n}$

(2) $(a^m)^n = a^{mn}$

(3) $a^{-n} = (a^{-1})^n = (a^n)^{-1}$

>> 증명 m, n이 자연수인 경우, $a^m a^n = a^{m+n}$와 $(a^{-1})^n = (a^n)^{-1}$은 정리 4.1에 의해 성립한다. 또 정의에서 $a^{-n} = a^{-1} \cdots a^{-1} = (a^{-1})^n$이고, $(ab)^{-1} = b^{-1}a^{-1}$라는 성질을 이용하면

$$(a^n)^{-1} = (a \cdots a)^{-1} = a^{-1} \cdots a^{-1} = a^{-n}$$

도 쉽게 알 수 있다. 만일 $m < 0$, $n > 0$면 $m = -r$로 두면 $r > 0$이므로 지수가 자연수인 경우에 의해

$$\begin{aligned} a^m a^n &= (a^{-1})^r a^n = (a^{-1})^r (a^{-1})^{-n} = (a^{-1})^{r-n} \\ &= a^{-(r-n)} = a^{-r+n} = a^{m+n} \end{aligned}$$

이 성립한다. 그 외에 m, n이 0이거나 음수일 경우도 비슷한 방법으로 성립함

을 보일 수 있다. ■

정의 4.9 집합 G는 연산 $\cdot$에 대하여 군을 이루고, a는 G의 임의의 원소이며, e는 연산 $\cdot$에 대한 항등원이라 하자.

(1) $a^n = e$가 되는 양의 정수 n이 존재할 때 a는 유한 위수(finite order)를 가진다고 한다. 이 경우 $a^n = e$가 되는 최소의 양의 정수 n을 a의 위수(order)라고 한다.

(2) 어떠한 양의 정수 n에 대해서도 $a^n \neq e$일 때 a는 무한 위수(infinite order)를 가진다고 한다. 무한 위수를 가지는 원소 a의 위수는 ∞로 나타낸다.

(3) a의 위수는 $|a|$ 또는 $\mathrm{ord}(a)$로 표시한다.

예제 4.24 (1) $(\mathbb{Z}_{12}, +)$에서 $3 \cdot 8 = 8+8+8 \equiv 0 \mod 12$이므로 8의 위수는 3이다.

(2) $(\mathbb{Z}_4, +)$에서 $1+1+1+1 \equiv 0 \mod 4$이고 $2+2 \equiv 0 \mod 4$이므로 $\mathrm{ord}(1) = 4$이고, $\mathrm{ord}(2) = 2$이다.

(3) $(\mathbb{Z}_6, +)$에서 $\mathrm{ord}(2) = 3$, $\mathrm{ord}(3) = 2$, $\mathrm{ord}(4) = 3$, $\mathrm{ord}(5) = 6$이다.

예제 4.25 두 군 $(\mathbb{Z}, +)$와 $(\mathbb{Q}^*, \cdot)$에서는 항등원 외에 모든 원소의 위수는 무한하다.

정리 4.9

군 $(G, \cdot)$와 $a \in G$에 대하여, a가 유한 위수일 필요충분조건은 $a^r = a^s$인 서로 다른 두 정수 r과 s가 존재하는 것이다.

>> 증명 우선 a가 유한 위수라 가정하자. 즉, $|a| = n (n \neq 0)$이라고 하자. 그러면 $a^n = e$이다. 이제 양변에 a를 곱하면 $a^{n+1} = a$인데 $n \neq 0$이므로 $n+1 \neq 1$이다.

이제 $a^r = a^s$인 서로 다른 두 정수 r과 s가 존재한다고 가정하자. 이때 편의상 $r > s$라 하자. 그러면

$$\begin{aligned} a^r = a^s &\Leftrightarrow a^r a^{-s} = a^s a^{-s} = e \\ &\Leftrightarrow a^{r-s} = e \end{aligned}$$

이다. 그런데 $r > s$이므로 $r - s > 0$이 되어 a는 유한 위수를 가진다. ■

정리 4.9로부터 무한위수의 원소를 계속 거듭제곱하면 모두 다른 원소를 만들어냄을 알 수 있다. 따라서 다음과 같은 따름정리를 얻을 수 있다.

따름정리 4.10
군 G가 유한군이면 G의 모든 원소는 유한 위수이다.

정리 4.11
군 $(G, \cdot)$와 $\mathrm{ord}(a) = n$인 $a \in G$에 대하여, 다음이 모두 성립한다.
(1) $|a^{-1}| = n$이다.
(2) $a^m = e$일 필요충분조건은 $n|m$인 것이다.
(3) $|a^m| = \dfrac{n}{\gcd(m, n)}$이다.

>> 증명 (1) $\mathrm{ord}(a^{-1}) = m$이라 하자. $(a^{-1})^n = (a^n)^{-1} = e$이므로 $m|n$이다. 그런데

$$a^m = ((a^{-1})^{-1})^m = ((a^{-1})^m)^{-1} = e$$

이므로 $n|m$이다. 따라서 $n = m$이다.

(2) $n|m$이면 $a^m = e$인 것은 자명하다.
$a^m = e$라고 가정하자. 그런데 만일 m이 n의 배수가 아니면 $m = nq + r$인 두 정수 q와 $r(0 < r < n)$가 존재한다. 그러면

$$e = a^m = a^{nq+r} = a^{nq}a^r = (a^n)^q a^r = e^q a^r = ea^r = a^r$$

이다. 그런데 위수의 정의에서 n은 $a^n = e$가 되는 최소의 양의 정수이다. 하지만 r의 조건에 의해 $0 < r < n$이므로 n의 최소성에 대하여 모순이다. 따라서 $n|m$이다.

(3) $\gcd(m, n) = d$이므로 $dx = m$, $dy = n$이며 서로소인 두 정수 x와 y가 존

재한다. 그런데 $dy=n$이므로

$$(a^m)^y = a^{my} = a^{dx}y = a^{dy}x = a^{nx} = (a^n)^x = e^x = e$$

이다. 만일 $(a^m)^t = e$라고 하면 mt는 (2)에 의해서 n의 배수이므로 적당한 정수 i에 대하여 $mt = ni$로 둘 수 있다. 그런데 $dx = m$이고 $dy = n$이므로 $dxt = dyi$이고 $xt = yi$이다. 따라서 y는 xt의 약수이다. 그런데 x와 y는 서로소이므로 y는 t의 약수이다. 결국 $y \le t$가 되어 a^m의 위수는 $y = \frac{n}{\gcd(m,\ n)}$가 된다. ■

정리 4.11로부터 다음 따름정리도 쉽게 얻을 수 있다.

따름정리 4.12

군 $(G,\ \cdot\ )$와 $\mathrm{ord}(a) = n$인 $a \in G$에 대하여, 다음이 모두 성립한다.

(1) $n = xy(x > 0)$이면 $\mathrm{ord}(a^x) = y$이다.

(2) $a^i = a^j$일 필요충분조건은 $i - j$가 n의 배수인 것이다.

예제 4.26 군 $(\mathbb{Z}_{120},\ +)$에서 $\mathrm{ord}(1) = 120$이다. 따라서

$$\mathrm{ord}(45) = \mathrm{ord}(\underbrace{1 + \cdots + 1}_{45\text{번}}) = \frac{120}{\gcd(45, 120)} = \frac{120}{15} = 8$$

이다.

정리 4.13

군 $(G,\ \cdot\ )$와 $a \in G$에 대하여 다음이 성립한다.

(1) a의 위수가 무한하면 $\langle a \rangle$의 원소의 개수는 무한하다.

(2) a의 위수가 n이면 $\langle a \rangle$의 원소의 개수도 n이고 $\langle a \rangle = \{e = a^0,\ a^1,\ a^2,\ \ldots,\ a^{n-1}\}$ 이다.

증명 (1) 집합 $\langle a \rangle = \{a^k \mid k \in \mathbb{Z}\}$의 임의의 두 원소 a^i과 a^j는 정리 4.9에 의하여

$i \neq j$이면 $a^i \neq a^j$이다. 따라서 $\langle a \rangle$의 원소의 개수는 무한하다.

(2) 집합 $A = \{a^0, a^1, a^2, \ldots, a^{n-1}\}$라 하자. 그러면 $A \subseteq \langle a \rangle$이다. 만일 A의 임의의 두 원소 a^i와 a^j가 $a^i = a^j (0 \leq i < j < n)$라고 하면 $a^{j-i} = e$이고 $0 < j - i < n$가 되어 a의 위수가 n이라는 사실에 모순이다. 따라서 A의 모든 원소는 다른 원소이다.

임의의 $a^m \in \langle a \rangle$에 대해서 m은 나눗셈 정리에 의하여 $m = nq + r$(q는 정수, r은 $0 \leq r < n$인 정수)로 나타낼 수 있다. 그러므로

$$a^m = a^{nq+r} = (a^n)^q a^r = ea^r = a^r$$

이다. 그런데 $0 \leq r < n$이므로 $a^m \in A$이다. 따라서 $\langle a \rangle \subseteq A$이고 결국 $\langle a \rangle = A$이다. ■

정리 4.14

군 G는 순환군이고 H는 G의 부분군이다. 그러면 H도 순환군이다.

>> 증명 군 G는 순환군이므로 적당한 원소 $a \in G$에 대하여 $G = \langle a \rangle$라고 할 수 있다. 이제 H를 G의 부분군이라고 하자. 만일 $H = \{e\}$이면 H는 e에 의해서 생성되는 순환 부분군이다. 만일 $H \neq \{e\}$라면 항등원이 아닌 어떤 $a^i (i \neq 0)$가 H에 있다. H는 G의 부분군이므로 $a^{-i} \in H$이다. i와 $-i$ 중 1개는 양수이므로 결국 $a^k \in H$인 양의 정수 k가 존재하는데, 이러한 양의 정수 k 중 가장 작은 양의 정수를 n이라고 하자. 즉 $0 < k < n$이면 $a^k \notin H$이다.

이제 $H = \langle a^n \rangle$임을 보이자. 우선 $a^n \in H$이므로

$$\langle a^n \rangle = \{\ldots, (a^n)^{-1}, (a^n)^0, (a^n), (a^n)^2, \ldots\} \subseteq H$$

이다. 임의의 $h \in H$에 대해서 $h \in G$이므로 $h = a^m$인 정수 m이 존재한다. 그런데 $m = nq + r (0 \leq r < n)$로 나타낼 수 있고, $r = m - nq$이므로

$$a^r = a^{m-nq} = a^m a^{-nq} = a^m (a^n)^{-q}$$

이다. 그런데 $a^m = h \in H$이고, $a^n \in H$이므로 $a^r \in H$이다. $r < n$이고 n은

$a^n \in H$인 최소의 양의 정수이므로 $r=0$이다. 결국 $m=nq$가 되어

$$h = a^m = a^{nq} = (a^n)^q \in \langle a^n \rangle$$

이다. 따라서 $H = \langle a^n \rangle$이다. ■

정리 4.15

G는 군이고 a는 위수가 n인 G의 원소이다. 임의의 정수 m에 대해서 $\gcd(m, n) = d$라고 하면 $\langle a^m \rangle = \langle a^d \rangle$이다.

>> 증명 우선 d는 m의 약수이므로 임의의 $(a^m)^k \in \langle a^m \rangle$에 대해서 mk는 d의 배수이다. 따라서 $(a^m)^k \in \langle a^d \rangle$가 되어 $\langle a^m \rangle \subseteq \langle a^d \rangle$이다. 그런데

$$|\langle a^m \rangle| = \mathrm{ord}(a^m) = \frac{n}{d},$$
$$|\langle a^d \rangle| = \mathrm{ord}(a^d) = \frac{n}{\gcd(d, n)} = \frac{n}{d}$$

이다. $\langle a^m \rangle$은 $\langle a^d \rangle$의 부분집합인데 위수가 같으므로 결국 $\langle a^m \rangle = \langle a^d \rangle$이다. ■

정리 4.15로부터 다음 2개의 따름정리를 쉽게 얻을 수 있다.

따름정리 4.16

G는 군이고, a는 위수가 n인 G의 원소이다. $\langle a^i \rangle = \langle a^j \rangle$일 필요충분조건은 $\gcd(i, n) = \gcd(j, n)$이다.

따름정리 4.17

군 G의 원소 a에 대하여, $H = \langle a \rangle$이고, $|H| = n$이라 하자. a^m이 H의 생성원이 될 필요충분조건은 $\gcd(m, n) = 1$이다.

예제 4.27 덧셈군 $\mathbb{Z}_{24}$에 대하여 $H=\langle 15 \rangle$라고 했을 때 H의 생성원을 모두 구해보자. $15=\underbrace{1+\cdots+1}_{15번}=15 \cdot 1$이고, $1 \in G$임을 명심하자. 이때, $H=\langle i \rangle$라고 하면 $\langle i \rangle = \langle 15 \rangle$일 필요충분조건은

$$\gcd(i,\ 24)=\gcd(15,\ 24)=3$$

이다. 따라서 H의 생성원 i는 $i=3,\ 9,\ 15,\ 21$이 된다.

또 G의 생성원을 구해보면 $G=\langle 1 \rangle$이고 $G=\langle i \rangle$일 필요충분조건은 $\gcd(i,\ 24)=1$이므로 $i=1,\ 5,\ 7,\ 11,\ 13,\ 17,\ 19,\ 23$이다. 또 $\langle 2 \rangle$와 같은 부분군을 구해보면 $\gcd(2,\ 24)=2$이므로 $\gcd(i,\ 24)=2$인 i를 모두 구하면 $i=2,\ 10,\ 14,\ 22$이다.

2 이상의 임의의 자연수 n에 대하여, 덧셈군 $(\mathbb{Z}_n,\ +)$는 1에 의해서 생성되는 순환군이다. 따라서 a가 $\mathbb{Z}_n$의 생성원이 될 필요충분조건은 $a=a1$이고 $1 \in \mathbb{Z}_n$이므로 따름정리 4.16에 의해 $\gcd(a,\ n)=1$임을 알 수 있다. 즉, $\mathbb{Z}_n=\langle 1 \rangle$이고, $|1|=n$이므로 $\langle a \rangle = \langle 1 \rangle$일 필요충분조건은 $\gcd(a,\ n)=1$이다.

예제 4.28 덧셈군 $(\mathbb{Z}_{12},\ +)$의 생성원은 12와 서로소인 $a \in \mathbb{Z}_{12}$이다. 따라서 1, 5, 7, 11이 $\mathbb{Z}_{12}$의 생성원이다. 덧셈군 $(\mathbb{Z}_7,\ +)$에서 0 이외의 모든 원소는 7과 서로소이므로 0을 제외한 1, 2, 3, 4, 5, 6이 $\mathbb{Z}_7$의 생성원이다.

예제 4.29 일반적으로 p가 소수이면 $(\mathbb{Z}_p,\ +)$은 $1,\ 2,\ \ldots,\ p-1$의 $p-1$개의 원소를 생성원으로 가진다.

덧셈군 $\mathbb{Z}_n$과 그 생성원에 대한 성질은 정리 4.18과 같이 정리할 수 있다.

정리 4.18

군 $(\mathbb{Z}_n,\ +)$의 생성원의 집합을 A라고 하면

$$A=\{x \in \mathbb{Z}_n \mid \langle x \rangle = \mathbb{Z}_n\}=\{x \in \mathbb{Z} \mid 1 \le x \le n,\ \gcd(x,\ n)=1\}$$

이다.

정리 4.19

군 G는 위수가 n인 순환군일 때, 다음이 성립한다.

(1) H가 G의 부분군이면 H의 위수는 n의 약수이다.

(2) 자연수 m이 n의 약수이면 G는 위수 m인 부분군을 단 하나만 가진다.

>> 증명 (1) 군 G는 순환군이므로 생성원 $a\in G$가 존재하여 $G=\langle a\rangle$이다. 순환군의 부분군도 역시 순환군이므로 $H=\langle a^t\rangle$라 할 수 있다. 이때 $|H|=\mathrm{ord}(a^t)$이고 정리 4.11에 의해

$$\mathrm{ord}(a^t)=\frac{n}{\gcd(t,\ n)}$$

이므로 $n=|H|\cdot\gcd(t,\ n)$이다. 따라서 H의 위수는 n의 약수이다.

(2) m이 n의 약수이므로 적당한 정수 q에 대하여 $n=mq$이다. 이제 $H=\langle a^q\rangle$라고 하면 H는 G의 부분군이고,

$$|H|=\mathrm{ord}(a^q)=\frac{n}{\gcd(q,\ n)}=\frac{n}{\gcd(q,\ mq)}=\frac{n}{q}=m$$

이다. 따라서 H는 위수가 m인 G의 부분군이다.

이제, 위수가 m인 부분군은 유일함을 보이기 위해 결론을 부정하여 유일하지 않다고 가정하자. 즉, H'은 G의 위수가 m이지만 H와 다른 부분군이라고 하자. a가 G의 생성원이면 H와 H'은 각각 $H=\langle a^i\rangle$과 $H'=\langle a^j\rangle$로 나타낼 수 있다. 그런데 $|H|=|H'|$이므로

$$\frac{n}{\gcd(i,\ n)}=\frac{n}{\gcd(j,\ n)}=d$$

이다. 정리 4.15에 의하여 $\langle a^i\rangle=\langle a^d\rangle=\langle a^j\rangle$이고, 그래서 $H=H'$이다. 이는 두 부분군이 다르다는 가정에 모순이다. 따라서 위수가 m인 부분군은 유일하다. ■

정리 4.19 위수가 n인 순환군은 n의 약수 개수만큼의 부분군을 가짐을 의미한다. 순환군 G에서는 m이 $|G|$의 약수이면 반드시 위수가 m인 부분군이 존재하지만, 순환군이 아

닌 일반적인 군에서는 그렇지 않을 수도 있다. 예를 들어 교대군(alternative group) A_4의 경우 위수가 12이지만 위수가 6인 A_4의 부분군은 존재하지 않는다. 또 임의의 유한군 G의 원소 a에 대해서 a를 G의 위수만큼 연산하면 항상 항등원이 된다. 일반적인 유한군에서의 증명은 어렵지만 순환군에서는 간단하게 증명할 수 있다.

정리 4.20
위수가 n인 순환군 G와 G의 임의의 원소 g에 대해서 $g^n = e$이다.

>> 증명 G의 생성원을 a라고 하면 $a^n = e$이다. $g \in G$이므로 적당한 정수 k에 대하여 $g = a^k$이고,

$$g^n = (a^k)^n = a^{kn} = (a^n)^k = e^k = e$$

이다. ■

4.2.6 잉여류와 상집합

군을 살펴볼 때 전체를 살펴보기도 하지만, 군의 원소들 중 비슷한 성질이 있는 원소끼리 부분집합을 만들어 군의 성질을 살펴보기도 한다. 이때 부분집합들이 새로운 대수적 관계를 갖게 되면 여러 가지 흥미로운 성질들을 이끌어 낼 수 있다.

정리 4.21
군 G와 G의 임의의 부분군 H에 대해서 G 위에 관계 $\equiv_H$를

$$a \equiv_H b \quad \Leftrightarrow ab^{-1} \in H$$

로 정의하자. 이와 같이 정의된 관계 $\equiv_H$는 G 위에서의 동치관계이다.

>> 증명 관계 $\equiv_H$가 동치관계임을 보이려면 (i) 반사성, (ii) 대칭성, (iii) 추이성이 성립함을 보여야 한다.

(i) (반사성) 임의의 $a \in G$에 대해서 $aa^{-1} = e \in H$이므로 $a \equiv_H a$이다. 따라서

관계 $\equiv_H$는 반사성이 성립한다.

(ii) (대칭성) $a \equiv_H b$라고 가정하자. 그러면 $ab^{-1} \in H$이다. H는 G의 부분군이므로 $(ab^{-1})^{-1} \in H$이고 $ba^{-1} = (b^{-1})^{-1}a^{-1} = (ab^{-1})^{-1} \in H$이다. 따라서 관계 $\equiv_H$는 대칭성이 성립한다.

(iii) (추이성) $a \equiv_H b$이고 $b \equiv_H c$라고 가정하자. 그러면 $ab^{-1} \in H$이고 $bc^{-1} \in H$이다. 그런데 H는 부분군이므로 $(ab^{-1})(bc^{-1}) = ac^{-1} \in H$이다. 따라서 관계 $\equiv_H$는 추이성이 성립한다.

결국, 관계 $\equiv_H$는 G 위에서의 동치관계이다. ■

정의 4.10 군 G와 G의 부분군 H, 그리고 G의 두 원소 a와 b에 대하여, $a \equiv_H b$일 때 a는 b에 법 H로 합동(a is congruent to b modulo H)이라고 한다.

정수군에서의 합동은 부분군에 대한 합동의 한 예이다.

정의 4.11 군 H는 군 G의 부분군이다. 임의의 $a \in G$에 대해서 G의 부분집합

$$Ha = \{xa \mid x \in H\}, \quad aH = \{ax \mid x \in H\}$$

를 각각 G에서 H의 우잉여류(right coset of H in G)와 G에서 H의 좌잉여류(left coset of H in G)라고 한다.

좌잉여류와 우잉여류를 따로 정의하는 이유는 일반적인 군은 연산의 교환법칙이 성립하지 않을 수 있기 때문이다. 연산의 교환법칙이 성립한다면 좌잉여류와 우잉여류는 같은 집합이 될 것이다. 잉여류는 군의 부분집합이지 그 자체가 부분군이 되는 것은 아님을 명심하자.

예제 4.30 군 $(\mathbb{R}, +)$에서 $(\mathbb{Z}, +)$는 덧셈군 $\mathbb{R}$의 부분군이다. 우잉여류

$$\mathbb{Z} + \frac{1}{2} = \left\{ n + \frac{1}{2} \,\middle|\, n \in \mathbb{Z} \right\}$$

을 보면 이 집합은 수직선에서 모든 정수의 중점들의 집합이 된다.

예제 4.31 군 $(\mathbb{Z}, +)$에서 $5\mathbb{Z}$는 $\mathbb{Z}$의 부분군이다. 우잉여류 $5\mathbb{Z}+1=\{5n+1 \mid n\in\mathbb{Z}\}$는 5로 나누어 나머지가 1이 되는 정수들의 집합이다. 마찬가지로 $5\mathbb{Z}+2$는 5로 나누어 나머지가 2인 집합이다. 만일 6의 우잉여류를 계산하면

$$\begin{aligned} 5\mathbb{Z}+6 &= \{5n+6 \mid n\in\mathbb{Z}\} \\ &= \{5(n+1)+1 \mid n\in\mathbb{Z}\} = \{5m+1 \mid m\in\mathbb{Z}\} \end{aligned}$$

이므로 실제로 이 집합은 $5\mathbb{Z}+1$과 같음을 알 수 있다.

예제 4.32 군 $(\mathbb{Z}, +)$에서 $6\mathbb{Z}$는 $\mathbb{Z}$의 부분군이다. $6\mathbb{Z}$의 우잉여류는 다음과 같다.

$$\begin{aligned} 6\mathbb{Z}+0 &= 6\mathbb{Z} = \{\ldots, -12, -6, 0, 6, 12, \ldots\} = 6\mathbb{Z}+6 = 6\mathbb{Z}-6 \\ 6\mathbb{Z}+1 &= \{\ldots, -11, -5, 1, 7, 13, \ldots\} = 6\mathbb{Z}+7 = 6\mathbb{Z}-5 \\ 6\mathbb{Z}+2 &= \{\ldots, -10, -4, 2, 8, 14, \ldots\} = 6\mathbb{Z}+8 = 6\mathbb{Z}-4 \\ &\vdots \\ 6\mathbb{Z}+5 &= \{\ldots, -7, -1, 5, 11, 17, \ldots\} = 6\mathbb{Z}+11 = 6\mathbb{Z}-1 \end{aligned}$$

여기서 $\overline{a}$를 동치 관계 $\equiv_H$에 대한 a의 동치류라고 하면 $\overline{a}=6\mathbb{Z}+a$이므로

$$\overline{0}=\overline{6}=\overline{-6},\ \overline{1}=\overline{7}=\overline{-5},\ \ldots,\ \overline{5}=\overline{11}=\overline{-1}$$

가 됨을 알 수 있다. 따라서 모든 동치류의 집합은 $\{\overline{0}, \overline{1}, \overline{2}, \overline{3}, \overline{4}, \overline{5}\}$이다. 이것을 다시 우잉여류로 적으면 $\{6\mathbb{Z}, 6\mathbb{Z}+1, \ldots, 6\mathbb{Z}+5\}$이다.

정리 4.22

군 G의 부분군 H와 임의의 $a\in G$에 대해서 $\overline{a}$를 동치관계 $\equiv_H$에 대한 a의 동치류라고 하면 $\overline{a}=Ha$이다.

≫ 증명 임의의 $x\in\overline{a}$에 대하여 x는 a의 법 H에 대한 동치류의 원소이므로 $x\equiv_H a$이고 $xa^{-1}\in H$이다. 즉 $xa^{-1}=h$인 $h\in H$가 존재하고 $x=ha\in Ha$이다. 이제 임의의 $x\in Ha$에 대하여, $x=ha$인 $h\in H$가 존재하고 $xa^{-1}=h\in H$이므로 $x\equiv_H a$가 되어 $x\in\overline{a}$이다. 따라서 $\overline{a}=Ha$이다. ■

동치관계 $\equiv_H$는 우잉여류를 만들기 위한 관계이다. 관계를 $b^{-1}a \in H$일 때 $a_H \equiv b$라고 관계를 정의하면 이는 틀림없이 동치관계이며 이 동치류들은 좌잉여류를 만든다.

정의 4.12 관계 R이 집합 A의 동치관계일 때 R의 동치류들의 집합을 상집합(quotient set)이라고 하고 A/R로 표시한다. 즉,

$$A/R = \{\bar{a} \mid a \in A\}$$

이다.

여기서 정의된 상집합 A/R은 $\bar{a}$가 우잉여류와 같은 집합이므로 결국 우잉여류들의 집합으로 생각할 수 있다. 하지만 상집합은 좌잉여류들을 이용하여 정의할 수도 있다. 이때는 기호를 $R \backslash A$로 사용하여 집합 A의 왼쪽에 관계를 표시함으로써 좌잉여류들의 집합임을 나타낸다.

예제 4.33 H가 군 G의 부분군일 때 위의 정리 4.22에 의해서 동치관계 $\equiv_H$의 동치류는 H의 우잉여류 Ha가 됨을 알았다. 또 동치관계 $\equiv_H$에 의한 동치류들의 집합을 $G/\equiv_H$, 즉

$$G/\equiv_H = \{\bar{a} \mid a \in G\}$$

로 나타내는데, 이 경우 $\equiv_H$는 H에 의해서 결정되므로 이 책에서는 $G/\equiv_H$를 G/H로 적는다. 따라서 정리 4.22에 의해서

$$G/H = \{Ha \mid a \in G\}$$

로 적을 수 있다.

정의 4.13 H가 G의 부분군일 때 H의 서로 다른 우잉여류의 개수를 G에서 H의 지수(index of H in G)라고 하고 $[G:H]$로 표시한다. 즉 $|G/H| = [G:H]$이다.

정리 4.23

H는 군 G의 부분군이다. 임의의 $a,\ b \in G$에 대해서 다음 명제는 모두 동치이다.

(1) $Ha = Hb$

(2) $Hab^{-1} = H$

(3) $ab^{-1} \in H$

(4) $a \in Hb$

증명 (1) ⇒ (2) 임의의 $h \in H$에 대해서 $hb \in Hb = Ha$이므로 $h = (hb)b^{-1} \in Hab^{-1}$이다. 따라서 $H \subseteq Hab^{-1}$이다. 또 임의의 $x \in Hab^{-1}$에 대해서 $x = hab^{-1}$인 $h \in H$가 존재하므로 $xb = ha \in Ha = Hb$이다. 따라서 적당한 $k \in H$에 대하여 $xb = kb$라 할 수 있으므로 소거법칙에 의해서 $x = k \in H$가 된다.

(2) ⇒ (3) $ab^{-1} = e(ab^{-1}) \in H(ab^{-1}) = H$

(3) ⇒ (4) $ab^{-1} = h \in H$라 하면 $a = hb \in Hb$이다.

(4) ⇒ (1) $a \in Hb$이므로 적당한 $h \in H$에 대하여 $a = hb$이다. 임의의 $x \in Ha$에 대하여 $x = ta$인 $t \in H$가 존재한다. 따라서 $x = ta = t(hb) = (th)b \in Hb$이다. 또 역으로 임의의 $y \in Hb$에 대하여 $y = ub$인 $u \in H$가 존재하고, $y = ub = u(h^{-1}a) = (uh^{-1})a \in Ha$이다. 따라서 $Ha = Hb$이다. ■

정리 4.23에서 다음 따름정리를 얻을 수 있다.

따름정리 4.24

군 G의 부분군 H와 $a \in G$에 대하여, $Ha = H$일 필요충분조건은 $a \in H$이다.

예제 4.34 군 $(\mathbb{Z}_{12},\ +)$에서 $H = \langle 4 \rangle = \{0,\ 4,\ 8\}$는 $\mathbb{Z}_{12}$의 부분군이고, H의 우잉여류는 다음과 같다.

$$H+0=\{0,\ 4,\ 8\}=H+4=H+8$$
$$H+1=\{1,\ 5,\ 9\}=H+5=H+9$$
$$H+2=\{2,\ 6,\ 10\}=H+6=H+10$$
$$H+3=\{3,\ 7,\ 11\}=H+7=H+11$$

따라서 $\mathbb{Z}_{12}/\langle 4\rangle=\{H,\ H+1,\ H+2,\ H+3\}$이고 $[\mathbb{Z}_{12}:H]=4$이다.

4.2.7 라그랑주 정리

순환군의 경우, 부분군의 위수와 군의 위수의 약수 사이의 관계가 알려져 있다. 일반적인 군에 대해서도 부분군의 위수는 군의 위수의 약수일지 여부에 대한 궁금증은 라그랑주에 의해 해결되었다.

정리 4.25는 잉여류의 개수와 관련된 성질이다. 부분군 H로 G를 나누어 잉여류들을 만들면 이 잉여류들은 모두 같은 수의 원소를 가진다. 이 성질은 두 잉여류 간의 일대일 대응을 정의함으로써 성립함을 보일 수 있다.

정리 4.25
H가 군 G의 부분군이면 임의의 $a,\ b\in G$에 대해서 $|Ha|=|Hb|$이다.

정리 4.26 라그랑주의 정리
군 H가 유한군 G의 부분군이면 H의 위수는 G의 위수의 약수이다. 즉, $|G|=[G:H]\cdot|H|$이다.

>> 증명 부분군 H에 대하여 H의 서로 다른 모든 우잉여류들의 집합 G/H를

$$G/H=\{Ha_1,\ Ha_2,\ \ldots,\ Ha_n\}$$

라 하자. 그러면 $\bigcup_{i=1}^{n} Ha_i=G$이다. 왜냐하면 임의의 $g\in G$에 대하여 $g\in Hg$이고 $Hg\in G/H$이므로 $g\in\bigcup_{i=1}^{n} Ha_i$가 되기 때문이다. 또한 $i\neq j$에 대하여

$Ha_i \cap Ha_j = \varnothing$ 이다. 만일 $Ha_i \cap Ha_j \neq \varnothing$ 이라면 적당한 $h \in Ha_i \cap Ha_j$가 되어 $a_i \in Ha_j$가 되고 정리 4.23에 의해 $Ha_i = Ha_j$가 되어 서로 다른 우잉여류라는 가정에 모순이다. 그리고 $H \in G/H$이고 정리 4.25에 의해

$$|Ha_1| = \cdots = |Ha_n| = |H|$$

이다. 따라서 $|G| = |G/H| \cdot |H| = [G:H] \cdot |H|$이다. ■

라그랑주의 정리를 이용하면 주어진 군에서 부분군이 되기 위한 조건을 알 수 있다. 예를 들어, 군의 위수가 12이면 부분군의 위수는 12의 약수인 1, 2, 3, 4, 6, 12 중 하나이다. 그러나 약수라고 해서 반드시 그와 같은 위수를 갖는 부분군이 존재하는 것은 아니다. 즉, d가 $|G|$의 약수라 해도 위수가 d인 부분군은 없을 수도 있다. 앞서 예를 들어 설명했던 대칭군 A_4가 바로 그 예이다.

예제 4.35 군 $(\mathbb{R}, +)$에서 $(\mathbb{Z}, +)$는 덧셈군 $\mathbb{R}$의 부분군이다. 동치관계 $\equiv_{\mathbb{Z}}$에서 어떤 두 실수 a, b가 같은 우잉여류가 속할 필요충분조건은 $a-b \in \mathbb{Z}$이다. $0 \leq a < 1$인 임의의 실수 a에 대해서 $\mathbb{Z}+a$인 서로 다른 우잉여류를 정할 수 있기 때문에 $[\mathbb{R}:\mathbb{Z}] = |\mathbb{R}|$로 실수 전체 집합의 농도와 같은 값을 가진다.

정리 4.27

군 G의 위수가 n이면 다음이 성립한다.

(1) G의 임의의 원소 a의 위수는 n의 약수이다.

(2) 임의의 $a \in G$에 대해서 $a^n = e$이다.

>> 증명 (1) G의 임의의 원소 a의 위수를 k라고 하면 G의 순환 부분군 $H = \langle a \rangle$의 위수도 k이다. 따라서 라그랑주 정리에 의해 k는 n의 약수이다.

(2) (1)에 의해 n은 a의 위수의 배수이므로 적당한 정수 t에 대하여 $n = \mathrm{ord}(a)t$로 쓸 수 있다. 따라서

$$a^n = a^{\mathrm{ord}(a)t} = (a^{\mathrm{ord}(a)})^t = e^t = e$$

이다. ■

정리 4.28
위수가 소수인 군은 순환군이다.

>> 증명 군 G의 위수가 소수 p라고 하자. $a \neq e$인 원소 a에 대하여 순환 부분군 $H = \langle a \rangle$을 정의하면 $a \neq e$이므로 H의 위수는 1보다 크고, p의 약수이다. 결국 H의 위수는 p가 되어 $G = \langle a \rangle$이다. ■

연습 문제

01 다음 명제가 참이면 증명하고, 거짓이면 반례를 들어라.

(1) 자연수 전체의 집합 $\mathbb{N}$은 덧셈에 대해 군을 이룬다.

(2) 정수 전체의 집합 $\mathbb{Z}$는 곱셈에 대해 군을 이룬다.

(3) 집합 $\mathbb{Q}^+ = \{x \in \mathbb{Q} \mid x > 0\}$는 곱셈에 대해 아벨군을 이룬다.

(4) 집합 $\mathbb{R}^+ = \{x \in \mathbb{R} \mid x > 0\}$는 곱셈에 대해 아벨군을 이룬다.

02 군 $(G, \cdot)$에서 G의 원소 $a_1, \ldots, a_n$에 대하여

$$(a_1 \cdot a_2 \cdot \cdots \cdot a_n)^{-1} = a_n^{-1} \cdot \cdots \cdot a_1^{-1}$$

이 성립함을 증명하여라.

03 군 $(G, \circ)$에 대한 다음의 명제들이 서로 동치임을 보여라.

(1) $(G, \circ)$는 아벨군이다.

(2) 모든 $a, b \in G$와 양의 정수 n에 대하여 $(a \circ b)^n = a^n \circ b^n$이다.

(3) 모든 $a, b \in G$에 대하여 $(a \circ b)^2 = a^2 \circ b^2$이다.

04 곱셈군 $\mathbb{Z}_8^* = \{1, 3, 5, 7\}$에서 다음 등식을 만족하는 원소 x를 모두 구하여라.

(1) $x^2 = 1$

(2) $x^3 = 1$

(3) $x^4 = 1$

05 집합 $GL_2(\mathbb{R}) = \left\{ \begin{bmatrix} a & b \\ c & d \end{bmatrix} \middle| a, b, c, d \in \mathbb{R}, ad - bc \neq 0 \right\}$에 행렬곱셈이 주어지면 $GL_2(\mathbb{R})$은 군이 됨을 보여라.

06 다음 집합이 $GL_2(\mathbb{R})$의 부분군임을 보여라.

(1) $\left\{\begin{bmatrix} a & b \\ 0 & 1 \end{bmatrix} \middle| \, a,\ b \in \mathbb{R},\ a \neq 0\right\}$

(2) $\left\{\begin{bmatrix} 1 & a \\ 0 & 1 \end{bmatrix} \middle| \, a \in \mathbb{R}\right\}$

(3) $\left\{\begin{bmatrix} a & c \\ 0 & b \end{bmatrix} \middle| \, a,\ b \in \mathbb{R}^*,\ c \in \mathbb{R}\right\}$

07 군 G의 부분집합 H와 $a,\ b \in H$에 대하여 $ab \in H$이면 H는 G의 부분군이 되는지 여부를 확인하고 부분군이라면 증명을 하고, 부분군이 아니라면 반례를 제시하여라.

08 군 $G(\neq \{e\})$에서 다음 조건을 만족하는 부분군 $H,\ K$가 존재하지 않음을 증명하여라.

$$G = H \cup K,\ \ H \cap K = \{e\},\ \ H \neq \{e\},\ \ K \neq \{e\}$$

09 곱셈군 $\mathbb{Z}_{11}^* = \{1,\ 2,\ 3,\ \ldots,\ 10\}$는 2를 생성원으로 가지는 순환군임을 확인하고, 이 사실을 이용하여 각 원소의 위수를 구하여라.

10 순환군 $G = \langle a \rangle$의 위수가 n일 때, 다음이 성립함을 증명하여라.

(1) n이 홀수이면, a^2의 위수는 n이다.

(2) n이 짝수이면, a^2의 위수는 $\dfrac{n}{2}$이다.

11 위수 12인 순환군 $G = \langle x \rangle$의 부분군 $\langle x \rangle,\ \langle x^2 \rangle,\ \ldots,\ \langle x^{12} \rangle$ 중에서 서로 같은 부분군끼리 구별하여라.

12 유한군 G의 두 원소 $a,\ b$에 대하여 ab의 위수와 ba의 위수가 같음을 보여라.

13 유한군 G의 부분군 H의 위수가 소수일 때, G의 임의의 부분군 K에 대하여

$$H \cap K = \{e\} \ \text{또는}\ H \subseteq K$$

임을 증명하여라.

14 덧셈군 $\mathbb{Q}/\mathbb{Z} = \{u + \mathbb{Z} \mid u \in \mathbb{Q}\}$에 대하여 다음 물음에 답하여라.

(1) 두 정수 m, n에 대하여, $\mathbb{Z} + \frac{m}{n} \in \mathbb{Q}/\mathbb{Z}$의 위수가 n임을 보여라.

(2) $\mathbb{Q}/\mathbb{Z}$의 두 원소 $\mathbb{Z} + \frac{1}{2}$와 $\mathbb{Z} + \frac{14}{3}$의 위수를 구하여라.

4.3 환과 체

군은 집합에 하나의 연산을 정의하여 만들어진 대수적 구조이다. 하나의 연산을 가지는 집합에 연산을 하나 더 추가한 대수적 구조로는 환(ring)과 체(field)가 있다. 환과 체는 모두 연산 2개가 하나의 집합 위에서 정의되었다는 공통점이 있지만, 두 연산의 짜임새는 조금 다르다. 환보다 체의 두 연산은 짜임새가 단단하다고 말할 수 있다. 이 두 가지 대수적 구조 중, 환에 대하여 살펴보자.

4.3.1 환의 정의와 기본 성질

정의 4.14 2개의 연산 $+$, $\cdot$ 을 가지는 공집합이 아닌 집합 R과 임의의 a, b, $c \in R$에 대하여 다음을 모두 만족할 때 $(R, +, \cdot)$를 환이라 한다.

A. (합의 닫힘) $a+b \in R$

A1. (합의 결합법칙) $(a+b)+c = a+(b+c)$

A2. (합의 교환법칙) $a+b = b+a$

A3. (합의 항등원) 모든 $a \in R$에 대해서 $a+0=0+a=a$를 만족시키는 $0 \in R$이 존재한다.

A4. (합의 역원) 임의의 $a \in R$에 대해서 $a+(-a)=0$을 만족시키는 $-a \in R$이 존재한다.

M. (곱의 닫힘) $a \cdot b \in R$

M1. (곱의 결합법칙) $(a \cdot b) \cdot c = a \cdot (b \cdot c)$

D. (분배법칙) $a \cdot (b+c) = a \cdot b + a \cdot c$, $(a+b) \cdot c = a \cdot c + b \cdot c$

정의 4.14의 두 연산 $+$와 $\cdot$ 은 각각 덧셈과 곱셈을 나타낸다. 덧셈과 곱셈은 우리가 주로 사용하는 사칙연산의 그것들보다는 추상적인 의미를 담고 있다. 다시 말해, 덧셈과 곱셈은 연산의 이름일 뿐 특별한 의미를 두지 않는다. 하지만 별다른 정의가 없다면 그 덧셈과 곱셈은 우리가 사용하는 사칙연산의 덧셈과 곱셈으로 정의되었다고 생각하자.

정의 4.14의 A1~A4는 집합 R이 연산 $+$에 대하여 아벨군을 이루고 있음을 의미한다. 연산 $\cdot$는 결합법칙만을 만족하는데 이러한 대수적 구조를 반군(semigroup)이라고 한다. 정리하면 환 R은 $+$에 대하여 아벨군이며 $\cdot$에 대해서는 반군을 이루는 대수적 구조이다.

예제 4.36 (1) $(\mathbb{Z}, +, \cdot)$, $(\mathbb{Q}, +, \cdot)$, $(\mathbb{R}, +, \cdot)$, $(\mathbb{C}, +, \cdot)$는 환이며, 각각 정수환, 유리수환, 실수환, 복소수환이라고 한다.

(2) 짝수 집합 $(2\mathbb{Z}, +, \cdot)$는 환이다.

(3) A를 홀수 집합이라고 하면, 홀수+홀수=짝수이므로 덧셈에 대하여 닫혀 있지 않기 때문에 $(A, +, \cdot)$는 환이 아니다.

예제 4.37 집합 $\mathbb{Z}_n = \{0, 1, 2, ..., n-1\}$에 법 n에 대한 덧셈 $+$와 곱셈 $\cdot$을 정의하면 $(\mathbb{Z}_n, +, \cdot)$는 정의 4.14를 모두 만족하여 환이다.

예제 4.38 실함수들의 집합을 $F(\mathbb{R}) = \{f \mid f: \mathbb{R} \to \mathbb{R}\}$이라고 하자. $F(\mathbb{R})$에 $+$와 $\cdot$를, 모든 $x \in \mathbb{R}$에 대해서

$$(f+g)(x) = f(x) + g(x), \quad (f \cdot g)(x) = f(x) \cdot g(x)$$

으로 정의하면, $(F(\mathbb{R}), +, \cdot)$는 환이다. 이 환은 실함수환(ring of real functions)이라고 부른다.

예제 4.39 n차 정사각형 행렬들의 집합을 $Mat_n(\mathbb{R}) = \{\boldsymbol{A} \mid \boldsymbol{A}$는 실수 성분의 $n \times n$ 행렬$\}$이라고 하면 $(Mat_n(\mathbb{R}), +, \cdot)$는 환이다. 이 환을 $n \times n$-실 행렬환($n \times n$-real matrix ring)이라고 부른다.

앞으로 환 $(R, +, \cdot)$는 연산을 생략하고 간단히 R로 표시한다.

예제 4.40 계수가 정수인 다항식들의 집합을

$$\mathbb{Z}[x] = \{a(x) \mid a(x)\text{는 계수가 정수인 다항식}\}$$

이라고 하자. 두 다항식 $a(x)$, $b(x) \in \mathbb{Z}[x]$에 대해서 $a(x)+b(x)$, $a(x) \cdot b(x)$

를 일반적으로 사용하는 다항식의 합과 곱이라고 하면 $\mathbb{Z}[x]$는 환이다. 특히 이 환을 $\mathbb{Z}$ 위에서의 다항식환(polynomial ring over $\mathbb{Z}$)이라고 한다.

정의 4.15 환 R의 모든 a, $b \in R$에 대해서 $ab = ba$일 때 R을 가환환(commutative ring)이라고 부른다.

예제 4.41 예제 4.38에서 $Mat_n(\mathbb{R})$은 가환환이 아니다. 왜냐하면 행렬은 곱셈에 대한 교환법칙이 성립하지 않는다.

정의 4.16 환 R의 모든 $a \in R$에 대해서 $a1 = 1a = a$를 만족하는 원소 $1 \in R$이 존재할 때 R을 곱에 관한 항등원을 갖는 환(ring with multiplicative identity)이라고 부른다.

덧셈에 대한 항등원은 0으로 표시하고 영원(zero element) 또는 영(zero)이라고 한다. 곱셈에 관한 항등원 1은 단위원(unity)이라고도 부르며, '항등원 1'이라고도 부른다.

예제 4.42 환 $(\mathbb{Z}_6,\ +,\ \cdot\ )$에서 $a1 = 1a = a$이므로 1이 항등원이다. 또 $2 \cdot 4 \equiv 2 \pmod 6$, $3 \cdot 3 \equiv 3 \pmod 6$, $4 \cdot 3 \equiv 0 \pmod 6$이고, $3 - 5 = -2 \equiv 4 \pmod 6$, $1 - 2 = -1 \equiv 5 \pmod 6$이다.

정리 4.29

환 R의 임의의 원소 a, b에 대해서 다음이 성립한다.

(1) $a0 = 0$, $0a = a$

(2) $a(-b) = -(ab)$, $(-a)b = -(ab)$

(3) $(-a)(-b) = ab$

>> 증명 (1) 0은 덧셈에 대한 항등원이므로 $0 + 0 = 0$이며, 이제 양변에 a를 곱하여 분배법칙을 이용하면,

$$a0 + a0 = a(0 + 0) = a0$$

이다. 항등원의 유일성에 의해 $a0=0$임을 알 수 있다.

(2) $-b$는 b의 덧셈에 대한 역원이므로 $b+(-b)=0$이다. 이제 양변에 a를 곱하고 분배법칙을 적용하면,

$$ab+a(-b)=a(b+(-b))=a0=0$$

이다. 역원의 유일성에 의해 $a(-b)=-(ab)$이다.
이제 a와 b의 역할을 바꾸면 $(-a)b=-(ab)$임을 쉽게 얻을 수 있다.

(3) (2)의 성질에 의해 $(-a)(-b)=-(a(-b))=-(-(ab))=ab$이다. ■

정의 4.17 곱셈의 항등원 1을 가진 환 R과 $a\in R$에 대하여

$$ab=ba=1$$

을 만족하는 $b\in R$가 존재할 때 a를 단원(unit) 또는 가역원(invertible element)이라고 한다. 또 이때 이러한 b를 a의 곱셈에 대한 역원(multiplicative inverse)이라 부르고 a^{-1}로 표시한다.

a가 단원이면 a의 곱셈에 대한 역원 a^{-1}도 당연히 단원이다.

예제 4.43 환 $(\mathbb{Z}_{10}, +, \cdot)$에서 $3\cdot 7=7\cdot 3\equiv 1 \pmod{10}$이므로 3과 7은 단원이고 $3^{-1}=7$, $7^{-1}=3$이다. 그러나 4는 $4\cdot x\equiv 1 \pmod{10}$을 만족하는 $x\in\mathbb{Z}_{10}$가 없으므로 단원이 아니다.

예제 4.44 (1) $\mathbb{Z}$에서 단원은 1과 -1뿐이다.
(2) $(\mathbb{Q}, +, \cdot)$에서는 0이 아닌 모든 원소가 단원이다.

환에서 단원을 따질 때는 반드시 R이 항등원 1을 가져야만 한다. a의 곱셈에 대한 역원 a^{-1}가 존재하는데 1이 없다면 주어진 집합은 곱셈에 대하여 닫혀 있지 않으므로 환이 아니다. 따라서 1을 가지지 않은 환에서는 단원을 생각할 수가 없다. 또 $0x=0$이므로 0은 절대로 단원이 될 수 없다.

4.3.2 나눗셈환과 체

환은 덧셈에 대해서는 아벨군을 이루지만 곱셈에 대해서는 반군을 이룬다. 다시 말해 곱셈의 경우는 최소의 결합법칙만을 만족하는 대수구조가 바로 환이다. 곱셈의 연산에 조금 더 조건이 강화되어 곱셈에 대한 항등원을 가지는 환 중에서 곱셈에 대한 역원의 유무, 곱셈에 대한 교환법칙의 성립 여부에 따라 여러 가지 특별한 성질을 가지는 환이 정의될 수 있다.

정의 4.18 환 R이 항등원 1을 가진 환이고 0이 아닌 모든 R의 원소가 단원일 때 이러한 R을 나눗셈 환(division ring)이라고 한다. 특히, 나눗셈환이 가환환일 때 그 나눗셈환을 체(field)라고 한다.

예제 4.45 (1) 유리수환 $\mathbb{Q}$와 실수환 $\mathbb{R}$은 나눗셈 환이다.

(2) 정수환 $\mathbb{Z}$와 합동류 $\mathbb{Z}_{10}$은 나눗셈 환이 아니다.

(3) $Mat_2(\mathbb{R})$에서 $\boldsymbol{A} = \begin{bmatrix} 1 & 2 \\ 3 & 6 \end{bmatrix}$은 $\boldsymbol{A}^{-1}$가 존재하지 않으므로 $Mat_2(\mathbb{R})$은 나눗셈 환이 아니다.

정리 4.30

항등원 1을 갖는 환 R이 나눗셈 환이 될 필요충분조건은 $(R^*, \cdot)$가 군인 것이다. 여기서 $R^* = R - \{0\}$이다.

>> 증명 R이 나눗셈 환이라고 하자. $a, b \in R^*$라고 하면 $ab \in R^*$임을 보이자. 우선 R은 나눗셈환이므로 $ax = xa = 1$, $by = yb = 1$이 되는 $x, y \in R$가 각각 존재한다. 따라서

$$(ab)(yx) = a(by)x = a1x = 1, \quad (yx)(ab) = y(xa)(b) = 1$$

이므로 ab도 역시 단원이고 $ab \neq 0$이므로 $ab \in R^*$이다. 또 R^*는 항등원 1을 가졌고 R이 환이므로 곱셈에 대한 결합법칙이 성립하고, 모든 원소가 곱에 대한 역원을 가지므로 $(R^*, \cdot)$는 군이다.

역으로, $(R^*, \cdot)$가 군이라고 하자. 그러면 이 군의 항등원 e가 R의 곱셈에 대한 항등원이다. 왜냐하면, 임의의 $a \in R$에 대해서 $a = 0$이면 $0e = e0 = 0$이고, $a \neq 0$이면 $a \in R^*$이므로 $ae = ea = a$가 되고 결국 e가 R의 곱에 대한 항등원이다. 즉 $e = 1$이다. 또 임의의 $a \in R^*$에 대해서 R^*는 군이므로 $ax = xa = e$인 $x \in R^*$가 존재한다. 따라서 a는 단원이므로 R은 나눗셈 환이다. ■

체는 나눗셈 환이 되므로 환 R이 체가 될 필요충분조건은 $(R^*, \cdot)$가 아벨군일 때라는 것도 쉽게 알 수 있다. 그런데 체가 아닌 나눗셈 환의 예는 좀 어렵다. 대표적인 예로 아일랜드의 수학자 해밀턴이 찾아낸 사원수환(quaternion ring) $\mathbb{H}$가 있다. 즉, $\mathbb{H}$는 가환이 아닌 나눗셈 환이다. 또 하나 재미있는 사실은 모든 유한인 나눗셈 환은 체가 된다는 사실이다. 이 사실은 웨더번(J. H. M. Wedderburn)이 증명했는데 원소의 개수에서 가환인 성질을 유도한 것으로 아주 유명한 정리이다.

예제 4.46 (1) 유리수환 $\mathbb{Q}$, 실수환 $\mathbb{R}$, 복소수환 $\mathbb{C}$는 모두 체이다.

(2) 정수환 $\mathbb{Z}$, 합동류 $\mathbb{Z}_{10}$, 행렬환 $Mat_n(\mathbb{R})$, $\mathbb{Z}$ 위에서의 다항식환 $\mathbb{Z}[x]$는 체가 아니다.

4.3.3 정역과 체

정의 4.19 환 R과 0이 아닌 $a \in R$에 대하여 $ab = 0$ 또는 $ba = 0$이 되는 0이 아닌 $b \in R$가 존재할 때 a를 영인자(zero-divisor)라고 한다.

예제 4.47 (1) $\mathbb{Z}_8$에서 $2 \cdot 4 \equiv 0 \pmod 8$, $6 \cdot 4 \equiv 0 \pmod 8$이므로 2, 4, 6은 모두 영인자이다. 그러나 $3 \cdot x \equiv 0 \pmod 8$이 되는 x는 0뿐이므로 3은 영인자가 아니다.

(2) 정수환 $\mathbb{Z}$, 유리수환 $\mathbb{Q}$, 실수환 $\mathbb{R}$은 영인자를 갖지 않는다.

(3) 행렬환 $Mat_2(\mathbb{R})$에서 $\begin{bmatrix} 0 & -1 \\ 0 & 1 \end{bmatrix}\begin{bmatrix} 1 & 1 \\ 0 & 0 \end{bmatrix} = \begin{bmatrix} 0 & 0 \\ 0 & 0 \end{bmatrix}$이므로 $\begin{bmatrix} 0 & -1 \\ 0 & 1 \end{bmatrix}$와 $\begin{bmatrix} 1 & 1 \\ 0 & 0 \end{bmatrix}$는 모두 영인자이다.

정리 4.31
곱셈에 대한 항등원 1을 가진 환 R과 $a \in R$에 대하여 a가 단원이면 a는 영인자가 아니다.

>> 증명 a가 단원이면 $ab = ba = 1$이 되는 b가 존재한다. 만일 a가 영인자이면 $ax = 0$ 또는 $xa = 0$이 되는 $x \neq 0 \in R$가 존재하는데, 만일 $ax = 0$이면

$$x = 1x = (ba)x = b(ax) = b0 = 0$$

에서 $x = 0$이 되어 모순이다. $xa = 0$인 경우도 같은 방법으로 모순을 이끌어낼 수 있다. 따라서, 단원 a는 영인자가 아니다. ■

정의 4.20 곱셈에 대한 항등원 1을 가진 가환환 R이 영인자를 가지지 않을 때 R을 정역(integral domain)이라고 부른다.

예제 4.48 (1) 정수환 $\mathbb{Z}$, 유리수환 $\mathbb{Q}$, 실수환 $\mathbb{R}$은 모두 정역이다.
(2) $\mathbb{Z}$ 위에서의 다항식환 $\mathbb{Z}[x]$는 정역이다.
(3) $\mathbb{Z}_8$과 $\mathbb{Z}_{10}$은 정역이 아니다.

정리 4.32는 환이 정역이 될 필요충분조건에 대한 것이다.

정리 4.32
곱셈에 대한 항등원 1을 가진 가환환 R에 대하여 다음은 서로 동치이다.
(1) R은 정역이다.
(2) (소거법) 임의의 $a,\ b,\ c \in R$에서 $a \neq 0$이고 $ab = ac$이면 $b = c$이다.
(3) $ab = 0$이면 $a = 0$ 또는 $b = 0$이다.

>> 증명 (1) ⇒ (2) $ab = ac$이므로 $a(b - c) = 0$이다. 만일 $b - c \neq 0$이면 a는 영인자가 되므로 정역의 정의에 위배된다. 따라서 $b = c$이다.
(2) ⇒ (3) $ab = 0 = a0$이다. 만일 $a \neq 0$이면 (2)에 의해 $b = 0$이므로 결국 $a = 0$

또는 $b=0$이다.

(3) ⇒ (1) 만일 R이 영인자 c를 가진다면 $cx=0$ 또는 $xc=0$이 되는 $x \neq 0 \in R$가 존재한다. 그러나 가정에서 $cx=0$ 또는 $xc=0$이면 $c=0$ 또는 $x=0$가 되므로 모순이다. 따라서 R은 영인자를 가질 수 없다.

따라서 (1), (2), (3)은 서로 동치이다. ■

정리 4.33
체는 정역이다.

>> **증명** F를 체라고 하자. F가 정역임을 보이기 위해서는 영인자를 가지지 않음을 보이면 된다. F가 체이므로 $F^* = F - \{0\}$의 모든 원소는 단원이다. 그런데 정리 4.31에서 단원은 영인자가 될 수 없으므로 F^*는 영인자를 가지지 않는다. 따라서 F는 정역이다. ■

정수환 $\mathbb{Z}$는 정역이지만 체는 아니다. 즉, 정리 4.33의 역은 성립하지 않는다. 그러나 유한 정역은 체가 된다. 체가 됨을 보이기 위해서는 0이 아닌 모든 원소는 곱에 대한 역원을 가짐을 보이면 된다.

정리 4.34
유한 정역은 체이다.

>> **증명** 유한한 환 $R=\{a_1, a_2, \dots, a_n\}$을 정역이라고 하자. $a \neq 0 \in R$에 대하여 $ab=ba=1$이 되는 b를 찾아보자. R의 모든 원소에 a를 곱하여 얻은 집합을

$$X=\{aa_1, aa_2, \dots, aa_n\}$$

이라고 하면 $X \subseteq R$이다. 또한 $aa_i = aa_j$이면 정역의 성질에서 $a_i = a_j$이므로 $|X| = n$이다. 따라서 $R = X$가 되어서 X 속에는 항등원 1이 존재한다. 따라서 $aa_i = 1$이 되는 $a_i \in R$가 존재하므로 a는 곱에 대한 역원을 가진다. 결국 R은

가환환이자 1을 가지는 환이며, 0이 아닌 R의 모든 원소는 곱셈의 역원을 가지므로 R은 체이다. ■

4.3.4 부분환과 이데알

우리는 군의 내부 구조와 위수를 파악하기 위해서 부분군이라는 하위 대수구조를 이용하였다. 환에서도 부분환이라는 하위 대수구조를 이용하여 환의 성질을 파악한다. 다음은 부분환의 정의이다.

정의 4.21 환 $(R, +, \cdot)$에 대하여, $S \subseteq R$이고 $(S, +, \cdot)$가 역시 환이 될 때 S를 R의 부분환(subring)이라고 한다.

예제 4.49 (1) 일반적인 덧셈과 곱셈을 연산으로 가지는 환 $\mathbb{Z}$, $\mathbb{Q}$, $\mathbb{R}$에서 $\mathbb{Z}$는 $\mathbb{Q}$의 부분환, $\mathbb{Q}$는 $\mathbb{R}$의 부분환이다. 그러나 $\mathbb{Q}$와 $\mathbb{R}$은 체이지만 $\mathbb{Z}$는 체가 아니다.

(2) 짝수 집합 $2\mathbb{Z}$는 $(\mathbb{Z}, +, \cdot)$의 부분환이다. 그러나 여기서 $\mathbb{Z}$는 곱에 대한 항등원 1을 가진 정역이지만 $2\mathbb{Z}$는 1을 가지지 않아 정역은 아니다.

위의 예에서 본 바와 같이 부분환은 원래 환과 완전히 똑같은 성질을 가지지 않고, 다만 부분집합이면서 원래 연산에 대해서 환의 정의를 만족할 뿐이다. 이때 곱셈의 항등원의 포함여부는 물론 환에서의 곱셈에 대한 항등원과 부분환에서의 곱셈에 대한 항등원이 서로 다를 수도 있는데, 환의 정의는 곱셈에 대한 항등원에 대해서는 언급하지 않기 때문이다.

예제 4.50 집합 $R = \mathbb{Z} \times \mathbb{Z}$와 두 연산 $+$과 $\cdot$이

$$(a_1, a_2) + (b_1, b_2) = (a_1 + b_1, a_2 + b_2),$$
$$(a_1, a_2) \cdot (b_1, b_2) = (a_1 b_1, a_2 b_2)$$

와 같이 정의된 $(R, +, \cdot)$는 환이며, 곱셈에 대한 항등원 $(1, 1)$을 가진다. 이제 R의 부분집합

$$S = \mathbb{Z} \times \{0\} = \{(a, 0) \mid a \in \mathbb{Z}\}$$

는 R의 부분환이 됨을 쉽게 알 수 있다. 그러나 $(1, 1) \notin S$이다. 부분환 S는 자기 자신의 곱셈에 대한 항등원 $(1, 0)$을 가진다. 즉, R은 항등원 $(1, 1)$을 가지고 부분환 S는 항등원 $(1, 0)$을 가진다.

예제 4.51 정수 집합 $\mathbb{Z}$는 유리수 집합 $\mathbb{Q}$의 부분집합이다. $\mathbb{Z}$에

$$a*b = a+b-1, \quad a \circ b = ab-(a+b)+2$$

와 같이 정의된 두 연산 $*$, $\circ$이 주어진=면 $(\mathbb{Z}, *, \circ)$는 환이다. 하지만 $(\mathbb{Z}, *, \circ)$는 일반적인 덧셈과 곱셈이 주어진 유리수환 $(\mathbb{Q}, +, \cdot)$의 부분환은 아니다. 왜냐하면 두 환에 주어진 연산이 서로 다르기 때문이다.

부분환의 정의에서 S가 $(R, +, \cdot)$의 부분환이면 $(S, +)$는 $(R, +)$의 부분군이다. 따라서 R의 덧셈에 대한 항등원 0은 역시 S의 덧셈에 대한 항등원이 된다. 덧셈에 대한 교환법칙, 덧셈과 곱셈에 대한 결합법칙과 분배법칙은 R에서 성립하면 S에서도 항상 성립하므로 S가 R의 부분환이 됨을 보이기 위해서는 S가 합과 곱에 대해서 닫혀 있고 임의의 $a \in S$에 대해서 $-a \in S$가 됨을 보이면 된다.

정의 4.22 환 R에 대하여, I가 R의 부분환이고 모든 $a \in I$, $r \in R$에 대해서

$$ar \in I, \quad ra \in I$$

일 때 I를 R의 이데알(ideal)이라고 한다.

예제 4.52 $m \in \mathbb{Z}$에 대하여 $m\mathbb{Z} = \{mx \mid x \in \mathbb{Z}\}$는 m의 배수들의 집합이다. $m\mathbb{Z}$는 $\mathbb{Z}$의 부분환이 됨은 쉽게 알 수 있다. 또 임의의 $r \in m\mathbb{Z}$에 대해서 $r = mz$인 적당한 $z \in \mathbb{Z}$가 존재하므로, 모든 $r = mz \in m\mathbb{Z}$와 모든 $a \in \mathbb{Z}$에 대하여,

$$ar = a(mz) = m(az) \in m\mathbb{Z}$$

가 되어 $m\mathbb{Z}$는 $(\mathbb{Z}, +, \cdot)$의 이데알이다.

임의의 $a \in R$에 대해서 $a0 = 0a = 0$이므로 어떠한 환 R에 대해서도 $\{0\}$와 R은 R의 이데알이다. 특히 R이 아닌 이데알을 진이데알(proper ideal)이라고 한다.

예제 4.53 실함수들의 집합 $F(\mathbb{R})=\{f \mid f:\mathbb{R}\to\mathbb{R}\}$는 일반적인 함수의 합과 곱에 대하여 환이다. $F(\mathbb{R})$의 부분집합 S를 원점을 지나는 함수들의 집합, 즉

$$S=\{f\in F(\mathbb{R}) \mid f(0)=0\}$$

라고 하면 임의의 $f,\ g\in S$에 대해서

$$(f+g)(0)=f(0)+g(0)=0,$$
$$(fg)(0)=f(0)g(0)=0,$$
$$(-f)(0)=-f(0)=0$$

이 성립한다. 따라서 S는 $F(\mathbb{R})$의 부분환이다. 또 임의의 $h\in F(\mathbb{R})$와 모든 $f\in S$에 대해서

$$(fh)(0)=f(0)h(0)=0=(hf)(0)$$

이므로 S는 $F(\mathbb{R})$의 이데알이다.

예제 4.54 정수환 $\mathbb{Z}$는 유리수환 $\mathbb{Q}$의 부분환이다. 그러나 $\frac{1}{2}\in\mathbb{Q}$, $5\in\mathbb{Z}$이지만 $\frac{5}{2}\notin\mathbb{Z}$이므로 $\mathbb{Z}$는 $\mathbb{Q}$의 이데알은 아니다.

정리 4.35는 환의 부분집합이 이데알이 될 필요충분조건을 설명하고 있는데, 이데알의 성질은 곱셈의 결과가 다시 이데알의 원소가 되어야 하므로 이데알은 곱셈에 대해 닫혀 있는 덧셈에 대한 부분군이다.

정리 4.35
환 R과 $I\subseteq R$에 대하여, I가 R의 이데알이 될 필요충분조건은 다음 두 조건을 만족하는 것이다.
(i) $(I,\ +)$는 $(R,\ +)$의 부분군이다.
(ii) 임의의 $a\in I$, $r\in R$에 대해서 $ar\in I$, $ra\in I$이다.

>> 증명 I가 R의 이데알이면 I도 역시 환이므로 $(I,\ +)$는 아벨군이다. 따라서 $I\subseteq R$이고, $(I,\ +)$는 군이므로 $(I,\ +)$는 $(R,\ +)$의 부분군이다. 또한 I가 이데알이

므로 임의의 $a \in I$, $r \in R$에 대해서 $ar \in I$, $ra \in I$이다.
역으로 (i)과 (ii)가 성립한다고 가정하자. 우선 $I \subseteq R$이고 R에서 결합법칙과 분배법칙이 성립하므로 I에서도 성립한다. 또 (i)에서 $(I, +)$는 부분군이고 $I \subseteq R$이므로 결국 $(I, +, \cdot)$은 R의 부분환이다. 그리고 (ii)가 성립하므로 이데알의 정의에 의해 I는 R의 이데알이다. ■

정리 4.35에서 첫 번째 조건은

(i*) 임의의 a, $b \in I$에 대해서 $a+b \in I$이고 $-a \in I$이다

와 동치이므로 (i) 대신 (i*)을 사용할 수도 있다.

예제 4.55 정수 계수를 가지는 다항식들의 다항식환 $\mathbb{Z}[x]$와 $\mathbb{Z}[x]$의 부분집합

$$I = \{p(x) \in \mathbb{Z}[x] \mid p(x)\text{는 상수항이 짝수인 다항식}\}$$

에 대하여, $f(x)$, $g(x) \in I$이면 $f(x)+g(x) \in I$, $-f(x) \in I$이다. 또 임의의 $h(x) \in \mathbb{Z}[x]$에 대해서 $f(x)h(x) \in I$, $h(x)f(x) \in I$이므로 I는 $\mathbb{Z}[x]$의 이데알이다.

정리 4.36
R은 곱셈에 대한 항등원 1을 가진 가환환이고, $a \in R$라 하자. 그러면

$$aR = \{ax \mid x \in R\}$$

은 a를 포함하는 R의 가장 작은 이데알이다.

>> 증명 우선 aR이 이데알임을 보이자. 임의의 ax, $ay \in aR$에 대해서 $ax+ay = a(x+y) \in aR$이다. 또 $-(ax) = a(-x) \in aR$이다. 따라서 $(aR, +)$는 $(R, +)$의 부분군이다. 임의의 $ax \in aR$, $r \in R$에 대해서 $(ax)r = a(xr) \in aR$, $r(ax) = a(rx) \in aR$이므로 aR은 R의 이데알이다. 또 $a = a1 \in aR$이므로 aR은 a를 포함하는 R의 이데알이다.
이제 최소성을 보이자. I는 a를 포함하는 이데알이라고 하자. 임의의 $ax \in aR$에 대해서 $a \in I$이고 I는 이데알이므로 $ax \in I$가 된다. 따라서 $aR \subseteq I$이다. 따

라서 aR은 a를 포함하는 R의 가장 작은 이데알이다. ■

정의 4.23 곱셈에 대한 항등원 1을 가진 가환환 R과 $a \in R$에 대하여,

$$aR = \{ax \mid x \in R\}$$

을 a에 의해서 생성되는 단항이데알(principal ideal generated by a)이라고 부르고 $\langle a \rangle$ 또는 (a)로 표시한다.

예제 4.56 $m \in \mathbb{Z}$에 대하여, m의 배수들의 집합 $m\mathbb{Z}$는 m에 의해서 생성되는 $\mathbb{Z}$의 단항이데알이다.

예제 4.57 $\mathbb{Z}$ 위에서의 다항식환 $\mathbb{Z}[x]$에서

$$J = \{p(x) \in \mathbb{Z}[x] \mid p(x)\text{는 상수항이 0인 다항식}\}$$

이라고 하면 임의의 $f(x)$, $g(x) \in J$에 대해서 $f(x)+g(x) \in J$이고 또 임의의 다항식 $h(x) \in \mathbb{Z}[x]$에 대해서 $h(x)f(x)$, $f(x)h(x) \in J$가 되어 J는 $\mathbb{Z}[x]$의 이데알이 됨을 쉽게 알 수 있다. 실제로 J의 모든 원소는 x를 인수로 가지므로 즉, $xf(x)$의 꼴이므로 $J = \langle x \rangle$가 된다. 따라서 J는 $\mathbb{Z}[x]$의 단항이데알이다.

R의 단항이데알 aR에서 $a=0$이면 $aR=\{0\}$, $a=1$이면 $aR=R$이 됨을 알 수 있다. 결국 R의 모든 이데알 I는 $\{0\} \subseteq I \subseteq R$이다.

정수환 $\mathbb{Z}$에서 I가 $\mathbb{Z}$의 이데알이면 $(I, +)$는 $(\mathbb{Z}, +)$의 부분군이다. 그런데 $(\mathbb{Z}, +)$는 순환군이므로 $\mathbb{Z}$의 부분군도 순환군이다. 따라서 $I = n\mathbb{Z}$ 꼴이 되므로 결국 $\mathbb{Z}$의 모든 이데알은 단항이데알이다. 이는 다음과 같이 정리할 수 있다.

정리 4.37
정수환 $\mathbb{Z}$의 모든 이데알은 단항이데알이다.

일반적으로 환 R에서 $(R, +)$가 순환군이면 R의 이데알 I는 $(R, +)$의 부분군이므로 $(I, +)$도 순환군이다. 따라서 I는 항상 단항이데알이다.

정리 4.38
환 R에 대하여, I, J가 R의 이데알이면

$$I \cap J = \{a \mid a \in I,\ a \in J\}$$

와

$$I + J = \{a + b \mid a \in I,\ b \in J\}$$

는 모두 R의 이데알이다.

>> **증명** I, J가 R의 이데알이므로 $(I, +)$와 $(J, +)$는 $(R, +)$의 부분군이고, $(I \cap J, +)$는 $(R, +)$의 부분군이다. 임의의 $a \in I \cap J$, $x \in R$에 대해서, I와 J는 R의 이데알이므로, $ax \in I$, $xa \in I$, $ax \in J$, $xa \in J$이고 $ax \in I \cap J$, $xa \in I \cap J$이다. 따라서 $I \cap J$는 R의 이데알이다.
$(R, +)$는 아벨군이므로 $(I+J, +)$도 $(R, +)$의 부분군이다. (실제로 $I+J$는 I와 J를 동시에 포함하는 R의 최소의 부분군이다.) 임의의 $a+b \in I+J$, $x \in R$에 대해서

$$(a+b)x = ax + bx \in I + J,\ x(a+b) = xa + xb \in I + J$$

이므로 $I+J$는 R의 이데알이다. ■

$I+J$는 I와 J를 포함하는 R의 가장 작은 이데알이고 $I \cap J$는 I와 J에 포함되는 가장 큰 이데알이다. $I+J$를 두 이데알 I와 J의 합(sum)이라고 부른다.

정리 4.39
단위원 1을 가진 환 R과 R의 이데알 I에 대하여, $1 \in I$일 동치 조건은 $I = R$이다.

>> **증명** $1 \in I$이면 임의의 $r \in R$에 대해서 $r = 1r \in I$이므로 $R \subseteq I$이다. 따라서 $I = R$이다. 그 역은 자명하다. ■

따름정리 4.40
환 R의 이데알 I가 단원을 포함하면, $I = R$이다.

>> **증명** 환 R의 단원 u가 이데알 I의 원소이면 $1=ux$인 x가 R에 존재하고, I가 이데알이므로 $1=ux\in I$가 되어 정리 4.39에 의해 $I=R$이다. ■

따름정리 4.41
체 F의 이데알은 $\{0\}$과 F 자신뿐이다.

>> **증명** $I(\neq\{0\})$를 F의 이데알이라고 하자. 그러면 $0\neq a\in I$에 대하여, F는 체이므로 a는 단원이고 $ax=xa=1$인 $x\in F$가 존재한다. $a\in I$이고 I는 이데알이므로 $1=ax\in I$이다. 따라서 정리 4.39에서 $I=F$이다. ■

군 G과 그 부분군 H에 대하여 상집합 G/H는 일반적으로 군의 연산에 대하여 군을 이루지 않는다. 하지만 환 R과 그 이데알 I를 덧셈군에 대한 군으로 간주하여 이들을 이용하여 상집합을 구하면 그 상집합은 환이 됨을 어렵지 않게 보일 수 있다. 정리 4.42가 바로 이에 관한 것이다.

정리 4.42
환 R과 R의 이데알 I에 대하여, 집합

$$R/I=\{a+I\mid a\in R\}$$

는

$$(a+I)+(b+I)=(a+b)+I,\ (a+I)\cdot(b+I)=(ab)+I$$

로 정의된 덧셈 $+$와 곱셈 $\cdot$에 대하여 환을 이룬다.

정의 4.24 환 R과 R의 이데알 I에 대하여, $(R/I,\ +,\ \cdot\ )$를 잉여환(residue ring) 또는 상환(quotient ring)이라고 한다.

정리 4.43
환 R과 R의 이데알 I에 대하여,

(1) R이 가환환이면 잉여환 R/I도 가환환이다.
(2) R가 단위원 1을 가진 환일 때, $I\neq R$이면 R/I는 단위원 $1+I$를 가진 환이고 $1+I\neq 0+I$이다.

≫ 증명 (1) $a+I,\ b+I\in R/I$에 대하여

$$(a+I)\cdot(b+I)=ab+I=ba+I=(b+I)\cdot(a+I)$$

이므로 R/I는 가환환이다.

(2) 임의의 원소 $a\in R$에 대하여,

$$(a+I)\cdot(1+I)=a+I=(1+I)\cdot(a+I)$$

이므로 $a+I$는 R/I의 단위원이다. 그리고 $I\neq R$이면 $1\not\in I$이므로 $1+I\neq I=0+I$이다. ■

정의 4.25 가환환 R에서 R의 이데알 P가

(i) $P\neq R$

(ii) $ab\in P$이면 $a\in P$ 또는 $b\in P$

를 모두 만족하면 P를 R의 소(素)이데알(prime ideal)이라고 한다.

정의 4.26 환 R에서 R의 이데알 M이

(i) $M\neq R$

(ii) I가 $M\subseteq I\subseteq R$인 이데알이면 $I=M$ 또는 $I=R$

을 모두 만족하면 M을 R의 극대이데알(maximal ideal)이라고 한다.

예제 4.58 (1) $0\mathbb{Z}=\{0\}$은 $ab=0\in 0\mathbb{Z}$이면 $a=0$ 또는 $b=0$이므로 소이데알이지만, 극대이데알은 아니다.

(2) 소수 p에 대하여 $p\mathbb{Z}$는 소이데알이다. 실제로 $ab\in p\mathbb{Z}$이면 $p|ab$이고, $p|a$ 또는 $p|b$이다. 그리고 $p\mathbb{Z}$는 극대이데알이기도 하다. 왜냐하면 $p\mathbb{Z}\subseteq m\mathbb{Z}$인 정수 m이 존재하면 $m|p$이므로 $m=1$ 또는 $m=p$이다. 즉, $m\mathbb{Z}=\mathbb{Z}$ 또는 $m\mathbb{Z}=p\mathbb{Z}$이다. 따라서 $p\mathbb{Z}$은 극대이데알이다.

(3) 합성수 n에 대해 $n\mathbb{Z}$는 소이데알도 아니고 극대이데알도 아니다.

정리 4.44
단위원 1을 가진 가환환 R에 대하여, $\{0\}$이 환 R의 소이데알이라는 것의 필요충분조건은 R이 정역이라는 것이다.

>> 증명 $\{0\}$이 R의 소이데알이라고 하자. 이때, $ab=0$이면 $ab\in\{0\}$이고, $\{0\}$는 소이데알이므로 $a\in\{0\}$ 또는 $b\in\{0\}$이다. 즉 $a=0$ 또는 $b=0$이다. 따라서 R은 정역이다.
역으로 R이 정역이면 영인자를 갖지 않으므로 $0=ab\in\{0\}$이면 $a=0$ 또는 $b=0$이고, 이는 $a=0\in\{0\}$ 또는 $b=0\in\{0\}$이다. $\{0\}$은 R의 자명한 이데알이므로 $\{0\}$은 R의 소이데알이다. ■

정리 4.45
단위원 1을 가진 가환환 R과 $P\neq R$인 R의 이데알 P에 대하여, P가 소이데알이라는 것의 필요충분조건은 잉여환 R/P가 정역인 것이다.

>> 증명 P가 $P\neq R$인 이데알이므로 정리 4.43에 의해 R/P는 단위원 $1+P(\neq 0+P)$를 가진 가환환이다.
P가 R의 소이데알이라 가정하자. 그러면 $(a+P)\cdot(b+P)=0+P$이면 $ab+P=0+P$이고, $ab\in P$이다. 그런데 P는 소이데알이므로 $a\in P$ 또는 $b\in P$, 즉 $a+P=0+P$ 또는 $b+P=0+P$이다. 따라서 R/P는 정역이다.
역으로 R/P가 정역이라 가정하자. $ab\in P$이면 $(a+P)(b+P)=ab+P=0+P$이다. R/P가 정역이므로 $a+P=0+P$ 또는 $b+P=0+P$, 즉 $a\in P$ 또는 $b\in P$이다. 따라서 P는 R의 소이데알이다. ■

정리 4.46
단위원 1을 가진 가환환 R에 대하여, $\{0\}$이 환 R의 극대이데알이라는 것의 필요충분조건은 R이 체라는 것이다.

>> **증명** $\{0\}$이 환 R의 극대이데알이라고 가정하고, $a \in R$, $a \neq 0$라 하자. 이때 Ra는 R의 이데알이고 $\{0\} \subsetneq Ra$이고 $\{0\}$이 극대이데알이므로 $Ra = R$이다. $1 \in R = Ra$이므로 $ra = ar = 1$인 $r \in R$이 존재한다. 결국 R은 나눗셈환인데 R은 가환환이므로 체이다.

역으로, R이 체라고 가정하자. 그러면 따름정리 4.41에 의해 $\{0\}$과 R 자신만을 이데알로 가진다. 따라서 $\{0\}$는 극대이데알이다. ■

정리 4.47

단위원 1을 가진 가환환 R과 $M \neq R$인 R의 이데알 M에 대하여, M이 R의 극대이데알이라는 것의 필요충분조건은 잉여환 R/M이 체인 것이다.

>> **증명** M을 R의 극대이데알이라고 하자. 그러면 $M \neq R$이고 $1+M \neq 0+M$이다. $a+M \neq 0+M$인 R/M의 원소 $a+M$에 대하여, 집합

$$I = aR + M = \{ar + m \mid r \in R,\ m \in M\}$$

은 R의 이데알이다(증명해 볼 것). 또한 $a+M \neq 0+M$이므로 $a \notin M$인데, $a \in I$이므로 $M \subsetneq I \subseteq R$이다. M이 극대이데알이므로 $I = R$이고, 단위원 1은 적당한 $b \in R$, $m \in M$을 이용하여 $ab + m = 1$로 나타낼 수 있고, $ab = 1 + (-m)$이므로

$$(a+M)(b+M) = ab + M = 1 + M$$

이 성립한다. 즉 $(a+M)^{-1} = b + M \in R/M$이다. 따라서 R/M은 체이다.

역으로 R/M이 체라고 가정하고, I는 $M \subsetneq I \subseteq R$인 이데알이라고 하자. $M \subsetneq I$이므로 $a \in I - M$을 선택할 수 있다. 그러면 $a+M \neq 0+M$이고 R/M이 체이므로 $(a+M)(b+M) = 1+M$인 $b+M \in R/M$이 존재한다. 즉, 적당한 $m \in M$에 대하여 $ab + m = 1$이 성립한다. 그런데 I는 이데알이므로 $ab \in I$이고, $m \in M \subsetneq I$이므로 $1 = ab + m \in I$가 되어 정리 4.39에 의해 $I = R$이다. 따라서 M은 극대이데알이다. ■

연습 문제

01 환 R이 단위원 1을 가질 때, 이 환의 단위원은 하나뿐임을 증명하여라.

02 환 R의 단원을 모두 모든 집합 $U(R)$은 곱셈군이 됨을 보여라.

03 다음 환에서 모든 단원들의 집합 $U(R)$을 구하고, 또 이 환에서의 영인자를 모두 구하여라.

(1) $\overline{\mathbb{Z}}_7$ (2) $\overline{\mathbb{Z}}_8$

(3) $\mathbb{Z}^2 = \{(x_1,\ x_2) \mid x_1,\ x_2 \in \mathbb{Z}\}$ (4) $\mathbb{R}^2 = \{(x_1,\ x_2) \mid x_1,\ x_2 \in \mathbb{R}\}$

04 나눗셈환과 체에는 영인자가 없음을 보여라.

05 다음 환의 부분환을 모두 구하여라.

(1) $\overline{\mathbb{Z}}_4$ (2) $\overline{\mathbb{Z}}_6$

06 다항식환 $\mathbb{Z}_2[x]$에 속하는 2차의 다항식을 모두 구하여라. 또 다항식환 $\mathbb{Z}_2[x]$에 속하는 3차의 다항식은 모두 몇 개인지 구하여라.

07 다항식환 $\mathbb{Z}_8[x]$에서

$$\deg f(x)g(x) = \deg f(x) + \deg g(x)$$

가 성립하지 않는 예를 들어라. (여기서 $\deg f(x)$는 다항식 $f(x)$의 차수이다.)

08 p가 소수일 때, 다항식환 $\mathbb{Z}_p[x]$에 대하여 다음을 증명하여라.

(1) 임의의 원소 $a \in \mathbb{Z}_p$에 대하여

$$(x+a)^p = x^p + a^p$$

이다.

(2) 2차 이하의 다항식은 꼭 p^3개 있다.

(3) $(n-1)$차 이하의 다항식은 꼭 p^n개 있다.

09 환 $\mathbb{Z}_{12}$의 이데알을 모두 구하여라.

10 정수환 $\mathbb{Z}$는 유리수환 $\mathbb{Q}$의 이데알이 아님을 보여라.

11 환 R의 두 이데알 I, J에 대하여 $I \cap J = \{0\}$이면, 모든 $a \in I$와 $b \in J$에 대하여 $ab = ba = 0$임을 보여라.

12 환 R에서 S가 R의 부부환이고 I가 R의 이데알일 때, 다음을 증명하여라.

(1) $S \cap I$는 S의 이데알이다.

(2) $S + I$는 R의 부분환이다.

13 다음 환의 소이데알과 극대이데알을 모두 구하여라.

(1) $\mathbb{Z}_5 = \{0,\ 1,\ 2,\ 3,\ 4\}$

(2) $\mathbb{Z}_6 = \{0,\ 1,\ 2,\ 3,\ 4,\ 5\}$

4.4 다항식환

다항식은 수학에서 많이 사용되는 식이며 연속성, 미분, 적분의 용이성 때문에 함수로서도 많이 사용되는 식이다. 암호에서의 다항식은 난수발생을 위한 선형 피드백 레지스터(linear feedback register)의 생성함수로 사용되기도 하고, 정보를 표현하는 하나의 형식으로 $\mathbb{Z}_2$ 위에서 정의된 다항식을 사용하기도 한다. 이 절에서는 이와 같은 다항식이 가지는 대수적인 성질에 대해 살펴보고자 한다.

4.4.1 다항식환의 정의와 성질

다항식들의 집합에 다항식의 덧셈과 곱셈을 정의하면 그 집합은 환이다. 다항식환(polynomial ring)의 정의와 간단한 기본성질을 알아보자.

정의 4.27 다항식 $f(x)$는 미지수 x가 곱셈과 덧셈으로 $f(x)=a_0+a_1x+a_2x^2+\cdots+a_nx^n$와 같이 나타내어진 식을 말한다. 여기서 $a_ix^i(i=0,\ 1,\ 2,\ \ldots,\ n)$을 다항식 $f(x)$의 항(term)이라 하고, $a_0,\ a_1,\ \ldots,\ a_n$을 각각 x^0항, x항, …, x^n항의 계수(coefficient)라 한다. 특히 계수가 모두 R의 원소인 다항식을 환 R 위의 다항식(polynomial over a ring R)이라고 한다.

보통 다항식을 표시할 때는 간단하게 계수가 0인 항은 생략하고, 미지수를 포함하는 항의 개수가 유한인 다항식의 경우에는 편의를 위해 유한 개 이상의 항의 계수를 0으로 생각할 수 있다. 또 계수가 1일 때는 1 역시 생략한다. 그러나 계수가 전부 0일 때는 공백으로 둘 수 없으므로 0으로 적는다. 즉, $0+0x+0x^2+\cdots=0$이다. 이 다항식을 영다항식(zero polynomial)이라 한다.

예제 4.59 (1) $2+0x-1x^2+0x^3+1x^4+5x^4$는 간단히 $2-x^2+x^4+5x^4$로 쓴다.

(2) $x^2+3x-5,\ x^8-1$은 계수가 정수인 다항식이면서 계수가 실수인 다항식이다. 따라서 두 다항식은 $\mathbb{Z}$ 위의 다항식 혹은 $\mathbb{R}$ 위의 다항식이다.

(3) $3x^5 - \sqrt{2}x^2 + \pi x$는 $\mathbb{R}$ 위의 다항식이다.

(4) $f(x) = \overline{2}x^4 + \overline{4}x^3 - \overline{1}x^2 + \overline{5}x + \overline{1}$, $\overline{i} \in \overline{\mathbb{Z}}_6$이라고 하면 $f(x)$는 $\overline{\mathbb{Z}}_6$ 위의 다항식이다.

정의 4.28 환 R에 대하여, 집합 $R[x]$는 계수가 모두 환 R의 원소인 다항식의 전체 집합이다. 즉,

$$\begin{aligned} R[x] &= \{a(x) \mid a(x)\text{는 계수가 } R\text{의 원소인 다항식}\} \\ &= \left\{a(x) \mid a(x) = a_0 + a_1x + \cdots + a_nx^n,\ a_i \in R,\ n \in \mathbb{N} \cup \{0\}\right\} \end{aligned}$$

이다.

예제 4.60 (1) 다항식 $a(x) = (1+i) + 2ix - 3x^2$은 $a(x) \in \mathbb{C}[x]$이지만 $a(x) \notin \mathbb{R}[x]$이다.

(2) 두 다항식에서 같은 차수의 항을 동류항이라고 하는데, 두 다항식의 상등은 동류항끼리 같을 때이다. 그러므로 $ax^2 + 3x + c = bx - 2$이면 $ax^2 + 3x + c = 0x^2 + bx - 2$이므로 $a = 0$, $b = 3$, $c = -2$이다.

정의 4.29 환 R 위의 다항식 $a(x) = a_0 + a_1x + \cdots + a_nx^n \in R[x]$에서, $i = 0, 1, 2, \ldots, n$에 대하여, x^i의 계수 a_i가 0이 아닌 것 중 가장 큰 정수 i를 $a(x)$의 차수(degree)라 하고 $\deg(a(x))$ 혹은 $\deg a(x)$로 표시한다. 또 $\deg(a(x)) = m$일 때 x^m의 0이 아닌 계수 a_m을 $a(x)$의 최고차계수(leading coefficient)라고 한다. 특히, a_0를 $a(x)$의 상수항(constant term)이라고 한다.

예제 4.61 $f(x) = 3 - 2x + 5x^2 + 0x^3 - 7x^4 - 0x^5 \in \mathbb{Z}[x]$에서 $\deg(f(x)) = 4$이고 $f(x)$의 상수항은 3이며, 최고차 계수는 -7이다.

다항식 $a(x)$의 차수가 n일 필요충분조건은 $a_n \neq 0$이고 $t > n$이면 $a_t = 0$이다. 환 R에 대하여, $R[x]$의 원소 $a(x)$들 중 $a(x) = a_0$꼴, 즉 상수항만 있는 다항식을 상수 다항식(constant polynomial)이라고 부른다. 그런데 상수항 a_0는 R의 원소이므로 R의 모든 원소는 상수 다항식으로 볼 수 있다. 따라서 $R \subseteq R[x]$로 생각할 수 있다.

상수 다항식의 차수는 당연히 0이다. 또 차수가 0인 다항식은 상수 다항식이다. 여기서 한 가지 주의할 점은 영다항식 0은 차수가 없다. 차수의 정의에서 계수가 0이 아닌 것이 있어야 차수를 구할 수 있다. 따라서 deg(0)는 정의되지 않는다. 상수 다항식은 그냥 상수 (constant)라고도 한다.

정의 4.30 환 R에 대하여, 두 다항식

$$a(x) = a_0 + a_1x + \cdots + a_nx^n a(x),\ \ b(x) = b_0 + b_1x + \cdots + b_mx^m \in R[x]$$

에 대하여, 두 다항식의 합 $a(x)+b(x)$를

$$a(x) + b(x) = (a_0 + b_0) + (a_1 + b_1)x + \cdots + (a_i + b_i)x^i + \cdots$$

로 정의하고, 두 다항식의 곱 $a(x) \cdot b(x)$를

$$a(x) \cdot b(x) = c_0 + c_{1x} + c_{2x}^2 + \cdots + c_{ix}^i + \cdots,$$

$$c_i = a_0b_i + a_1b_{i-1} + \cdots + a_{i-1}b_1 + a_ib_0 = \sum_{k=0}^{i} a_kb_{i-k}$$

으로 정의한다.

예제 4.62 두 다항식 $a(x) = 1 + x - x^2,\ b(x) = 2 + x^2 + x^3 \in \mathbb{R}[x]$에 대하여, 두 다항식의 합과 곱은

$$a(x) + b(x) = 3 + x + x^3,$$

$$a(x) \cdot b(x) = 2 + 2x - x^2 + 2x^3 - x^5$$

이다.

예제 4.63 두 다항식 $f(x) = \overline{1} + \overline{5}x - x^3 + \overline{2}x^4,\ g(x) = \overline{4} + \overline{2}x + \overline{3}x^2 + x^3 \in \mathbb{Z}_7[x]$에 대하여, $f(x)+g(x)$와 $f(x) \cdot g(x)$는

$$\begin{aligned} f(x) + g(x) &= (\overline{1} + \overline{4}) + (\overline{5} + \overline{2})x + (\overline{0} + \overline{3})x^2 + (-\overline{1} + \overline{1})x^3 + (\overline{2} + \overline{0})x^4 \\ &= \overline{5} + \overline{3}x^2 + \overline{2}x^4 \end{aligned}$$

$$f(x) \cdot g(x) = \overline{1} \cdot \overline{4} + (\overline{2} + \overline{20})x + (\overline{3} + \overline{10})x^2 + (\overline{1} + \overline{15} - \overline{4})x^3 + (\overline{8} - \overline{2} + \overline{5})x^4$$

$$+ (\overline{4} - \overline{3})x^5 + (\overline{6} - \overline{1})x^6 + \overline{2}x^7$$
$$= \overline{4} + x + \overline{6}x^2 + \overline{5}x^3 + \overline{4}x^4 + x^5 + \overline{5}x^6 + \overline{2}x^7$$

이다.

정리 4.48
환 R에 대하여, R의 원소를 계수로 갖는 다항식들의 전체 집합 $R[x]$에 정의 4.30과 같은 다항식 합 $+$과 다항식 곱 $\cdot$을 정의하면 $(R[x], +, \cdot)$은 환이다.

환 $(R[x], +, \cdot)$은 간단히 $R[x]$로 적고 R 위에서의 다항식환이라고 한다. 앞으로 두 다항식 $a(x)$, $b(x) \in R[x]$의 곱 $a(x) \cdot b(x)$는 $a(x)b(x)$로 적는다.

두 다항식 $a(x)$와 $b(x)$에 대하여, 최고차계수가 영인자 혹은 덧셈에 대한 역원관계일 수 있으므로 다음과 같은 성질을 쉽게 얻을 수 있다.

정리 4.49
다항식환 $R[x]$에서 $a(x)$, $b(x)$, $a(x)+b(x)$, $a(x)b(x)$가 모두 0이 아니면

$$\deg(a(x)b(x)) \le \deg(a(x)) + \deg(b(x)),$$
$$\deg(a(x)+b(x)) \le \max\{\deg(a(x)), \deg(b(x))\}$$

이다.

예제 4.64 (1) 두 다항식 $f(x) = \overline{2}x^4$, $g(x) = \overline{1} + \overline{3}x^2 \in \mathbb{Z}_6[x]$에서 $f(x)g(x) = \overline{2}x^4$이므로

$$4 = \deg(f(x)g(x)) < \deg(f(x)) + \deg(g(x)) = 4 + 2 = 6$$

이다.

(2) 두 다항식 $f(x) = \overline{2}x^2$, $g(x) = \overline{1} + \overline{4}x^2 \in \mathbb{Z}_6[x]$라면 $f(x) + g(x) = \overline{1}$이므로

$$\deg(f(x)) = 2,\ \deg(g(x)) = 2,\ 0 = \deg(f(x) + g(x))$$

이다.

정리 4.50
정역 R과 두 다항식 $a(x) \neq 0,\ b(x) \neq 0 \in R[x]$에 대하여

$$\deg(a(x)b(x)) = \deg(a(x)) + \deg(b(x))$$

이 성립한다.

>> 증명 정역 R에 대하여, $R[x]$의 두 다항식 $a(x)$와 $b(x)$를 $a(x) = a_0 + a_1 x + \cdots + a_n x^n,\ b(x) = b_0 + b_1 x + \cdots + b_m x^m,\ a_n \neq 0,\ b_m \neq 0$라고 하면 $\deg(a(x)) = n$, $\deg(b(x)) = m$이다. 그런데

$$a(x)b(x) = a_0 b_0 + \cdots + a_n b_m x^{n+m}$$

이고 R은 정역이므로 $a_n b_m \neq 0$이다. 따라서

$$\deg(a(x)b(x)) = n + m = \deg(a(x)) + \deg(b(x))$$

이다. ■

정리 4.51
환 R이 정역이면 $R[x]$도 정역이다.

>> 증명 $a(x) \neq 0,\ b(x) \neq 0 \in R[x]$라고 하면 정리 4.50의 증명과 마찬가지로 $a(x)$, $b(x)$의 계수 중 0이 아닌 것이 존재한다. a_n을 $a(x)$의 최고차계수 b_m을 $b(x)$의 최고차계수라고 하면 $a_n \neq 0,\ b_m \neq 0$이고 R은 정역이므로 $a_n b_m \neq 0$이다. 따라서 $a(x)b(x)$의 최고차계수는 $a_n b_m$이므로 $a(x)b(x) \neq 0$이다. R이 정역이므로 $1 \in R \subset R[x]$이고, R이 정역이라는 사실과 곱셈의 정의로부터 다항식 곱셈의 교환법칙이 성립하므로 $R[x]$는 정역이다. ■

환 R의 성질은 그대로 다항식환 $R[x]$로 계승되는 것도 있지만 그렇지 않는 것도 있다. 예를 들면, $\mathbb{Q}$는 체이지만 $\mathbb{Q}[x]$는 $x \in \mathbb{Q}[x]$는 곱셈에 대한 역원이 없으므로 $\mathbb{Q}[x]$는 체가 아니다. 그러나 $\mathbb{Q}[x]$는 정역임은 정리 4.51에서 분명하다. 일반적으로 체 F 위의 다항식환 $F[x]$는 정역이 됨은 자명하다. 다항식환은 대표적인 정역인 정수의 성질과 많이 닮았다.

정리 4.52 $F[x]$에서의 나누기 호제법
체 F에 대하여, $a(x)$, $b(x) \in F[x]$, $b(x) \neq 0$이면

$$a(x) = b(x)q(x) + r(x),\ r(x) = 0 \text{ 또는 } \deg(r(x)) < \deg(b(x))$$

인 $q(x)$, $r(x) \in F[x]$가 유일하게 존재한다.

>> 증명 **(존재성)** 우선, $b(x) = b$, $b \in F^*$라면 $q(x) = b^{-1}a(x)$이고 $r(x) = 0$이다.
$\deg(b(x)) \geq 1$일 때는 $\deg(a(x))$에 대해 수학적 귀납법을 사용하여 증명하고자 한다. 만일 $\deg(a(x)) < \deg(b(x))$라면, $q(x) = 0$, $r(x) = a(x)$이다.
이제 $\deg(a(x)) \geq \deg(b(x)) \geq 1$라고 가정하자. 즉, $n \geq m$인 자연수에 대하여,

$$a(x) = a_n x^n + a_{n-1}x^{n-1} + \cdots + a_1 x + a_0,$$
$$b(x) = b_m x^m + b_{m-1}x^{m-1} + \cdots + b_1 x + b_0$$

라고 하자. 만일 $n = m$이면 $q(x) = a_n b_m^{-1} b(x)$이고 $r(x) = a(x) - b(x)q(x)$이다. 이때, $\deg(r(x)) \leq m-1 < m$가 되어 정리가 성립한다.
적당한 자연수 m에 대하여, $\deg(a(x)) = m$일 때 정리가 성립한다고 가정하자.
$\deg(a(x)) = n = m+1$인 경우에 대하여 생각해보자. $h(x) = a(x) - a_n b_m^{-1} x b(x)$라 하면 $\deg(h(x)) \leq m < m+1$이다. 그런데 귀납법의 가정에 의해 $h(x) = q_{1(x)b(x)} + r(x)$이고 $\deg(r(x)) < \deg(b(x))$인 두 다항식 $q_1(x)$, $r(x) \in F[x]$가 존재한다. $q(x) = (a_n b_m^{-1} x + q_1(x))$라고 하면,

$$\begin{aligned} a(x) &= a_n b_m^{-1} x b(x) + h(x) \\ &= a_n b_m^{-1} x b(x) + q_1(x) b(x) + r(x) \\ &= (a_n b_m^{-1} x + q_1(x)) b(x) + r(x) \\ &= b(x) q(x) + r(x) \end{aligned}$$

이고 $\deg(r(x)) < \deg(b(x))$이다. 따라서 수학적 귀납법에 의해 정리는 성립한다.

(유일성) $\deg(r_1(x)) < \deg(b(x))$, $\deg(r_2(x)) < \deg(b(x))$이고

$$a(x) = q_1(x)b(x) + r_1(x) = q_2(x)b(x) + r_2(x)$$

인 $q_1(x)$, $q_2(x)$, $r_1(x)$, $r_2(x) \in F[x]$가 존재한다고 가정하자. 그러면

$$(q_1(x) - q_2(x))b(x) = r_2(x) - r_1(x)$$

이다. 그런데

$$\deg(r_2(x) - r_1(x)) \le \max\{\deg(r_1(x)), \deg(r_2(x))\} < \deg(b(x))$$

이고

$$\deg((q_1(x) - q_2(x))b(x)) \ge \deg(b(x))$$

이다. 즉,

$$\deg(b(x)) \le \deg((q_1(x) - q_2(x))b(x)) = \deg(r_2(x) - r_1(x)) < \deg(b(x))$$

이다. 그런데 이는 모순이므로 $r_1(x) = r_2(x)$이고, $q_1(x) = q_2(x)$이다. ■

정리 4.53은 다항식을 1차식으로 나눌 때 나머지를 구하는 데에 매우 유용하다. 이는 정리 4.52를 이용하면 쉽게 증명할 수 있다.

정리 4.53 다항식의 나머지 정리
단위원 1을 가진 환 R 위의 다항식환 $R[x]$의 임의의 다항식 $f(x) = a_n x^n + a_{n-1}x^{n-1} + \cdots + a_1 x + a_0$와 임의의 원소 $c \in R$에 대하여,

$$f(x) = (x - c)q(x) + f(c)$$

인 다항식 $q(x) \in R[x]$가 유일하게 존재한다.

4.4.2 기약 다항식

체 F 위의 다항식환 $F[x]$의 두 다항식 $a(x)$, $b(x) \in F[x]$에 대하여 $a(x)$가 $b(x)$의 인수(factor)라는 표현은 정수에서와 마찬가지로 $a(x)$가 $b(x)$를 나눈다는 것을 의미한다. 그러므로 $a(x)$가 $b(x)$의 인수가 될 필요충분조건은 $a(x) | b(x)$, 즉 $b(x) \in \langle a(x) \rangle$이다.

정의 4.31 체 F 위의 다항식환 $F[x]$의 상수가 아닌 다항식 $p(x)$가

$$p(x)=a(x)b(x)\ \ (a(x),\ b(x)\in F[x])$$

일 때, 다항식 $a(x)$ 또는 $b(x)$ 중 하나가 상수라면 $p(x)$를 체 F 위에서 기약(irreducible over F) 또는 다항식환 $F[x]$에서 기약(irreducible in $F[x]$)이라고 한다. 만일 $p(x)$가 기약이 아닐 때를 가약(reducible)이라고 한다. 특히 정수환 $\mathbb{Z}$ 위의 다항식환 $\mathbb{Z}[x]$의 다항식 $p(x)$가 기약이라는 것은

$$p(x)=a(x)b(x)\ \ (a(x),\ b(x)\in\mathbb{Z}[x])$$

일 때, $a(x)=\pm 1$ 또는 $b(x)=\pm 1$임을 의미한다.

체 F 위에서의 다항식의 기약성은 다항식의 계수가 결정되는 체 F의 성질에 따라서 달라진다.

예제 4.65 다항식 $x^2-2\in\mathbb{Q}[x]$는 $\mathbb{Q}$ 위에서 기약이다. 그러나 $x^2-2\in\mathbb{R}[x]$는 $\mathbb{R}$ 위에서

$$x^2-2=(x+\sqrt{2})(x-\sqrt{2})$$

으로 인수분해할 수 있으므로 기약이 아니다. 또 $x^2+1\in\mathbb{R}[x]$는 $\mathbb{R}$ 위에서 기약이지만 $x^2+1\in\mathbb{C}[x]$는 $\mathbb{C}$ 위에서 가약이다. 따라서 x^2-2는 $\mathbb{Q}$ 위에서는 기약이지만 $\mathbb{R}$ 위에서는 기약이 아니고, 마찬가지로 x^2+1은 $\mathbb{R}$ 위에서는 기약이지만 $\mathbb{C}$ 위에서는 기약이 아니다.

예제 4.66 다항식 $a(x)=x^3+3x+2\in\mathbb{Z}_5[x]$는 $\mathbb{Z}_5$ 위에서 기약이다. 그 이유는 만일 $a(x)$가 기약이 아니면 상수가 아닌 두 다항식의 곱으로 나타낼 수 있으며 그중 하나의 다항식은 1차식이어야 하므로

$$a(x)=(x-c)b(x),\ x-c,\ b(x)\in\mathbb{Z}_5[x]$$

꼴로 나타낼 수 있다. $a(c)=0$이므로 $c\in\mathbb{Z}_5$는 $a(x)=0$의 근이다. 하지만, $a(0)=2,\ a(1)=1,\ a(2)=1,\ a(3)=3,\ a(4)=3$이므로 $\mathbb{Z}_5$의 어떤 원소도 $a(x)=0$의 근이 아니다. 결국 $a(x)$는 $\mathbb{Z}_5[x]$의 상수가 아닌 다항식들의 곱으로 나타낼 수 없다. 따라서 $a(x)$는 $\mathbb{Z}_5$ 위에서 기약이다.

정리 4.54
체 F 위의 다항식환 $F[x]$의 다항식 $a(x)$가 단원일 필요충분조건은 $a(x)$는 0이 아닌 상수 다항식이다.

>> **증명** 다항식 $a(x) \in F[x]$가 단원이라면 $a(x)b(x)=1$인 $b(x) \in F[x]$가 존재한다. 따라서

$$\deg(a(x)) + \deg(b(x)) = \deg(a(x)b(x)) = 0$$

이고, 다항식의 차수는 0이상이므로 $\deg(a(x))=0$, $\deg(b(x))=0$이다. 결국 $a(x)$는 0이 아닌 상수 다항식이다.
역으로 $a(x)=c \in F$, $c \neq 0$이라고 하면 F는 체이므로 c는 F에서의 단원이다. 따라서 $c \in F \subset F[x]$이고 $a(x)c^{-1} = cc^{-1} = 1$인 $c^{-1} \in F \subset F[x]$이므로 $a(x)$는 $F[x]$에서 단원이다. ■

체 F에서 $a \in F$를 $a \in F[x]$로 볼 때는 상수 다항식이고 F의 원소로 생각하면 상수이다. 그리고 정수환과 마찬가지로 체 F 위의 다항식환 $F[x]$의 모든 이데알도 단항이데알이다.

정의 4.32 정역 R의 모든 이데알이 단항이데알이 될 때 이 정역을 단항이데알역(Principal Ideal Domain, PID)이라고 한다.

다항식환 $F[x]$가 단항이데알역임은 다음 정리를 통해 알 수 있다.

정리 4.55
체 F 위의 다항식환 $F[x]$의 모든 이데알은 단항이데알이다.

>> **증명** N을 $F[x]$의 이데알이라고 하자. $N=\{0\}$이면 N은 영다항식으로 생성되는 이데알이므로 단항이데알이다.
이제 $N \neq \{0\}$이라면 N은 0이 아닌 다항식을 포함하고 있는데, N의 다항식

중 차수가 가장 낮은 다항식 하나를 $a(x)$라 하자. 그러면 N은 차수가 $a(x)$ 보다 더 낮은 다항식은 포함하지 않는다. 만일 $a(x)$가 상수이면 $a(x)\in F$는 단원이고 따름정리 4.40에 의해 $N=\langle 1\rangle = F[x]$가 되어 N은 단항이데알이다. 이제 $a(x)$가 상수가 아닌 다항식이라 하자. 임의의 $b(x)\in N$에 대해서 $b(x)$를 $a(x)$로 나누면

$$b(x)=a(x)q(x)+r(x),\ \ r(x)=0 \ \ \text{또는}\ \deg(r(x))<\deg(a(x))$$

인 $q(x)$와 $r(x)$ 존재한다. 만일 $r(x)\neq 0$이면 $b(x)\in N$, $a(x)\in N$이므로

$$r(x)=b(x)-a(x)q(x)\in N$$

이다. 그런데 $a(x)$는 N의 원소 중 차수가 가장 작은 다항식이므로 모순이다. 따라서 $r(x)=0$이고, $b(x)=a(x)q(x)\in\langle a(x)\rangle$이다. 즉, $N\subseteq\langle a(x)\rangle$이다. 한편, $a(x)\in N$이므로 $\langle a(x)\rangle\subseteq N$이다. 결국 $N=\langle a(x)\rangle$가 되어 N은 단항이데알이다. ■

정의 4.33 환 R 위의 다항식환 $R[x]$의 두 다항식 $a(x)$와 $b(x)$의 공통인수가 상수뿐이면 $a(x)$와 $b(x)$는 서로소라고 한다.

정리 4.56

체 F 위의 다항식환 $F[x]$의 0이 아닌 두 다항식 $a(x)$, $b(x)$가 서로소이면

$$a(x)f(x)+b(x)g(x)=1$$

이 되는 $f(x),\ g(x)\in F[x]$가 존재한다.

>> 증명 $F[x]$에서 $\langle a(x)\rangle$와 $\langle b(x)\rangle$은 $F[x]$의 이데알이므로 $\langle a(x)\rangle+\langle b(x)\rangle$도 $F[x]$의 이데알이고, 정리 4.55에 의해

$$\langle a(x)\rangle+\langle b(x)\rangle=\langle c(x)\rangle,\ \ c(x)\in F[x]$$

로 나타낼 수 있다. 그런데 $a(x)\in\langle c(x)\rangle$, $b(x)\in\langle c(x)\rangle$이므로 $c(x)\mid a(x)$, $c(x)\mid b(x)$가 되어 $c(x)$는 $a(x)$, $b(x)$의 공통 인수이다. 그런데 $a(x)$와 $b(x)$는 서로소이므로 $c(x)=c\in F$이다. 따라서 $\langle c(x)\rangle=F[x]=\langle 1\rangle$이므로 $1\in$

$\langle c(x)\rangle = \langle a(x)\rangle + \langle b(x)\rangle$이다. 즉, $a(x)f(x)+b(x)g(x)=1$이 되는 $f(x)$, $g(x)\in F[x]$가 존재한다. ■

정리 4.56과 최대공약수로 두 다항식을 나눈 몫이 서로소임을 이용하면 따름정리 4.57을 쉽게 증명할 수 있다.

따름정리 4.57
체 F 위의 두 다항식 $a(x)$, $b(x)\in F[x]$에 대하여, $\gcd(a(x), b(x))=d(x)$라고 하면

$$a(x)f(x)+b(x)g(x)=d(x)$$

가 되는 두 다항식 $f(x)$, $g(x)\in F[x]$가 존재한다.

정리 4.58
체 F 위의 다항식환 $F[x]$와 $0\neq p(x)\in F[x]$에 대하여, $\langle p(x)\rangle$가 $F[x]$의 극대이데알이 될 필요충분조건은 $p(x)$가 F 위에서 기약이다.

>> 증명 $p(x)\in F[x]$가 F 위에서 기약이라고 하자. $\langle p(x)\rangle \subseteq N \subseteq F[x]$인 이데알 N이 있다고 하면 정리 4.55에 의해서 N은 단항이데알이고, $N=\langle g(x)\rangle$, $g(x)\in F[x]$, $g(x)\neq 0$ 꼴로 나타낼 수 있다. $p(x)\in\langle g(x)\rangle$이므로

$$p(x)=g(x)h(x),\ h(x)\in F[x],\ h(x)\neq 0$$

꼴로 쓸 수 있다. 그런데 $p(x)$는 기약이므로 $g(x)$ 또는 $h(x)$는 상수이다. $g(x)$가 상수이면 $g(x)$는 체 F의 원소이므로 단원이고, $N=\langle g(x)\rangle=\langle 1\rangle=F[x]$이다. 또 $h(x)$가 상수이면 $h(x)$는 단원이고, $h(x)b(x)=1$인 $b(x)\in F[x]$가 존재한다. 실제로 $h(x)$와 $b(x)$는 모두 상수이다. 따라서

$$p(x)b(x)=g(x)h(x)b(x)=g(x)$$

이고, $g(x)\in\langle p(x)\rangle$이다. 따라서 $N=\langle g(x)\rangle\subseteq\langle p(x)\rangle\subseteq N$가 되어 $\langle p(x)\rangle = N$이다. 결국 $\langle p(x)\rangle$은 극대이데알이다.
역으로 $\langle p(x)\rangle$가 $F[x]$의 극대이데알이라고 하자. 그러면 $\langle p(x)\rangle\neq F[x]$이고,

$p(x)$는 상수다항식은 아니다. $p(x)=a(x)b(x)$라고 하면 $\langle p(x)\rangle \subseteq \langle a(x)\rangle$이다. 그런데 $\langle p(x)\rangle$은 극대이데알이므로 $\langle p(x)\rangle = \langle a(x)\rangle$ 또는 $\langle a(x)\rangle = F[x]$이다.

만일 $\langle p(x)\rangle = \langle a(x)\rangle$이면 $a(x)\in\langle p(x)\rangle$이므로 $a(x)=p(x)c(x)$로 쓸 수 있다. 따라서

$$p(x)=a(x)b(x)=(p(x)c(x))b(x)$$

에서 $c(x)b(x)=1$이 되어 $b(x)$는 상수이다. 만일 $\langle a(x)\rangle = F[x]$이면 $1\in\langle a(x)\rangle$이므로 역시 $a(x)$는 상수이다. 따라서 $p(x)$는 상수가 아니고, $a(x)$ 또는 $b(x)$는 상수이므로 $p(x)$는 F 위에서 기약이다. ■

예제 4.67 다항식 $a(x)=x^3+3x+2\in\mathbb{Z}_5[x]$는 기약이다. 따라서 $\langle a(x)\rangle$는 $\mathbb{Z}_5[x]$의 극대이데알이다. 그리고 $\mathbb{Z}_5[x]$는 단위원 1을 포함하고 있고 $\langle a(x)\rangle$은 극대이데알이기 때문에 정리 4.47에 의해 $\mathbb{Z}_5[x]/\langle a(x)\rangle$는 체이다. 마찬가지로 $x^2-2\in\mathbb{Q}[x]$는 기약이므로 역시 정리 4.47에 의해 $\mathbb{Q}[x]/\langle x^2-2\rangle$는 체이다.

정리 4.59

체 F 위의 다항식환 $F[x]$와 다항식 $f(x)\in F[x]$, $f(x)\neq 0$에 대하여, 다음은 모두 동치이다.

(1) $f(x)$는 상수다항식이다.

(2) $f(x)\in F$

(3) $\deg(f(x))=0$

(4) $\langle f(x)\rangle = F[x]$

(5) $f(x)$는 단원이다.

>> 증명 (1) ⇒ (2) ⇒ (3)는 자명하다.

(3) ⇒ (4) $\deg(f(x))=0$이므로 $f(x)=c$인 $c\in F$가 존재한다. F는 체이므로 c는 단원이고 $\langle f(x)=c\rangle = F[x]$이다.

(4) ⇒ (5) $\langle f(x)\rangle = F[x]$이므로 $1\in\langle f(x)\rangle$이고, $f(x)g(x)=1$인 $g(x)\in F[x]$가 존재한다. 따라서 $f(x)$는 단원이다.

(5) ⇒ (1) $f(x)$가 단원이므로 $f(x)g(x)=1$인 $g(x)\in F[x]$가 존재한다. 그런데

$$0=\deg(1)=\deg(f(x)g(x))=\deg(f(x))+\deg(g(x))$$

이므로 $\deg(f(x))=0$이다. 따라서 $f(x)$는 상수다항식이다. ■

잉여환 $F[x]/\langle p(x)\rangle$에서 $\overline{f(x)}=\overline{0}$은 $f(x)\in\langle p(x)\rangle$, 즉 $p(x)|f(x)$임을 의미한다. 기약다항식은 정수에서의 소수와 여러모로 비슷한 성질을 가진다. 다음 정리는 소수와 비슷한 기약다항식의 성질에 대한 것이다.

정리 4.60

체 F 위의 상수가 아닌 다항식 $p(x)\in F[x]$에 대하여, $p(x)$가 기약일 필요충분조건은 임의의 $a(x)$, $b(x)\in F[x]$에 대해서

$$p(x)|a(x)b(x)\text{이면 } p(x)|a(x) \text{ 또는 } p(x)|b(x)$$

이 성립하는 것이다.

>> 증명 $p(x)$가 기약이라고 하자. $p(x)|a(x)b(x)$이면 $a(x)b(x)=p(x)c(x)$인 $c(x)\in F[x]$가 존재하고, 이는 $a(x)b(x)\in\langle p(x)\rangle$임을 의미하므로

$$\begin{aligned}(a(x)+\langle p(x)\rangle)\cdot(b(x)+\langle p(x)\rangle) &= a(x)b(x)+\langle p(x)\rangle\\ &= p(x)c(x)+\langle p(x)\rangle\\ &= \langle p(x)\rangle\in F[x]/\langle p(x)\rangle\end{aligned}$$

이다. 그런데 $F[x]/\langle p(x)\rangle$는 체이므로 정역이고, $a(x)+\langle p(x)\rangle=\langle p(x)\rangle$ 또는 $b(x)+\langle p(x)\rangle=\langle p(x)\rangle$이다. 만일 $a(x)+\langle p(x)\rangle=\langle p(x)\rangle$이면 $a(x)\in\langle p(x)\rangle$이고 $p(x)|a(x)$이다. 만일 $b(x)+\langle p(x)\rangle=\langle p(x)\rangle$이면 $b(x)\in\langle p(x)\rangle$이고, $p(x)|b(x)$이다.

역으로 $p(x)|a(x)b(x)$이면 $p(x)|a(x)$ 또는 $p(x)|b(x)$이 성립한다고 하자. $p(x)=f(x)g(x)$라고 하면 당연히 $p(x)|f(x)g(x)$이고, 가정에 의해 $p(x)|$

$f(x)$ 또는 $p(x)|g(x)$이다. 이때, $p(x)|f(x)$이면 적당한 $h(x)\in F[x]$에 대하여 $f(x)=p(x)h(x)$이므로 $p(x)=(p(x)h(x))g(x)$이고 $h(x)g(x)=1$, 즉 $g(x)$는 상수이다. $p(x)|g(x)$이면 마찬가지로 $f(x)$가 상수이다. 따라서 $p(x)$는 기약이다. ■

따름정리 4.61
체 F 위의 t개의 다항식 $r_1(x)$, ⋯, $r_t(x)$와 기약다항식 $p(x)\in F[x]$에 대하여, $p(x)|r_1(x)r_2(x)\cdots r_t(x)$이면 $p(x)$는 $r_1(x)$, ⋯, $r_t(x)$ 중 적어도 1개의 $r_i(x)$를 나눈다.

따름정리 4.62
체 F 위의 상수가 아닌 다항식 $p(x)\in F[x]$에 대하여, 다음은 서로 동치이다.
(1) $p(x)$는 $F[x]$에서 기약이다.
(2) $\langle p(x)\rangle$는 $F[x]$의 극대이데알이다.
(3) $F[x]/\langle p(x)\rangle$는 체이다.
(4) $F[x]/\langle p(x)\rangle$는 정역이다.

≫ 증명 (1), (2), (3)은 서로 동치임을 쉽게 알 수 있다. 또 체는 항상 정역이 되므로 (3)이면 (4)이다. 그리고 정리 4.60에 의하여 (4)이면 (1)이 성립한다. 따라서 (1), (2), (3), (4)는 서로 동치이다. ■

$\mathbb{Q}$ 위에서의 다항식 $a(x)$, 즉

$$a(x)=\frac{b_0}{a_0}+\frac{b_1}{a_1}x+\cdots+\frac{b_n}{a_n}x^n,\ a_i,\ b_i\in\mathbb{Z}$$

라고 하면 $a(x)$의 계수의 분모들을 통분해서

$$a(x)=\frac{1}{a_0a_1\cdots a_n}(c_0+c_1x+\cdots+c_nx^n),\ c_i\in\mathbb{Z}$$

와 같이 다시 쓸 수 있다. 이때 정수 계수 다항식 $b(x)=c_0+c_1x+\cdots+c_nx^n$는 $a(x)$의 상

수배이므로 $a(x)=0$은 $b(x)=0$과 같은 근을 가진다. 따라서 모든 유리 계수 방정식은 같은 근을 가지는 정수 계수 방정식으로 고칠 수 있으므로, 모든 유리 계수 다항식은 정수 계수 다항식으로 변형하여 생각할 수 있다.

정리 4.63

$\mathbb{Z}$ 위의 다항식 $a(x)=a_0+a_1x+\cdots+a_nx^n\in\mathbb{Z}[x]$에 대하여, 유리수 $\frac{s}{t}$가 $a(x)=0$의 근이면 $s|a_0$, $t|a_n$이다(여기서 $\gcd(s, t)=1$).

>> 증명 $\frac{s}{t}$가 $a(x)=0$의 근이므로 $a_0+a_1\frac{s}{t}+\cdots+a_n\frac{s^n}{t^n}=0$이고, 이 식의 양변에 t^n을 곱하면 $a_0t^n+a_1st^{n-1}+\cdots+a_ns^n=0$이고, $-a_0t^n=s\left(a_1t^{n-1}+\cdots+a_ns^{n-1}\right)$이다. 따라서 $s|a_0t^n$이고 $\gcd(s, t)=1$이므로 $s|a_0$이다. 마찬가지로 $-a_ns^n=t\left(a_0t^{n-1}+\cdots+a_ns^{n-1}\right)$에서 $t|a_n$을 얻을 수 있다. ■

예제 4.68 $\mathbb{Z}$ 위의 다항식 $a(x)=2x^4+7x^3+5x^2+7x+3$에 대하여, 유리수 $\frac{s}{t}$가 $a(x)=0$의 근이라면 $t=\pm1,\ \pm2,\ s=\pm1,\ \pm3$ 중 하나이다. 따라서 근은 ±1, ±3, $\pm\frac{1}{2}$, $\pm\frac{3}{2}$ 중 1이다. 이 값을 $a(x)$에 대입하면 $a\left(\frac{1}{2}\right)=0$이고 $a(-3)=0$임을 알 수 있다.

4.4.3 원시다항식

환 R 위에서의 기약다항식은 정수에서의 소수와 같이 암호학에서 중요한 역할을 한다. 기약다항식 중 특별한 성질을 만족하는 다항식에 대해 살펴보자.

정의 4.34 $\mathbb{Z}$ 위의 다항식 $a(x)=a_0+a_1x+\cdots+a_nx^n\in\mathbb{Z}[x]$에서 계수 a_0, a_1, ..., a_n의 최대공약수가 1일 때 이 다항식을 원시다항식(primitive polynomial)이라고 부른다.

임의의 정수 계수 다항식은 계수의 최대공약수를 묶어내면 항상 (상수) · (원시다항식)의 꼴로 고쳐 쓸 수 있다. 정리 4.64는 소수의 성질과 원시다항식의 정의에서 쉽게 얻을 수 있는 결과이다.

정리 4.64
두 원시다항식 $a(x)$, $b(x) \in \mathbb{Z}[x]$와 소수 p에 대하여, $p|a(x)b(x)$이면 $p|a(x)$ 또는 $p|b(x)$이다.

정리 4.65
차수가 1이상인 두 다항식 $a(x)$, $b(x) \in \mathbb{Z}[x]$가 원시다항식이면 $a(x)b(x)$도 원시다항식이다.

증명 결론을 부정하여 $a(x)b(x)$가 원시다항식이 아니라고 가정하자. 그러면 $a(x)b(x)$의 계수들의 최대공약수는 1이 아니고 최대공약수의 소인수 p가 존재한다. 하지만 $a(x)$와 $b(x)$는 원시다항식이므로 각 다항식의 계수들의 최대공약수는 각각 1이다. 따라서 계수들 중 p로 나누어지지 않는 계수가 존재하는데, $a(x)$에서 p로 나누어지지 않는 계수 중 차수가 가장 낮은 항의 계수를 a_r, $b(x)$에서 p로 나누어지지 않는 계수 중 차수가 가장 낮은 항의 계수를 b_s라고 하자. 이제 $a(x)b(x)$의 x^{r+s}항의 계수를 생각하면

$$a_0b_{r+s} + \cdots + a_rb_s + \cdots + a_{r+s}b_0$$

이다. 그런데 $a(x)b(x)$의 계수는 p로 나누어지므로 $p|a_rb_s$이고, $p|a_r$ 또는 $p|b_s$이다. 하지만 이는 $p \nmid a_r$이고 $p \nmid b_s$라는 사실에 모순이다. 따라서 $a(x)b(x)$는 원시다항식이다. ■

정리 4.66 가우스 정리
다항식 $a(x) \in \mathbb{Z}[x]$, $\deg(a(x)) \geq 1$에 대하여 다음이 성립한다.
(1) $a(x)$가 $\mathbb{Z}$ 위에서 기약이면, $a(x)$는 원시다항식이고 유리수체 $\mathbb{Q}$ 위에서도 기약이다.

(2) $a(x)$가 원시다항식이고 유리수체 $\mathbb{Q}$ 위에서 기약이면, $a(x)$는 $\mathbb{Z}$ 위에서도 기약이다.

(3) $a(x)$가 유리수체 $\mathbb{Q}$ 위에서 r차 다항식과 s차 다항식의 곱으로 인수분해 되면, $a(x)$는 $\mathbb{Z}$ 위에서도 r차 다항식과 s차 다항식의 곱으로 인수분해 된다. 특히, $a(x)$의 최고차계수가 1일 때, $a(x)$가 유리수체 $\mathbb{Q}$ 위에서 r차 다항식과 s차 다항식의 곱으로 인수분해 되면 $a(x)$는 $\mathbb{Z}$ 위에서도 최고차계수가 각각 1인 r차 다항식과 s차 다항식의 곱으로 인수분해 된다.

≫ 증명 (1) $a(x)$는 $\mathbb{Z}$에서 기약이므로 $a(x)=b(x)c(x)$일 때, $b(x)=\pm 1$ 또는 $c(x)=\pm 1$이다. 따라서 $a(x)$의 계수의 최대공약수는 1이므로 $a(x)$는 원시다항식이다. $a(x)$가 $\mathbb{Q}$ 위에서 기약이 아니라고 가정하자. 그러면

$$a(x)=b(x)c(x)$$

이며 $\deg(b(x))\geq 1$이고 $\deg(c(x))\geq 1$인 두 다항식 $b(x)$, $c(x)\in\mathbb{Q}[x]$가 존재한다. 그런데 $\mathbb{Q}[x]$의 다항식은 $\mathbb{Z}[x]$의 다항식으로 변형이 가능하므로 적당한 양의 정수 k와 l에 대하여

$$b(x)=\frac{1}{k}\cdot b_1(x),\ c(x)=\frac{1}{l}\cdot c_1(x)$$

인 $b_1(x)$, $c_1(x)\in\mathbb{Z}[x]$가 존재한다. 이제 $b_1(x)$의 계수의 최대공약수를 s, $c_1(x)$의 계수의 최대공약수를 t라고 하면

$$b_1(x)=s\cdot b_2(x),\ c_1(x)=t\cdot c_2(x)$$

인 두 원시다항식 $b_2(x)$, $c_2(x)\in\mathbb{Z}[x]$ 또한 존재한다. 따라서

$$a(x)=b(x)c(x)=\frac{st}{kl}\cdot b_2(x)c_2(x)\Leftrightarrow kl\cdot a(x)=st\cdot b_2(x)c_2(x)$$

이다. 그런데 $a(x)$와 원시다항식들의 곱인 $b_2(x)c_2(x)$는 모두 원시다항식이다. 따라서 $kl=st$이고,

$$a(x)=b_2(x)c_2(x)$$

이다. 하지만 $\deg(b_2(x))=\deg(b(x))\geq 1$이고 $\deg(c_2(x))=\deg(c(x))\geq 1$이고 $b_2(x)$, $c_2(x)\in\mathbb{Z}[x]$이므로 $a(x)$가 $\mathbb{Z}$ 위에서 기약이라는 사실에 모순이다. 따라서 $a(x)$는 $\mathbb{Q}$에서도 기약이다.

(2) 다항식 $a(x)$가 원시다항식이고 $\mathbb{Q}$ 위에서 기약이라 하고, 적당한 두 다항식 $b(x)$, $c(x) \in \mathbb{Z}[x]$에 대하여 $a(x) = b(x)c(x)$라고 하자. $a(x)$는 $\mathbb{Q}$ 위에서 기약이므로 적당한 정수 $a \in \mathbb{Z}$에 대하여 $b(x) = a$ 또는 $c(x) = a$이다. 그런데 $a(x)$는 원시다항식이므로 $a = \pm 1$이다. 따라서 $a(x)$는 $\mathbb{Z}$ 위에서 기약이다.

(3) 다항식 $a(x)$가 원시다항식이 아니면 $a(x)$의 계수들의 최대공약수를 공통인수로 묶을 수 있는데 이러한 계수들의 최대공약수는 인수분해에 영향을 주지 않는다. 그런데 $a(x)$가 원시다항식이면 (1)의 증명에 의해 (3)이 성립한다. ■

다항식의 표현에서 변수 x는 큰 의미가 없다. 다시 말해 $a(x)$의 성질이나 $a(t)$의 성질은 같다. 결국 다항식의 성질을 결정하는 것은 다항식의 계수들이다. 그래서 다항식을 계수로만 구별하기도 한다. 즉,

$$a(x) = a_0 + a_1 x + \cdots + a_n x^n$$

을

$$a(x) = [a_0,\ a_1,\ \ldots,\ a_n]$$

와 같이 벡터의 모습으로 나타낼 수 있다. 이러한 표현은 실제 컴퓨터를 이용하여 정보를 표현하는 방법으로 많이 사용되며 암호이론을 컴퓨터로 구현할 때에도 많이 사용된다. 특히 $\mathbb{Z}_2[x]$의 다항식은 컴퓨터에서 정보를 나타내기에 적합하다. 그래서 $\mathbb{Z}[x]$의 다항식을 생성함수로 하는 수열 등을 이용해서 난수발생, 암호연산 등을 한다.

연습 문제

01 다항식환 $\mathbb{Z}_2[x]$에서 기약인 3차 다항식을 모두 구하여라.

02 체 $\mathbb{Z}_5$의 원소는 모두 다항식 $f(x) = x^5 - x \in \mathbb{Z}_5[x]$의 근임을 확인하여라. 또, $\mathbb{Z}_5[x]$에서 $x^5 - x = x(x-1)(x-2)(x-3)(x-4)$임을 확인하여라.

03 다항식 $p(x) = x^3 - 9$가 체 $\mathbb{Z}_{13}$ 위에서는 기약이지만, 체 $\mathbb{Z}_{11}$ 위에서는 가약임을 보여라.

04 두 원시다항식 $a(x)$, $b(x) \in \mathbb{Z}[x]$와 소수 p에 대하여, $p | a(x)b(x)$이면 $p | a(x)$ 또는 $p | b(x)$임을 증명하여라.

05 체 F 위의 t개의 다항식 $r_1(x)$, ..., $r_t(x)$와 기약다항식 $p(x) \in F[x]$에 대하여, $p(x) | r_1(x) r_2(x) \cdots r_t(x)$이면 $p(x)$는 $r_1(x)$, ..., $r_t(x)$ 중 적어도 1개의 $r_i(x)$를 나눔을 증명하여라.

4.5 체

군은 집합에 하나의 연산이 주어졌을 때 원소들 간의 관계에 대한 구조이며 환은 집합에 2개의 연산이 주어졌지만 하나의 연산은 군의 성질을 만족하고 나머지 한 연산은 군이 되지 못할 때 원소들의 관계에 대한 구조이다. 체(field)는 환과 비슷하게 2개의 연산이 주어져 있지만, 환과 다른 점은 두 연산이 모두 각각 가환인 군을 이룬다는 것이다. 두 연산이 모두 가환인 군을 이루므로 자유로운 연산이 가능하며 특히 체 위의 계수를 가지는 방정식에 대한 근의 존재성을 탐구하기에 훨씬 용이하다. 이 절에서는 이러한 체의 기본 성질을 살펴보고 기존의 체를 포함하는 더 큰 체를 정의하여 방정식의 근을 구하는 데에 필요한 체를 만드는 방법을 알아볼 것이다. 또한 이러한 체들이 암호학에서 어떻게 사용될 수 있는지도 생각해 볼 것이다.

4.5.1 체의 정의와 기본 성질

환과 달리 주어진 두 연산을 모두 자유롭게 사용할 수 있는 체는 다음과 같이 정의할 수 있다.

정의 4.35 2개의 연산 $+$, $\cdot$를 가진 집합 F와 임의의 두 원소 a, $b\in F$에 대하여 $a+b\in F$이고 $a\cdot b\in F$이며, 임의의 a, b, $c\in F$에 대하여 다음을 모두 만족할 때, $(F, +, \cdot)$를 체라고 한다.

A1. (덧셈의 덧셈법칙) $(a+b)+c=a+(b+c)$

A2. (덧셈의 교환법칙) $a+b=b+a$

A3. (덧셈의 항등원) 모든 $a\in F$에 대해서 $a+0=0+a=a$를 만족하는 $0\in F$이 존재한다.

A4. (덧셈의 역원) 임의의 $a\in F$에 대해서 $a+(-a)=0$을 만족하는 $-a\in F$이 존재한다.

M1. (곱셈의 결합법칙) $(a\cdot b)\cdot c=a\cdot(b\cdot c)$

M2. (곱셈의 교환법칙) $a\cdot b=b\cdot a$

M3. (곱셈의 항등원) 모든 $a \in F$에 대해서 $a \cdot 1 = 1 \cdot a = a$를 만족하는 $1 \in F$이 존재한다.

M4. (곱셈의 역원) 임의의 $a(\neq 0) \in F$에 대해서 $a \cdot a^{-1} = a^{-1} \cdot a = 1$을 만족하는 $a^{-1} \in F$가 존재한다.

D. (분배법칙) $a \cdot (b+c) = a \cdot b + a \cdot c$, $(a+b) \cdot c = a \cdot c + b \cdot c$

체의 종류는 F의 원소 개수의 유한성에 따라 유한체와 무한체로 나눌 수 있다. 유한체의 대표적 예는 소수 p에 대해 $\mathbb{Z}_p$가 있으며 무한체에는 유리수체, 실수체, 복소수체 등이 있다.

4.5.2 확대체

수집합은 자연수(natural number)부터 시작하여, 필요에 의해 정수(integer), 유리수(rational number), 실수(real number), 복소수(complex number)로 차례대로 발전하였다. 이렇게 수집합이 커지게 된 근본 원인은 방정식의 근의 존재성과 관련이 있다.

정의 4.36 두 연산 $+$과 $\cdot$이 동시에 정의된 두 체 F, E이 $F \subseteq E$일 때, F를 E의 부분체(subfield)라 하고, E를 F의 확대체(extension field)라고 하며, $F \leq E$로 나타낸다.

예제 4.69 유리수체 $\mathbb{Q}$는 실수체 $\mathbb{R}$와 복소수체 $\mathbb{C}$의 부분체이다. 또 $\mathbb{C}$는 $\mathbb{R}$의 확대체이다.

n차 방정식 $a(x) = 0 \in \mathbb{C}[x]$는 $\mathbb{C}$ 안에서 n개의 근 $c_1, c_2, \ldots, c_n$을 가진다. 즉, $a(x)$는 $\mathbb{C}[x]$에서 $a(x) = c(x-c_1)(x-c_2)\cdots(x-c_n)$과 같이 일차식들의 곱으로 나타내어진다. 일반적으로 체 F에서는 $a(x) = 0 \in F[x]$의 근은 F에 존재하지 않을 수도 있고 혹은 $\deg(a(x))$만큼의 근이 F에 존재할 수도 있다. 이러한 근의 존재성은 다항방정식 $a(x) = 0$과 체 F의 성질에 따라서 결정된다. 임의의 체 F와 상수가 아닌 임의의 다항방정식 $a(x) = 0 \in F[x]$에 대해서도 $a(x) = 0$은 F의 확대체 K에서 $\deg(a(x))$개의 근을 갖도록

F의 확대체 K를 만들 수 있다. 즉 $a(x)$는 $K[x]$에서

$$a(x) = c(x-u_1)(x-u_2)\cdots(x-u_n),\ u_i \in K$$

으로 인수분해 되도록 할 수 있다.

정리 4.67

체 F와 F 위에서 기약인 다항식 $p(x) \in F[x]$에 대하여, $J = \langle p(x) \rangle$라고 하면

$$E = F[x]/J$$

는 F의 확대체이다.

≫ 증명 다항식 $p(x) \in F[x]$는 F 위에서 기약이므로 정리 4.58에 의해 $E = F[x]/J$는 체이다. 이제 E가 F를 포함함을 보이기 위해서 다음과 같은 함수 h를 정의하자.[1)]

$$h : F \to E,\ h(a) = a + J$$

그러면 $h(a) = h(b)$인 $a,\ b \in F$에 대하여, $a + J = h(a) = h(b) = b + J$이므로 $a - b \in J$이고 $p(x) | a - b$가 된다. 그런데 $\deg(p(x)) \ge 1$이므로 $a - b = 0$, 즉 $a = b$가 되어 h는 일대일함수이다. 또한 $h(a+b) = (a+b) + J = h(a) + h(b)$이고 $h(a \cdot b) = (a \cdot b) + J = h(a)h(b)$이므로 F의 대수적 구조와 E의 대수적 구조는 본질적으로 같다. 따라서 공역 E의 부분집합 중 F와 크기와 대수적 구조가 동일한 부분집합이 존재한다. 이 부분집합과 F는 동일시할 수 있어서 F는 E에 매입(embed)된다고 할 수 있다. 결국, E에서는 F의 원소 a와 $\bar{a} = a + J$는 동일시할 수 있고 E는 F의 확대체이다. ■

1) 함수 h와 같이 두 체에 대한 함수이며 정의역의 연산을 치역의 연산으로 대체하여 똑같이 성립하는 함수를 준동형사상(homomorphism)이라고 한다. 특히 일대일 대응인 준동형사상은 동형사상(isomorphism)이라고 한다. 준동형사상과 동형사상은 서로 다른 대수구조이지만 근본적으로 유사한 점이 있는 두 대수구조를 비교하거나 하나의 대수구조를 통해 다른 대수 구조를 파악하려고 할 때 사용한다. 자세한 것은 여러 대수학 교재들을 참고하기 바란다.

정리 4.68 확대체의 기본 정리
체 F 위의 다항식환 $F[x]$에 대하여, $a(x) \in F[x]$가 상수가 아닌 다항식이면 $a(x)=0$의 근을 포함하는 F의 확대체가 존재한다.

>> 증명 다항방정식 $a(x)=0$의 한 근을 α라 하자. 그러면 $p(\alpha)=0$이며 $p(x)|a(x)$인 F 위에서의 기약다항식 $p(x)$가 존재한다. 정리 4.67에 의해 $F[x]/\langle p(x)\rangle$은 F의 확대체이다.

이제 α가 확대체 $F[x]/\langle p(x)\rangle$의 원소임을 보이자. 이를 증명하기 위해 $F[x]/\langle p(x)\rangle$의 원소 $a+\langle p(x)\rangle$은 F의 원소 a와 동일시된다는 성질을 이용하자. 집합 K를

$$K=\{f(\alpha)|f(x)\in F[x]\}$$

라고 하고, 함수 $\phi: F[x]/\langle p(x)\rangle \to K$라고 하자. 그러면 ϕ는 일대일 대응이 되고, K에 덧셈과 곱셈을 $F[x]/\langle p(x)\rangle$의 덧셈과 곱셈처럼 정의하면 K는 F의 확대체 $F[x]/\langle p(x)\rangle$와 서로 대수적으로 같은 구조를 갖는다. 또한 $x\in F[x]$이므로 $\alpha\in K$가 되어 K는 $a(x)=0$의 근 α를 원소로 가지는 F의 확대체이다. ■

체 F 위의 다항방정식 $a(x)=0$에 정리 4.68을 계속 반복하여 적용하면 $a(x)=0$의 모든 근을 포함하는 F의 확대체를 만들 수 있다. 이는 다음과 같이 서술할 수 있다.

따름정리 4.69
n차 다항식 $a(x)\in F[x]$에 대하여, $a(x)=0$의 모든 근을 포함하는 F의 확대체 E가 존재하고, E 위에서 $a(x)$는 일차식 $c(x-u_1)(x-u_2)\cdots(x-u_n)$, $u_i\in E$으로 인수분해된다.

예제 4.70 다항식 $p(x)=x^2+1\in\mathbb{R}[x]$은 $\mathbb{R}$에서 $p(x)=0$의 근이 존재하지 않는다. 따라서 $p(x)$는 $\mathbb{R}$에서 기약이다. 이제 $p(x)$로 생성된 이데알로 $\mathbb{R}[x]$를 나눈 상집합을

$$\mathbb{R}[x]/\langle x^2+1\rangle := \mathbb{C}$$

라고 하면 정리 4.67에 의해 $\mathbb{C}$는 $\mathbb{R}$의 확대체이고 정리 4.68에 의해 $i := \overline{x} = x + J \in \mathbb{C}$는 $p(x)=0$의 근이다. 따라서

$$i^2+1 = \overline{x^2}+1 = \overline{x^2+1} = (x^2+1)+J = \overline{0}$$

이다. 임의의 $\mathbb{C}$의 원소는 $\overline{f(x)} = f(x)+J(f(x)\in\mathbb{R}[x])$ 꼴로 나타낼 수 있다. 그러면 $\mathbb{R}[x]$에서의 나눗셈 정리에 의해서

$$f(x) = (x^2+1)q(x)+(ax+b),\ q(x),\ ax+b \in \mathbb{R}[x]$$

로 나타낼 수 있다. 그러므로 $\mathbb{C}$에서

$$\begin{aligned}\overline{f(x)} &= \overline{(x^2+1)q(x)+ax+b}\\ &= \overline{(x^2+1)}\,\overline{q(x)}+\overline{ax+b}\end{aligned}$$

이다. 그런데 $\overline{x^2+1} = \overline{0}$이므로 $\overline{f(x)} = a\overline{x}+b = ai+b$이다. 따라서

$$\mathbb{C} = \{ai+b \mid a,\ b\in\mathbb{R},\ i^2+1=0\}$$

이다. 결국 복소수체 $\mathbb{C}$는 이처럼 $\mathbb{R}$ 위에서의 기약다항식 x^2+1로 생성되는 이데알의 상집합에 의해 생성된 $\mathbb{R}$의 확대체이다.

체 F와 F의 확대체 E, 그리고 $u\in E$에 대하여, 체들의 집합 S를 $S=\{K \mid K$는 u와 F를 포함하는 체$\}$이라고 하자. 그러면 S는 E를 원소로 가지므로 공집합은 아니다. 이제

$$F(u) = \bigcap\{K \mid K\text{는 } u\text{와 } F\text{를 포함하는 체}\}$$

라고 하면 $F \le F(u) \le E$이고 $F(u)$는 체 F와 원소 u를 포함하는 가장 작은 체가 된다.

정의 4.37 체 F와 F의 확대체 E, 그리고 $u\in E$에 대하여, F와 u를 포함하는 가장 작은 체를 $F(u)$로 나타내고 F에 u를 첨가하여 얻은 F의 단순 확대체(simple extension)라고 부른다.

정의 4.37에 의하면 $F(u)$는 F와 u를 포함하는 모든 체에 포함된다. 하지만 $F(u)$의 구체적인 모양은 정의를 통해 알 수는 없다. $F(u)$의 형태는 u가 $F[x]$의 다항식들 중 하나의

근이 되면 정리 4.68의 증명에서처럼 그 다항식을 이용하여 그 모양을 알아낼 수 있다.

정의 4.38 체 F의 확대체 E의 원소 u에 대하여, $f(u)=0$인 다항식 $f(x)\in F[x]$가 존재하면 u는 체 F 위에서 대수적(algebraic over F)이라고 하고, 그렇지 않으면 체 F 위에서 초월적(transcendental over F)이라고 한다.

체 F의 확대체 E의 임의의 원소는 대수적이거나 혹은 초월적이다.

예제 4.71 복소수체 $\mathbb{C}$는 실수체 $\mathbb{R}$의 확대체이다. i는 $x^2+1=0$의 근이고 $x^2+1\in\mathbb{R}[x]$이므로 i는 $\mathbb{R}$ 위에서 대수적이다. 마찬가지로 $2+i\in\mathbb{C}$는 $x^3-x^2-7x+15=0$의 근이고 $x^3-x^2-7x+15\in\mathbb{Q}[x]$이므로 $2+i$는 $\mathbb{Q}$ 위에서 대수적이다. $\sqrt[3]{5}\in\mathbb{R}$ 또한 $x^3-5=0$의 근이고 $x^3-5\in\mathbb{Q}[x]$이므로 $\mathbb{Q}$ 위에서 대수적이다.

예제 4.72 $2^{\sqrt{5}}\in\mathbb{R}$를 근으로 하는 유리수 계수의 다항방정식은 존재하지 않는다. 따라서 $2^{\sqrt{5}}$는 $\mathbb{Q}$ 위에서 초월적이다. 그러나 $2^{\sqrt{5}}$는 $\mathbb{R}$ 위에서는 대수적이다.

정의 4.39 체 F의 확대체 E의 원소 u가 F 위에서 대수적일 때, $p(u)=0$이고 최고차항의 계수가 1인 F 위의 기약다항식 $p(x)$를 F 위에서의 u의 기약다항식(irreducible polynomial of u over F) 또는 F 위에서의 u의 최소다항식(minimal polynomial of u over F)라고 하고, $\min_F u$, $irr(u, F)$ 또는 $irr_F u$ 등으로 표시한다.

예제 4.73 (1) $\sqrt{3}\in\mathbb{R}$의 $\mathbb{Q}$ 위에서의 최소다항식은 x^2-3이다. 그러나 $\sqrt{3}\in\mathbb{R}$의 $\mathbb{R}$ 위에서 최소다항식은 $x-\sqrt{3}$이다.

(2) $i\in\mathbb{C}$의 $\mathbb{Q}$ 위에서의 최소다항식은 x^2+1이다.

최소다항식을 이용하여 단순 확대체 $F(u)$의 구체적인 모양을 조사해 보자.

정리 4.70

체 F와 F의 확대체 E, 그리고 $u \in E$에 대하여, 다음이 성립한다.

(1) u가 F 위에서 대수적이면 $F(u) = F[u] (= \{a(u) \mid a(x) \in F[x]\})$이다.

(2) u가 F 위에서 초월적이면 $F(u) = \left\{ \dfrac{a(u)}{b(u)} \middle| a(x),\ b(x) \in F[x],\ b(u) \neq 0 \right\}$이다.

>> 증명 (1) u가 F 위에서 대수적인 경우는 정리 4.68의 증명을 통해 $F(u) = F[u]$임을 알 수 있다.

(2) u는 F 위에서 초월적이라 하자.

$$K = \left\{ \frac{a(u)}{b(u)} \middle| a(x),\ b(x) \in F[x],\ b(u) \neq 0 \right\}$$

라 하면, K는 체이고 $u \in K$이다. 그런데 $F(u)$는 u를 원소로 가지는 F의 확대체 중 가장 작은 확대체이므로 $F(u) \subseteq K$이다.

이제 임의의 $\ell \in L$에 대하여 $\ell = \dfrac{a(u)}{b(u)}$가 되는 $a(x),\ b(x) \in F(x)$ $(b(x) \neq 0)$가 존재한다. 그런데 $u \in F(u)$이고 $a(x),\ b(x) \in F[x]$이므로 $a(u),\ b(u) \in F(u)$이고, 또한 $F(u)$가 체이므로 $\ell \in F(u)$가 되어 $K \subseteq F(u)$이다.

따라서

$$F(u) = \left\{ \frac{a(u)}{b(u)} \middle| a(x),\ b(x) \in F[x],\ b(u) \neq 0 \right\}$$

이다. ■

따름정리 4.71

체 F의 두 확대체 E와 K, 그리고 $u \in E$, $v \in K$에 대하여. 만일 u, v의 F 위에서의 최소다항식이 같으면 $F(u)$와 $F(v)$는 본질적으로 같다, 즉 $F(u) \cong F(v)$[2]이다.

---

2) 두 대수적 구조 F와 E에 대하여 $F \cong E$는 두 대수적 구조가 본질적으로 같다는 것을 의미하며, 이는 F와 E 사이에 동형사상이 존재함을 의미한다.

따름정리 4.71은 정리 4.70에 의해 결정된 두 확대체 $F(u)$와 $F(v)$에 대하여, 두 체 사이에 연산이 보존되는 특별한 일대일 대응을 정의함으로써 두 구조가 본질적으로 같음을 보일 수 있다.

예제 4.74 $\sqrt{3} \in \mathbb{R}$은 $\mathbb{Q}$ 위에서 대수적이고 $\sqrt{3}$의 $\mathbb{Q}$ 위에서 최소다항식은 x^2-3이다. 따라서 단순 확대체 $\mathbb{Q}(\sqrt{3})$은 정리 4.72에 의해 $\mathbb{Q}(\sqrt{3})=\{a+b\sqrt{3} \mid a, b \in \mathbb{Q}\}$으로 정의된다.

예제 4.75 $\sqrt[3]{2} \in \mathbb{R}$에 대해서 $\sqrt[3]{2}$는 $\mathbb{Q}$ 위에서 대수적이므로 단순 확대체 $\mathbb{Q}(\sqrt[3]{2})$는 정리 4.72에 의해 $\mathbb{Q}(\sqrt[3]{2})=\left\{a+b\sqrt[3]{2}+c(\sqrt[3]{2})^2 \mid a, b, c \in \mathbb{Q}\right\}$로 정의된다.

예제 4.76 $i \in \mathbb{C}$의 $\mathbb{R}$ 위에서 최소다항식은 x^2+1이다. 따라서

$$\mathbb{R}(i)=\{a+bi \mid a, b \in \mathbb{R}\}$$

이다.

4.5.3 확대체의 차수

체 F의 확대체 E는 실제 F의 원소들과 F에 속하지 않는 원소들의 적당한 연산(이를 결합이라고도 한다)을 통해 생성된다. 이러한 구조는 선형대수에서 주로 다루는 벡터공간이라는 개념으로 설명할 수 있다. 벡터공간은 덧셈에 대하여 아벨군을 이루는 대수적 구조에 체의 원소와 벡터공간의 원소 간에 스칼라곱이라는 연산이 정의되어 이 벡터공간의 원소들의 덧셈과 스칼라곱에 대한 특정 성질을 만족하는 대수적 구조이다. 벡터공간의 원소를 벡터라고 하고, 체의 원소를 스칼라라고 하는데, 벡터공간의 개념으로 확대체 E와 체 F를 살펴보면 E는 벡터공간, E의 원소는 벡터, F의 원소는 스칼라이다.

정의 4.40 체 E는 체 F의 확대체이고, E의 원소 $a_1, a_2, \ldots, a_n$에 대하여, $c_1a_1+\cdots+c_na_n=0$인 경우가 $c_1=\cdots=c_n=0$인 경우밖에 없다면 $a_1, \ldots, a_n$은 일차독립(linearly independent)이라고 한다. 만일 $a_1, \ldots, a_n$이 일차독립이 아니면, 즉

$c_1a_1+\cdots+c_na_n=0$인 적어도 하나는 0이 아닌 c_1, ..., $c_n \in F$가 존재하면 a_1, ..., a_n은 일차종속(linearly dependent)라고 한다.

정의 4.41 체 E는 체 F의 확대체이고, E의 원소 b_1, ..., b_n에 대하여,

(i) b_1, ..., b_n은 일차독립이고,

(ii) $E=\{c_1b_1+\cdots+b_nc_n \mid c_1, \ldots, c_n \in F\}$

이면, $\mathcal{B}=\{b_1, \ldots, b_n\}$을 E의 F 위에서의 기저(basis of E over F)라고 한다.

정의 4.42 체 E는 체 F의 확대체이고, E의 F 위에서의 기저가 유한집합일 때, E를 F의 유한 확대체(finite extension field)라고 한다. 이때 E의 F 위에서 기저의 원소 개수를 F 위에서의 차원(dimension over F)이라고 하고, F 위에서의 E의 차원은 $[E:F]$으로 나타낸다.

예제 4.77 복소수 $\mathbb{C}$는 $\mathbb{C}=\{a+bi \mid a, b\in\mathbb{R}\}$이므로 $\mathbb{R}$ 위에서 $\{1, i\}$가 기저이다. 따라서 $[\mathbb{C}:\mathbb{R}]=2$이다.

정리 4.72

체 F의 확대체 E에 대하여, $[E:F]=1$일 필요충분조건은 $E=F$이다.

>> 증명 $[E:F]=1$이면 1개의 원소로 된 E의 기저 $\mathcal{B}=\{s\}$가 존재한다. 그런데 $s\neq 0$이므로 s^{-1}가 E에 존재한다. $F\neq\varnothing$이므로 F의 원소 $w\neq 0$에 대하여, $w\in E$이므로 $w=as(a\in F)$ 꼴로 쓸 수 있다. 따라서 $s=a^{-1}w\in F$이다. 임의의 $v\in E$에 대해서 $v=ts(t\in F)$이므로 결국 $v\in F$이다.

역으로 $E=F$이면 E의 임의의 0이 아닌 원소 s에 대하여 $B=\{s\}$라 하자. 그러면 임의의 $v\in E$에 대해서 $v=v(s^{-1}s)=(vs^{-1})s$이고 $vs^{-1}\in F$이므로 $E=\{as \mid a\in F\}$이다. 따라서 B는 E의 F 위에서의 기저이고 F 위에서의 차원은 1이다. ■

정리 4.73

체 F의 확대체 E와 F 위에서 대수적인 $u \in E$에 대하여, F 위에서 u의 최소다항식의 차수가 n이면

$$\mathcal{B} = \{1,\ u,\ u^2,\ \ldots,\ u^{n-1}\}$$

은 F 위에서 $F(u)$의 기저이고, $[F(u) : F] = n$이다.

≫ 증명 u의 F 위에서의 최소다항식을 $p(x)$라고 하면 가정에 의해 $\deg(p(x)) = n$이다. 우선 $\mathcal{B} = \{1,\ u,\ u^2,\ \ldots,\ u^{n-1}\}$가 $F(u)$를 생성함을 보이자. u가 F 위에서 대수적이므로 정리 4.68의 증명으로부터 $F(u)$는 $F[x]/\langle p(x)\rangle$와 대수적으로 같은 구조를 가짐을 알 수 있고, 이로부터 $F(u)$를 $F[x]/\langle p(x)\rangle$와 동일시할 수 있다. 따라서 임의의 $a \in F(u)$에 대해서 $a = a(u)$인 다항식 $a(x) \in F[x]$가 존재하고, 나눗셈 정리에서

$$a(x) = p(x)q(x) + r(x),\quad r(x) = 0 \text{ 또는 } \deg(r(x)) < n$$

으로 쓸 수 있다. 따라서 $a(u) + \langle p(x)\rangle = p(u)q(u) + r(u) + \langle p(x)\rangle = r(u) + \langle p(x)\rangle$이므로 $r(x) = a_0 + a_1x + \cdots + a_{n-1}x^{n-1} \in F[x]$라 하면,

$$a(u) = a_0 + a_1u + \cdots + a_{n-1}u^{n-1},\quad a_i \in F$$

이다. 그러므로 $F(u)$는 $\mathcal{B} = \{1,\ u,\ u^2,\ \ldots,\ u^{n-1}\}$의 일차 결합으로 표현되므로 $\mathcal{B}$에 의해서 생성된다.

이제, $\mathcal{B}$의 원소들이 일차 독립임을 보이기 위해서

$$b_0 + b_1u + \cdots + b_{n-1}u^{n-1} = 0,\quad b_i \in F$$

라고 하자. $b(x) = b_0 + b_1x + \cdots + b_{n-1}x^{n-1} \in F[x]$라고 하면 u는 $b(x) = 0$의 근이다. $p(x)$는 u의 최소다항식이므로 $p(x) \mid b(x)$이다. 만일 $b(x) \neq 0$이면 $\deg(p(x)) \leq \deg(b(x))$, 즉 $n \leq n-1$이 되어서 모순이다. 따라서 $b(x) = 0$이고 $b_0 = b_1 = \cdots = b_{n-1} = 0$이다.

결국 $\mathcal{B}$는 $F(u)$의 기저이고 $[F(u) : F] = n$이다. ■

예제 4.78 (1) 실수체 $\mathbb{R}$은 유리수체 $\mathbb{Q}$의 확대체이다. 하지만 $\mathbb{R}$은 $\mathbb{Q}$ 위의 유한한 개수의 원소를 가지는 기저를 찾을 수 없기 때문에 $\mathbb{Q}$의 유한 확대체는 아니다.

(2) $\sqrt{2}\in\mathbb{R}$에 대하여, $\mathbb{Q}(\sqrt{2})$의 $\mathbb{Q}$ 위에서의 차원은 $\sqrt{2}$의 $\mathbb{Q}$ 위에서의 최소다항식이 x^2-2이므로 정리 4.73에 의해 $[\mathbb{Q}(\sqrt{2}):\mathbb{Q}]=2$이다. $\mathbb{Q}(\sqrt{2})$의 $\mathbb{Q}$ 위에서의 기저는 $\{1, \sqrt{2}\}$이다. 따라서 $\mathbb{Q}(\sqrt{2})$의 모든 원소는 $a\cdot 1+b\sqrt{2}\,(a,\ b\in\mathbb{Q})$의 꼴로 나타낼 수 있으므로

$$\mathbb{Q}(\sqrt{2})=\{a+b\sqrt{2}\mid a,\ b\in\mathbb{Q}\}$$

이다.

예제 4.79 복소수체 $\mathbb{C}$는 실수체 $\mathbb{R}$의 확대체이다. $i\in\mathbb{C}$에 대하여, i의 최소다항식은 $x^2+1\in\mathbb{R}[x]$이다. 따라서 $\mathbb{R}(i)$의 $\mathbb{R}$ 위에서의 기저는 $\{1, i\}$이고

$$\mathbb{R}(i)=\{a+bi\mid a,\ b\in\mathbb{R}\}$$

로 쓸 수 있다. 물론 $\mathbb{R}(i)=\mathbb{C}$이므로 $\mathbb{C}$의 $\mathbb{R}$ 위에서의 차원 $[\mathbb{C}:\mathbb{R}]$은 2이다.

정리 4.74

체 F, E, K는 $F\le E\le K$를 만족하고, $[E:F]$가 유한하고, $[K:E]$가 유한하면 $[K:F]$도 유한하고 $[K:F]=[K:E][E:F]$이다.

>> 증명 집합 $\{\alpha_1, \ldots, \alpha_m\}$과 $\{\beta_1, \ldots, \beta_n\}$이 각각 체 F 위의 확대체 E의 기저, 체 E 위의 확대체 K의 기저라고 하자. 이제 $\{\alpha_i\beta_j\mid i=1, \ldots, m,\ j=1, \ldots, n\}$이 체 F 위의 K의 기저가 됨을 보이자.

임의의 원소 $a\in K$에 대하여, $\{\beta_1, \ldots, \beta_n\}$은 체 E 위의 확대체 K의 기저이므로 적당한 $a_1, \ldots, a_n\in E$를 이용하여

$$a=\sum_{j=1}^{n}a_j\beta_j$$

로 나타낼 수 있다. 또한 $\{\alpha_1, \ldots, \alpha_m\}$는 체 F 위의 확대체 E의 기저이므로 각 $a_j\in E$는 적당한 $b_{j1}, \ldots, b_{jm}\in F$를 이용하여

$$a_j = \sum_{i=1}^{m} b_{ij}\alpha_i$$

로 나타낼 수 있다. 결국,

$$a = \sum_{j=1}^{n} a_j\beta_j = \sum_{j=1}^{n}\left(\sum_{i=1}^{m} b_{ij}\alpha_i\right)\beta_j$$
$$= \sum_{i=1}^{m}\sum_{j=1}^{n} b_{ij}(\alpha_i\beta_j)$$

가 되어 K의 모든 원소는 mn개의 원소 $\alpha_i\beta_j \in K$들로 생성된다.

이제 mn개의 원소 $\alpha_i\beta_j \in K$가 일차독립임을 보이기 위해 만일 적당한 $c_{ij} \in F$에 대하여,

$$\sum_{i=1}^{m}\sum_{j=1}^{n} c_{ij}\alpha_i\beta_j = 0$$

이라 가정하자. 그러면

$$\sum_{i=1}^{m}\sum_{j=1}^{n} c_{ij}\alpha_i\beta_j = \sum_{i=1}^{m}\left(\sum_{j=1}^{n} c_{ij}\alpha_i\right)\beta_j = 0$$

이고, $\{\beta_1, \ldots, \beta_n\}$은 기저이므로 $i = 1, \ldots, n$에 대하여

$$\sum_{j=1}^{n} c_{ij}\alpha_i = 0$$

이다. 또한 $\{\alpha_1, \ldots, \alpha_m\}$ 역시 기저이므로 $j = 1, \ldots, m$에 대하여 $c_{ij} = 0$이다.

따라서 mn개의 원소 $\alpha_i\beta_j \in K$은 일차독립이고 체 F 위의 확대체 K의 기저이다.

따라서 $[E : F]$가 유한, $[K : E]$가 유한하면 $[K : F]$도 유한하고 $[K : F] = [K : E][E : F]$이다. ■

정리 4.74로부터 다음의 따름정리를 바로 얻을 수 있다.

따름정리 4.75

$F \leq E \leq K$인 체 F, E, K에 대하여, $[K : F]$가 유한하면 $[E : F]$, $[K : E]$도 유한하고, $[E : F]$는 $[K : F]$의 약수이다.

따름정리 4.76

$F_i(i=1,\ 2,\ ...,\ t)$는 체이고 F_{i+1}은 F_i의 유한 확대체이면 F_t는 F_1의 유한 확대체이고

$$[F_t : F_1] = [F_t : F_{t-1}][F_{t-1} : F_{t-2}] \cdots [F_2 : F_1]$$

이다.

따름정리 4.77

체 F의 유한 확대체 E에 대하여, $[E : F]$가 소수이면 E와 F 사이에는 E와 F 이외의 체는 없다.

>> 증명 L을 $F \leq L \leq E$인 체라고 하면 $[E : L][L : F] = [E : F]$이다. 그런데 $[E : F]$가 소수이므로 $[L : F] = 1$ 또는 $[L : E] = 1$이다. 따라서 $L = F$ 또는 $L = E$이다. ■

정의 4.43 체 F의 확대체 E에 대하여, 집합 A를

$$A = \{\alpha \in E | \alpha\text{는 } F \text{ 위에서 대수적}\}$$

라 하자. 이때 집합 A를 F 위에서의 E의 대수적 폐포(algebraic closure)라 하고 $\overline{F}$로 나타낸다.

정리 4.78

체 F의 확대체 E에 대하여, 집합 A를

$$A = \{\alpha \in E | \alpha\text{는 } F \text{ 위에서 대수적}\}$$

라 하자. 그러면 A는 E의 부분체이며 F의 대수적 확대체이다.

>> **증명** F의 모든 원소는 F 위에서 대수적이므로 $F \subseteq A \subseteq E$가 성립하는 것은 자명하다. 이제 A가 체임을 보이자. 임의의 $a,\ b \in A$에 대하여 A는 F 위에서 대수적인 E의 원소들의 집합이므로 $a,\ b$도 F 위에서 대수적이다. 그러므로 체 $F(a,\ b) = (F(a))(b)$는 F의 대수적 확대체이다. 그런데 대수적인 원소들끼리의 연산의 결과도 대수적이므로

$$a \pm b, \quad ab \in F(a,\ b) \subseteq A$$

이고,

$$ab^{-1} \in F(a,\ b) \subseteq A \quad (b \neq 0)$$

이다. 따라서 A는 F의 대수적 확대체이다. ■

정리 4.78에 의하면 체 F의 대수적 폐포 $\overline{F}$는 F의 대수적 확대체이다. 그리고 $\overline{F}$는 F의 대수적 확대체 중 가장 작은 체이다.

연습 문제

01 다음 복소수 $\alpha \in \mathbb{C}$에 대하여 $irr(\alpha, \mathbb{Q})$를 구하여라.

(1) $\alpha = \sqrt{3-\sqrt{6}}$

(2) $\alpha = \sqrt{\frac{1}{3}+\sqrt{7}}$

(3) $\sqrt{2}+i$

02 다음 각 경우에 $[K : F]$와 체 F 위에서의 체 K의 기저를 구하여라.

(1) $F = \mathbb{Q}$, $K = \mathbb{Q}(\sqrt{2})$

(2) $F = \mathbb{Q}$, $K = \mathbb{Q}(1+\sqrt{2})$

03 다음 체 F와 실수 α에 대하여 $irr(\alpha, F)$를 구하여라.

(1) $F = \mathbb{Q}(\sqrt{2})$, $\alpha = \sqrt[3]{2}$

(2) $F = \mathbb{Q}(\sqrt[3]{2})$, $\alpha = \sqrt{2}$

04 $\alpha = \cos\frac{\pi}{4} + i\sin\frac{\pi}{4}$에 대하여 $[\mathbb{Q}(\alpha) : \mathbb{Q}]$와 $irr(\alpha, \mathbb{Q})$를 구하여라.

05 다음 물음에 답하여라.

(1) x^3+x^2+1은 $\mathbb{Z}_2$ 위에서 기약임을 보여라.

(2) α를 $\mathbb{Z}_2$의 확대체에 있는 $x^3+x^2+1=0$의 한 근이라고 하자. 실제로 x^3+x^2+1을 인수분해 하여 $(\mathbb{Z}_2(\alpha))[x]$의 세 다항식으로 인수분해 됨을 보여라.

(힌트: $\mathbb{Z}_2(\alpha)$의 모든 원소는 $a_0+a_1\alpha+a_2\alpha^2$, a_0, a_1, $a_2 \in \mathbb{Z}_2$의 꼴로 나타낼 수 있다. 이제 실제로 x^3+x^2+1을 $x-\alpha$로 나눗셈을 한 후 몫을 $q(x)$라 하면 $q(x)=0$의 근이 $\mathbb{Z}_2(\alpha)$에 있음을 보임으로써 증명할 수 있다.)

06 체 E는 체 F의 확대체이고 α, $\beta \in E$라고 하자. 이제 α가 F 위에서 초월적이지만 $F(\beta)$ 위에서는 대수적이라면 β는 $F(\alpha)$ 위에서 대수적임을 보여라.

07 q개의 원소를 가지는 체 F와 F의 확대체 E에 대하여, $\alpha \in E$는 F 위에서 대수적이며 이때 최소다항식의 차수는 n이라고 하자. 그러면 $F(\alpha)$는 q^n개의 원소를 가짐을 보여라.

제5장

암호와 유한체, 타원곡선

Cryptography, Finite fields, and Elliptic curves

원소의 개수가 유한한 유한체는 컴퓨터에서 사용되는 정보를 표현하기에 적합하다. 정수를 기반으로 설계된 여러 공개 키 암호체계들은 유한체를 기반으로 다시 설계되기도 하고 더욱 확장되기도 한다. 유한체를 사용할 경우, 기존의 정수가 아닌 다른 수집합을 이용할 수 있다는 장점도 있고, 기존과 다른 연산체계를 통해 새로운 암호체계를 설계할 수 있다는 장점도 있다. 이 장에서는 유한체의 기본성질과 수집합을 기반으로 정의된 기하에 대수적 성질이 더해진 타원곡선군의 기본 성질과 간단한 응용을 살펴볼 것이다.

5.1 유한체

유리수체와 실수체는 우리가 보통의 연산을 하는 유명한 체이다. 컴퓨터에서도 실수체 혹은 유리수체를 따라하기 위한 표현방법, 연산방법 등을 개발하여 사용하고 있다. 하지만 컴퓨터라는 구조 자체가 유한한 성질을 띠고 있기 때문에 실제로 무한한 원소를 가지는 유리수체나 실수체를 모두 나타내기에는 부족하다. 하지만 유한체(finite field)의 경우, 컴퓨터의 이러한 한계를 모두 수용하여 정보를 표현할 수 있도록 하며, 그 정보를 가공, 처리할 수 있는 연산을 제공할 수 있기 때문에 컴퓨터를 이용한 정보처리에 매우 유용한 대수적 구조이다. 이 절에서는 유한체의 기본적인 성질과 몇 가지 예를 살펴보고자 한다.

5.1.1 기본 성질

원소의 개수가 유한인 유한체는 그 모든 구조가 밝혀져 있다. 임의의 소수 p와 양의 정수 h에 대하여 $q=p^h$이라고 하면, q개의 원소로 가진 유한체가 유일하게 존재하고 이를 $\mathbb{F}_q$ 또는 $GF(q)$로 나타낸다. 이와 같은 사실은 갈루아(Évariste Galois, 1811～1832)에 의해 밝혀졌다. 유한체는 무한체와 비슷한 성질도 있고 다른 성질도 있다.

정의 5.1 체 F에 대하여

$$n \cdot 1 = \underbrace{1+1+\cdots+1}_{1\text{이 } n\text{개}} = 0$$

인 가장 작은 양의 정수 n을 F의 표수(characteristic)라 하고, $\mathrm{Char}(F)$로 나타낸다. 만일 모든 자연수 m에 대하여 $m1 \neq 0$라면 F는 표수가 0인 체라고 한다.

환의 표수는 단위원 1을 가진 환에 대해서도 체의 표수와 같은 방법으로 정의한다.

예제 5.1 정수환 $\mathbb{Z}$와 유리수체 $\mathbb{Q}$, 실수체 $\mathbb{R}$의 표수는 0이다. 하지만, 법 n에 관한 잉여류환 $\mathbb{Z}_n=\{0,\ 1,\ 2,\ \ldots,\ n-1\}$의 표수는 n이다.

정리 5.1
체 F의 표수가 양의 정수 p이면, p는 소수이고 또 임의의 $a \in F$에 대하여 $ap = 0$이다.

>> 증명 표수 p가 합성수라 가정하자. 그러면 적당한 두 양의 정수 m, n에 대하여 $p = mn$이고, 이때 $1 < n < p$, $1 < m < p$이다. 그런데

$$0 = p1 = (mn)1 = (m1)(n1)$$

이고, F는 체이므로 $m1 = 0$ 또는 $n1 = 0$이다. 이는 n이 최소라는 표수의 정의에 모순이므로 p는 소수이다.
또 임의의 $a \in F$에 대하여

$$pa = p(a1) = (p1)a = 0a = 0$$

이다. ■

정의 5.2 체 F의 부분체 중 가장 작은 부분체를 체 F의 소체(prime field)라고 한다.

예제 5.2 실수체 $\mathbb{R}$의 부분체 중 가장 작은 체는 유리수체 $\mathbb{Q}$이다. 따라서 $\mathbb{Q}$는 $\mathbb{R}$의 소체이다.

정리 5.2
체 F의 표수가 소수 p일 때, F의 소체는 $\mathbb{Z}_p$와 본질적으로 동일하다. 한편 F의 표수가 0이면, F는 $\mathbb{Q}$와 본질적으로 동일한 부분체를 포함한다.

정리 5.2는 환의 동형정리[1])를 이용하여 증명할 수 있지만 직관적으로 체 F의 표수가 p이므로 $\mathbb{Z}_p$와 본질적으로 같은, 즉 동형인 대수구조가 F에 포함됨을 알 수 있고, 체는 1을 포함해야 하므로 F의 부분체는 적어도 $\mathbb{Z}_p$를 포함해야 함을 알 수 있다.

1) 환의 제1동형정리는 '환 R과 S에 대하여, $\varphi : R \to S$는 환 준동형사상이라고 하자. 그러면 $\mathrm{Ker}(\varphi) = \{r \in R \mid \varphi(r) = 0_s\}$은 R의 이데알이고 $\varphi(R)$은 S의 부분환이며 $R/\mathrm{Ker}(\varphi) \cong \varphi(R)$이 성립한다'이다. 이와 관련하여 환의 제2, 제3동형정리라는 성질이 있다. 자세한 내용은 대수학 서적을 참고하기 바란다.

정리 5.3

체 F가 유한체일 때, F의 곱셈군 $F^{*}=F-\{0\}$은 순환군이다.

>> **증명** 적당한 양의 정수 n에 대하여, $|F^{*}|=n$이라 하고 n의 양의 약수 d에 대하여

$$B_d=\{a\in F^{*}\mid \text{위수가 } d\text{인 } a\}$$

라 하자. 그러면 $\sum_{d|n}|B_d|=|F^{*}|=n$이고 오일러의 φ 함수의 성질에 의해 $\sum_{d|n}\varphi(d)=n$이므로

$$\sum_{d|n}|B_d|=\sum_{d|n}\varphi(d)$$

이다.

이제 $|B_d|\neq 0$이면 $|B_d|=\varphi(d)$임을 보이자. $|B_d|\neq 0$이라 하면 $b\in B_d$를 택할 수 있고, $\langle b\rangle$은 위수 d인 F^{*}의 순환부분군이다. 따라서 $b^{d}-1=0$이므로 $\langle b\rangle$의 모든 원소는 $x^{d}-1=0(x^{d}-1\in F[x])$의 근이다. B_d의 모든 원소의 위수가 d이므로 $x^{d}-1=0$의 근이다. $x^{d}-1=0$는 F에서 기껏해야 d개의 근을 가지므로 $B_d\subseteq\langle b\rangle$이다. 즉 B_d는 $\langle b\rangle$의 원소 중 위수가 d인 원소들의 집합이고, $\langle b\rangle$의 원소 중 위수가 d인 원소의 개수는 $\varphi(d)$이므로 $|B_d|=\varphi(d)$이다. $\sum_{d|n}|B_d|=\sum_{d|n}\varphi(d)=n$이므로 $d|n$인 모든 양의 정수 d에 대하여 $|B_d|=\varphi(d)$이다. 그리고 $d|n$인 모든 양의 정수 d에 대하여 $1\leq\varphi(d)=|B_d|$이므로 $B_n\neq\varnothing$이다. 따라서 F^{*}에는 위수 n인 원소 g가 존재하고 이때 $F^{*}=\langle g\rangle$이다. ■

정리 5.4

임의의 소수 p에 대하여, $[F:\mathbb{Z}_p]=m$인 유한체 F의 표수가 p이면 $|F|=p^{m}$이다.

>> **증명** $\mathbb{Z}_p$는 p개의 원소를 가지는 유한체이고 F는 $\mathbb{Z}_p$를 포함하는 체이므로 F는 $\mathbb{Z}_p$의 확대체이다. 그런데 $m=[F:\mathbb{Z}_p]$이므로 F는 m개의 원소를 가지는 $\mathbb{Z}_p$ 위의 기저가 존재하고 이를 $\{\alpha_1,\ \alpha_2,\ \ldots,\ \alpha_m\}$이라고 두면 F의 모든 원소는

$$a_1\alpha_1 + a_2\alpha_2 + \cdots + a_m\alpha_m, \quad a_i \in \mathbb{Z}_p$$

꼴로 표시할 수 있다. 이때, 각 a_i가 가질 수 있는 값은 p개씩이므로 $|F| = p^m$이다. ■

정리 5.4에 의해서 원소의 개수가 6개나 12개인 유한체는 존재하지 않는다. 그리고 정리 5.4의 역 또한 성립한다.

정리 5.5

임의의 소수 p와 양의 정수 m에 대해서 위수가 p^m인 체가 항상 존재한다.

≫ 증명 F를 체 $\mathbb{Z}_p$ 위의 방정식 $x^{p^m} - x = 0$의 모든 근을 포함하는 $\mathbb{Z}_p$의 확대체라 하자. 그러면 F의 표수는 $\mathbb{Z}_p$의 표수와 같은 p이고, $x^{p^m} - x$는 $x^{p^m} - x$의 형식적 미분인 $p^m x^{p^{m-1}} - 1$와 서로소이므로 $x^{p^m} - x = 0$은 F 위에서 p^m개의 근을 갖는다.

방정식 $x^{p^m} - x = 0$의 서로 다른 근의 전체집합을 $K = \{\alpha_1, \ldots, \alpha_{p^m}\}$이라고 하자. 그러면 $K = \{\alpha \in F | \alpha^{p^m} = \alpha\}$이고 $|K| = p^m$이다. 만일 $\alpha, \beta \in K$이면 이항정리와 수학적 귀납법에 의해 $(\alpha \pm \beta)^{p^m} = \alpha^{p^m} \pm \beta^{p^m}$, $(\alpha\beta)^{p^m} = \alpha^{p^m}\beta^{p^m}$, $(\alpha^{-1})^{p^m} = (\alpha^{p^m})^{-1}$이 성립한다. 이로부터 모든 $z \in \mathbb{Z}_p$가 $z^{p^m} = z$임도 수학적 귀납법을 이용하여 알 수 있다. 결국 $\mathbb{Z}_p \subseteq K$이고, $\mathbb{Z}_p(\alpha_1, \ldots, a_{p^m})$의 모든 원소 역시 $x^{p^m} - x = 0$의 근이므로 $F = \mathbb{Z}_p(\alpha_1, \ldots, \alpha_{p^m}) \subseteq K$이다.

임의의 $\alpha, \beta \in K$에 대하여

$$(\alpha - \beta)^{p^m} = \alpha - \beta, \quad (\alpha\beta)^{p^m} = \alpha\beta$$

이므로 $\alpha - \beta$, $\alpha\beta \in K$이고 $\alpha \in K$, $\alpha \neq 0$일 때,

$$(\alpha^{-1})^{p^m} = (\alpha^{p^m})^{-1} = \alpha^{-1}$$

이므로 $\alpha^{-1} \in K$이다. 따라서 K는 F의 부분체이다.

따라서 $K \subseteq F = \mathbb{Z}_p(\alpha_1, \ldots, \alpha_{p^m}) \subseteq K$이므로 $K = F$이고 $|F| = |K| = p^m$이

다. 결국, 임의의 소수 p와 양의 정수 m에 대해서 위수가 p^m인 체가 항상 존재한다. ■

정리 5.6
위수가 같은 체는 모두 본질적으로 같은 체이다.

5.1.2 갈루아 체

정리 5.5와 정리 5.6에 의하면, 소수 p와 양의 정수 m에 대하여 위수가 p^m인 유한체는 항상 존재하며 그러한 유한체는 본질적으로 같다. 즉 위수가 p^m인 유한체는 하나로 정할 수 있고 이를 수학자 갈루아의 이름을 따라 갈루아 체(Galois field)라고 한다. 갈루아 체의 정확한 정의는 다음과 같다.

정의 5.3 임의의 소수 p와 양의 정수 m에 대하여, p^m개의 원소를 가진 유한체는 본질적으로 하나뿐인데, 이를 위수가 p^m인 갈루아 체라고 하고, $\mathbb{F}_{p^m}$ 또는 $GF(p^m)$으로 나타낸다. 특히 $\mathbb{F}_p = GF(p) = \mathbb{Z}_p$이다.

정리 5.7
임의의 소수 p와 양의 정수 m에 대하여, d가 m의 양의 약수이면 적당한 양의 정수 s에 대하여 $p^m - 1 = (p^d - 1)s$이고 또 이때 갈루아 체 $\mathbb{F}_p$ 위에서

$$x^{p^m} - x = (x^{p^d} - x)((x^{p^{d-1}})^{s-1} + \cdots + x^{p^{d-1}} + 1)$$

이 성립한다.

>> 증명 d는 m의 양의 약수이므로 $m = dt$인 양의 정수 t가 존재하고,

$$p^m - 1 = p^{dt} - 1 = (p^d)^t - 1 = (p^d - 1)((p^d)^{t-1} + \cdots + p^d + 1)$$

이므로 적당한 양의 정수 s에 대하여

$$p^m - 1 = (p^d - 1)s$$

이다. 따라서

$$\begin{aligned} x^{p^m} - x &= x(x^{p^m - 1} - 1) \\ &= x(x^{(p^d - 1)s} - 1) \\ &= x(x^{p^d - 1} - 1)((x^{p^d - 1})^{s-1} + \cdots + x^{p^d - 1} + 1) \end{aligned}$$

도 성립한다. ■

위수가 p^m인 갈루아 체 구성하기

$\mathbb{F}_{p^m}$는 정리 5.5의 증명에서처럼 $x^{p^m} - x = 0$의 근으로 이루어져 있다. 따라서 $\mathbb{F}_{p^m}$을 구하기 위해서는 소수 p를 정하여 $\mathbb{F}_p = \mathbb{Z}_p$를 선택하고 $\mathbb{Z}_p[x]$에 속하는 적당한 m차 기약 다항식 $f(x)$를 선택하여 $f(x) = 0$의 근 α를 이용하여 $\mathbb{F}_p(\alpha)$를 구성하면 된다. $f(x)$는 m차이고 $f(\alpha) = 0$이므로, $\mathbb{F}_p(\alpha)$의 모든 원소는 α에 관한 m차 미만의 식으로 축소된다. 즉,

$$\begin{aligned} \mathbb{F}_{p^m} = \mathbb{F}_p(\alpha) &= \{g(\alpha) \mid g(x) \in \mathbb{F}_p\} \\ &= \{a_{m-1}\alpha^{m-1} + \cdots + a_1\alpha + a_0 \mid a_{m-1}, \ldots, a_0 \in \mathbb{F}_p\} \end{aligned}$$

이다. 각 a_i는 $\mathbb{F}_p$의 모든 p개의 원소가 될 수 있으므로, $\mathbb{F}_p(\alpha)$는 모두 p^m개의 원소를 갖는다. 따라서 $\mathbb{F}_p(\alpha) = \mathbb{F}_{p^m}$이다. 여기서 $\{1, \alpha, \alpha^2, \ldots, \alpha^{m-1}\}$이 유한체의 기저이다.

예제 5.3 $\mathbb{F}_{2^3}$을 구성해 보자. $\mathbb{Z}_2$ 위에서 정의된 3차 기약 다항식은 $x^3 + x + 1$와 $x^3 + x^2 + 1$, 2개가 있다. 이 중 기약다항식 $x^3 + x + 1$을 이용하여 $\mathbb{Z}_2$를 $\mathbb{F}_{2^3}$으로 확장해 보자. α를 $x^3 + x + 1 = 0$의 근이라고 하자. 그리면 정리 5.4에 의해 $\mathbb{F}_{2^3}$은 8개의 원소를 가지며,

$$\begin{aligned} \mathbb{F}_{2^3} &= \{a_0 + a_1\alpha + a_2\alpha^2 \mid a_0, a_1, a_2 \in \mathbb{Z}_2\} \\ &= \{0, 1, \alpha, 1+\alpha, \alpha^2, 1+\alpha^2, \alpha+\alpha^2, 1+\alpha+\alpha^2\} \end{aligned}$$

이다.

예제 5.4 $x^2+x+1,\ x^4+x+1,\ x^4+x^3+1,\ x^4+x^3+x^2+x+1 \in \mathbb{Z}_2[x]$은 기약 다항식이다. 이 중 기약다항식 x^4+x+1을 이용하여 $\mathbb{F}_{2^4}$를 구성하기 위하여 α를 $x^4+x+1=0$의 근을 α라고 하자. 그러면

$$\begin{aligned}\mathbb{F}_{2^4} &= \{a_0+a_1\alpha+a_2\alpha^2+a_3\alpha^3 \mid a_0,\ a_1,\ a_2,\ a_3 \in \mathbb{Z}_2\} \\ &= \{0,\ 1,\ \alpha,\ 1+\alpha,\ \alpha^2,\ 1+\alpha^2,\ \alpha+\alpha^2,\ 1+\alpha+\alpha^2,\ \alpha^3,\ 1+\alpha^3,\ \alpha+\alpha^3, \\ &\quad \alpha^2+\alpha^3,\ 1+\alpha+\alpha^3,\ 1+\alpha^2+\alpha^3,\ \alpha+\alpha^2+\alpha^3,\ 1+\alpha+\alpha^2+\alpha^3\}\end{aligned}$$

이다.

예제 5.5 $x^4+x+1,\ x^2+x+1$는 $\mathbb{Z}_2[x]$에서 기약 다항식이다. α를 $x^4+x+1=0$의 근이라고 하자. $\mathbb{F}_{2^4}$의 원소 중 $x^4+x+1=0$의 근은 $\alpha,\ \alpha^2,\ \alpha^{2^2}=\alpha+1,\ \alpha^{2^3}=\alpha^2+1$이므로 α를 이용하여 $\mathbb{Z}_2$로부터 확장된 체 $\mathbb{F}_{2^4}$ 위에서 x^4+x+1는

$$\begin{aligned}x^4+x+1 &= (x+\alpha)(x+1+\alpha)(x+\alpha^2)(x+1+\alpha^2) \\ &= (x^2+x+\alpha+\alpha^2)(x^2+x+1+\alpha+\alpha^2)\end{aligned}$$

로 인수분해 된다.

$\beta=\alpha+\alpha^2$는 $(\beta)^2+\beta+1=(\alpha^2+\alpha)^2+(\alpha^2+\alpha)+1=0$이므로 $x^2+x+1=0$의 근이다. β를 이용하여 $\mathbb{Z}_2$로부터 확장된 체 $\mathbb{F}_{2^2}$ 위에서 $x^2+x+\beta$와 $x^2+x+1+\beta$는 기약 다항식이다.

예제 5.6 $\mathbb{Z}_2$ 위에서의 4차 기약다항식으로 생성한 유한체들은 모두 $\mathbb{F}_{2^4}$와 본질적으로 같기 때문에 4차 기약다항식들의 근을 모두 $x^4+x+1=0$의 근 α를 이용하여 나타낼 수 있다. 이제 $x^2+x+1,\ x^4+x+1,\ x^4+x^3+1,\ x^4+x^3+x^2+x+1 \in \mathbb{Z}_2[x]$이 각각 0이 되는 모든 x를 α를 이용하여 나타내보자. α는 $x^4+x+1=0$의 근이므로

$$\alpha^4+\alpha+1=0$$

을 만족한다. 또한

$$0=(\alpha^4+\alpha+1)^2=(\alpha^2)^4+(\alpha^2)+1$$

이므로 α^2도 $x^4+x+1=0$의 근이 된다. 같은 방법으로

$$(\alpha^4+\alpha+1)^{2^2}=(\alpha^4)^4+(\alpha^4)+1=0,$$
$$(\alpha^4+\alpha+1)^{2^3}=(\alpha^8)^4+(\alpha^8)+1=0$$

이므로 α^{2^2}, α^{2^3}도 $x^4+x+1=0$의 근이 된다. 따라서 $\mathbb{F}_{2^4}$의 원소 중 $x^4+x+1=0$의 근은 α, α^2, $\alpha^{2^2}=\alpha+1$, $\alpha^{2^3}=\alpha^2+1$이다. 이와 같은 방법으로 $x^2+x+1=0$, $x^4+x+1=0$, $x^4+x^3+1=0$, $x^4+x^3+x^2+x+1=0$의 근을 α로 나타내면 다음과 같다.

- $x^2+x+1=0$의 근: $\alpha+\alpha^2$, $1+\alpha+\alpha^2$
- $x^4+x+1=0$의 근: α, $1+\alpha$, α^2, $1+\alpha^2$
- $x^4+x^3+1=0$의 근: $1+\alpha^3$, $1+\alpha+\alpha^3$, $1+\alpha^2+\alpha^3$, $\alpha+\alpha^2+\alpha^3$
- $x^4+x^3+x^2+x+1=0$의 근: α^3, $\alpha+\alpha^3$, $\alpha^2+\alpha^3$, $1+\alpha+\alpha^2+\alpha^3$

정리 5.5에 의하면 소수 p와 양의 정수 m에 대하여 위수가 p^m인 유한체 $\mathbb{F}_{p^m}$은 항상 존재한다. 이때 $\mathbb{F}_{p^m}$의 모든 원소는 $x^{p^m}-x=0$의 근이 되는 것을 증명과정에서 확인하였다. 따라서 임의의 0이 아닌 원소 $a\in\mathbb{F}_{p^m}$에 대해서

$$a^{p^{m-1}}=1$$

이다. 즉, 0이 아닌 $\mathbb{F}_{p^m}$의 원소의 집합 $\mathbb{F}_{p^m}^*$는 방정식 $x^{p^{m-1}}-1=0$의 근의 집합과 같다.

예제 5.4에서 $x^4+x+1=0$의 근을 이용하면 $GF(2^4)$은 다음과 같이 표현될 수 있다.

예제 5.7 $x^4+x+1\in\mathbb{F}_2[x]$를 이용하여 $\mathbb{F}_{2^4}^*$의 원소는 다음 표와 같이 나타낼 수 있다.

$\alpha^1=\alpha$	$\alpha^2=\alpha^2$	$\alpha^3=\alpha^3$
$\alpha^4=1+\alpha$	$\alpha^5=\alpha+\alpha^2$	$\alpha^6=\alpha^2+\alpha^3$
$\alpha^7=1+\alpha+\alpha^3$	$\alpha^8=1+\alpha^2$	$\alpha^9=\alpha+\alpha^3$
$\alpha^{10}=1+\alpha+\alpha^2$	$\alpha^{11}=\alpha+\alpha^2+\alpha^3$	$\alpha^{12}=1+\alpha+\alpha^2+\alpha^3$
$\alpha^{13}=1+\alpha^2+\alpha^3$	$\alpha^{14}=1+\alpha^3$	$\alpha^{15}=1$

유한체는 기약다항식 $f(x)$에 대하여 $\mathbb{F}_p[x]/\langle f(x)\rangle$로 정의된다. 따라서 덧셈과 곱셈은 $\mathbb{F}_p$와 다항식환 위에서의 연산, 그리고 나머지 연산으로 정의할 수 있다.

예제 5.8 $f(x)=x^2+x+1\in\mathbb{F}_2[x]$로 놓으면 f는 기약다항식이다. 따라서 $f(x)=0$의 근을 α로 놓으면

$$\mathbb{F}_{2^2}=\{0,\ 1,\ \alpha,\ \alpha+1\}$$

이 된다. 여기에서 $(\alpha+1)+(\alpha)=2\alpha+1=1$이고, $(\alpha+1)\alpha=\alpha^2+\alpha=1$이다. $\mathbb{F}_{2^2}$에서의 덧셈과 곱셈 연산을 표로 정리하면 다음과 같다.

$+$	0	1	α	$1+\alpha$
0	0	1	α	$1+\alpha$
1	1	0	$1+\alpha$	α
α	α	$1+\alpha$	0	1
$1+\alpha$	$1+\alpha$	α	1	0

$\cdot$	0	1	α	$1+\alpha$
0	0	0	0	0
1	0	1	α	$1+\alpha$
α	0	α	$1+\alpha$	1
$1+\alpha$	0	$1+\alpha$	1	α

예제 5.8에서 보듯이 유한확장체에서의 연산은 나눗셈의 나머지를 취하는 연산이 추가로 들어간다는 점을 제외하면 유한체 위에서의 다항식 연산과 거의 동일하다.

덧셈에 대한 역원연산은 계수의 부호만 바꿔주면 되므로 쉽게 구할 수 있다. 예를 들어 예제 5.8에서 $\alpha+1$의 덧셈에 대한 역원은 $-\alpha-1$이다. 그런데 $\mathbb{F}_2$에서 -1은 1과 같으므로 $\alpha+1$의 역원은 $\alpha+1$이 된다. 이와 같이 유한체 위에서의 덧셈에 대한 역원은 쉽게 구할 수 있다.

그러면 곱셈에 대한 역원은 어떻게 구할 것인가? 우선 곱셈에 대한 역원의 개념을 다시 한 번 살펴보자. 예제 5.8에서 $\alpha+1$의 역원은 α임을 곱셈표를 통하여 알 수 있다. 역원을 구하기 위해서는 $(\alpha+1)x=1$을 만족하는 x를 구해야 한다. 즉

$$(\alpha+1)x \equiv 1 \bmod (\alpha^2+\alpha+1)$$

을 만족하는 x를 찾아야 한다.

최소다항식 $f(x) \in \mathbb{F}_p[x]$에 대하여 유한확장체 $\mathbb{F}_{p^n} = \mathbb{F}_p[x]/\langle f(x) \rangle$를 생각하자. 이제 0이 아닌 임의의 다항식 $g(x) \in \mathbb{F}_p[x]/\langle f(x) \rangle$에 대하여,

$$g(x) \cdot h(x) \equiv 1 \mod f(x)$$

를 만족하는 $h(x)$를 유클리드 알고리즘을 이용하여 구할 수 있다. 그러면 우리가 구하고자 하는 $g(x)^{-1} \in \mathbb{F}_p[x]/\langle f(x) \rangle$는 $h(x) \mod f(x)$이다.

다항식에 대한 유클리드 알고리즘은 정수에서의 유클리드 알고리즘과 같은 방법으로 증명이 가능하며 그 내용은 다음과 같다.

정리 5.8 다항식에 대한 유클리드 알고리즘

체 F 위의 두 다항식 $f(x)$, $g(x) \in F[x]$ $(f(x) \neq 0)$에 대하여

$$\begin{aligned}
g(x) &= f(x)q_1(x) + r_1(x), && 0 \le \deg(r_1(x)) < \deg(f(x)) \\
f(x) &= r_{1(x)q_2}(x) + r_2(x), && 0 \le \deg(r_2(x)) < \deg(r_1(x)) \\
r_1(x) &= r_2(x)q_3(x) + r_3(x), && 0 \le \deg(r_3(x)) < \deg(r_2(x)) \\
&\vdots && \vdots \\
r_{n-2}(x) &= r_{n-1}(x)q_n(x) + r_n(x), && 0 \le \deg(r_n(x)) < \deg(r_{n-1}(x)) \\
r_{n-1}(x) &= r_n(x)q_{n+1}(x)
\end{aligned}$$

일 때, $f(x)$와 $g(x)$의 최대공약수 $d(x)$는

$$d(x) = a^{-1}r_n(x) \quad (a\text{는 } r_n(x)\text{의 최고차 항의 계수})$$

이다.

예제 5.7에서 $\mathbb{F}_{2^4}^*$의 모든 원소는 α이 거듭제곱으로 나타낼 수 있다. 즉 $\mathbb{F}_{2^4}^*$는 α의 순환군이 된다.

정의 5.4 임의의 소수 p와 양의 정수 m에 대하여, 갈루아 체 $\mathbb{F}_{p^m}$에서

$$\mathbb{F}_{p^m}^* = \langle g \rangle = \{1, g, \ldots, g^{p^{m-2}}\}, \ g^{p^{m-1}} = 1$$

인 원소 $g \in \mathbb{F}_{p^m}^*$를 체 $\mathbb{F}_{p^m}$의 원시원소(primitive element)라 한다. 또한, $\mathbb{F}_{p^m}$의 원시원소 g에 대하여, $f(x) \in \mathbb{F}_p[x]$가 $f(g) = 0$을 만족하는 최소다항식일 때 $f(x)$를 체 $\mathbb{F}_p$ 위에서의 m차의 원시다항식이라 한다.

예제 5.9 갈루아 체 $\mathbb{F}_{2^2}$의 부분체는 $\mathbb{F}_2 = \{0, 1\}$와 $\mathbb{F}_{2^2}$뿐이다. 그리고 체 $\mathbb{F}_2$ 위의 2차의 기약 다항식은 $p(x) = x^2 + x + 1$뿐이다. 또 $p(x) = 0$의 한 근을 α라고 하면

$$\mathbb{F}_{2^2} = \mathbb{F}_2(\alpha) = \{0, 1, \alpha, 1 + \alpha\}, \ \alpha^2 = 1 + \alpha$$
$$\mathbb{F}_{2^2}^* = \{1, \alpha, \alpha^2\} = \langle \alpha \rangle, \ \alpha^3 = 1$$

이다. 따라서 체 $\mathbb{F}_{2^2}$의 원시원소는 α, α^2뿐이고 최소다항식은 $x^2 + x + 1$이다. 즉, $x^2 + x + 1$은 $\mathbb{F}_{2^2}$의 원시다항식이다.

예제 5.10 $\mathbb{F}_2$ 위에서 $f(x) = x^4 + x^3 + 1$은 예제 5.7에서처럼 $f(x) = 0$의 근이 $\mathbb{F}_{2^4}^*$를 생성하므로 원시다항식이다. 하지만 $g(x) = x^4 + x^3 + x^2 + x + 1$라 할 때, $g(x) = 0$의 근을 β라고 하면, $\beta^4 = \beta^3 + \beta^2 + \beta + 1$이므로 $\beta^5 = \beta^4 + \beta^3 + \beta^2 + \beta = 1$이 되어 $\mathbb{F}_{2^4} \neq \langle \beta \rangle$이 되어 $g(x)$는 $\mathbb{F}_{2^4}$의 원시다항식이 아니다.

정리 5.9

임의의 소수 p와 양의 정수 m에 대하여, 갈루아 체 $\mathbb{F}_{p^m}$에는 $\varphi(p^m - 1)$개의 원시원소가 존재하고, 체 $\mathbb{F}_p$ 위의 원시다항식은 $\dfrac{\varphi(p^m - 1)}{m}$개가 존재한다.

≫ 증명 α를 $\mathbb{F}_{p^m}$의 원시원소라 하자. 이제 α^i이 다시 $\mathbb{F}_{p^m}$의 원시원소, 즉 $\mathbb{F}_{p^m}^*$의 생성원이 되기 위한 필요충분조건은 $\gcd(i, p^m - 1) = 1$이므로 $\mathbb{F}_{p^m}$에는 $\varphi(p^m - 1)$개의 원시원소가 존재한다.

이제 $p(x)$를 체 $\mathbb{F}_{p^m}$의 m차 원시다항식이라고 하면, $\mathbb{F}_{p^m}$의 적당한 원시원소 $\beta = \alpha^i$에 대하여, $p(\beta) = 0$이다. 그런데 이 원시다항식은 $\mathbb{F}_{p^m}$에서 m개의 서로 다른 근 β, β^p, …, $\beta^{p^{m-1}}$을 가지며, 각 $i = 0$, 1, …, $m-1$에 대하여, $\gcd(p^i, p^m - 1) = 1$이므로 이들 m개의 근은 모두 위수가 $p^m - 1$이다. 따라서 m개의 근 모두 $\mathbb{F}_{p^m}$의 원시원소이다. 그러므로 체 $\mathbb{F}_{p^m}$ 위의 m차 원시다항식은 꼭 $\dfrac{\varphi(p^m - 1)}{m}$개가 존재한다. ■

정의 5.5 임의의 소수 p와 양의 정수 m에 대하여 $q = p^m$이라 하고, 양의 정수 n에 대하여 유한체 $\mathbb{F}_{q^n}$의 원소 α가 원시원소이라 하자. 그러면

$$\mathbb{F}_{q^n}^* = \langle \alpha \rangle = \{1, \alpha, \ldots, \alpha^{q^n - 2}\}, \ \alpha^{q^n - 1} = 1$$

이므로 각 원소 $\xi \in \mathbb{F}_{q^n}^*$에 대하여

$$\xi = \alpha^i, \quad 0 \le i \le q^n - 2$$

인 정수 i가 하나 존재한다. 이러한 정수 i는 α를 밑으로 하는 ξ의 이산로그(discrete logarithm) 또는 지수(index)라고 하고, 이를 $i = \log_\alpha \xi$로 나타낸다.

예제 5.11 체 $\mathbb{F}_p$에서 $g \in \mathbb{F}_p$가 체 $\mathbb{F}_p$의 원시원소라면 g는 법 p에 대해 원시원소이고, 체 $\mathbb{F}_p$에서의 원시다항식은 모두 일차다항식 $p(x) = x - g$(g는 원시원소)의 꼴이다. 그리고 각 원소 $a \in \mathbb{F}_p$의 이산로그 $\log_g a$는 법 p에 대한 a의 이산로그와 같다.

연습 문제

01 유클리드의 알고리즘을 이용하여, 다음 두 다항식 $f(x)$, $g(x) \in \mathbb{Q}[x]$의 최대공약수 $d(x)$를 구하고

$$d(x) = f(x)s(x) + g(x)t(x)$$

인 다항식 $s(x)$, $t(x) \in \mathbb{Q}[x]$를 구하여라.

(1) $f(x) = x^4 - x^3 - x^2 + 1$, $g(x) = x^3 - 1$

(2) $f(x) = x^4 + x + 1$, $g(x) = x^2 + x + 1$

02 다음 순환군의 생성원을 모두 구하여라.

(1) $GF(7)^*$

(2) $GF(11)^*$

(3) $GF(17)^*$

03 다항식 $f(x) = x^3 + x^2 + 1 \in \mathbb{Z}_2[x]$에 대하여 $f(x) = 0$의 한 근을 α라고 하면 다음이 성립함을 확인하여라.

(1) $\alpha^3 = 1 + \alpha^2$, $\alpha^4 = 1 + \alpha + \alpha^2$, $\alpha^5 = 1 + \alpha$, $\alpha^6 = \alpha + \alpha^2$, $\alpha^7 = 1$

(2) $GF(2^3)^* = \langle \alpha \rangle = \{1, \alpha, \ldots, \alpha^6\}$, $\alpha^7 = 1$

(3) α, α^2, α^4은 $x^3 + x^2 + 1 = 0$의 근이고 α^3, α^5, α^6은 $x^3 + x + 1 = 0$의 근이다.

04 체 $\mathbb{F}_3 = \{0, 1, 2\}$와 다항식 $f(x) = x^9 - x \in \mathbb{F}_3[x]$에 대하여, 다음 물음에 답하여라.

(1) $f(x)$는 $f(x) = x(x-1)(x+1)(x^2+1)(x^2+x+2)(x^2+2x+2)$와 같이 인수분해 됨을 확인하여라.

(2) 다항식 $g(x) = x^2 + x + 2$에 대하여, $g(x) = 0$의 $\mathbb{F}_{3^2}$에서의 한 근을 α라고 할 때, $\mathbb{F}_{3^2}^* = \langle \alpha \rangle$의 각 원소를 $a_0 + a_1\alpha$의 꼴로 나타내어라.

5.2 타원곡선

타원곡선(elliptic curves)은 약 150년 전부터 수학적으로 광범위한 연구가 있어 왔고, 최근 앤드류 와일즈(Andrew Wiles)는 페르마의 마지막 정리를 증명할 때 중요하게 사용하기도 하였다. 타원곡선 암호체계는 20세기 중반 이후 비트당 안전도가 타 공개 키 시스템보다 효율적이라는 것이 알려졌고, 최근 높은 속도의 구현이 가능하게 되었다.

타원곡선을 이용한 공개 키 암호체계, 즉 유한체 위에서 정의된 타원곡선 군에서의 이산대수 문제에 기초한 타원곡선 암호체계(Elliptic Curve Cryptosystem, ECC)는 1985년 코블리츠(N. Koblitz)와 밀러(V. Miller)에 의해 처음 제안된 이후 활발히 연구되고 있다. 더욱이, 타원곡선방법(Elliptic Curve Method, ECM)은 최근 RSA 암호체계의 근간이 되는 인수분해 문제와 소수성 테스트를 위한 효율적 알고리즘을 제공하기도 하였다.

타원곡선 암호체계에서 1990년에 괄목할 만한 성과 중의 하나가 메네지스(Menezes), 오카모토(Okamoto)와 반스톤(Vanstone)에 의해 연구되었다. 그들은 이 연구에서 초특이 타원곡선(supersingular elliptic curve)의 이산대수 문제가 유한체 위에서의 이산대수 문제로 바뀔 수 있음을 보였다. 즉, 부지수적 시간 알고리즘(subexponential time algorithms)이 존재한다는 것을 보였다. 그러므로 만약 완전지수복잡도(fully exponential complexity)로 타원곡선 암호체계가 깨지기를 원한다면, 초특이 타원곡선을 피해야 함을 의미한다. 그러나 효율성 면에서 고려하면 초특이 타원곡선을 사용한 암호체계는 몇 가지 이점이 있으므로 무조건적인 배제는 옳지 않다. 참고로 지금까지 가장 널리 사용되고 있는 RSA 시스템을 공격할 수 있는 부지수적 시간 알고리즘(subexponential time algorithms)이 존재한다.

타원곡선 암호체계는 유한체의 곱셈군에 근거한 시스템으로서 다음의 장점을 가진다.

① 군을 제공할 수 있는 다양한 타원곡선을 활용할 수 있다. 즉, 다양한 암호체계 설계가 용이하다.

② (초특이 타원곡선을 피하면) 이 군에서의 부지수적 시간 알고리즘이 존재하지 않는다. 즉, 안전한 암호체계를 설계하는 것이 용이하다.

③ 타원곡선 암호체계는 다른 공개 키 암호체계와 같은 안전도를 제공하는 데에 더 짧은 키 길이를 가지고도 가능하다. 예를 들어, RSA의 1024비트 키와 타원곡선 암호체계의 160비트 키를 갖는 암호체계는 같은 안전도를 갖는다.

④ 타원곡선에서 더하기 연산은 유한체에서의 연산을 포함하므로, 하드웨어와 소프트웨어로 구현하기 용이하다. 더욱이 이 군에서의 이산대수 문제는, 특히 같은 크기의 유한체에서의 이산대수 문제보다 훨씬 어렵다고 알려져 있다.

타원곡선 사용에 따르는 또 다른 이점은 비록 모든 사용자가 같은 기저체를 사용한다 할지라도 각 사용자가 다른 타원곡선을 선택할 수도 있다는 것이다. 즉, 모든 사용자는 체 연산을 수행하기 위해 같은 하드웨어를 사용할 수 있으며, 추가 보안을 위해 주기적으로 타원곡선만 바꾸어주면 된다.

이 절에서는 타원곡선을 이해하기 위한 기본적인 수학적 성질과 타원곡선 위의 점들 간의 대수적 성질에 대하여 다룬다. 하지만 타원곡선 이론의 기초부터 유용한 성질들을 증명하기 위해서는 대수학적 지식과 그 일부인 수론의 상당한 지식이 필요하여 이해하기 어려운 측면이 많다. 따라서 증명 없이 결과 위주로 타원곡선의 성질을 다룰 것이다.

5.2.1 아핀평면

정의 5.6 공집합이 아닌 집합 $\wp$에 대하여 $\wp$의 부분집합들로 이루어진 집합 $\mathcal{L}$이라고 하자.

(1) $\sigma = (\wp, \mathcal{L}, \in)$를 결합구조 또는 기하적 구조(geometric structure)라고 한다. 여기서 $\wp$의 원소를 점(point), $\mathcal{L}$의 원소를 선(line) 혹은 블록(block)이라고 부른다. 결합구조 $\sigma = (\wp, \mathcal{L}, \in)$에서 $\wp$의 원소와 $\mathcal{L}$의 원소 사이의 관계인 $\in$은 특별히 강조하지 않는 한 생략하여 $\sigma = (\wp, \mathcal{L})$로 간단히 나타낸다.

(2) $\wp$의 원소 P와 $\mathcal{L}$의 원소 ℓ에 대하여 $\mathrm{P} \in \ell$이면 점 P와 직선 ℓ 사이에 결합관계가 있다고 하거나 점 P가 직선 ℓ 위에 있다. 또는 직선 ℓ은 점 P를 지난다고 한다.

정의 5.6은 집합 용어를 이용하여 점과 선을 서술하고 있다. 그리고 점과 선의 관계를 결합관계라는 특별한 관계를 이용하여 설명한다. 이러한 관계는 연산처럼 생각할 수 있으며 결국 점들 사이의 연산, 선들 사이의 연산, 점과 선의 연산 등으로 해석할 수 있다.

결합구조 중 특별한 성질을 만족하는 경우를 살펴보자.

정의 5.7 결합구조 $\alpha = (\wp, \mathcal{L})$가 다음 세 조건을 만족한다면 α를 아핀평면(affine plane)이라고 한다.

A.1. 임의의 서로 다른 두 점 P, Q에 대하여, P와 Q를 동시에 지나는 직선은 단 하나만 존재한다.

A.2. 점 P가 직선 ℓ에 있지 않을 때, 점 P를 지나고 직선 ℓ에 평행한 직선은 단 하나만 존재한다.

A.3. α에는 동시에 한 직선 위에 있지 않은 세 점이 존재한다.

정의 5.7에 의하면 아핀평면 $\alpha = (\wp, \mathcal{L})$ 위의 서로 다르고 평행하지 않은 두 직선은 반드시 단 한 점에서 만남을 알 수 있다.

정리 5.10
체 F에 대하여

$$\wp = F^2,$$
$$\mathcal{L} = \{\ell_{a,\,b,\,c} \mid a,\ b,\ c \in F,\ a \neq 0 \text{ 또는 } b \neq 0\},$$
$$\text{여기서 } \ell_{a,\,b,\,c} = \{(x,\ y) \in F^2 \mid ax + by + c = 0\},$$
$$(x,\ y) \in \ell_{a,\,b,\,c} \Leftrightarrow ax + by + c = 0$$

같이 정의된 결합구조 $\alpha = (\wp, \mathcal{L})$은 아핀평면이다.

정리 5.10의 가정에서처럼 정의된 결합구조가 아핀평면임을 보이기 위해서는 정의 5.7의 세 조건 A.1, A.2, A.3를 만족함을 보이면 되는데 이는 어렵지 않다. 그리고 이때 이 아핀평면을 체 F 위의 아핀평면(affine plane over a field F)이라고 하고 $AG(2,\ F)$로 나타낸다.

예제 5.12 $AG(2,\ \mathbb{R})$은 실수체 위의 아핀평면이며 이를 유클리드 평면이라고 한다. 이는 우리가 자주 접하는 점의 좌표가 실수로 주어진 평면이다.

아핀평면 $\alpha = (F^2, \mathcal{L})$에서의 두 직선 $\ell_{a,\,b,\,c}$와 $\ell_{a',\,b',\,c'}$에 대한 상등과 평행은 정리 5.11과 같이 설명할 수 있다.

정리 5.11
체 F와 아핀평면 $\alpha = (F^2, \mathcal{L})$에서의 두 직선 $\ell_{a,\,b,\,c}$와 $\ell_{a',\,b',\,c'}$에 대하여 다음이 성립한다.
(1) $\dfrac{a'}{a} = \dfrac{b'}{b} = \dfrac{c'}{c}$인 것은 $\ell_{a,\,b,\,c} = \ell_{a',\,b',\,c'}$일 필요충분조건이다.
(2) $\dfrac{a'}{a} = \dfrac{b'}{b} \neq \dfrac{c'}{c}$인 것은 $\ell_{a,\,b,\,c}$와 $\ell_{a',\,b',\,c'}$이 평행일 필요충분조건이다.

5.2.2 사영평면과 바이어슈트라스 방정식

정의 5.8 결합구조 $\pi = (\wp, \mathcal{L})$가 다음 세 조건을 만족하면 π를 사영평면(projective plane)이라고 한다.

P.1. 임의의 서로 다른 두 점 P와 Q에 대하여, P와 Q를 지나는 직선은 단 하나만 존재한다.

P.2. 임의의 서로 다른 두 직선 ℓ과 m에 대하여, ℓ과 m은 단 한 점에서 만난다.

P.3. π에는 서로 다른 네 점 중 어느 세 점을 선택해도 한 직선 위에 있지 않은 서로 다른 네 점들의 집합이 적어도 하나 존재한다.

예제 5.13 점들의 집합 $\wp$는

$$\wp = \{P_1, P_2, P_3, P_4, P_5, P_6, P_7\}$$

이라 하고 선들의 집합 $\mathcal{L}$는

$$\mathcal{L} = \{\ell_1, \ell_2, \ell_3, \ell_4, \ell_5, \ell_6, \ell_7\}$$

라고 하자. 여기서

$\ell_1 = \{P_1, P_2, P_5\}$, $\ell_2 = \{P_2, P_3, P_6\}$, $\ell_3 = \{P_1, P_3, P_7\}$, $\ell_4 = \{P_3, P_4, P_5\}$,

$\ell_5 = \{P_1, P_4, P_6\}$, $\ell_6 = \{P_2, P_4, P_7\}$, $\ell_7 = \{P_5, P_6, P_7\}$

이다. 그러면 결합구조 $\pi = (\wp, \mathcal{L})$는 사영평면이다. 이 사영평면은 파노(Fano)의 평면이라고 한다. 이를 그림으로 나타내면 그림 5.1과 같다.

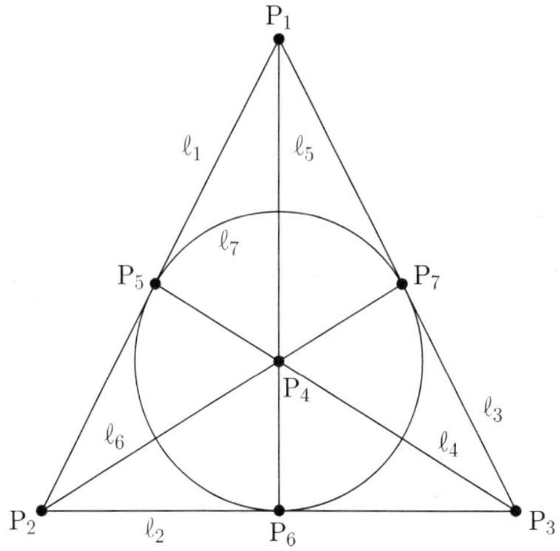

그림 5.1 파노의 평면

정리 5.12

체 F에 대하여

$$\wp = \{\langle x_1,\ x_2,\ x_3\rangle \mid (x_1,\ x_2,\ x_3) \in F^3 - \{(0,\ 0,\ 0)\}\},$$
$$\mathcal{L} = \{[a,\ b,\ c] \mid (a,\ b,\ c) \in F^3 - \{(0,\ 0,\ 0)\}\},$$
$$\langle x_1,\ x_2,\ x_3\rangle \in [a,\ b,\ c] \Leftrightarrow ax_1 + bx_2 + cx_3 = 0$$

으로 정의된 결합구조 $\pi = (\wp, \mathcal{L})$는 사영평면이다. 여기서

$$\langle x_1,\ x_2,\ x_3\rangle = \{(y_1,\ y_2,\ y_3) \mid \text{적당한 } k \in F,\ k \neq 0\text{에 대하여 } (y_1,\ y_2,\ y_3) = k(x_1,\ x_2,\ x_3)\}$$

이고

$$[a,\ b,\ c] = \{\langle x_1,\ x_2,\ x_3\rangle \mid ax_1 + bx_2 + cx_3 = 0\}$$

이다.

정리 5.12의 가정처럼 정의된 결합구조가 사영평면임을 보이기 위해서는 정의 5.8의 세 조건을 만족함을 보이면 된다. 이는 어렵지 않다. 이렇게 정의된 사영평면을 체 F 위의 사영평면(projective plance over F)이라 하고 $PG(2,\ F)$로 나타낸다.

정의 5.9 체 F와 F의 원소 a_1, a_2, a_3, a_4, a_6에 대하여,

$$f(x,\ z) = x^3 + a_2x^2z + a_4xz^2 + a_6z^3$$

라 하고

$$g(y,\ z) = y^2z + a_1xyz + a_3yz^2$$

할 때,

$$h(x,\ y,\ z) = g(y,\ z) - f(x,\ z) = 0 \tag{5.1}$$

를 바이어슈트라스 방정식(Weierstrass equation)이라고 한다.

정의 5.10 체 F와 F에서 정의된 바이어슈트라스 방정식 (5.1)을 만족하는 점 $\langle a,\ b,\ c\rangle \in PG(2,\ F)$에 대하여

$$\frac{\partial h}{\partial x}(a,\ b,\ c) = 0, \quad \frac{\partial h}{\partial y}(a,\ b,\ c) = 0, \quad \frac{\partial h}{\partial z}(a,\ b,\ c) = 0$$

이 성립하면 방정식 (5.1)은 점 $\langle a,\ b,\ c\rangle$에서 특이하다(singular)라고 하고, 만일 그렇지 않은 경우 특이하지 않다(nonsingular)라고 한다.

사영평면 $PG(2,\ F)$ 위의 두 점 $\mathrm{P}\langle x,\ y,\ z\rangle$와 $\mathrm{Q}\langle x',\ y',\ z'\rangle$은 $\mathrm{P} = \lambda\mathrm{Q}$인 $\lambda \in F^*$가 존재하면 $\mathrm{P} = \mathrm{Q}$이다. 이때, $z \neq 0$이면 두 점은 $\mathrm{P}'\left\langle \frac{x}{z},\ \frac{y}{z},\ 1\right\rangle$과 $\mathrm{Q}'\left\langle \frac{x'}{z'},\ \frac{y'}{z'},\ 1\right\rangle = \mathrm{P}'$으로 나타낼 수 있다. 즉, 사영평면 상에서 같은 점은 z 좌표가 0이 아니면 점들은 x좌표와 z좌표의 비, y좌표와 z좌표의 비로 구별된다.

정의 5.11 사영평면 위의 짐 $\mathrm{P}\langle X,\ Y,\ Z\rangle$에 대하여 $Z \neq 0$이면 $x = \dfrac{X}{Z}$로, $y = \dfrac{Y}{Z}$로 치환하여 P를 $\mathrm{P}'(x,\ y)$로 나타낸 좌표계를 아핀좌표계(affine coordinate)라고 한다.

우리가 주로 사용하는 좌표평면에서의 직교좌표계는 아핀좌표계의 예로 생각할 수 있다. 앞으로 특별한 언급이 없다면 좌표계는 아핀좌표계, 즉 유클리드공간에서의 직교좌표계로 생각하고 유클리드 공간의 직교좌표계에서의 좌표 표현을 그대로 사용할 것이다.

체 F에서 정의된 방정식 (5.1)은 임의의 $b \in F$에 대하여 $h(0, b, 0) = 0$이다. 그리고 점 $\langle 0, b, 0 \rangle \in PG(2, F)$는 $\langle 0, 1, 0 \rangle \in PG(2, F)$와 같은 점이다. 이때, 점 $\langle 0, 1, 0 \rangle$을 무한원점(point at infinity)으로 정의하고 O로 나타낸다. z좌표값이 0이 아닌 경우 $x \leftarrow \frac{x}{z}$, $y \leftarrow \frac{y}{z}$로 치환하여 식 (5.1)을 아핀좌표계에서의 방정식으로 나타내면

$$y^2 + a_1xy + a_3y = x^3 + a_2x^2 + a_4x + a_6$$

과 같이 나타낼 수 있다.

5.2.3 타원곡선의 정의

정의 5.12 체 F와 F의 원소 a_1, a_2, a_3, a_4, a_6에 대하여, 타원 방정식 E가

$$E:\ y^2 + a_1xy + a_3y = x^3 + a_2x^2 + a_4x + a_6$$

로 주어졌을 때, F의 대수적 폐포 $\overline{F}$의 원소를 좌표로 하는 점들과 무한원점의 집합을 체 F 위에서의 타원곡선(elliptic curve over F)이라 하고 E/F로 나타낸다. 즉,

$$E/F = \left\{(x, y) \in \overline{F}^2 \mid y^2 + a_1xy + a_3y = x^3 + a_2x^2 + a_4x + a_6\right\} \cup \{O\}$$

이다. 그리고 E의 원소 중에서 F^2의 원소들의 집합과 $\{O\}$의 합집합을 $E(F)$로 표시한다. 즉

$$E(F) = \left\{(x, y) \in F^2 \mid y^2 + a_1xy + a_3y = x^3 + a_2x^2 + a_4x + a_6\right\} \cup \{O\}$$

이다.

체 F 위의 타원곡선 E/F는 특별히 F가 강조되는 상황이 아니라면 간단히 E라고도 쓴다.

예제 5.14 $GF(2)$ 위의 4차 기약다항식 x^4+x+1에 의해 생성되는 갈루아 체 $GF(2^4)$은 $GF(2^4)=GF(2)[x]/\langle x^4+x+1\rangle$이다. 이때 α를 $x^4+x+1=0$의 근이라 하면 $GF(2^4)^*=\langle\alpha\rangle$이다. 이제 타원곡선 E를

$$E:\ y^2+xy=x^3+\alpha^4x^2+1$$

라 하자. 그러면 $\mathrm{P}(\alpha^5,\ \alpha^3)\in GF(2^4)^2$은

$$(\alpha^3)^2+\alpha^5\alpha^3=(\alpha^3+\alpha^2)+(\alpha^2+1)=\alpha^3+1,$$
$$(\alpha^5)^3+\alpha^4(\alpha^5)^2+1=\alpha^{15}+\alpha^{14}+1=1+(1+\alpha^3)+1=\alpha^3+1$$

로 좌변과 우변이 같으므로 $E(GF(2^4))$의 점이다. 실제로

$$\begin{aligned}E(GF(2^4))=\{&O,(1,\alpha^{13}),(\alpha^3,\alpha^{13}),(\alpha^5,\alpha^{11}),(\alpha^6,\alpha^{14}),(\alpha^9,\alpha^{13}),\\&(\alpha^{10},\alpha^8),(\alpha^{12},\alpha^{12}),(1,\alpha^6),(\alpha^3,\alpha^8),(\alpha^6,\alpha^8),\\&(\alpha^5,\alpha^3),(\alpha^9,\alpha^{10}),(\alpha^{10},\alpha^1),(\alpha^{12},0),(0,1)\}\end{aligned}$$

이다.

정의 5.13 체 F에서 정의된 2개의 타원곡선

$$E_1:\ y^2+a_1xy+a_3y=x^3+a_2x^2+a_4x+a_6$$
$$E_2:\ y^2+a_1'xy+a_3'y=x^3+a_2'x^2+a_4'x+a_6'$$

에 대하여, 만약 2개의 일대일 대응 $\varphi:\ E_1\to E_2,\ \psi:\ E_2\to E_1$가 존재하여 $\psi\circ\varphi$가 E_1 위에서의 항등함수이고 $\varphi\circ\psi$가 E_2 위에서 항등함수이면 2개의 타원곡선은 동형(isomorphism)이라고 한다.

2개의 타원곡선이 동형인지 여부는 정의 5.13처럼 두 타원곡선의 각 점끼리 일대일 대응이면서 서로 역함수 관계인 함수의 존재성을 보이면 된다. 구체적인 함수의 모양에 대해서는 정리 5.13에 잘 설명되어 있다.

정리 5.13

체 F에서 정의된 2개의 타원곡선

$$E_1 : y^2 + a_1xy + a_3y = x^3 + a_2x^2 + a_4x + a_6$$
$$E_2 : y^2 + a_1'xy + a_3'y = x^3 + a_2'x^2 + a_4'x + a_6'$$

에 대하여, 함수

$$\varphi : E_1 \to E_2$$
$$(x, y) \to (a^2x + b, a^3y + a^2cx + d)$$

이 동형사상일 필요충분조건은 $a(\neq 0)$, b, c, d가 F의 원소인 것이다. 2개의 타원곡선이 동형일 경우 $E_1/F \cong E_2/F$로 나타낸다.

연습 문제

01 정리 5.10을 증명하여라.

02 정리 5.12를 증명하여라.

03 아핀평면 $AG(2, \mathbb{F}_3)$에 대하여 다음 물음에 답하여라.

(1) 점 $(1, 2)$를 지나는 직선을 모두 구하여라.

(2) 두 점 $(1, 1)$, $(2, 1)$을 지나는 직선을 구하여라.

(3) 두 직선 $x+y=1$, $2x+y=1$의 교점을 구하여라.

04 사영평면 $PG(2, \mathbb{F}_3)$에 대하여 다음 물음에 답하여라.

(1) 점 $\langle 1, 2, 1\rangle$을 지나는 직선을 모두 구하여라.

(2) 두 점 $\langle 1, 2, 1\rangle$과 $\langle 2, 1, 1\rangle$을 지나는 직선을 구하여라.

(3) 직선 $[2, 1, 1]$ 위에 있는 점을 모두 구하여라.

(4) 두 직선 $[1, 1, 2]$와 $[2, 1, 2]$의 교점을 구하여라.

05 체 $\mathbb{F}_5 = \{0, 1, 2, 3, 4\}$에서의 타원곡선

$$E:\ y^2 = x^3 + 1$$

에 대하여, $E(\mathbb{F}_5)$의 모든 점을 구하여라.

5.3 타원곡선 군

타원곡선의 각 점은 체 위에서 정의된 점들이다. 타원곡선의 점들 사이에 적당한 연산을 주어 대수구조인 군을 만들면 타원곡선 위의 점들도 연산이 가능하다. 특히 타원곡선 위에 정의된 연산이 우리가 사용하는 정수에서의 곱셈과 대응한다면 정수 곱셈을 타원곡선의 연산으로 바꿔 계산할 수도 있을 것이다. 이 절에서는 타원곡선에 연산을 주는 방법과 주어진 연산이 훌륭한 대수구조를 만드는지 여부에 대해 살펴볼 것이다.

5.3.1 타원곡선 위에서의 연산

타원곡선 E가

$$E:\ y^2+a_1xy+a_3y=x^3+a_2x^2+a_4x+a_6$$

와 같이 주어졌을 때, 정의 5.14에서처럼 정의된 $+$ 연산에 의하여 타원곡선의 점들의 집합은 아벨군이 된다.

정의 5.14 타원곡선 위의 두 점 P와 Q에 대하여, 타원곡선에서의 $+$ 연산은 다음과 같이 정의된다.

(1) $O+\mathrm{P}=\mathrm{P}+O=\mathrm{P}$

(2) $-O=O$

(3) P의 좌표가 $(x,\ y)$이면 $-\mathrm{P}$의 좌표는 $(x,\ -y-a_1x-a_3)$이다.

(4) $\mathrm{Q}=-\mathrm{P}$이면 $\mathrm{P}+\mathrm{Q}=O$이다.

(5) $\mathrm{P}\neq O$, $\mathrm{Q}\neq O$, $\mathrm{Q}\neq-\mathrm{P}$라 하자. 선분 $\overline{\mathrm{PQ}}$의 연장선과 타원곡선 E가 만나는 P와 Q가 아닌 점을 R이라 하면, $\mathrm{P}+\mathrm{Q}$는 $-\mathrm{R}$로 정의한다. (단, $\mathrm{P}=\mathrm{Q}$이면 선분 $\overline{\mathrm{PQ}}$는 점 P에서 타원곡선 E에 대한 접선이며, 접선과 E가 만나는 점이 P 이외에 존재하지 않으면 $\mathrm{P}+\mathrm{Q}=O$이다.)

체 F 위에 정의된 타원곡선 E가

$$E: \ y^2 + a_1xy + a_3y = x^3 + a_2x^2 + a_4x + a_6 \tag{5.2}$$

이고, $P_1(x_1, y_1)$, $P_2(x_2, y_2)$, $P_3(x_3, y_3) = P_1 + P_2$라 할 때, P_3를 타원곡선 덧셈의 정의에 의하여 구해보자.

$P_3(x_3, y_3)$를 구하기 위해서는 P_1, P_2를 지나는 직선 ℓ과, 직선 ℓ과 곡선 E가 만나는 다른 점을 먼저 구해야 한다. 직선 ℓ의 기울기 λ와 y절편을 구하면

$$\lambda = \begin{cases} \dfrac{y_1 - y_2}{x_1 - x_2} & (P_1 \neq P_2), \\ \dfrac{3x_1^2 + 2a_2x_1 + a_4 - a_1y_1}{2y_1 + a_1x_1 + a_3} & (P_1 = P_2) \end{cases}$$

이고, y절편은 $y_1 - \lambda x_1$임을 쉽게 알 수 있다. 직선 ℓ을

$$y = \lambda x + (y_1 - \lambda x_1)$$

라 하고, 식 (5.2)와 연립하여 직선 ℓ과 타원곡선 E가 만나는 점 R의 x좌표를 구할 수 있다. 이때 이 3차 방정식의 세 근 중 두 근은 P_1과 P_2의 x좌표임을 알고 있으므로 이와 함께 다항식의 나눗셈을 이용하여 나머지 한 근을 구할 수 있다. 그러한 방법으로 R의 x좌표 X를 구하면

$$X = \lambda^2 + \lambda a_1 - a_2 - x_1 - x_2$$

이고 직선 ℓ의 식을 이용하여 R의 y좌표 Y를 구하면

$$Y = \lambda X + (y_1 - \lambda x_1)$$

이다. 이제 정의 5.14의 (5)에 의해 $P_1 + P_2$인 P_3의 좌표는

$$x_3 = X = \lambda^2 + \lambda a_1 - a_2 - x_1 - x_2,$$
$$y_3 = -Y - a_1x - a_3 = -(\lambda + a_1)x_3 - (y_1 - \lambda x_1) - a_3$$

이다.

정의 5.14의 (3)에 의하면 P의 좌표가 (x, y)일 때, $-$P의 좌표는 $(x, -y - a_1x - a_3)$이다. 실제 덧셈의 정의에 의해 P$+(-$P$)$를 구하면 x좌표가 같으므로 두 점을 이은 직선은 두 점을 제외한 다른 교점을 가지지 않기 때문에 P$+(-$P$) = O$이다. 따라서 $-$P는 P의 덧셈에 대한 역원이다.

다른 아벨군에서처럼 타원곡선을 이용한 덧셈에서도 양의 정수 n에 대하여 $n\mathrm{P}$는 P를 n번 더한다는 것을 의미하며, 음의 정수 n에 대하여 $n\mathrm{P}$는 $-\mathrm{P}$를 $|n|$번 더한다는 것을 의미한다. 또한 앞서 타원곡선에서의 덧셈의 정의에서 살펴본 것처럼 무한원점 O는 덧셈에 대한 항등원임을 알 수 있다.

실제로 타원곡선 위의 점들에 정의 5.14와 같이 연산을 정의하면 그 집합은 군을 이룬다. 이는 정리 5.14로 설명할 수 있다.

정리 5.14

체 F 위에 정의된 타원곡선 E: $y^2+a_1xy+a_3y=x^3+a_2x^2+a_4x+a_6$에 대하여, 연산 $+$을 정의 5.14와 같이 정의하면 $(E, +)$는 아벨군이다.

5.3.2 표수에 따른 타원곡선

타원곡선은 타원곡선을 정의하고 있는 식이 정의된 체의 표수에 따라 그 형태를 간단히 표현할 수 있다.

(1) $\mathrm{Char}(F) \neq 2,\ 3$인 경우의 타원곡선

$\mathrm{Char}(F) \neq 2,\ 3$인 경우, 체 F에 정의된 타원곡선

$$E:\ y^2+a_1xy+a_3y=x^3+a_2x^2+a_4x+a_6$$

는 변수변환

$$(x,\ y) \to \left(x,\ y-\frac{a_1}{2}x-\frac{a_3}{2}\right)$$

에 의해 타원곡선

$$E_1:\ y^2=x^3+b_2x^2+b_4x+b_6$$

으로 변환된다. 두 타원곡선 E와 E_1은 정리 5.13에 의해 동형인 타원곡선이다. 또한 타원곡선 E_1은 변수변환

$$(x,\ y) \rightarrow \left(\frac{x-3b_2}{36},\ \frac{y}{216} \right)$$

에 의하여 타원곡선

$$E_2:\ y^2 = x^3 + ax + b$$

으로 변환된다. 이때, 두 타원곡선 E_1과 E_2는 역시 정리 5.13에 의하여 동형인 타원곡선이다. 따라서 $E \cong E_2$이다.

결국, $\mathrm{Char}(F) \neq 2,\ 3$인 경우의 타원곡선은

$$y^2 = x^3 + ax + b \tag{5.3}$$

로 정의되는 타원곡선과 동형이다. 식 (5.3)으로 정의되는 타원곡선에서는 덧셈을 비교적 쉽게 정의할 수 있다. 실제로, 식 (5.3)으로 정의되는 타원곡선 위의 두 점 $\mathrm{P}_1(x_1,\ y_1)$과 $\mathrm{P}_2(x_2,\ y_2)$에 대하여 $\mathrm{P}_3(x_3,\ y_3) = \mathrm{P}_1 + \mathrm{P}_2$라 하면

$$\lambda = \begin{cases} \dfrac{y_1 - y_2}{x_1 - x_2} & (\mathrm{P}_1 \neq \mathrm{P}_2) \\ \dfrac{3x_1^2 + a}{2y_1} & (\mathrm{P}_1 = \mathrm{P}_2) \end{cases}$$

이고 이를 이용하여 덧셈의 정의에 의해 계산하면

$$x_3 = \lambda^2 - x_1 - x_2$$
$$y_3 = \lambda(x_1 - x_3) - y_1$$

이다.

(2) $\mathrm{Char}(F) = 2$인 경우의 타원곡선

표수가 2인 경우는 앞의 경우와 달리 $a_1 = 0$이거나 $a_1 \neq 0$에 따라 타원곡선을 두 가지 동형 형태로 분류할 수 있다. 체 F에서 정의된 타원곡선

$$E:\ y^2 + a_1xy + a_3y = x^3 + a_2x^2 + a_4x + a_6 \tag{5.4}$$

에 대하여, $a_1 \neq 0$인 경우[2)], 변수 변환

---

2) 이 경우는 특이하지 않은 타원곡선(non-supersingular elliptic curve)인 경우이다.

$$(x,\ y) \to \left(a_1^2 x + \frac{a_3}{a_1},\ a_1^3 y + \frac{a_1^2 a_4 + a_3^2}{a_1^3}\right)$$

에 의하여 식 (5.4)는 타원곡선

$$E_3:\ y^2 + xy = x^3 + ax^2 + b \tag{5.5}$$

로 변환된다. 정리 5.13에 의해 타원곡선 E와 E_3는 동형인 타원곡선이다.

식 (5.5)로 정의되는 타원곡선에서의 덧셈은 다음과 같이 연산할 수 있다. 식 (5.5)로 정의되는 타원곡선 위의 임의의 두 점 $P_1(x_1,\ y_1)$와 $P_2(x_2,\ y_2)$에 대하여 $P_3(x_3,\ y_3) = P_1 + P_2$라 하자.

우선 $P_1 \neq P_2$인 경우

$$\begin{cases} x_3 = \left(\dfrac{y_1 + y_2}{x_1 + x_2}\right)^2 + \dfrac{y_1 + y_2}{x_1 + x_2} + x_1 + x_2 + a \\ y_3 = \dfrac{y_1 + y_2}{x_1 + x_2}(x_1 + x_3) + y_1 + x_3 \end{cases}$$

이다. 이제, $P_1 = P_2$인 경우

$$\begin{cases} x_3 = x_1^2 + \dfrac{b}{x_1^2} \\ y_3 = x_1^2 + \left(x_1 + \dfrac{y_1}{x_1}\right)x_3 + x_3 \end{cases}$$

가 됨을 알 수 있다.

식 (5.4)에서 $a_1 = 0$인 경우[3], 변수 변환

$$(x,\ y) \to (x + a_2,\ y)$$

에 의하여 타원곡선 E는 타원곡선

$$E_4:\ y^2 + ay = x^3 + bx + c$$

로 변환된다. 그러면 정리 5.13에 의해 $E \cong E_4$이다. 타원곡선 E_4 위의 임의의 두 점 $P_1(x_1,\ y_1)$와 $P_2(x_2,\ y_2)$에 대하여 $P_3(x_3,\ y_3) = P_1 + P_2$라 하자.

3) 이 경우를 초특이 타원곡선(supersingular elliptic curve)이라 한다.

우선 $\mathrm{P}_1 \neq \mathrm{P}_2$인 경우

$$\begin{cases} x_3 = \left(\dfrac{y_1 + y_2}{x_1 + x_2}\right)^2 + x_1 + x_2 \\ y_3 = \dfrac{y_1 + y_2}{x_1 + x_2}(x_1 + x_3) + y_1 + a \end{cases}$$

이다. $\mathrm{P}_1 = \mathrm{P}_2$인 경우

$$\begin{cases} x_3 = \dfrac{x_1^4 + b^2}{a^2} \\ y_3 = \dfrac{x_1^2 + b}{a}(x_1 + x_3) + y_1 + a \end{cases}$$

이다.

연습 문제

01 사영평면 $PG(2, \mathbb{R})$에서 타원곡선 $y^2 = x^3 - x^2 - 4x + 8$ 위의 세 점 P(1, 2), Q(−2, 2), R(2, 2)에 대하여

$$\mathrm{P} + \mathrm{Q} = (2, -2), \quad 2\mathrm{R} = (-2, 2) = \mathrm{Q}$$

임을 확인하여라.

02 사영평면 $PG(2, \mathbb{R})$에서 타원곡선 $y^2 = x^3 + x^2 + 2x$ 위에 있는 두 점 P(0, 0), Q(1, 2)에 대하여, 2P, P+Q, 2Q를 구하여라.

03 체 $\mathbb{F}_5$에서의 타원곡선

$$E: \ y^2 = x^3 + 1$$

에 대하여 다음 물음에 답하여라.

(1) 타원곡선 E 위의 점 P(4, 0)에 대하여 2P를 구하여라.

(2) 타원곡선 E 위의 두 점 P(2, 3)와 Q(4, 0)에 대하여 P+Q를 구하여라.

(3) 타원곡선 E 위의 모든 점을 구하여라.

(4) 타원곡선 E 위의 점 P(2, 3)에 대하여, 2P, 3P, 4P, 5P, 6P를 구하여라.

04 정리 5.14를 증명하여라.

5.4 타원곡선의 응용

타원곡선은 수론분야와 암호분야에서 다양하게 응용된다. 타원곡선의 응용의 유명한 예는 바로 페르마의 마지막 정리의 증명일 것이다. 타원곡선군을 이용한 접근이 수세기 동안 풀리지 않았던 난제를 해결할 수 있도록 한 것이다. 이 절에서는 대표적인 응용 사례인 타원곡선을 이용한 인수분해와 타원곡선을 이용한 공개 키 암호체계에 대해 살펴볼 것이다.

5.4.1 타원곡선을 이용한 인수분해

정수의 인수분해는 여러가지 방법이 제안되어 있다. 그중 홀수인 소수 p에 대한 체 $\mathbb{Z}_p$의 곱셈군 $\mathbb{Z}_p^*$의 성질을 이용한 폴라드의 $p-1$ 방법이 대표적이다. 렌스타(H. W. Lenstra)는 폴라드의 $p-1$ 방법에 타원곡선군의 성질을 적용하여 정수를 인수분해 할 수 있는 방법을 제안하였다.

소수 p에 대하서

$$E/\mathbb{Z}_p:\ y^2 + a_1xy + a_3y = x^3 + a_2x^2 + a_4x + a_6$$

는 정의 5.14에 따라 덧셈을 정의하면 아벨군이다. 하지만, n이 합성수라 해도 적당한 $\mathbb{Z}_n$의 원소들에 대해서는 정의 5.14에서 정의된 덧셈 연산이 가능한 $\mathbb{Z}_n$ 위에서의 타원곡선 위의 점들을 찾을 수 있다. 이때 선택된 $\mathbb{Z}_n$의 원소 a는 $\gcd(a,\ n) = 1$이 되어야 한다. 이제 인수분해를 위해 타원곡선군을 사용하는 예를 살펴보자.

우리가 인수분해 해야 할 정수 n은 2, 3이 아닌 양의 정수이므로 F를 $\mathbb{Z}_n$으로 선택하여 $\mathrm{Char}(F) \neq 2,\ 3$인 경우의 타원곡선

$$E:\ y^2 = x^3 + bx + c,\ (b,\ c \in \mathbb{Z}_n) \tag{5.6}$$

을 생각하자. n이 소수이면 $\mathbb{Z}_n$은 체가 되고, 체 $\mathbb{Z}_n$ 위에서의 타원곡선은 덧셈군을 이룬다. 하지만, 타원곡선군의 덧셈 연산을 위해서는 두 점 $\mathrm{P}_1(x_1,\ y_1)$, $\mathrm{P}_2(x_2,\ y_2)$ $(x_1 \neq x_2)$에 대하여, $x_1 - x_2$의 $\mathbb{Z}_n$에서의 곱셈에 대한 역원이 필요한데 n이 합성수인 경우에는 $\mathbb{Z}_n$은 체가 아니므로 $x_1 - x_2$의 역원을 찾을 수 없다. 결국, $\gcd(x_1 - x_2,\ n) \neq 1$이며 $x_1 - x_2$는 n

의 약수가 되어 n을 인수분해 할 수 있다.

n이 소수인지 모르는 상황에서의 타원곡선 위의 점들의 덧셈은 정의 5.15와 같이 n과의 서로소 여부에 따라 정의한다.

정의 5.15 합성수 n에 대하여 $E/\mathbb{Z}_n$에서의 두 점 $\mathrm{P}_1(x_1, y_1)$, $\mathrm{P}_2(x_2, y_2)$의 덧셈 $\mathrm{P}_3(x_3, y_3) = \mathrm{P}_1 + \mathrm{P}_2$는

(1) $x_1 \neq x_2$인 경우

(i) $\gcd(x_1 - x_2, n) = 1$이면

$$\begin{cases} \lambda = (y_1 - y_2)(x_1 - x_2)^{-1}, \\ x_3 = \lambda^2 - (x_1 + x_2), \\ y_3 = \lambda(x_1 - x_3) - y_1 \end{cases}$$

이고,

(ii) $\gcd(x_1 - x_2, n) \neq 1$이면 덧셈을 정의할 수 없다.

(2) $x_1 = x_2$인 경우

(i) $\gcd(2y_1, n) = 1$이면

$$\begin{cases} \lambda = (3x_1^2 + 2ax_1 + b)(2y_1)^{-1}, \\ x_3 = \lambda^2 - 2x_1, \\ y_3 = \lambda(x_1 - x_3) - y_1 \end{cases}$$

이고,

(ii) $\gcd(2y_1, n) \neq 1$이면 덧셈을 정의할 수 없다.

정리 5.15

합성수 n과 그 소인수 p에 대하여, $x_p \in \mathbb{Z}_p$를 $x \equiv x_p \bmod p (x \in \mathbb{Z}_n)$인 원소라 하자. 이때, 타원곡선의 방정식

$$E: \quad y^2 = x^3 + bx + c \qquad (b,\ c \in \mathbb{Z}_n)$$

$$E_p: \ y^2 = x^3 + (b)_p x + (c)_p$$

로 정의되는 타원곡선 $E/\mathbb{Z}_n$과 $E_{p/\mathbb{Z}_p}$에 대하여, $\mathrm{P}_1(x_1, y_1)$과 $\mathrm{P}_2(x_2, y_2) \in E/\mathbb{Z}_n$의 덧

셈이 정의되어 있다면 $P'_1((x_1)_p, (y_1)_p)$와 $P'_2((x_2)_p, (y_2)_p)$는 $E_p/\mathbb{Z}_p$ 위의 두 점이며 역시 덧셈이 정의된다.

증명 P'_1과 P'_2가 $E_{p/\mathbb{Z}_p}$ 위의 두 점인 것은 자명하다. 또한 P_1과 P_2의 덧셈이 정의되어 있으므로 $\gcd(x_1 - x_2, n) = 1$ 혹은 $\gcd(2y_1, n) = 1$이고, 그러면 $\gcd((x_1 - x_2)_p, p) = 1$ 혹은 $\gcd((2y_1)_p, p) = 1$이므로 P'_1과 P'_2의 덧셈도 정의된다. ■

정의 5.15에서 $\gcd(x_1 - x_2, n) \neq 1$ 또는 $\gcd(2y_1, n) \neq 1$이면 $P_1 + P_2$ 또는 $2P_1$이 정의되지 않으므로, 덧셈이 정의되지 않는 두 점 혹은 한 점을 찾아 그 점들의 좌표와 n 사이의 최대공약수를 살피면 n의 인수를 찾을 수 있다.

예제 5.15 양의 정수 $n = 137703491$의 인수를

$$E:\ y^2 = x^3 + x - 9$$

로 정의되는 타원곡선 $E/\mathbb{Z}_n$과 그 위의 점 $P(2, 1)$을 이용하여 구하여라.

풀이 정수 $r = 10,\ 20,\ 30,\ \ldots$에 대하여 차례로 $r!P$를 계산하면,

$$20!P = (38765800,\ 102761480)$$
$$40!P = (73059078,\ 50101112)$$

이다. (실제 이 계산은 컴퓨터 프로그래밍으로 실행하여 얻을 수밖에 없다.) 하지만, $60!P$를 계산하는 과정에서

$$(98622427,\ 37062796) + (25032179,\ 18303780)$$

은 계산이 되지 않는다. 즉 덧셈이 정의되지 않는 경우가 발생한다. 이로부터

$$\gcd(98622427 - 25032179,\ n) = 17389$$

를 얻을 수 있다. 따라서 17389는 n의 인수이다. □

실제로 $r!P$를 계산하는 것은 많은 시간을 필요로 한다. 그래서 이보다 나은 방법으로 n

보다 작은 알려진 소수들 p_1, p_2, …, p_k를 이용하여 p_iP를 구하는 것이 있다. 만약 알려진 소수에 대해 모두 덧셈이 정의된다면 타원곡선 방정식의 계수를 바꿔가며 계산하여 인수를 구하기도 한다.

타원곡선 위의 한 점 P와 양의 정수 k에 대하여, kP를 계산하는 알고리즘은 알고리즘 5.1과 같고, 이 알고리즘은 알려진 소수들을 이용하여 덧셈 불가능한 타원곡선 위의 점을 찾거나 kP를 계산한다.

알고리즘 5.1 타원곡선 위의 점 P에 대한 kP 구하기

입력: 타원곡선 위의 점 P와 양의 정수 k

출력: kP 또는 덧셈 불가능한 두 점

1. $\mathrm{P}_1(x_1, y_1) \leftarrow \mathrm{P}$
2. $\mathrm{P}_2(x_2, y_2) \leftarrow O$ (O는 무한원점)
3. $k \neq 0$인 동안 다음을 반복한다.
   - 3.1. k가 홀수이면
     - 3.1.1. $d \leftarrow \gcd(x_1 - x_2, n)$
     - 3.1.2. $k \leftarrow k - 1$
     - 3.1.3. $d = 1$이면 $\mathrm{P}_2 \leftarrow \mathrm{P}_1 + \mathrm{P}_2$를 수행하고, 그렇지 않으면 '덧셈 불가능한 점의 쌍: P_1, P_2'를 출력

     을 수행하고,
   - 3.2. k가 짝수이면
     - 3.2.1. $d \leftarrow \gcd(2y_1, n)$
     - 3.2.2. $k \leftarrow \frac{k}{2}$
     - 3.2.3. $d = 1$이면 $\mathrm{P}_1 \leftarrow \mathrm{P}_1 + \mathrm{P}_1$을 수행하고, 그렇지 않으면 '덧셈 불가능한 점: P_1'을 출력

     을 수행한다.
4. 종료

타원곡선을 이용하여 양의 정수 n을 인수분해 하는 알고리즘은 알고리즘 5.2와 같다. 알고리즘 5.2에서는 kP를 계산하기 위해 알고리즘 5.1을 이용하고, 계산하고자 하는 점의 x좌표의 차와 n이 서로소가 아니거나 y좌표의 두 배와 n이 서로소가 아닌 경우 덧셈이 불가능하다는 성질을 이용하여 n의 약수를 찾는 과정을 알고리즘화한 것이다.

알고리즘 5.2 타원곡선을 이용한 양의 정수 n을 인수분해 하기

입력: 양의 정수 n

출력: n의 약수

1. [소수표 작성] 처음 m개의 소수 전체의 집합 $T = \{p_1, \ldots, p_m\}$을 정한다.
2. $b \leftarrow 1$
3. [타원곡선의 선택] P $\leftarrow (0, 1)$, $i \leftarrow 1$,
   타원곡선
   $$E:\ y^2 = x^2 + bx + 1$$
   을 선택한다.
4. $i \le m$이면 $k \leftarrow p_1$을 수행하고, 그렇지 않으면 $k \leftarrow b+1$을 수행한 후 단계 3으로 이동한다.
5. 알고리즘 5.1을 이용하여 kP를 계산하여 계산에 성공하면
   5.1 P $\leftarrow k$P
   5.2. $i \leftarrow i+1$
   을 수행하고 단계 4로 이동한다.
6. $d \leftarrow$ 계산 불가능한 두 점의 x좌표의 차 혹은 한 점의 y좌표의 두 배와 n의 최대공약수
7. d를 출력하고 종료

5.4.2 타원곡선을 이용한 암호체계

타원곡선을 이용한 암호는 정수연산을 기반으로 하는 다른 공개 키 암호화 달리 짧은 키 길이로도 높은 안전도를 갖는 장점이 있다. 그래서 타원곡선은 자원이 제약되어 있는 하드

웨어에서 사용하기에 적합하여, 센서 네트워크에서의 전자서명, 암호화 등에 타원곡선이 사용되고 있다. 이제 간단한 예를 통하여 타원곡선이 암호체계에서 어떻게 응용되는지 살펴보기로 하겠다.

타원곡선을 이용한 공개 키 암호체계는 곱셈군에서의 이산대수문제를 타원곡선군으로 변형한 타원곡선의 이산대수문제를 기반으로 설계되었다.

정의 5.16 소수 p에 대해서 $\mathbb{Z}_p$는 체를 이루고, $\mathbb{Z}_p$ 위에서 정의된 타원곡선 $E/\mathbb{Z}_p$ 위의 점 P의 위수 l은 $l\mathrm{P}=O$를 만족하는 가장 작은 정수이다. 두 점 P, $\mathrm{Q}\in E/\mathbb{Z}_p$ ($|\mathrm{P}|=l$)에 대하여, $\mathrm{Q}=x\mathrm{P}$를 만족하는 정수 $x\in[0,\ l-1]$을 구하는 문제를 타원곡선 이산대수문제(discrete logarithm problem in elliptic curve)라고 한다.

타원곡선 이산대수문제도 정수에서의 이산대수문제와 마찬가지로 P, 2P, ...를 계속 계산하여 $\mathrm{Q}=x\mathrm{P}$가 될 때까지 계산하는 방법으로 풀 수도 있지만, P의 위수가 매우 클 경우 이 방법은 크게 효과가 없다. 이러한 어려움에 타원곡선의 이산대수문제도 공개 키 암호체계의 설계에 사용되는 것이다. 이제 이 문제를 기반으로 설계된 암호체계를 살펴보자.

우선 B가 A에게 A의 공개 키를 이용하여 어떻게 암호화하여 메시지를 전달하는지 간단히 살펴보자. E가 계산에 사용될 타원곡선이라고 하면, A는 타원곡선 위의 점 P를 선택하고, 점 P의 위수를 |P|로 나타낼 때, A는 난수 $k(1\le k\le|\mathrm{P}|)$도 함께 선택하여 $\mathrm{Q}=k\mathrm{P}$를 계산한다. M을 B가 보내려는 메시지라 하면 다음과 같은 방법으로 암호화된 메시지를 A에게 전달하고 A는 받은 암호문을 복호화하여 원문 메시지 M을 얻을 수 있다.

키 생성과 암호화·복호화

(1) A의 공개 키: 타원곡선 E와 두 점 P, $\mathrm{Q}\in E$

(2) A의 비밀 키: k $(\mathrm{Q}=k\mathrm{P})$

(3) 암호화: B는 임의의 수 l을 선택하여 $l\mathrm{P}$, $lQ\oplus M$[4])를 계산하여 A에게 전달(M은 메시지)

(4) 복호화: A는 $l(kP)=lQ$를 계산. $lQ\oplus(lQ\oplus M)=M$을 계산하여 메시지 M을 복원

4) 연산 $\oplus$는 이진법으로 표현한 수들의 각 자리 수끼리 mod 2 덧셈을 하는 것이다. 즉 $b_1b_2\cdots b_n\oplus c_1c_2\cdots c_n=d_1d_2\cdots d_n$인데, 여기서 $b_i,\ c_i\in\{0,1\}$이고, $d_i=b_i+c_i \bmod 2$이다.

다음으로 A와 B가 비밀정보 값을 공유하는 방법에 대하여 살펴보도록 하자. A 혹은 B는 타원곡선 E와 그 위의 점 P를 공개하고 있다고 가정하자.

비밀정보의 공유

(1) A(혹은 B)의 공개 키: 타원곡선 E와 점 $\mathrm{P} \in E$

(2) A와 B는 임의의 수 k_a, k_b를 각각 선택한 후 $k_a\mathrm{P}$, $k_b\mathrm{P}$를 계산한 후 상대방에게 전달

(3) A는 $k_a(k_b\mathrm{P})$를 계산, B는 $k_b(k_aP)$를 계산

(4) A와 B는 $(k_ak_b)\mathrm{P}$를 외부의 노출 없이 비밀정보로 공유

예제 5.16 타원곡선 E: $y^2 = x^3 + x$ 위의 점들은 집합 $E/\mathbb{Z}_{23}$의 원소들로 생각하자. 점 $\mathrm{P}(19,\ 1)$에 대하여 $E/\mathbb{Z}_{23} = \langle \mathrm{P} \rangle$이고, $|\mathrm{P}| = 24$이다. $k = 13$으로 선택하면 $\mathrm{Q} = 13\mathrm{P}$이다.

(1) A의 공개 키와 비밀 키

(i) A의 공개 키: 타원곡선 E와 두 점 P, $\mathrm{Q} \in E$

(ii) A의 비밀 키: k

(2) 암호화 과정

(i) B가 보내려는 메시지가 $M = (11001_2,\ 11011_2)$이고 l을 5로 선택하면

$$5\mathrm{P} = (11,\ 13) = (01011_2,\ 01101_2),$$

$$5\mathrm{Q} = (21,\ 17) = (10101_2,\ 10001_2)$$

$C = 5\mathrm{Q} \oplus M = (01100_2,\ 01010_2)$이다.

(ii) C와 5P를 A에게 송신한다.

(3) 복호화 과정

(i) A는 알고 있는 k값을 이용하여 $13(5\mathrm{P}) = (21,\ 17) = (10101_2,\ 10001_2)$를 계산한다.

(ii) $C \oplus (10101_2,\ 10001_2) = M$을 계산하여 M을 복원한다.

제6장

암호와 선형대수

Cryptography and linear algebra

수를 가로와 세로로 나열한 행렬은 여러 항목의 정보를 한꺼번에 나타내기에 적합한 표현이며, 한꺼번에 처리하기에도 적합하다. 이러한 이유로 행렬 혹은 배열(array)은 컴퓨터를 사용하여 정보를 처리할 때 자료를 표현하는 형식이나 이를 저장, 연산하는 방법으로 많이 사용된다. 행렬로 표현된 정보는 수학적으로 다루기 쉽고, 행렬의 대수적 성질을 이용하여 정보를 다양하게 가공할 수도 있다.

고전 암호에서 사용했던 전치, 치환의 암호 기법은 정보를 나타내는 문자열을 행렬 모양으로 배열하여 열과 행을 뒤바꾸어 전치행렬을 구하여 문자열을 섞거나 문자 혹은 단어를 다른 기호, 문자, 단어 등으로 교체하여 정보를 숨기는 기법이었다. 현재는 정보를 2진 수열을 이용하여 컴퓨터에 인식, 저장하므로 2진 수열의 0과 1을 섞거나 0을 1로, 1을 0으로 바꾸는 방법으로 전치, 치환 기법을 사용한다. 정보를 나타내는 2진수의 나열은 벡터이며, 벡터의 성분을 뒤섞고 다른 성분으로 대치하는 것이 바로 전치와 대입의 기법이다. 이러한 방법은 행렬과 벡터들의 연산으로 구현될 수 있으며, 여기에 대수적 성질을 이용하면 보다 안전한 암호체계를 구현할 수 있다.

이러한 행렬은 벡터들의 모임으로 해석할 수 있는데, 컴퓨터에 사용되는 정보들은 모두 벡터로 표현이 가능하다. 벡터들도 벡터들의 곱과 벡터와 체의 원소와의 곱인 스칼라 곱이라는 연산이 정의되고 이들 연산에 의해 대수구조를 이룬다. 이 대수구조가 벡터공간인데, 벡터공간은 기하적인 의미로도 사용되지만 정보들의 벡터들의 연산과 이를 기하적 관점에서의 접근을 통한 정보의 전달과도 연계하여 생각할 수 있다.

이 장에서는 암호와 부호이론에 널리 활용되는 행렬과 벡터, 그리고 벡터들의 대수구조인 벡터공간에 대하여 살펴보고자 한다.

6.1 행렬의 정의와 연산

행렬(vatrix)이라는 용어는 실베스터(James Joseph Sylvester)가 수의 나열을 나타내는 데에 최초로 사용한 것으로, 연립 일차 방정식을 효과적으로 풀기 위한 방법으로 개발되었다. 실제로 연립 일차 방정식을 효과적으로 나타내고 풀기 전에 해의 존재성을 파악할 수 있는 방법이 필요했는데, 이 표현 방법과 해의 존재성의 판단 방법으로 고안된 것이 바로 행렬이다. 현재에 행렬은 연립 일차 방정식 풀이를 넘어, 정보의 저장, 처리, 전송에도 사용되고 있으며, 정보 검색의 도구로도 이용되고 있다. 특히, 통신, 암호, 통계 처리 등에서 활발히 활용되고 있고, 공학 측면에서뿐 아니라, 사회, 경제 등 다양한 분야에서 사용되고 있다.

행렬을 컴퓨터에서 효과적으로 다루기 위해 MATLAB, SAGE, MATHEMATICA 등의 강력한 수학프로그램들이 개발되어 있어 손쉽게 행렬을 계산할 수 있지만, 행렬을 이용해 정보를 처리하는 원리를 이해하기 위해 행렬의 성질을 이해할 필요가 있다.

6.1.1 행렬의 정의

정의 6.1 체 F와, 임의의 두 자연수 m과 n에 대하여, 다음과 같이 정의한다.

(1) $i=1,\ \dots,\ m,\ j=1,\ \dots,\ n$에 대하여,

$$\begin{bmatrix} a_{11} & a_{12} & \cdots & a_{1n} \\ a_{21} & a_{22} & \cdots & a_{2n} \\ \vdots & \vdots & \ddots & \vdots \\ a_{m1} & a_{m2} & \cdots & a_{mn} \end{bmatrix},\ a_{ij} \in F \tag{6.1}$$

와 같이 F의 원소 a_{ij}를 직사각형으로 나열한 것을 체 F 위의 $m \times n$ 행렬($m \times n$ matrix)이라고 한다.

(2) mn을 행렬의 크기(size)라고 한다.

(3) 식 (6.1)에서 가로줄을 행(row), 세로줄을 열(column)이라 한다.

(4) i번째 행(row)과 j번째 열(column)에 있는 a_{ij}를 행렬의 $(i,\ j)$성분 ($(i,\ j)$-entry 또는 $(i,\ j)$-component)이라고 하고, 행렬 $\boldsymbol{A}$를 $\boldsymbol{A}=[a_{ij}]_{m \times n}$ 혹은 간단히 $\boldsymbol{A}=[a_{ij}]$로 나타낸다.

(5) $m \times 1$ 행렬은 행 벡터(row vector)라고 하고, $1 \times n$ 행렬은 열 벡터(column vector)라고 한다.

특별한 언급이 없는 한 행렬은 실수의 집합 $\mathbb{R}$ 혹은 복소수의 집합 $\mathbb{C}$ 위의 행렬을 의미하나, 암호학에서는 주로 유한체 $\mathbb{F}_{p^k}$ 위의 행렬을 의미한다.

행렬 $\boldsymbol{A}$의 i번째 행벡터 $\boldsymbol{A}_i$로 나타내면, 행렬 $\boldsymbol{A}$를

$$\boldsymbol{A} = \begin{bmatrix} \boldsymbol{A}_1 \\ \vdots \\ \boldsymbol{A}_m \end{bmatrix}, \text{ 여기서 } \boldsymbol{A}_i = [a_{i1}, a_{i2}, \ldots, a_{in}]$$

와 같이 행 벡터들의 모임으로 이해할 수 있다. 마찬가지로 행렬 $\boldsymbol{A}$의 j번째 열 벡터를 $\boldsymbol{A}^j$로 나타내면, 행렬 $\boldsymbol{A}$는

$$\boldsymbol{A} = \left[\boldsymbol{A}^1\, \boldsymbol{A}^2 \cdots \boldsymbol{A}^n\right], \text{ 여기서 } \boldsymbol{A}^j = \begin{bmatrix} a_{1j} \\ \vdots \\ a_{mj} \end{bmatrix}$$

와 같이 열 벡터들의 모임으로 이해할 수 있다. 이처럼 행렬은 필요에 따라 여러 가지 관점에서 바라볼 수 있다.

예제 6.1 다음은 각각 $\mathbb{R}$ 위의 2×5 행렬과 $\mathbb{Z}_2$ 위의 4×3 행렬이다.

$$\begin{bmatrix} 1\,2\,3\,4\,5 \\ 6\,3\,1\,5\,4 \end{bmatrix}, \quad \begin{bmatrix} 1\,1\,0 \\ 0\,1\,0 \\ 0\,0\,1 \\ 1\,0\,1 \end{bmatrix}$$

정의 6.2 (1) 모든 성분이 0인 $m \times n$ 행렬을 영행렬(zero matrix)이라고 하고, $\boldsymbol{O}_{m \times n}$ 혹은 $\boldsymbol{O}$로 나타낸다.

(2) 크기가 $n \times n$인 행렬을 n차 정사각형 행렬(square matrix of order n)이라고 한다.

(3) 행렬

$$\begin{bmatrix} a_{11} & a_{12} & \cdots & a_{1n} \\ a_{21} & a_{22} & \cdots & a_{2n} \\ \vdots & \vdots & \ddots & \vdots \\ a_{m1} & a_{m2} & \cdots & a_{mn} \end{bmatrix}$$

에서 행과 열의 번호가 같은 성분 a_{ii}를 주 대각선(main diagonal) 위의 성분이라 하고, 이를 줄여서 대각 성분(diagonal component)이라고도 한다.

(4) 대각 성분들이 모두 1이고 나머지 성분들이 모두 0인 행렬을 단위행렬(identity matrix)이라고 하고, $\boldsymbol{I}_n$ 혹은 $\boldsymbol{I}$로 나타낸다. 즉

$$\boldsymbol{I} = \begin{bmatrix} 1 & 0 & \cdots & 0 \\ 0 & 1 & \cdots & 0 \\ \vdots & \vdots & \ddots & \vdots \\ 0 & 0 & \cdots & 1 \end{bmatrix} = \left[\boldsymbol{e}^{(1)}\ \boldsymbol{e}^{(2)} \cdots \boldsymbol{e}^{(n)}\right]$$

이다. 여기서 $e^{(i)}$는 i번째 성분만 1이고, 나머지는 모두 0인 열 벡터이다.

6.1.2 행렬 연산

이제 행렬의 상등과 기본적인 행렬 연산에 대해 알아보자.

정의 6.3 두 행렬 $\boldsymbol{A} = [a_{ij}]_{m \times n}$과 $\boldsymbol{B} = [b_{ij}]_{s \times t}$에 대하여, $m = s$, $n = t$이고, $1 \le i \le m$인 모든 i와 $1 \le j \le n$인 모든 j에 대하여 $a_{ij} = b_{ij}$이면 '$\boldsymbol{A}$와 $\boldsymbol{B}$는 같다' 혹은 '상등이다'라고 하고 $\boldsymbol{A} = \boldsymbol{B}$로 나타낸다.

기본적인 행렬의 연산은 행렬끼리의 덧셈과 행렬과 체의 원소 간의 스칼라 곱이다.

정의 6.4 체 F 위의 두 $m \times n$행렬 $\boldsymbol{A} = [a_{ij}]$와 $\boldsymbol{B} = [b_{ij}]$의 덧셈(addition) $\boldsymbol{A} + \boldsymbol{B}$는

$$\boldsymbol{A} + \boldsymbol{B} = [a_{ij} + b_{ij}]_{m \times n}$$

으로 정의한다.

임의의 $k \in F$에 대하여, 행렬 $\boldsymbol{A}$와 k의 스칼라 곱(scalar multiplication)은 정의 6.5와

같이 정의한다.

정의 6.5 체 F의 임의의 원소 k와 F 위의 $m \times n$행렬 $\boldsymbol{A} = [a_{ij}]$의 스칼라 곱 $k\boldsymbol{A}$는

$$k\boldsymbol{A} = [ka_{ij}]$$

로 정의한다.

체 F 위의 크기가 같은 두 행렬 $\boldsymbol{A}$와 $\boldsymbol{B}$에 대한 행렬합 $\boldsymbol{A}+\boldsymbol{B}$와 $\boldsymbol{A}$의 k배인 $k\boldsymbol{A}$는 모두 체 F 위의 행렬이며 그 크기는 변하지 않는다. 또한 행렬합과 스칼라 곱을 이용하여 $\boldsymbol{A}-\boldsymbol{B} = \boldsymbol{A}+(-1)\boldsymbol{B}$와 같이 정의할 수 있다.

예제 6.2 실수체 위의 두 행렬

$$\boldsymbol{A} = \begin{bmatrix} 1 & 1 & 2 \\ 0 & 1 & 0 \\ 0 & 0 & 0 \end{bmatrix} \text{와 } \boldsymbol{B} = \begin{bmatrix} 0 & 0 & 0 \\ 0 & 0 & 1 \\ 0 & 1 & 0 \end{bmatrix}$$

에 대하여 $2\boldsymbol{A}-\boldsymbol{B}$를 구하라.

>> 풀이 행렬의 합과 스칼라 곱의 정의를 이용하여 다음과 같이 계산할 수 있다.

$$2\boldsymbol{A}-\boldsymbol{B} = 2\boldsymbol{A}+(-1)\boldsymbol{B} = \begin{bmatrix} 2 & 2 & 4 \\ 0 & 2 & 0 \\ 0 & 0 & 0 \end{bmatrix} + \begin{bmatrix} 0 & 0 & 0 \\ 0 & 0 & -1 \\ 0 & -1 & 0 \end{bmatrix} = \begin{bmatrix} 2 & 2 & 4 \\ 0 & 2 & -1 \\ 0 & -1 & 0 \end{bmatrix}$$ □

체 F 위의 크기가 같은 행렬들에 대한 덧셈과 스칼라 곱은 정리 6.3과 같은 성질들을 만족한다. 이 성질들은 체 F에서의 덧셈과 곱셈의 성질에 의해 자명하게 성립한다.

정리 6.1

체 F의 원소 α, β와 F 위의 $m \times n$행렬 $\boldsymbol{A}$, $\boldsymbol{B}$, $\boldsymbol{C}$에 대하여 다음이 성립한다.

(1) (덧셈에 대한 교환법칙) $\boldsymbol{A}+\boldsymbol{B} = \boldsymbol{B}+\boldsymbol{A}$

(2) (덧셈에 대한 결합법칙) $\boldsymbol{A}+(\boldsymbol{B}+\boldsymbol{C}) = (\boldsymbol{A}+\boldsymbol{B})+\boldsymbol{C}$

(3) (덧셈에 관한 항등원) $\boldsymbol{A}+\boldsymbol{O} = \boldsymbol{A}$를 만족하는 행렬 $\boldsymbol{O}$가 존재한다.

(4) (덧셈에 관한 역원) $\boldsymbol{A}+(-\boldsymbol{A}) = \boldsymbol{O}$를 만족하는 행렬 $-\boldsymbol{A}$가 존재한다.

(5) (분배법칙) $\alpha(\boldsymbol{A}+\boldsymbol{B})=\alpha\boldsymbol{A}+\alpha\boldsymbol{B}$
(6) (분배법칙) $(\alpha+\beta)\boldsymbol{A}=\alpha\boldsymbol{A}+\beta\boldsymbol{A}$
(7) $(\alpha\beta)\boldsymbol{A}=\alpha(\beta\boldsymbol{A})$
(8) $1\boldsymbol{A}=\boldsymbol{A}$

영행렬 $\boldsymbol{O}$는 덧셈에 대한 항등원이고, $-\boldsymbol{A}$는 행렬 $\boldsymbol{A}$의 덧셈에 대한 역원이며 $-\boldsymbol{A}=(-1)\boldsymbol{A}$이다.

이제 케일리가 제시한 행렬의 곱셈(matrix multiplication) 연산에 관하여 알아보자. 행렬의 곱은 행 벡터와 열 벡터의 곱을 정의한 후 벡터들의 곱을 행렬의 곱으로 확장한다.

정의 6.6 (1) $1\times n$ 행렬 $\boldsymbol{a}=[a_1\, a_2\cdots a_n]$와 $n\times 1$행렬 $\boldsymbol{b}=\begin{bmatrix} b_1\\ b_2\\ \vdots\\ b_n\end{bmatrix}$에 대하여 행 벡터와 열 벡터의 곱 $\boldsymbol{a}\cdot\boldsymbol{b}$는

$$\boldsymbol{a}\cdot\boldsymbol{b}=a_1b_1+\cdots+a_nb_n$$

으로 정의한다.

(2) $m\times n$행렬 $\boldsymbol{A}=[a_{ij}]_{m\times n}$와 $n\times r$행렬 $\boldsymbol{B}=[b_{ij}]_{n\times r}$에 대하여 행렬곱 $\boldsymbol{AB}$는

$$\boldsymbol{AB}=\begin{bmatrix}\boldsymbol{A}_1\\ \boldsymbol{A}_2\\ \vdots\\ \boldsymbol{A}_m\end{bmatrix}[\boldsymbol{B}^1\,\boldsymbol{B}^2\cdots\boldsymbol{B}^r]=\begin{bmatrix}\boldsymbol{A}_1\boldsymbol{B}^1 & \boldsymbol{A}_1\boldsymbol{B}^2 & \cdots & \boldsymbol{A}_1\boldsymbol{B}^r\\ \boldsymbol{A}_2\boldsymbol{B}^1 & \boldsymbol{A}_2\boldsymbol{B}^2 & \cdots & \boldsymbol{A}_2\boldsymbol{B}^r\\ \vdots & \vdots & \ddots & \vdots\\ \boldsymbol{A}_m\boldsymbol{B}^1 & \boldsymbol{A}_m\boldsymbol{B}^2 & \cdots & \boldsymbol{A}_m\boldsymbol{B}^r\end{bmatrix}_{m\times r} \tag{6.2}$$

으로 정의한다. 즉

$$\boldsymbol{AB}=[c_{ij}]_{m\times r}$$

인데, 여기서 $c_{ij}=a_{i1}b_{1j}+a_{i2}b_{2j}+\cdots+a_{in}b_{nj}$이다.

두 행렬 $\boldsymbol{A}$, $\boldsymbol{B}$의 곱 $\boldsymbol{AB}$은 행렬 $\boldsymbol{A}$의 행 벡터와 행렬 $\boldsymbol{B}$의 열 벡터의 곱으로 정의되기 때문에 각 벡터들의 성분의 개수가 같아야 하고, 그래서 $\boldsymbol{AB}$가 존재하기 위해서는 $\boldsymbol{A}$의 열의 개수와 $\boldsymbol{B}$의 행의 개수가 같아야 한다. 곱 $\boldsymbol{AB}$가 존재할 때 곱셈 결과 행렬의 크기는 $\boldsymbol{A}$의 행의 개수와 $\boldsymbol{B}$의 열의 개수로 결정된다.

예제 6.3 두 행렬

$$A=\begin{bmatrix}1&2&3\\2&1&3\end{bmatrix} \text{와 } B=\begin{bmatrix}1&2\\2&3\\3&1\end{bmatrix}$$

의 곱 $AB=[c_{ij}]$의 (1, 2)성분을 구하라.

>> 풀이

$$AB=\begin{bmatrix}1&2&3\\2&1&3\end{bmatrix}\begin{bmatrix}1&2\\2&3\\3&1\end{bmatrix}=\begin{bmatrix}14&11\\13&10\end{bmatrix}$$

이므로 (1, 2)성분은 11이다. 그런데 식 (6.2)에 의하면 AB의 (1, 2)성분은 행 벡터와 열 벡터의 곱 A_1B^2를 계산하면 얻을 수 있음을 알 수 있다. 따라서 다른 성분의 계산없이 (1, 2)성분만 바로 계산할 수도 있다. □

$m\times n$행렬 A와 $n\times r$행렬 B의 곱 AB는 다양한 시각으로 이해할 수 있다. 행렬의 곱셈은 정의 6.4에서와 같이 A의 행 벡터와 B의 열 벡터의 곱으로 생각할 수 있고, 특히 A를 분해해서 살펴볼 것인지 B를 분해해서 살펴볼 것인지에 따라

$$AB=\begin{bmatrix}A_1\\A_2\\\vdots\\A_m\end{bmatrix}B=\begin{bmatrix}A_1B\\A_2B\\\vdots\\A_mB\end{bmatrix}$$

또는

$$AB=A[B^1\ B^2\cdots\ B^r]=[AB^1\ AB^2\cdots\ AB^r]$$

와 같이 해석하여 생각할 수 있다.

예제 6.4 예제 6.3에서 주어진 두 행렬의 곱 AB는

$$AB=\begin{bmatrix}1&2&3\\2&1&3\end{bmatrix}B=\begin{bmatrix}[1\ 2\ 3]B\\ [2\ 1\ 3]B\end{bmatrix}=\begin{bmatrix}14&11\\ \hline 13&10\end{bmatrix}$$

또는

$$AB=A\begin{bmatrix}1&2\\2&3\\3&1\end{bmatrix}=\left[A\begin{bmatrix}1\\2\\3\end{bmatrix}\ \ A\begin{bmatrix}2\\3\\1\end{bmatrix}\right]=\left[\begin{array}{c:c}14&11\\13&10\end{array}\right]$$

와 같이 계산할 수도 있다.

예제 6.5 두 행렬

$$A = \begin{bmatrix} 1 & 2 & 3 \\ 2 & 1 & 3 \end{bmatrix} \text{와 } B = \begin{bmatrix} 1 & 2 & 3 \\ 2 & 3 & 1 \\ 3 & 1 & 2 \end{bmatrix}$$

에 대하여, AB를 계산하면

$$AB = \begin{bmatrix} 14 & 11 & 11 \\ 13 & 10 & 13 \end{bmatrix}$$

이지만, BA는 정의되지 않는다. BA가 정의되기 위해서는 B의 열의 개수와 A의 행의 개수가 같아야 하지만 B의 열의 개수는 3개, A의 행의 개수는 2개로 서로 다르기 때문에 행 벡터와 열 벡터의 곱이 정의되지 않아 행렬의 곱을 정의할 수 없다.

예제 6.6 두 행렬

$$A = \begin{bmatrix} -1 & 3 \\ 7 & 8 \end{bmatrix} \text{와 } B = \begin{bmatrix} 0 & 5 \\ 2 & 3 \end{bmatrix}$$

에 대하여, AB와 BA를 구해보면

$$AB = \begin{bmatrix} 6 & 4 \\ 16 & 59 \end{bmatrix} \text{와 } BA = \begin{bmatrix} 35 & 40 \\ 19 & 30 \end{bmatrix}$$

이다.

예제 6.5와 예제 6.6처럼 행렬의 크기에 따라 행렬 곱셈이 정의되지 않을 수도 있고, 행렬 곱셈의 교환법칙이 성립하지 않을 수도 있다. 즉, 일반적으로 $AB \neq BA$이다. 그중 $AB = BA$를 만족하는 행렬 A와 B를 서로 교환적(commutative)이라고 한다.

예제 6.7 두 행렬 $A = \begin{bmatrix} 1 & 2 \\ 3 & 4 \end{bmatrix}$와 $B = \begin{bmatrix} 5 & 4 \\ 6 & 11 \end{bmatrix}$에 대하여, $AB = \begin{bmatrix} 17 & 26 \\ 39 & 56 \end{bmatrix}$이고 $BA = \begin{bmatrix} 17 & 26 \\ 39 & 56 \end{bmatrix}$이므로 A와 B는 교환적이다.

정리 6.2는 행렬 곱셈에 관한 성질이다. 교환법칙은 성립하지 않지만 실수 곱셈 계산에서 성립하는 많은 성질들이 행렬 곱셈에서도 성립함을 알 수 있다.

정리 6.2

체 F의 원소 k와 F 위의 행렬 $\boldsymbol{A}$, $\boldsymbol{B}$, $\boldsymbol{C}$에 대하여, 행렬 $\boldsymbol{A}$, $\boldsymbol{B}$, $\boldsymbol{C}$는 덧셈과 곱셈이 정의되는 행렬이라고 할 때, 다음이 성립한다. 여기서 $\boldsymbol{I}$와 $\boldsymbol{O}$는 각각 행렬의 곱셈이 정의되는 크기의 단위행렬과 영행렬이다.

(1) (곱셈에 관한 결합법칙) $\boldsymbol{A}(\boldsymbol{BC}) = (\boldsymbol{AB})\boldsymbol{C}$

(2) (분배법칙) $\boldsymbol{A}(\boldsymbol{B}+\boldsymbol{C}) = \boldsymbol{AB}+\boldsymbol{AC}$

(3) (분배법칙) $(\boldsymbol{B}+\boldsymbol{C})\boldsymbol{A} = \boldsymbol{BA}+\boldsymbol{CA}$

(4) $k(\boldsymbol{AB}) = (k\boldsymbol{A})\boldsymbol{B} = k\boldsymbol{AB}$

(5) (곱셈의 항등원) $\boldsymbol{AI} = \boldsymbol{IA} = \boldsymbol{A}$

(6) $\boldsymbol{AO} = \boldsymbol{OA} = \boldsymbol{O}$

>> 증명 각 성질은 행렬 곱셈의 정의와 실수의 성질에 의하여 쉽게 증명될 수 있다. 그러므로 여기서는 첫 번째 성질만 증명하고, 나머지는 생략한다.

행렬 $\boldsymbol{A} = [a_{ij}]_{m\times p}$, $\boldsymbol{B} = [b_{ij}]_{p\times q}$, $\boldsymbol{C} = [c_{ij}]_{q\times n}$에 대하여, 행렬 $\boldsymbol{A}(\boldsymbol{BC}) = [x_{ij}]_{m\times n}$의 (i, j)성분은

$$x_{ij} = \sum_{k=1}^{p} a_{ik}\left(\sum_{l=1}^{q} b_{kl}c_{lj}\right) = \sum_{k=1}^{p}\sum_{l=1}^{q} a_{ik}b_{kl}c_{lj} = \sum_{l=1}^{q}\left(\sum_{k=1}^{p} a_{ik}b_{kl}\right)c_{lj}$$

와 같이 계산할 수 있다. 그런데 $(\boldsymbol{AB})\boldsymbol{C}$의 (i, j)성분을 구하면

$\sum_{l=1}^{q}\left(\sum_{k=1}^{p} a_{ik}b_{kl}\right)c_{lj}$이므로 $\boldsymbol{A}(\boldsymbol{BC})$와 $(\boldsymbol{AB})\boldsymbol{C}$의 크기가 같고 모든 성분들이 같으므로 $\boldsymbol{A}(\boldsymbol{BC}) = (\boldsymbol{AB})\boldsymbol{C}$가 성립한다. ■

실수의 집합에서는 소거 법칙이 성립하지만 행렬들의 집합에서는 성립하지 않는다. 즉, 행렬에서는 $\boldsymbol{AB} = \boldsymbol{AC}(\boldsymbol{A} \neq \boldsymbol{O})$라고 하여 반드시 $\boldsymbol{B} = \boldsymbol{C}$인 것은 아니다. 또한, $\boldsymbol{AB} = \boldsymbol{O}$이라고 해서 반드시 $\boldsymbol{A} = \boldsymbol{O}$ 또는 $\boldsymbol{B} = \boldsymbol{O}$인 것은 아니다.

정의 6.7 영행렬이 아닌 두 행렬 A와 B에 대하여 $AB = O$이면 A와 B를 영인자라고 한다.

예제 6.8 행렬

$$A = \begin{bmatrix} 1 & 1 \\ 1 & 1 \end{bmatrix},\ B = \begin{bmatrix} 1 & 2 \\ 2 & 1 \end{bmatrix},\ C = \begin{bmatrix} 2 & 1 \\ 1 & 2 \end{bmatrix},\ M = \begin{bmatrix} 1 & 1 \\ -1 & -1 \end{bmatrix}$$

에 대하여, $AB = AC$이지만 $B \neq C$이다. 또 두 행렬의 곱 $AM = O$이지만, 행렬 A와 M은 모두 영행렬이 아니다. 이때, A와 M은 영인자이다.

실수의 집합 $\mathbb{R}$ 위의 행렬들의 집합 $Mat_{m \times n}(\mathbb{R})$은 덧셈에 관해서는 실수의 집합 $\mathbb{R}$과 같은 대수적 구조를 갖지만, 곱셈에 관해서는 그렇지 않다. 실수의 집합 $\mathbb{R}$ 위의 n차 정사각 행렬들의 집합 $Mat_{n \times n}(\mathbb{R})$에 속하는 모든 행렬에 대하여 정리 6.1과 정리 6.2가 성립한다. 일반적으로 단위원 1을 가진 가환환 R 위의 행렬의 집합 $Mat_{m \times n}(R)$은 정리 6.1과 정리 6.2를 만족한다. 하지만, $Mat_{n \times n}(R)$은 영인자를 포함하고 있을 수 있기 때문에 정역은 아닐 수도 있다.

연습 문제

01 두 행렬

$$A=\begin{bmatrix}3 & 1 & -2\\ 2 & -4 & 0\end{bmatrix}\text{와 } B=\begin{bmatrix}-1 & 3 & -2\\ 0 & 2 & 3\end{bmatrix}$$

에 대하여 다음을 구하여라.

(1) $A+B$　　(2) $2A$　　(3) $3A-2B$

02 다음을 계산하여라.

(1) $[5\ 2\ 1]\begin{bmatrix}-6\\ 2\\ 1\end{bmatrix}$

(2) $[-2\ 3\ -1]\begin{bmatrix}2 & -1 & -1 & 3\\ 2 & -1 & 3 & 0\\ 1 & 3 & 2 & -5\end{bmatrix}$

(3) $\begin{bmatrix}-2 & 1 & 2\\ 4 & -2 & 3\end{bmatrix}\begin{bmatrix}4\\ 3\\ 5\end{bmatrix}$

03 행렬 $A=\begin{bmatrix}1 & -1\\ 0 & 1\end{bmatrix}$에 대하여, 다음을 구하여라.

(1) AA

(2) $\underbrace{AA\cdots A}_{n\text{번}}$

04 자연수 n에 대하여, 실수체 위의 n차 정사각 행렬들의 집합 $Mat_{n\times n}(\mathbb{R})$에 정의 6.4에서 정의된 행렬 덧셈 +과 정의 6.6에서 정의된 행렬 곱 ·이 주어졌을 때, 다음에 대하여 답하여라.

(1) $(Mat_{n\times n}(\mathbb{R}),\ +,\ \cdot\ )$는 환이 됨을 증명하여라.

(2) $(Mat_{n\times n}(\mathbb{R}),\ +,\ \cdot\ )$이 정역이면 증명을 하고, 그렇지 않으면 반례를 들어라.

6.2 여러 가지 행렬

이 절에서는 여러 가지 행렬을 살펴보고 이 행렬들이 가지는 성질을 살펴볼 것이다.

6.2.1 정사각행렬

n차 정사각 행렬들의 전체 집합 $Mat_{n\times n}(\mathbb{R})$은 행렬의 덧셈, 스칼라 곱, 행렬 곱셈에 관하여 닫혀 있다. 이때, n차 정사각 행렬 $\boldsymbol{A}$의 거듭 제곱은

$$\boldsymbol{A}^0 = \boldsymbol{I}_n,\ \boldsymbol{A}^k = \boldsymbol{A}^{k-1}\boldsymbol{A}\ \ (k\in\mathbb{N})$$

와 같이 정의한다.

예제 6.9 2차 정사각 행렬 $\boldsymbol{A}=\begin{bmatrix}1&1\\0&1\end{bmatrix}$과 양의 정수 k에 대하여 행렬 $\boldsymbol{A}$의 거듭 제곱 $\boldsymbol{A}^k$을 구해보면, 우선, $k=2$일 때 $\boldsymbol{A}^2$을 계산하면

$$\boldsymbol{A}^2=\boldsymbol{A}\boldsymbol{A}=\begin{bmatrix}1&1\\0&1\end{bmatrix}\begin{bmatrix}1&1\\0&1\end{bmatrix}=\begin{bmatrix}1&2\\0&1\end{bmatrix}$$

이다. 이와 같은 방법으로 $\boldsymbol{A}^k$까지 반복하여 계산하면

$$\boldsymbol{A}^k=\begin{bmatrix}1&k\\0&1\end{bmatrix}$$

이다.

6.2.2 전치 행렬

정의 6.8 행렬

$$\boldsymbol{A}=\begin{bmatrix}a_{11}&a_{12}&\cdots&a_{1n}\\a_{21}&a_{22}&\cdots&a_{2n}\\\vdots&\vdots&\ddots&\vdots\\a_{m1}&a_{m2}&\cdots&a_{mn}\end{bmatrix}=[a_{ij}]_{m\times n}$$

의 행과 열을 서로 바꾸어 얻은 $n \times m$행렬을 행렬 $\boldsymbol{A}$의 전치행렬(transposed matrix)이라 하고, $\boldsymbol{A}^T$로 쓴다. 즉, $\boldsymbol{A}^T$의 (i, j)성분은 $\boldsymbol{A}$의 (j, i)성분이므로 행렬 $\boldsymbol{A}$의 전치행렬은

$$\boldsymbol{A}^T = \begin{bmatrix} a_{11} & a_{21} & \cdots & a_{m1} \\ a_{12} & a_{22} & \cdots & a_{m2} \\ \vdots & \vdots & \ddots & \vdots \\ a_{1n} & a_{2n} & \cdots & a_{mn} \end{bmatrix} = [a_{ji}]_{n \times m}$$

이다.

예제 6.10 행렬 $\boldsymbol{A} = \begin{bmatrix} 1 & 0 & 1 \\ 1 & 1 & 0 \end{bmatrix}$의 전치행렬은 $\boldsymbol{A}^T = \begin{bmatrix} 1 & 1 \\ 0 & 1 \\ 1 & 0 \end{bmatrix}$이다.

전치 행렬의 정의에 의하면 다음과 같은 정리가 성립한다.

정리 6.3

체 F의 원소 k와 F 위의 행렬 $\boldsymbol{A}$와 $\boldsymbol{B}$가 덧셈과 곱셈이 가능한 행렬이면, 다음이 성립한다.

(1) $(\boldsymbol{A}^T)^T = \boldsymbol{A}$

(2) $(\boldsymbol{A}+\boldsymbol{B})^T = \boldsymbol{A}^T + \boldsymbol{B}^T$

(3) $(k\boldsymbol{A})^T = k\boldsymbol{A}^T$

(4) $(\boldsymbol{AB})^T = \boldsymbol{B}^T\boldsymbol{A}^T$

>> 증명 (1)~(3)은 전치 행렬의 정의에 의하여 쉽게 증명할 수 있으므로, 여기서는 네 번째 성질만을 증명하겠다.

행렬 $(\boldsymbol{AB})^T = [c_{ij}]$의 (i, j)성분은 $\boldsymbol{AB}$의 (j, i)성분이고 $c_{ji} = \sum_{k=1}^{n} a_{jk}b_{ki}$이므로 $\boldsymbol{A}$의 j행과 $\boldsymbol{B}$의 i열의 곱과 같다. 즉, $(\boldsymbol{AB})^T = [c_{ij}]$의 (i, j)성분은 $\boldsymbol{B}^T$의 i행과 $\boldsymbol{A}^T$의 j열의 곱과 같으므로 식이 성립한다. ■

주어진 행렬과 그 행렬의 전치행렬 사이에 특별한 관계가 있는 행렬들이 있다. 그중 대표적인 행렬이 대칭 행렬과 교대 행렬이다.

정의 6.9 정사각 행렬 $\boldsymbol{A}$가 $\boldsymbol{A}^T = \boldsymbol{A}$를 만족하면, 행렬 $\boldsymbol{A}$를 대칭 행렬(symmetric matrix)이라고 한다. 만약 $\boldsymbol{A}^T = -\boldsymbol{A}$인 경우, 행렬 $\boldsymbol{A}$를 반대칭 행렬(skew-symmetric matrix) 혹은 교대 행렬(alternating matrix)이라고 한다.

대칭 행렬은 주 대각선을 대칭선으로 그 오른쪽 위와 왼쪽 아래의 성분들이 같고, 교대 행렬은 주대각선을 기준으로 위아래의 성분들이 각각 덧셈에 관한 역원이다. 교대 행렬의 정의에 의해 $\boldsymbol{A}$가 교대 행렬이면 행과 열이 같은 성분에 대해서는 $a_{ii} = -a_{ii}(1 \le i \le n)$를 만족해야 하므로 $a_{ii} = 0$이다. 따라서 교대 행렬의 주 대각선 성분은 모두 0이다.

예제 6.11 행렬

$$\boldsymbol{A} = \begin{bmatrix} 1 & 2 & 3 \\ 2 & 3 & 4 \\ 3 & 4 & 5 \end{bmatrix},\ \boldsymbol{B} = \begin{bmatrix} 0 & 1 \\ 1 & 0 \end{bmatrix},\ \boldsymbol{O} = \begin{bmatrix} 0 & 0 & 0 \\ 0 & 0 & 0 \\ 0 & 0 & 0 \end{bmatrix},\ \boldsymbol{C} = \begin{bmatrix} 0 & -2 & 3 \\ 2 & 0 & -4 \\ -3 & 4 & 0 \end{bmatrix}$$

에서 $\boldsymbol{A}^T = \boldsymbol{A}$, $\boldsymbol{B}^T = \boldsymbol{B}$, $\boldsymbol{O}^T = \boldsymbol{O}$이므로 대칭 행렬이다. 또 $\boldsymbol{O}^T = -\boldsymbol{O}$, $\boldsymbol{C}^T = -\boldsymbol{C}$이므로 교대 행렬이다. 여기서 영행렬은 교대 행렬이면서 대칭 행렬이다.

정의 6.9에 의해서 다음과 같은 결과를 얻을 수 있다.

정리 6.4

체 F의 원소 k와 F 위의 행렬 $\boldsymbol{A}$와 $\boldsymbol{B}$에 대하여, $\boldsymbol{A}$와 $\boldsymbol{B}$가 같은 크기의 대칭 행렬이면 다음이 성립한다.

(1) $\boldsymbol{A}^T$는 대칭 행렬이다.

(2) $\boldsymbol{A} + \boldsymbol{B}$는 대칭 행렬이다.

(3) $k\boldsymbol{A}$는 대칭 행렬이다.

정리 6.4에 의해 다음과 같은 결과도 얻을 수 있다.

따름정리 6.5
체 F 위의 행렬 $\boldsymbol{A}$와 $\boldsymbol{B}$에 대하여, $\boldsymbol{A}$와 $\boldsymbol{B}$가 같은 크기의 교대 행렬이면 $\boldsymbol{A}+\boldsymbol{B}$와 $\boldsymbol{A}-\boldsymbol{B}$도 교대 행렬이다.

이제 정사각 행렬에 관련된 고유한 값 중 하나인 행렬의 대각합의 정의와 성질들에 대해 알아보자.

정의 6.10 n차 정사각 행렬 $\boldsymbol{A}=[a_{ij}]$에 대하여 대각 성분의 합

$$tr(\boldsymbol{A})=a_{11}+a_{22}+\cdots+a_{nn}$$

을 행렬의 대각합(trace)이라고 정의한다.

예제 6.12 행렬 $\boldsymbol{A}=\begin{bmatrix} 2 & 5 \\ -1 & 8 \end{bmatrix}$의 대각합은

$$tr(\boldsymbol{A})=2+8=10$$

이다. 또, 행렬 $\boldsymbol{B}=\begin{bmatrix} 1 & 1 & 1 \\ 0 & -1 & 0 \\ 1 & 0 & 1 \end{bmatrix}$의 대각합도 $tr(\boldsymbol{B})=1-1+1=1$이다.

행렬의 대각합은 행렬을 스칼라로 대응시키는 여러 함수 중 하나이다. 대각합은 행렬의 고윳값(eigenvalue)과 관계되어 있는 등, 여러 분야에서 중요하게 사용된다.

정리 6.6은 정사각 행렬의 전치행렬과 행렬 연산에 대하여 행렬의 대각합이 어떻게 작용하는지를 보여준다.

정리 6.6
체 F의 원소 k와 F 위의 n차 정사각 행렬 $\boldsymbol{A}$와 $\boldsymbol{B}$에 대하여, 다음이 성립한다.

(1) $tr(\boldsymbol{A}^T)=tr(\boldsymbol{A})$

(2) $tr(\boldsymbol{A}+\boldsymbol{B})=tr(\boldsymbol{A})+tr(\boldsymbol{B})$

(3) $tr(k\boldsymbol{A})=k\cdot tr(\boldsymbol{A})$

(4) $tr(\boldsymbol{AB})=tr(\boldsymbol{BA})$

>> **증명** (1)~(3)은 행렬의 대각합의 정의에 의해 자명하다.

(4) $\boldsymbol{A}$와 $\boldsymbol{B}$를 n차 정사각 행렬이라 하자. 그리고 $\boldsymbol{AB}=\boldsymbol{C}$라 하고, $\boldsymbol{C}$의 $(i,\ j)$ 성분을 c_{ij}라고 하면, $c_{ij}=\sum_{k=1}^{n}a_{ik}b_{kj}(1\le i,\ j\le n)$이다. 행렬 $\boldsymbol{AB}$의 대각합은

$$tr(\boldsymbol{AB})=\sum_{i=1}^{n}c_{ii}=\sum_{i=1}^{n}\sum_{k=1}^{n}a_{ik}b_{ki}=\sum_{k=1}^{n}\sum_{i=1}^{n}b_{ki}a_{ik}$$

이고, $\sum_{i=1}^{n}b_{ki}a_{ik}$는 행렬 $\boldsymbol{BA}$의 (k,k)성분이므로 $tr(\boldsymbol{AB})=tr(\boldsymbol{BA})$이다. ■

정리 6.6의 (2)와 (3)에 의하면 행렬의 대각합은 행렬의 덧셈과 스칼라 곱의 연산에 대하여 보존이 된다. 또한 정리 6.6의 (4)는 행렬의 곱의 대각합과 순서를 바꾸어 곱한 행렬의 곱의 대각합은 같다는 것으로 아주 중요한 성질 중 하나이다.

6.2.3 가역 행렬

체 F 위의 n차 정사각 행렬들의 집합 $Mat_{n\times n}(F)$은 행렬 곱에 대하여 닫혀 있고, 결합법칙이 성립한다. 그리고 단위행렬 $\boldsymbol{I}$는 행렬 곱셈에 대한 항등원이다. 그러면 $Mat_{n\times n}(F)$는 행렬 곱셈에 대하여 군을 이루는가? 이를 확인하기 위해서는 영행렬이 아닌 $\boldsymbol{A}\in Mat_{n\times n}(F)$에 대하여 $\boldsymbol{AB}=\boldsymbol{I}$가 되는 행렬 $\boldsymbol{B}$의 존재 유무를 확인하면 된다.

정의 6.11 정사각 행렬 $\boldsymbol{A}$에 대하여

$$\boldsymbol{AB}=\boldsymbol{BA}=\boldsymbol{I}$$

을 만족하는 행렬 $\boldsymbol{B}$가 존재하면 행렬 $\boldsymbol{A}$는 가역 행렬(invertible matrix) 또는 정칙 행렬(nonsingular matrix)이라고 한다. 이때, 행렬 $\boldsymbol{B}$를 행렬 $\boldsymbol{A}$의 역행렬(inverse matrix)이라고 하고 $\boldsymbol{A}^{-1}$로 나타낸다.

정리 6.7
정사각 행렬 A가 가역이면, A의 역행렬은 유일하게 존재한다.

>> **증명** 결론을 부정하여 행렬 $A=[a_{ij}]$의 역행렬이 유일하지 않다고 가정하자. 이때 행렬 B와 C를 A의 서로 다른 두 역행렬이라고 가정하면, $AB=I$이고 $CA=I$이다. 그러면

$$B=IB'=(CA)B=C'(AB)=CI=C$$

이다. 그런데 이는 B와 C가 서로 다르다는 가정에 위배되므로 모순이다. 따라서 A의 역행렬은 유일하다. ■

예제 6.13 두 행렬

$$A=\begin{bmatrix} 1 & 1 & 1 \\ -1 & 3 & 2 \\ 2 & 1 & 1 \end{bmatrix} \text{와 } B=\begin{bmatrix} -1 & 0 & 1 \\ -5 & 1 & 3 \\ 7 & -1 & -4 \end{bmatrix}$$

에 대하여 $AB=I=BA$이므로 정의 6.7에 따라서 $B=A^{-1}$이고 $A=B^{-1}$이다.

역행렬의 정의에 따라서 다음과 같은 정리가 성립함을 보일 수 있다.

정리 6.8
체 F 위의 정사각 행렬 A가 가역 행렬일 때, 다음이 성립한다.
(1) A의 역행렬 A^{-1}도 가역 행렬이고, $(A^{-1})^{-1}=A$이다.
(2) 음이 아닌 정수 m에 대하여 A^m은 가역 행렬이고, $(A^m)^{-1}=A^{-m}=(A^{-1})^m$이다.
(3) k가 0이 아닌 체 F의 원소일 때, kA는 가역 행렬이고 $(kA)^{-1}=k^{-1}A^{-1}$이다.
(4) A^T도 가역 행렬이고, $(A^T)^{-1}=(A^{-1})^T$이다.

>> **증명** (1)~(3)은 역행렬의 정의에 의하여 자명하다.

(4) 정리 6.3의 (4)에 의하여 $(A^T)(A^{-1})^T=(A^{-1}A)^T=I^T=I$이고, $(A^{-1})^T(A^T)=I$이므로 $(A^T)^{-1}=(A^{-1})^T$이다. ■

또한 두 가역 행렬의 곱에 대하여 다음 정리가 성립한다.

정리 6.9
n차 정사각 행렬 $\boldsymbol{A}$와 $\boldsymbol{B}$가 가역 행렬이면, 행렬의 곱 $\boldsymbol{AB}$도 가역 행렬이고 $(\boldsymbol{AB})^{-1} = \boldsymbol{B}^{-1}\boldsymbol{A}^{-1}$이다.

>> **증명** 가역인 n차 정사각 행렬 $\boldsymbol{A}$와 $\boldsymbol{B}$에 대하여

$$(\boldsymbol{AB})(\boldsymbol{B}^{-1}\boldsymbol{A}^{-1}) = \boldsymbol{A}(\boldsymbol{BB}^{-1})\boldsymbol{A}^{-1} = \boldsymbol{AIA}^{-1} = \boldsymbol{AA}^{-1} = \boldsymbol{I}$$

이고, 같은 방법으로 $(\boldsymbol{B}^{-1}\boldsymbol{A}^{-1})(\boldsymbol{AB}) = \boldsymbol{I}$이므로 $\boldsymbol{AB}$도 가역이다. ■

n차 정사각 행렬 $\boldsymbol{A}$와 $\boldsymbol{B}$가 가역 행렬이면 행렬의 합 $\boldsymbol{A}+\boldsymbol{B}$도 가역 행렬일까? 행렬

$$\boldsymbol{A} = \begin{bmatrix} 1 & 0 \\ 0 & 1 \end{bmatrix} \text{와 } \boldsymbol{B} = \begin{bmatrix} -1 & 0 \\ 0 & -1 \end{bmatrix}$$

에 대하여 $\boldsymbol{A}$와 $\boldsymbol{B}$는 모두 가역행렬이다. 하지만 $\boldsymbol{A}+\boldsymbol{B} = \boldsymbol{O}$이고 $\boldsymbol{O}$는 가역이 아니므로 두 행렬의 합 $\boldsymbol{A}+\boldsymbol{B}$는 가역 행렬이 아니다. 따라서 일반적으로 가역 행렬들의 합이 가역 행렬인 것은 아니다.

6.2.4 특수한 행렬들

정의 6.12 (1) 대각 성분이 d_{ii}이고, 나머지 성분은 모두 0인 n차 정사각 행렬

$$\boldsymbol{D} = \begin{bmatrix} d_1 & 0 & \cdots & 0 \\ 0 & d_2 & \cdots & 0 \\ \vdots & \vdots & \ddots & \vdots \\ 0 & 0 & \cdots & d_n \end{bmatrix}$$

을 대각 행렬(diagonal matrix)이라고 하고, $\boldsymbol{D} = diag(d_1, d_2, \cdots, d_n)$로 나타낸다.

(2) 대각 성분이 모두 같은 대각 행렬을 스칼라 행렬(scalar matrix)이라고 한다.

대각 행렬의 역행렬과 거듭제곱에 대한 성질은 정리 6.10과 같고 대각행렬의 정의와 역행렬의 정의를 이용하여 쉽게 보일 수 있다.

정리 6.10

대각 행렬 $\boldsymbol{D} = diag(d_1, d_2, \ldots, d_n)$에 대하여 다음이 성립한다.

(1) $\boldsymbol{D}$가 가역 행렬이기 위한 필요충분조건은 모든 i에 대하여 $d_i \neq 0$인 것이고, 이때 $\boldsymbol{D}^{-1}$은 $\boldsymbol{D}^{-1} = diag(d_1^{-1}, d_2^{-1}, \ldots, d_n^{-1})$이다.

(2) 음이 아닌 정수 m에 대하여, $\boldsymbol{D}^m = diag(d_1^m, d_2^m, \ldots, d_n^m)$이다.

정의 6.13 행렬

$$\boldsymbol{T} = \begin{bmatrix} d_1 & c_1 & 0 & \cdots & \cdots & 0 \\ a_1 & d_2 & c_2 & 0 & \cdots & \vdots \\ 0 & a_2 & d_3 & c_3 & \cdots & \vdots \\ \vdots & \vdots & \vdots & \vdots & \ddots & 0 \\ 0 & \cdots & 0 & a_{n-2} & d_{n-1} & c_{n-1} \\ 0 & \cdots & \cdots & 0 & a_{n-1} & d_n \end{bmatrix}$$

와 같은 형태의 행렬을 삼중 대각 행렬(tridiagonal matrix)이라고 한다. 이때, 대각 성분 a_i, b_i, c_i를 각각 아래 대각선(subdiagonal), 주대각선(main diagonal), 위 대각선(superdiagonal) 성분이라고 부른다.

정의 6.14 n차 정사각 행렬에 대하여, 주대각선보다 위에 있는 모든 성분이 0인 정사각 행렬을 하 삼각 행렬(lower triangular matrix)이라 하고, 주대각선보다 아래에 있는 모든 성분이 0인 정사각 행렬은 상 삼각 행렬(upper triangular matrix)이라고 한다. 하 삼각 행렬과 상 삼각 행렬을 삼각 행렬(triangular matrix)이라고 한다.

예제 6.14 n차 정사각 행렬 $\boldsymbol{A} = [a_{ij}]$에서 $i \neq j$일 때 $a_{ij} = 0$이면 대각 행렬이고, $|i-j| \geq 2$인 i, j에 대하여 $a_{ij} = 0$이면 삼중 대각 행렬이다. 만약 $i < j$일 때 $a_{ij} = 0$이면 하 삼각 행렬이고, $i > j$일 때 $a_{ij} = 0$이면 상 삼각 행렬이다.

n차 정사각 행렬 $\boldsymbol{A}$와 $\boldsymbol{B}$가 상 삼각 행렬일 때, $\boldsymbol{A}+\boldsymbol{B}$와 $k\boldsymbol{A}$(k는 체 F의 원소)도 상 삼각 행렬이다. $\boldsymbol{AB}$도 상 삼각 행렬이고, $\boldsymbol{AB}$의 주대각선 성분들은 $a_{11}b_{11}$, $a_{22}b_{22}$, ..., $a_{nn}b_{nn}$이다. 이때, 상 삼각 행렬에 관한 성질은 하 삼각 행렬로 바꿔도 성립한다.

예제 6.15 정사각 행렬

$$\boldsymbol{A}=\begin{bmatrix}1&0&0&0\\0&1&0&0\\0&0&1&0\\0&0&0&1\end{bmatrix},\ \boldsymbol{B}=\begin{bmatrix}1&0&0&0\\0&3&0&0\\0&0&5&0\\0&0&0&7\end{bmatrix},\ \boldsymbol{C}=\begin{bmatrix}1&-1&0&0&0\\1&5&2&0&0\\0&2&9&-3&0\\0&0&3&7&2\\0&0&0&1&1\end{bmatrix},$$

$$\boldsymbol{D}=\begin{bmatrix}6&0&0\\3&6&0\\4&-2&7\end{bmatrix},\ \boldsymbol{E}=\begin{bmatrix}1&1&2&1\\0&5&0&1\\0&0&9&3\\0&0&0&2\end{bmatrix},\ \boldsymbol{F}=\begin{bmatrix}2&0&0&0\\0&2&0&0\\0&0&2&0\\0&0&0&2\end{bmatrix}$$

에 대하여, $\boldsymbol{A}$는 단위행렬, 대각 행렬, 스칼라 행렬이고, $\boldsymbol{B}$는 대각 행렬이다. $\boldsymbol{C}$는 삼중 대각 행렬이고, $\boldsymbol{D}$는 하 삼각 행렬이다. 그리고 $\boldsymbol{E}$는 상 삼각 행렬이며, $\boldsymbol{F}$는 대각 행렬, 스칼라 행렬이다. 특히 $\boldsymbol{F}=2\boldsymbol{I}$이다.

연습 문제

01 행렬

$$A1 = \begin{bmatrix} 3 & 2a+3b & b \\ a & -5 & -c \\ -1 & 2 & -2 \end{bmatrix}$$

이 대칭행렬이 되는 a, b, c의 값을 구하여라.

02 행렬 $\boldsymbol{A}$가 반대칭행렬일 때, $\boldsymbol{A}$의 주대각성분이 모두 0임을 보여라.

03 n차 정사각행렬 $\boldsymbol{A}$에 대하여 $\frac{1}{2}(\boldsymbol{A}+\boldsymbol{A}^T)$가 대칭행렬임을 보여라.

04 n차 정사각행렬 $\boldsymbol{A}$에 대하여 $\frac{1}{2}(\boldsymbol{A}-\boldsymbol{A}^T)$가 반대칭행렬임을 보여라.

05 n차 정사각행렬 $\boldsymbol{A}$에 대하여, x_1, …, x_n은 방정식 $x\boldsymbol{I}-\boldsymbol{A}=0$의 해라고 할 때,

$$\sum_{i=1}^{n} x_i = tr(\boldsymbol{A})$$

임을 보여라.

6.3 기본 행 연산

행렬의 주된 목적은 연립방정식을 효과적으로 해결하는 것이다. 연립방정식을 행렬로 표현하여 계산하고자 할 때, 연립방정식의 식들 간의 계산을 행렬의 행들 간의 계산으로 변환하여 생각해야 한다. 이 절에서는 행렬의 행들 간의 기초적인 계산 방법에 대해 살펴보고, 이 연산을 이용하여 연립방정식의 해를 구하는 과정을 살펴보자.

6.3.1 기본 행 연산과 기약 행 사다리꼴 행렬

임의의 행렬의 어떤 행에 기본적인 연산을 수행하여 원래 행렬과 같은 크기의 행렬들로 변형할 수 있다. 이렇게 행렬을 변화시킬 때에는 행끼리의 연산을 기본으로 하고, 이러한 행들의 연산을 기본 행 연산이라고 하며 다음과 같이 정의한다.

정의 6.15 $m \times n$ 행렬 $\boldsymbol{A}$에 대한 다음과 같은 세 가지 연산을 기본 행 연산(elementary row operations)이라고 한다.

(1) 두 행을 서로 바꾼다.

(2) 한 행에 0이 아닌 상수를 곱한다.

(3) 한 행에 상수를 곱하여 다른 방정식에 더한다.

정의 6.15의 기본 행 연산은 식과 식의 연산으로부터 유래되었다. 행렬의 각 행은 방정식의 계수를 나타내고, 식과 식의 연산은 결국 동류항끼리의 연산이므로 행렬의 행의 성분끼리의 연산으로 대응할 수 있다. 즉 정의 6.15의 (1)은 연립방정식에서 두 식의 위치를 바꾸는 것과 같고, (2)는 한 식의 양변에 0이 아닌 상수를 곱하는 것과 같으며 (3)은 한 식에 적당한 상수를 곱하여 다른 식에 더하는 것과 같은 연산이다.

정의 6.16 행렬 $\boldsymbol{A}$에 기본 행 연산을 유한 번 적용하여 얻은 행렬이 $\boldsymbol{B}$이면, 행렬 $\boldsymbol{A}$와 $\boldsymbol{B}$는 행동치(row equivalent)라고 한다.

예제 6.16 행렬

$$A=\begin{bmatrix}1&1&1&1\\3&4&5&1\\0&1&3&1\end{bmatrix},\ B=\begin{bmatrix}1&1&1&1\\0&1&2&-2\\0&1&3&1\end{bmatrix},\ C=\begin{bmatrix}1&1&1&1\\0&1&2&1\\0&0&1&3\end{bmatrix}$$

에 대하여, 행렬 A의 1행에 -3을 곱하여 2행에 더하면 행렬 B를 얻고, 행렬 B의 2행에 -1을 곱하여 3행에 더하면 행렬 C가 된다. 따라서 A, B, C는 모두 행동치이다.

정의 6.17 행렬 A가 다음 조건을 만족하면 기약 행 사다리꼴 행렬(reduced row-echelon form matrix)이라고 한다.

(1) 각 행에서 처음으로 0이 아닌 성분은 1이다. 이때 성분 1을 선행 1(leading one)이라고 한다.

(2) 서로 다른 두 행에 대하여, 아래 행의 선행 1은 위 행의 선행 1보다 오른쪽에 위치한다.

(3) 성분이 모두 0으로 이루어진 행은 다른 어떤 행보다 아래쪽에 위치한다.

(4) 선행 1을 포함하고 있는 각 열의 다른 성분들은 모두 0이다.

조건 (1)~(3)을 만족하는 행렬은 행 사다리꼴 행렬(row-echelon form matrix)이라고 한다.

예제 6.17 행렬

$$A=\begin{bmatrix}1&2&3&4&5\\0&1&2&3&4\\0&0&0&1&2\\0&0&0&0&0\end{bmatrix},\ B=\begin{bmatrix}1&0&3&0&5\\0&1&2&0&4\\0&0&0&1&2\\0&0&0&0&0\end{bmatrix}$$

에 대하여 A는 조건 (1)~(3)을 만족시키므로 행 사다리꼴 행렬이고, B는 (1)~(4)를 모두 만족하므로 기약 행 사다리꼴이다.

예제 6.18 행렬

$$A_1=\begin{bmatrix}1&1&1\\0&1&1\\0&0&0\end{bmatrix},\ A_2=\begin{bmatrix}1&0\\0&0\\0&1\end{bmatrix},\ A_3=\begin{bmatrix}1&1&0&0\\0&0&1&0\\0&0&0&1\end{bmatrix},\ A_4=\begin{bmatrix}1&0&0\\0&1&1\end{bmatrix},$$

$$A_5 = \begin{bmatrix} 1 & 0 \\ 0 & 1 \end{bmatrix},\ A_6 = \begin{bmatrix} 1 & 0 & 0 \\ 0 & 0 & 1 \\ 0 & 1 & 0 \end{bmatrix},\ A_7 = \begin{bmatrix} 1 & 1 & 1 & 0 \\ 0 & 0 & 1 & 0 \end{bmatrix},\ A_8 = \begin{bmatrix} 1 & 1 & 1 \\ 0 & 1 & 1 \end{bmatrix}$$

에 대하여, A_1, A_3, A_4, A_5, A_7, A_8은 행 사다리꼴 행렬이고, 그중에서 A_3, A_4, A_5는 기약 행 사다리꼴 행렬이다. A_2는 정의 6.17의 (3)을, A_6은 정의 6.17의 (2)를 만족하지 않으므로 행 사다리꼴 행렬이 아니다.

정리 6.11은 임의의 행렬은 언제나 기약 행 사다리꼴 행렬로 변형이 가능하고, 유일함을 설명한다. 이에 대한 증명은 연립방정식의 해의 존재성을 이용하여 이루어지는데 여기서는 증명 없이 사실로 받아들이기로 하자.

정리 6.11
모든 행렬은 유한 번의 기본 행 연산을 시행하여 기약 행 사다리꼴로 바꿀 수 있고, 기약 행 사다리꼴은 유일하게 결정된다.

정리 6.11은 어떤 행렬에 기본 행 연산을 실행하면 연산에 따라 여러 가지 행 사다리꼴 행렬로 바뀔 수 있는데, 어떤 순서로 연산을 수행하든지 이 행렬을 변형하여 얻은 기약 행 사다리꼴 행렬은 유일하다는 뜻이다.

6.3.2 기본 행렬

기본 행 연산을 정사각 행렬에 실행한 경우를 살펴보자. 특히 단위행렬에 기본 행 연산을 한 경우 다음과 같이 정의된다.

정의 6.18 n차 단위행렬 I_n에 기본 행 연산을 한 번 실행하여 얻은 행렬을 기본 행렬 (elementary matrix)이라고 한다.

예제 6.19 행렬

$$\boldsymbol{E}_1 = \begin{bmatrix} 0 & 0 & 1 \\ 0 & 1 & 0 \\ 1 & 0 & 0 \end{bmatrix},\ \boldsymbol{E}_2 = \begin{bmatrix} 1 & 0 & 0 \\ 0 & 1 & 0 \\ 2 & 0 & 1 \end{bmatrix},\ \boldsymbol{E}_3 = \begin{bmatrix} 1 & 0 & 0 \\ 0 & -1 & 0 \\ 0 & 0 & 1 \end{bmatrix}$$

은 모두 기본행렬이다. 실제로 행렬 $\boldsymbol{E}_1$은 3차 단위행렬 $\boldsymbol{I}_3$의 1행과 3행을 바꾼 행렬이고, 행렬 $\boldsymbol{E}_2$는 $\boldsymbol{I}_3$의 1행에 2를 곱하여 3행에 더한 행렬이다. 또 행렬 $\boldsymbol{E}_3$은 $\boldsymbol{I}_3$의 2행에 -1을 곱한 행렬이다.

기본행렬 $\boldsymbol{E}$를 행렬 $\boldsymbol{A}$에 곱한 $\boldsymbol{EA}$는 $\boldsymbol{E}$를 얻기 위해 $\boldsymbol{I}$에 적용한 기본 행 연산을 $\boldsymbol{A}$에 적용하여 얻은 행렬이다.

예제 6.20 행렬

$$\boldsymbol{E}_1 = \begin{bmatrix} 0 & 0 & 1 \\ 0 & 1 & 0 \\ 1 & 0 & 0 \end{bmatrix},\ \boldsymbol{E}_2 = \begin{bmatrix} 1 & 0 & 0 \\ 0 & 1 & 0 \\ 2 & 0 & 1 \end{bmatrix}$$

를 행렬

$$\boldsymbol{A} = \begin{bmatrix} 1 & 2 & 3 \\ 4 & 5 & 6 \\ 7 & 8 & 9 \end{bmatrix}$$

에 각각 곱하면

$$\boldsymbol{E}_1\boldsymbol{A} = \begin{bmatrix} 0 & 0 & 1 \\ 0 & 1 & 0 \\ 1 & 0 & 0 \end{bmatrix}\begin{bmatrix} 1 & 2 & 3 \\ 4 & 5 & 6 \\ 7 & 8 & 9 \end{bmatrix} = \begin{bmatrix} 7 & 8 & 9 \\ 4 & 5 & 6 \\ 1 & 2 & 3 \end{bmatrix},$$

$$\boldsymbol{E}_2\boldsymbol{A} = \begin{bmatrix} 1 & 0 & 0 \\ 0 & 1 & 0 \\ 2 & 0 & 1 \end{bmatrix}\begin{bmatrix} 1 & 2 & 3 \\ 4 & 5 & 6 \\ 7 & 8 & 9 \end{bmatrix} = \begin{bmatrix} 1 & 2 & 3 \\ 4 & 5 & 6 \\ 9 & 12 & 15 \end{bmatrix}$$

이다. 즉 행렬 $\boldsymbol{E}_1\boldsymbol{A}$는 행렬 $\boldsymbol{A}$의 행과 3행을 바꾼 행렬이고, 행렬 $\boldsymbol{E}_2\boldsymbol{A}$는 $\boldsymbol{A}$의 1행에 2를 곱하여 3행에 더한 행렬이다.

정리 6.12
기본 행렬은 가역 행렬이다. 더욱이 기본 행렬의 역행렬도 기본 행렬이다.

행렬 $\boldsymbol{A}$가 가역 행렬이면 연립방정식을 이용하여 역행렬을 찾을 수 있다. 이는 결국 $\boldsymbol{A}$가 유한 번의 기본 행 연산으로 단위행렬 $\boldsymbol{I}_n$을 만들 수 있다는 의미이므로, 행렬 $\boldsymbol{A}$를 기본 행렬의 곱으로 나타낼 수 있다.

정리 6.13은 기약 행 사다리꼴 행렬, 기본 행렬과 가역성에 관한 기본적인 관계를 설명해 준다.

정리 6.13

행렬 $\boldsymbol{A}$가 n차 정사각 행렬일 때, 다음은 서로 동치이다.

(1) $\boldsymbol{A}$의 기약 행 사다리꼴 행렬은 단위행렬이다.

(2) $\boldsymbol{A}$를 유한 개의 기본 행렬의 곱으로 나타낼 수 있다.

(3) $\boldsymbol{A}$는 가역 행렬이다.

≫ **증명** (1) ⇒ (2) 행렬 $\boldsymbol{A}$에 유한 번의 기본 행 연산을 하여 행동치인 단위행렬로 변할 수 있다고 하자. 즉, $\boldsymbol{E}_k \cdots \boldsymbol{E}_2\boldsymbol{E}_1\boldsymbol{A}=\boldsymbol{I}_n$인 기본 행렬 $\boldsymbol{E}_1$, ..., $\boldsymbol{E}_k$가 존재하면,

$$\boldsymbol{A}=(\boldsymbol{E}_k \cdots \boldsymbol{E}_2\boldsymbol{E}_1)^{-1}=\boldsymbol{E}_1{}^{-1}\boldsymbol{E}_2{}^{-1}\cdots \boldsymbol{E}_k{}^{-1}$$

이고, $\boldsymbol{E}_1{}^{-1}$, $\boldsymbol{E}_2{}^{-1}$, ..., $\boldsymbol{E}_k{}^{-1}$ 역시 기본 행렬이므로 $\boldsymbol{A}$는 유한 개의 기본 행렬의 곱으로 나타낼 수 있다.

(2) ⇒ (3) 유한 개의 기본 행렬 $\boldsymbol{E}_1$, $\boldsymbol{E}_2$, ..., $\boldsymbol{E}_k$에 대하여 $\boldsymbol{A}=\boldsymbol{E}_1\boldsymbol{E}_2\cdots\boldsymbol{E}_k$이라 하자. 기본 행렬은 가역 행렬이고, 가역 행렬의 곱도 가역 행렬이므로 행렬 $\boldsymbol{A}$는 가역 행렬이다.

(3) ⇒ (1) $\boldsymbol{A}$에 기본 행 연산을 k번 시행하여 얻은 기약 행 사다리꼴 행렬을 $\boldsymbol{B}$라고 하자. 그러면 $\boldsymbol{E}_k \cdots \boldsymbol{E}_2\boldsymbol{E}_1\boldsymbol{A}=\boldsymbol{B}$인 기본 행렬 $\boldsymbol{E}_1$, $\boldsymbol{E}_2$, ..., $\boldsymbol{E}_k$가 존재한다. 그런데 $\boldsymbol{A}$는 가역 행렬이고 기본 행렬 $\boldsymbol{E}_1$, $\boldsymbol{E}_2$, ..., $\boldsymbol{E}_k$도 가역 행렬이므로, $\boldsymbol{B}$는 가역 행렬이다. 따라서 $\boldsymbol{B}$의 행은 모두 영벡터가 아니므로 $\boldsymbol{B}=\boldsymbol{I}_n$이다. ■

예제 6.21 행렬 $A=\begin{bmatrix}1&2\\3&4\end{bmatrix}$를 기본 행렬의 곱으로 나타내어라.

>> 풀이 $AB=BA=I_2$인 행렬 B가 존재하므로 A는 가역 행렬이다. 기본 행 연산을 이용하여 행렬 A를 단위행렬 I_2로 바꾸는 과정을 살펴보면

$$A=\begin{bmatrix}1&2\\3&4\end{bmatrix}\xrightarrow[①\times(-3)+②]{}A_1=\begin{bmatrix}1&2\\0&-2\end{bmatrix}$$
$$\xrightarrow[②\times\left(-\frac{1}{2}\right)]{}A_2=\begin{bmatrix}1&2\\0&1\end{bmatrix}\xrightarrow[②\times(-2)+①]{}\begin{bmatrix}1&0\\0&1\end{bmatrix}$$

이다. 즉 행렬 A의 1행에 -3을 곱하여 2행에 더해 A_1을 얻고, A_1의 2행에 $-\frac{1}{2}$를 곱해서 A_2를 얻는다. 행렬 A_2의 2행에 -2를 곱하여 1행에 더하면 단위행렬 I_2이 된다. 행렬 A, A_1, A_2에 실행한 기본 행 연산을 단위행렬 I_2에 행한 기본행렬을 각각 E_1, E_2, E_3라고 하면 E_1, E_2, E_3는

$$E_1=\begin{bmatrix}1&0\\-3&1\end{bmatrix},\ E_2=\begin{bmatrix}1&0\\0&-\frac{1}{2}\end{bmatrix},\ E_3=\begin{bmatrix}1&-2\\0&1\end{bmatrix}$$

이다. 이를 이용하여 기본 행 연산과정을 행렬의 곱으로 나타내면

$$E_3E_2E_1A=I_2$$

이고, 따라서

$$A=E_1^{-1}E_2^{-1}E_3^{-1}=\begin{bmatrix}1&0\\3&1\end{bmatrix}\begin{bmatrix}1&0\\0&-2\end{bmatrix}\begin{bmatrix}1&2\\0&1\end{bmatrix}$$

이다. □

예제 6.22 예제 6.21의 A의 역행렬 A^{-1}도

$$A^{-1}=E_3E_2E_1=\begin{bmatrix}1&-2\\0&1\end{bmatrix}\begin{bmatrix}1&0\\0&-\frac{1}{2}\end{bmatrix}\begin{bmatrix}1&0\\-3&1\end{bmatrix}$$

와 같이 나타낼 수 있다.

연습 문제

01 다음 행렬을 기본 행 변형을 이용하여 기약 행 사다리꼴 행렬로 변형하여라.

(1) $\begin{bmatrix} 3 & 1 \\ 4 & 2 \end{bmatrix}$ (2) $\begin{bmatrix} 2 & -1 & 1 \\ 1 & 2 & 3 \end{bmatrix}$

(3) $\begin{bmatrix} 1 & 4 & 1 & 3 \\ 2 & 8 & 3 & 5 \\ 1 & 4 & 2 & 7 \end{bmatrix}$ (4) $\begin{bmatrix} 3 & -1 \\ 4 & 2 \\ 2 & 6 \end{bmatrix}$

02 다음 행렬은 기본 행렬이다. 단위 행렬에 기본 행 변형 중 어떤 것을 적용한 것인지 설명하여라.

(1) $\begin{bmatrix} -3 & 0 \\ 0 & 1 \end{bmatrix}$ (2) $\begin{bmatrix} 1 & 0 & 0 \\ 1 & 1 & 0 \\ 0 & 0 & 1 \end{bmatrix}$

(3) $\begin{bmatrix} 1 & -3 & 0 \\ 0 & 1 & 0 \\ 0 & 0 & 1 \end{bmatrix}$

03 기본 행렬이 가역 행렬인지 확인하고, 기본 행렬

$$\begin{bmatrix} -3 & 0 \\ 0 & 1 \end{bmatrix}, \begin{bmatrix} 1 & -3 & 0 \\ 0 & 1 & 0 \\ 0 & 0 & 1 \end{bmatrix}$$

의 역행렬을 구하여라.

04 행렬

$$\boldsymbol{A} = \begin{bmatrix} 1 & 0 & 2 \\ 2 & 1 & 4 \\ 0 & 1 & 1 \end{bmatrix}$$

를 기본 행렬의 곱으로 나타내어라. 또, 역행렬 $\boldsymbol{A}^{-1}$를 기본 행렬의 곱으로 나타내어라.

6.4 행렬을 이용한 연립 일차 방정식의 풀이

이 절에서는 행렬과 행렬의 기본 행 변형을 이용하여 연립 일차 방정식을 푸는 방법에 대하여 생각해 볼 것이다.

6.4.1 연립 일차 방정식

일차 방정식은 미지수의 최고차가 1차인 방정식이다. 연립 일차 방정식은 일차 방정식이 여러 개 주어진 것을 말하며 이때 관심은 이들 방정식을 동시에 만족하는 미지수들이 존재하는가이다. 연립 일차 방정식의 정의는 다음과 같다.

정의 6.19 n개의 미지수 x_1, x_2, ..., x_n을 포함하는 m개의 방정식들의 집합

$$\begin{cases} a_{11}x_1 + a_{12}x_2 + \cdots + a_{1n}x_2 = b_1 \\ a_{21}x_1 + a_{22}x_2 + \cdots + a_{2n}x_2 = b_2 \\ \qquad\qquad \vdots \\ a_{m1}x_1 + a_{m2}x_2 + \cdots + a_{mn}x_2 = b_m \end{cases} \tag{6.3}$$

을 연립 일차(선형) 방정식(system of linear equations) 또는 선형계(linear system)라고 한다. 여기서 a_{ij}를 연립 일차 방정식의 계수(coefficient)라고 한다.

만일 $1 \le i \le n$인 모든 i에 대하여 $b_i = 0$이면 식 (6.3)을 동차 선형계(homogenous linear system)라고 하고, 적어도 하나의 b_i가 0이 아니면 식 (6.3)을 비동차 선형계(non-homogeous linear system)라고 한다.

식 (6.3)을 만족하는 x_1, x_2, ..., x_n을 연립 방정식의 해(solution)라고 하고, 해를 성분으로 하는 벡터 $\boldsymbol{x} = (x_1, x_2, ..., x_n)$을 해벡터(solution vector)라고 한다. 또 연립 일차 방정식을 만족하는 모든 해의 집합을 해집합(solution set)이라고 한다. 동차 연립 일차 방정식은 반드시 자명한 해(trivial solution) $x_1 = 0$, $x_2 = 0$, ..., $x_n = 0$을 가진다. 최소 하나 이상의 해를 가지면 연립 일차 방정식은 해를 갖는 선형계(consistent linear system)라고 하고, 해를 갖지 않는 연립 일차 방정식은 해가 없는 선형계(inconsistent linear system)라고

하고, 불능(no solution)이라고도 한다. 해를 갖는 선형계의 경우, 유일한 해를 가지는 경우와 무수히 많은 해를 가지는 경우가 있고, 무수히 해를 많이 가지는 경우를 부정(indefinite)이라고 한다.

예제 6.23 예를 들어, 미지수의 개수와 일차 방정식의 개수가

$$\begin{cases} a_{11}x_1 + a_{12}x_2 = b_1 \\ a_{21}x_1 + a_{22}x_2 = b_2 \end{cases}$$

와 같이 2개씩인 경우, 각 일차 방정식의 해집합은 기하학적으로 평면 위의 직선으로 나타난다. 그러므로 이들을 연립한 연립 일차 방정식의 해 x_1, x_2는 두 직선이 공통적으로 지나는 점 (x_1, x_2)이다. 결국, 두 직선의 위치에 따라 해가 존재할지에 대한 경우는 다음 세 가지로 구분할 수 있다.

- 두 직선이 평행하면, 두 직선의 교점이 없으므로 해가 없다.
- 두 직선이 한 점에서 만나면, 해는 하나이다.
- 두 직선이 겹치면, 무수히 많은 해가 있다.

이제 간단한 연립 일차 방정식의 해를 구해보자.

예제 6.24 다음 연립 일차 방정식의 해를 구해보자.

$$\begin{cases} x_1 + 5x_2 = 8 \\ 3x_1 + x_2 = 10 \end{cases}$$

우선 두 번째 방정식에서 x_1항을 소거하기 위하여 첫 번째 방정식에 3을 곱한 식을 두 번째 방정식에서 뺀다. 그러면 주어진 연립 일차 방정식은

$$\begin{cases} x_1 + \ 5x_2 \ = 8 \\ \quad -14x_2 = -14 \end{cases}$$

와 같은 형태가 된다. 두 번째 식에서 x_2를 구하면 $x_2 = \dfrac{-14}{-14} = 1$이고, 첫 번째 식에 x_2를 대입하면 $x_1 = 8 - 5x_2 = 2 + 10 = 3$이다. 그러므로 주어진 연립 일차 방정식의 해는 $x_1 = 3$과 $x_2 = 1$이다.

예제 6.24에서와 같이 연립 방정식은 해집합이 같으면서 풀기 더 쉬운 형태의 연립 방정식으로 바꿔서 푼다. 이와 같이 2개의 연립 방정식이 같은 해집합을 가질 때, 두 연립 방정식은 해동치(solution-equivalent)라고 한다.

정의 6.20 다음과 같은 연산 과정에 의해서 연립 방정식을 바꾸는 것을 기본 변형(elementary transformation)이라고 한다.

(1) 두 방정식의 순서를 바꾼다.

(2) 한 방정식의 양변에 0이 아닌 상수를 곱한다.

(3) 한 방정식의 양변에 상수를 곱하여 다른 방정식에 더한다.

실제 연립 방정식을 풀 때에는 여러 가지 방법을 사용하겠지만 그 방법을 자세히 들여다보면 정의 6.20에서 말한 세 가지 방법으로 연립 방정식을 풀기 쉬운 형태로 변형해가는 것을 확인할 수 있다.

이제 연립 방정식을 행렬을 이용하여 나타내는 방법에 대해 생각해보자. 실제 연립 방정식을 구별하는 것은 미지수가 아니라 방정식의 계수와 상수항이다. 따라서 연립 일차 방정식 (6.3)은

$$\boldsymbol{A}\boldsymbol{X} = \boldsymbol{B}$$

와 같은 행렬 방정식으로 쓸 수 있다. 여기서 행렬 $\boldsymbol{A}$와 벡터 $\boldsymbol{X}$, $\boldsymbol{B}$는

$$\boldsymbol{A} = \begin{bmatrix} a_{11} & a_{12} & \cdots & a_{1n} \\ a_{21} & a_{22} & \cdots & a_{2n} \\ \vdots & \vdots & \ddots & \vdots \\ a_{m1} & a_{m2} & \cdots & a_{mn} \end{bmatrix}, \quad \boldsymbol{X} = \begin{bmatrix} x_1 \\ x_2 \\ \vdots \\ x_n \end{bmatrix}, \quad \boldsymbol{B} = \begin{bmatrix} b_1 \\ b_2 \\ \vdots \\ b_m \end{bmatrix}$$

이다. 이때, $\boldsymbol{A} = [a_{ij}]_{m \times n}$를 계수 행렬(coefficient matrix), $\boldsymbol{X}$는 미지수 벡터(unknown vector), $\boldsymbol{B}$는 상수 벡터(constantvector)라고 한다.

연립 방정식을 풀 때 해에 영향을 주는 부분은 계수와 상수이므로 행렬로 연립 방정식을 나타낼 때에는 미지수 없이 계수와 상수로만 나타낸다. 즉, 계수 행렬 $\boldsymbol{A}$에 상수 벡터 $\boldsymbol{B}$를 덧붙인 $m \times (n+1)$ 행렬

$$\widetilde{\boldsymbol{A}} = [\boldsymbol{A} \mid \boldsymbol{B}] = \left[\begin{array}{ccc|c} a_{11} & \cdots & a_{1n} & b_1 \\ \vdots & \ddots & \vdots & \vdots \\ a_{m1} & \cdots & a_{mn} & b_m \end{array}\right]$$

로 나타내고 이 행렬을 첨가 행렬(augmented matrix) 혹은 덧붙인 행렬이라 한다. 실제로 첨가 행렬은 연립 방정식을 나타내는 간편한 행렬표현법이다.

예제 6.24에서와 같이 연립 일차 방정식은 해동치이면서 풀기 쉬운 연립 방정식으로 식을 변화해가면서 해를 구한다. 그리고 풀이과정에서 나타나는 해동치인 연립 방정식들은 각각 덧붙인 행렬로 나타낼 수 있다. 이때 연립 방정식에는 기본 변형을 이용하는데, 이 기본 변형은 행렬의 기본 행 변형과 정확히 일치함을 알 수 있다. 결국 연립 일차 방정식을 푸는 과정을 행렬로 표현하면 각 단계의 기본 변형은 행렬의 기본 행 연산을 이용하여 그 과정을 행렬의 연산으로 나타낼 수 있음을 의미한다. 즉, 연립 방정식을 덧붙인 행렬로 나타낸 다음, 동치인 연립 방정식으로 바꾸는 연산에 대응하는 기본 행 연산을 첨가 행렬에 적용하여 해를 구한다. 예제 6.25는 주어진 연립 방정식을 구하는 과정이 첨가 행렬의 행에서는 어떻게 연산이 되는지 나타낸 것이다.

예제 6.25 연립 일차 방정식

$$\begin{cases} x_1 + \ \ x_2 + \ \ x_3 = 2 \\ 2x_1 + 5x_2 + 5x_3 = 4 \\ 2x_1 + 4x_2 + 3x_3 = 5 \end{cases}$$

의 해를 구하려고 한다. 연립 일차 방정식을 첨가 행렬로 나타내서 기본 변형과 기본 행 연산 과정을 비교하면서 풀어보자. 연립 일차 방정식을 왼쪽에, 대응하는 첨가 행렬을 오른쪽에 배열한다.

$$\begin{cases} x_1 + \ \ x_2 + \ \ x_3 = 2 \\ 2x_1 + 5x_2 + 5x_3 = 4 \\ 2x_1 + 4x_2 + 3x_3 = 5 \end{cases} \qquad \begin{bmatrix} 1 & 1 & 1 & 2 \\ 2 & 5 & 5 & 4 \\ 2 & 4 & 3 & 5 \end{bmatrix}$$

주어진 연립 일차 방정식의 첫 번째 식(1행)에 2를 곱하여 두 번째 식(2행)에서 빼고, 첫 번째 식(1행)에 2를 곱하여 세 번째 식(3행)에서 빼면 다음을 얻는다.

$$\begin{cases} x_1 + \ \ x_2 + \ \ x_3 = 2 \\ \qquad 3x_2 + 3x_3 = 0 \\ \qquad 2x_2 + \ \ x_3 = 1 \end{cases} \qquad \begin{bmatrix} 1 & 1 & 1 & 2 \\ 0 & 3 & 3 & 0 \\ 0 & 2 & 1 & 1 \end{bmatrix}$$

두 번째 식(2행)에 $\dfrac{2}{3}$을 곱하여 세 번째 식(3행)에서 뺀다.

$$\begin{cases} x_1 + \ x_2 + \ x_3 = 2 \\ \qquad 3x_2 + 3x_3 = 0 \\ \qquad\qquad - \ x_3 = 1 \end{cases} \qquad \begin{bmatrix} 1 & 1 & 1 & 2 \\ 0 & 3 & 3 & 0 \\ 0 & 0 & -1 & 1 \end{bmatrix}$$

두 번째 식(2행)과 세 번째 식(3행)에 $\frac{1}{3}$과 -1을 각각 곱하여 다음을 얻는다.

$$\begin{cases} x_1 + \ x_2 + \ x_3 = \ 2 \\ \qquad x_2 + \ x_3 = \ 0 \\ \qquad\qquad x_3 = -1 \end{cases} \qquad \begin{bmatrix} 1 & 1 & 1 & 2 \\ 0 & 1 & 1 & 0 \\ 0 & 0 & 1 & -1 \end{bmatrix} \tag{6.4}$$

이제 세 번째 식에서 바로 x_3를 구할 수 있고, x_3를 두 번째 식에 대입하면 x_2를 구할 수 있으며, x_2를 다시 첫 번째 식에 대입하면 x_1을 구할 수 있다. 이처럼 제일 아래에 위치한 식에서부터 미지수를 구하여 위의 식으로 올라가면서 다른 미지수를 구하는 방법을 후치법(back substitution)이라고 한다. 따라서 주어진 연립 방정식의 해는 $x_1 = 2,\ x_2 = 1,\ x_3 = -1$이다.

예제 6.25에서 주목할 부분은 해동치인 연립 방정식들의 계수 행렬들이 행동치라는 것과 제일 마지막에 구한 행렬을 이용하여 어떻게 해를 추출해내는가와 제일 마지막에 구한 행렬은 행사다리꼴 행렬이라는 것이다.

예제 6.25에서처럼 연립 일차 방정식의 첨가 행렬을 동치인 행 사다리꼴 행렬로 바꾼 다음 후치법으로 해를 구하는 방법을 가우스 소거법(Gaussian elimination method)이라고 한다. 일반적으로 선행 변수가 1이 아니더라도 행동치인 상 삼각 행렬로 바꾼 다음 후치법으로 해를 구하는 방법을 가우스 소거법이라고 한다.

예제 6.25의 (6.4)에서 세 번째 식(3행)에 -1을 곱해 두 번째 식(2행)과 첫 번째 식(1행)에 각각 더하면

$$\begin{cases} x_1 + \ x_2 \qquad = \ 3 \\ \qquad x_2 \qquad = \ 1 \\ \qquad\qquad x_3 = -1 \end{cases} \qquad \begin{bmatrix} 1 & 1 & 0 & 3 \\ 0 & 1 & 0 & 1 \\ 0 & 0 & 1 & -1 \end{bmatrix}$$

을 얻고, 두 번째 식(2행)에 -1을 곱해 첫 번째 식(1행)에 더하면

$$\begin{cases} x_1 \qquad\qquad = \ 2 \\ \qquad x_2 \qquad = \ 1 \\ \qquad\qquad x_3 = -1 \end{cases} \qquad \begin{bmatrix} 1 & 0 & 0 & 2 \\ 0 & 1 & 0 & 1 \\ 0 & 0 & 1 & -1 \end{bmatrix}$$

을 얻는다. 여기서 얻은 덧붙인 행렬은 기약 행 사다리꼴 행렬이다. 여기까지 계산을 하면 미지수는 바로 얻을 수 있다. 이처럼 기약 행 사다리꼴 행렬로 변형한 후에 해를 구하는 방법을 가우스-조던 소거법(Gauss-Jordan method)이라고 한다.

6.4.2 해의 종류

미지수 n개인 m개의 일차 방정식이 연립된 연립 일차 방정식 (6.3)을 동치인 연립 방정식으로 바꾸는 기본 변형 세 가지 연산들을 적용하면 일반적으로

$$\begin{cases} a_{11}^{(1)}x_1 + a_{12}^{(1)} + \quad \cdots \qquad + a_{1n}^{(1)}x_n = b_1^{(1)} \\ \qquad a_{22}^{(2)} + \quad \cdots \qquad + a_{2n}^{(2)}x_n = b_2^{(2)} \\ \qquad\qquad\qquad\qquad \vdots \\ \qquad\qquad a_{rr}^{(r)}x_r + \cdots + a_{rn}^{(r)}x_n = b_r^{(r)} \\ \qquad\qquad\qquad\qquad 0 = b_{r+1}^{(r+1)} \\ \qquad\qquad\qquad\qquad \vdots \\ \qquad\qquad\qquad\qquad 0 = b_m^{(m)} \end{cases} \tag{6.5}$$

와 같은 형태의 연립 방정식을 얻는다. 여기서 $1 \le r \le m$이다. 모든 i에 대하여 $a_{ii}^{(i)} \neq 0$이라면, 연립 일차 방정식 (6.5)의 해의 종류는 다음 세 가지 경우로 나뉜다.

(1) 해가 없는 경우: $r < m$이고 $b_{r+1}^{(r+1)}$, ..., $b_m^{(m)}$ 중 적어도 하나는 0이 아닐 때

(2) 해가 유일하게 존재하는 경우: $r = n$이고, $b_{r+1}^{(r+1)}$, ..., $b_m^{(m)}$이 모두 0일 때

(3) 무수히 많은 해가 존재하는 경우: $r < n$이고 $b_{r+1}^{(r+1)}$, ..., $b_m^{(m)}$이 모두 0일 때

(1)의 경우 $0 = 1$과 같은 모순식이 발생하여 해가 없게 되며, (2)의 경우는 예제 6.25처럼 최종 결과의 연립 방정식에서 해를 유일하게 정할 수 있다. (3)의 경우에는 미지수 x_{r+1}, ..., x_n을 먼저 임의의 문자를 사용하여 정한다. 정해진 x_{r+1}, ..., x_n을 이용하여 r번째 식으로부터 x_r을 구하고, $(r-1)$번째 식으로부터 x_{r-1}을 구하는 후치를 이용하여 x_{r-1}, ..., x_1을 차례로 구한다.

행 사다리꼴로 변형된 덧붙인 행렬의 각 행에서 처음으로 0이 아닌 성분에 대응하는 미지수를 선행 변수(leading variable)라고 한다. 선행 변수가 아닌 미지수를 자유 변수(free variable)라고 하는데 (3)의 경우 x_{r+1}, ..., x_n이 자유 변수들이다.

예제 6.26 (해가 없는 경우) 다음 연립 일차 방정식을 풀어라.

$$\begin{cases} 3x_1 + 2x_2 + \ \ x_3 = 3 \\ 2x_1 + \ \ x_2 + \ \ x_3 = 0 \\ 3x_1 + \ \ x_2 + 2x_3 = 3 \end{cases}$$

>> 풀이 주어진 연립 일차 방정식을 왼편에, 이에 대응하는 덧붙인 행렬을 오른편에 적고, 이들 방정식과 행렬이 어떻게 변해가는지 살펴보자. 식 혹은 행렬을 변형하여 도달해야 하는 목표는 덧붙인 행렬이 행 사다리꼴 혹은 기약 행 사다리꼴 행렬이 되는 것임을 명심하자.

$$\begin{cases} 3x_1 + 2x_2 + \ \ x_3 = 3 \\ 2x_1 + \ \ x_2 + \ \ x_3 = 0 \\ 3x_1 + \ \ x_2 + 2x_3 = 3 \end{cases} \qquad \begin{bmatrix} 3 & 2 & 1 & 3 \\ 2 & 1 & 1 & 0 \\ 3 & 1 & 2 & 3 \end{bmatrix}$$

첫 번째 식에 $-\frac{2}{3}$을 곱하여 두 번째 식에 더하고, 세 번째 식에 -1을 곱하여 첫 번째 식에 더하면

$$\begin{cases} 3x_1 + \ \ 2x_2 + \ \ \ x_3 = \ \ 3 \\ \qquad -\frac{1}{3}x_2 + \frac{1}{3}x_3 = -2 \\ \qquad - \ \ \ x_2 + \ \ \ x_3 = \ \ 0 \end{cases} \qquad \begin{bmatrix} 3 & 2 & 1 & 3 \\ 0 & -\frac{1}{3} & \frac{1}{3} & 0 \\ 0 & -1 & 1 & 0 \end{bmatrix}$$

이다. 이제 두 번째 식에 -3을 곱하여 세 번째 식에 더하면

$$\begin{cases} 3x_1 + \ \ 2x_2 + \ \ \ x_3 = \ \ 3 \\ \qquad -\frac{1}{3}x_2 + \frac{1}{3}x_3 = -2 \\ \qquad\qquad\qquad\quad 0 = \ \ 6 \end{cases} \qquad \begin{bmatrix} 3 & 2 & 1 & 3 \\ 0 & -\frac{1}{3} & \frac{1}{3} & 0 \\ 0 & 0 & 0 & 6 \end{bmatrix}$$

이 된다. 그런데 마지막 식의 $0 = 6$을 만족하는 x_1, x_2, x_3는 존재할 수 없기 때문에 모순이고, 결국 주어진 연립 일차 방정식을 만족하는 해는 존재하지 않는다. □

예제 6.27 (해가 유일하게 존재하는 경우) 가우스 소거법으로 다음 연립 일차 방정식을 풀어라.

$$\begin{cases} -x_1 + x_2 \ + 2x_3 = 2 \\ 3x_1 - x_2 \qquad\quad = 6 \\ -x_1 + 3x_2 + 4x_3 = 4 \end{cases}$$

>> **풀이** 가우스 소거법을 이용하기 위해 주어진 연립방정식을 덧붙인 행렬로 나타내면

$$\begin{bmatrix} -1 & 1 & 2 & 2 \\ 3 & -1 & 0 & 6 \\ -1 & 3 & 4 & 4 \end{bmatrix}$$

이다. 이제 덧붙인 행렬에 기본 행 연산을 시행하여 행 사다리꼴 행렬로 변형해 보자.

$$\begin{bmatrix} -1 & 1 & 2 & 2 \\ 3 & -1 & 0 & 6 \\ -1 & 3 & 4 & 4 \end{bmatrix} \xrightarrow{①\times(-1)} \begin{bmatrix} 1 & -1 & -2 & -2 \\ 3 & -1 & 0 & 6 \\ -1 & 3 & 4 & 4 \end{bmatrix} \xrightarrow[①\times 1+③]{①\times(-3)+②} \begin{bmatrix} 1 & -1 & -2 & -2 \\ 0 & 2 & 6 & 12 \\ 0 & 2 & 2 & 2 \end{bmatrix}$$

$$\xrightarrow{②\times\frac{1}{2}} \begin{bmatrix} 1 & -1 & -2 & -2 \\ 0 & 1 & 3 & 6 \\ 0 & 2 & 2 & 2 \end{bmatrix} \xrightarrow{②\times(-2)+③} \begin{bmatrix} 1 & -1 & -2 & -2 \\ 0 & 1 & 3 & 6 \\ 0 & 0 & -4 & 10 \end{bmatrix}$$

$$\xrightarrow{③\times\left(-\frac{1}{4}\right)} \begin{bmatrix} 1 & -1 & -2 & -2 \\ 0 & 1 & 3 & 6 \\ 0 & 0 & 1 & -\frac{5}{2} \end{bmatrix}$$

여기서 ①, ②, ③은 행렬의 행 번호이다. 이제 후치법으로 해를 구하면 $x_3 = \frac{5}{2}$, $x_2 = -\frac{3}{2}$, $x_1 = \frac{3}{2}$ 이다. □

예제 6.28 (무수히 많은 해가 존재하는 경우) 가우스-조던 소거법을 이용하여 다음 연립 일차 방정식을 풀어라.

$$\begin{cases} x_1 + 2x_2 + x_3 + 2x_4 = -1 \\ \qquad 2x_2 \qquad\quad + 5x_4 = \ \ 3 \end{cases}$$

>> **풀이** 가우스-조던 소거법을 이용하기 위해 주어진 연립 일차 방정식을 덧붙인 행렬로 나타내면

$$\begin{bmatrix} 1 & 2 & 1 & 2 & -1 \\ 0 & 2 & 0 & 5 & 3 \end{bmatrix}$$

이다. 이제 덧붙인 행렬에 기본 행 연산을 시행하여 기약 행 사다리꼴 행렬로 변형해보자.

$$\begin{bmatrix} 1 & 2 & 1 & 2 & -1 \\ 0 & 2 & 0 & 5 & 3 \end{bmatrix} \xrightarrow{②\times(-1)+①} \begin{bmatrix} 1 & 0 & 1 & -3 & -4 \\ 0 & 2 & 0 & 5 & 3 \end{bmatrix}$$

$$\xrightarrow{②\times\frac{1}{2}} \begin{bmatrix} 1 & 0 & 1 & -3 & -4 \\ 0 & 1 & 0 & \frac{5}{2} & \frac{3}{2} \end{bmatrix}$$

이제 행렬

$$\begin{bmatrix} 1 & 0 & 1 & -3 & -4 \\ 0 & 1 & 0 & \frac{5}{2} & \frac{3}{2} \end{bmatrix}$$

은 기약 행 사다리꼴이고, (1, 1)성분과 (2, 2)성분이 선행 1이므로 1열과 2열에 선행 변수가 있고, 3열과 4열에는 자유변수가 있다. 즉 x_1과 x_2는 선행변수, x_3, x_4는 자유변수이다. 주어진 연립 일차 방정식은 자유변수가 존재하므로 무수히 많은 해를 가진다.

이제 해를 매개변수 s, t를 이용하여 나타내어보자. 자유변수 x_3와 x_4를 매개변수 s, t로 지정하여, 즉 $x_3 = s$, $x_4 = t$라고 하고 후치법을 사용하면

$$x_2 + \frac{5}{2}x_4 = \frac{3}{2} \Rightarrow x_2 = \frac{3}{2} - \frac{5}{2}x_4 = \frac{3}{2} - \frac{5}{2}t$$

$$x_1 + x_3 - 3x_4 = -4 \Rightarrow x_1 = -4 - x_3 + 3x_4 = -4 - s + 3t$$

이다. 따라서 주어진 연립 일차 방정식의 해집합은

$$\left\{(x_1, x_2, x_3, x_4) \mid x_1 = 3t - s - 4,\ x_2 = \frac{3}{2} - \frac{5}{2}t,\ x_3 = s,\ x_4 = t,\ s, t \in \mathbb{R}\right\}$$

$$= \left\{\left(3t - s - 4,\ \frac{3}{2} - \frac{5}{2}t,\ s,\ t\right) \mid s, t \in \mathbb{R}\right\}$$

$$= \left\{ s\begin{bmatrix} -1 \\ 0 \\ 1 \\ 0 \end{bmatrix} + t\begin{bmatrix} 3 \\ \frac{5}{2} \\ 0 \\ 1 \end{bmatrix} + \begin{bmatrix} -4 \\ \frac{3}{2} \\ 0 \\ 0 \end{bmatrix} \mid s, t \in \mathbb{R} \right\}$$

이다. □

정리 6.14는 연립 일차 방정식 $Ax = \boldsymbol{B}$의 해의 존재성을 보여주는 동치 명제들이다.

정리 6.14

정사각 행렬 $\boldsymbol{A}$에 대하여 다음은 서로 동치 명제이다.

(1) $\boldsymbol{A}$가 가역 행렬이다.

(2) 임의의 상수벡터 $\boldsymbol{B}$에 대하여 $\boldsymbol{AX} = \boldsymbol{B}$의 해가 유일하게 존재한다.

(3) $\boldsymbol{AX} = \boldsymbol{O}$는 자명한 해 $\boldsymbol{X} = \boldsymbol{O}$만 갖는다.

증명 (1) ⇒ (2) $\boldsymbol{A}$가 가역 행렬이면 역행렬 $\boldsymbol{A}^{-1}$가 존재한다. $\boldsymbol{A}X = \boldsymbol{B}$의 양변에 역행렬을 곱하면 연립 일차 방정식은 유일한 해 $\boldsymbol{X} = \boldsymbol{A}^{-1}\boldsymbol{B}$를 갖는다.

(2) ⇒ (3) $\boldsymbol{AX} = \boldsymbol{O}$는 유일한 해를 가져야 하는데 $\boldsymbol{O}$은 동차 연립 일차 방정식의 자명한 해이므로 $\boldsymbol{X} = \boldsymbol{O}$만 해가 된다.

(3) ⇒ (1) 결론을 부정하자. 즉 $\boldsymbol{AX} = \boldsymbol{O}$는 자명한 해 $\boldsymbol{X} = \boldsymbol{O}$만 갖지만, $\boldsymbol{A}$가 가역이 아니라고 하자. 그러면 기본 행 연산을 통해 기약 행 사다리꼴 행렬을 만들면 자유변수가 나타난다. 그런데 자유변수가 나타나면 무수히 많은 해를 가지게 되는데 이는 자명한 해만을 가진다는 가정에 위배된다. 따라서 $\boldsymbol{A}$는 가역이다. ■

이제 가우스 소거법을 이용하여 가역 행렬 $\boldsymbol{A}$의 역행렬을 구하는 방법에 대하여 알아보자. 다음과 같은 n개의 연립 일차 방정식이 있다고 가정하자.

$$\boldsymbol{AX}_1 = \boldsymbol{E}^{(1)},\ \boldsymbol{AX}_2 = \boldsymbol{E}^{(2)},\ \ldots,\ \boldsymbol{AX}_n = \boldsymbol{E}^{(n)}$$

여기서 $\boldsymbol{E}^{(i)}$는 i번째 성분이 1이고, 나머지 성분이 0인 열 벡터를 의미한다.

각 방정식의 해 $\boldsymbol{X}_1$, $\boldsymbol{X}_2$, …, $\boldsymbol{X}_n$을 구하려면 연립 방정식을 덧붙인 행렬

$$[\boldsymbol{A} | \boldsymbol{E}^{(1)}],\ [\boldsymbol{A} | \boldsymbol{E}^{(2)}],\ \ldots,\ [\boldsymbol{A} | \boldsymbol{E}^{(n)}]$$

으로 각각 나타내서 가우스 소거법 또는 가우스-조던 소거법을 이용하여 풀면 된다. 이때 각 연립방정식의 해 $\boldsymbol{X}_1$, $\boldsymbol{X}_2$, …, $\boldsymbol{X}_n$을 덧붙여 만든 행렬을 $\boldsymbol{X} = [\boldsymbol{X}_1 | \boldsymbol{X}_2 | \cdots | \boldsymbol{X}_n]$이라 하면

$$AX = [AX_1 | AX_2 | \cdots | AX_n] = [E^{(1)} | E^{(2)} | \cdots | E^{(n)}]$$

이다. 그런데 $E^{(i)}$는 i번째 성분이 1이고, 나머지 성분이 0인 열 벡터이므로

$$[E^{(1)} | E^{(2)} | \cdots | E^{(n)}] = I$$

이고

$$AX = I$$

가 된다. 따라서 n개의 방정식의 해가 모두 존재한다면 X가 존재하고 X는 바로 A의 역행렬이다.

이제 n개의 연립방정식 $AX_1 = E^{(1)}$, $AX_2 = E^{(2)}$, ..., $AX_n = E^{(n)}$은 계수 행렬이 모두 같으므로 행동치인 기약 행 사다리꼴로 변형할 때 사용하는 기본 행 연산들도 같게 되어

$$[A | E^{(1)} | E^{(2)} | \cdots | E^{(n)}] = [A | I] \tag{6.6}$$

와 같은 덧붙인 행렬을 만들어 가우스-조던 소거법을 시행할 수 있다. 만일 A가 가역이라면, 정리 6.14에 의하여 X_1, X_2, ..., X_n는 모두 유일하게 존재하고, 결국 X가 유일하게 존재하게 되어 가우스-조던 소거법에 의해 덧붙인 행렬 (6.6)은

$$[I | A^{-1}]$$

의 형태로 변형된다.

예제 6.29 행렬

$$A = \begin{bmatrix} 1 & -1 & 3 \\ 2 & 1 & 4 \\ 0 & 1 & 2 \end{bmatrix}$$

의 역행렬을 가우스-조던 소거법을 이용하여 구하여라.

>> 풀이 덧붙인 행렬

$$[A | I] = \left[\begin{array}{ccc|ccc} 1 & -1 & 3 & 1 & 0 & 0 \\ 2 & 1 & 4 & 0 & 1 & 0 \\ 0 & 1 & 2 & 0 & 0 & 1 \end{array}\right]$$

를 기약 행 사다리꼴로 변형하여 역행렬을 구하자. 이제 가우스-조던 소거법을 이용하면

$$[\boldsymbol{A}|\boldsymbol{I}]=\left[\begin{array}{ccc|ccc}1&-1&3&1&0&0\\2&1&4&0&1&0\\0&1&2&0&0&1\end{array}\right]\xrightarrow{①\times(-2)+②}\left[\begin{array}{ccc|ccc}1&-1&3&1&0&0\\0&3&-2&-2&1&0\\0&1&2&0&0&1\end{array}\right]$$

$$\xrightarrow{②\leftrightarrow③}\left[\begin{array}{ccc|ccc}1&-1&3&1&0&0\\0&1&2&0&0&1\\0&3&-2&-2&1&0\end{array}\right]\xrightarrow[②\times(-3)+③]{②+①}\left[\begin{array}{ccc|ccc}1&0&5&1&0&1\\0&1&2&0&0&1\\0&0&-8&-2&1&-3\end{array}\right]$$

$$\xrightarrow{③\times\left(-\frac{1}{8}\right)}\left[\begin{array}{ccc|ccc}1&0&5&1&0&1\\0&1&2&0&0&1\\0&0&1&\frac{1}{4}&-\frac{1}{8}&\frac{3}{8}\end{array}\right]$$

$$\xrightarrow[③\times(-2)+②]{③\times(-5)+①}\left[\begin{array}{ccc|ccc}1&0&0&-\frac{1}{4}&\frac{5}{8}&-\frac{7}{8}\\0&1&0&-\frac{1}{2}&\frac{1}{4}&\frac{1}{4}\\0&0&1&-2&1&-3\end{array}\right]=[\boldsymbol{I}|\boldsymbol{A}^{-1}]$$

이다. 따라서

$$\boldsymbol{A}^{-1}=\begin{bmatrix}-\frac{1}{4}&\frac{5}{8}&-\frac{7}{8}\\-\frac{1}{2}&\frac{1}{4}&\frac{1}{4}\\-2&1&-3\end{bmatrix}$$

이다. □

연습 문제

01 다음 연립 일차 방정식의 해를 구하여라.

(1) $\begin{cases} x_1 + 2x_2 + x_3 = \ \ 7 \\ x_1 - \ \ x_2 - x_3 = -4 \end{cases}$

(2) $\begin{cases} x_1 + x_2 = 2 \\ 3x_1 - x_2 = 2 \\ x_1 - x_2 = 0 \end{cases}$

(3) $\begin{cases} 3x_1 - 5x_2 - 2x_3 = 1 \\ x_1 - \ \ x_2 - \ \ x_3 = 4 \\ -x_1 + 2x_2 + \ \ x_3 = 5 \end{cases}$

02 다음 행렬의 역행렬이 존재한다면 가우스 소거법을 이용하여 그 역행렬을 구하여라.

(1) $\begin{bmatrix} 3 & 1 \\ 4 & 2 \end{bmatrix}$

(2) $\begin{bmatrix} 0 & 2 & 0 \\ 0 & 1 & 0 \\ 1 & 0 & 0 \end{bmatrix}$

(3) $\begin{bmatrix} 6 & 2 & 3 \\ 1 & 1 & 0 \\ 8 & 4 & 3 \end{bmatrix}$

(4) $\begin{bmatrix} 2 & 1 & 0 & 2 \\ 0 & 0 & 1 & 0 \\ 4 & 0 & 0 & 1 \\ 2 & 3 & 0 & 4 \end{bmatrix}$

03 행렬

$$\boldsymbol{A} = \begin{bmatrix} 3 & 1 & -1 \\ 2 & 2 & -1 \\ 2 & 2 & 0 \end{bmatrix}, \ \boldsymbol{X} = \begin{bmatrix} x_1 \\ x_2 \\ x_3 \end{bmatrix}$$

에 대하여 다음 물음에 답하여라.

(1) $\boldsymbol{AX} = \boldsymbol{X}$를 만족하는 $\boldsymbol{X}$를 구하여라.

(2) $(2\boldsymbol{I} - \boldsymbol{A})\boldsymbol{X} = \boldsymbol{O}$를 만족하는 $\boldsymbol{X}$를 구하여라.

6.5 행렬식

행렬은 앞서 살펴본 것처럼 연립 방정식을 효과적으로 해결하기 위해 사용되었다. 그런데 방정식의 해가 없다면 복잡하고 힘든 해를 구하는 과정을 거치지 않아도 되므로 이를 미리 알 수 있으면 여러 가지로 편리할 것이다. 이러한 고민은 행렬식으로 해결할 수 있다.

가우스는 함수의 성질을 결정(determinant)하는 데에 행렬식이라는 용어를 처음 사용했다. 그 후에 코시에 의해 행렬식이 체계적으로 사용되었다. 행렬식은 연립 일차 방정식의 해의 존재성에 대한 정보, 행렬의 역행렬의 존재성, 기하학적으로는 평행사변형의 면적이나 평행육면체의 부피와 같은 정보를 제공하는 등 여러 방면에서 중요하게 사용되고 있다.

6.5.1 행렬식의 정의

연립 일차 방정식

$$\begin{cases} a_{11}x + a_{12}y = b_1 \\ a_{21}x + a_{22}y = b_2 \end{cases}$$

을 풀면

$$x = \frac{a_{22}b_1 - a_{12}b_2}{a_{11}a_{22} - a_{12}a_{21}}, \quad y = \frac{a_{21}b_1 - a_{11}b_2}{a_{11}a_{22} - a_{12}a_{21}}$$

이다. 여기서 분모인 $a_{11}a_{22} - a_{12}a_{21}$이 0인지 아닌지는 해의 존재성에 상당한 영향을 준다. 결국 분모를 미리 계산해낼 수 있다면 연립 일차 방정식의 해의 유무는 어렵지 않게 결정할 수 있을 것이다. 분모의 각 항은 행과 열이 겹치지 않게 성분이 선택되어 있고, 이렇게 선택할 수 있는 모든 경우가 나타나 있으며 선택하는 방법에 따라 부호가 결정되어 계산된다. 순열을 이용하면 분모를 구성하는 방법을 일반화하여 생각할 수 있다.

정의 6.21 집합 $X = \{1, 2, ..., n\}$에 대하여 일대일 대응 함수 $\sigma : X \to X$를 순열(permutation) 또는 치환이라고 한다.

치환 σ는 X에서 X로의 일대일 대응인데, X의 원소를 나열하는 방법이다. 그리고

$\sigma(1)=i_1$, $\sigma(2)=i_2$, ..., $\sigma(n)=i_n$이라고 할 때, 치환 σ는 $\sigma=(i_1 i_2 \cdots i_n)$으로 나타낸다.

정의 6.22 치환 σ에 대하여, $i<j$일 때, $\sigma(i)>\sigma(j)$이면 쌍 $(\sigma(i),\ \sigma(j))$를 반전(inversion)이 있다고 한다. σ 전체에서 반전의 개수가 짝수이면, 우치환(even permutation), 그 개수가 홀수이면 기치환(odd permutation)이라고 한다.

정의 6.23 집합 X의 모든 치환의 집합을 S라고 하면, 부호 함수(signum function) $\mathrm{sgn}: S \to \{1,\ -1\}$은

$$\mathrm{sgn}(\sigma)=\begin{cases} 1, & \sigma: \text{우치환}, \\ -1, & \sigma: \text{기치환} \end{cases}$$

으로 정의된 함수이다.

예제 6.30 집합 $X=\{1,\ 2\}$의 치환은 $\sigma_1=(12)$, $\sigma_2=(21)$이고, 각각 우치환과 기치환이므로 $\mathrm{sgn}(\sigma_1)=1$, $\mathrm{sgn}(\sigma_2)=-1$이다.

정의 6.24 n차 정사각 행렬 $\boldsymbol{A}=[a_{ij}]$의 행렬식 $\det(\boldsymbol{A})$는

$$\det(\boldsymbol{A})=\sum_{\sigma\in S}\mathrm{sgn}(\sigma)a_{1i_1}a_{2i_2}\cdots a_{ni_n}$$

로 정의한다. 여기서 S는 $X=\{1,\ 2,\ ...,\ n\}$ 위의 모든 치환들의 집합이다. 행렬 $\boldsymbol{A}$의 행렬식은 $|\boldsymbol{A}|$로 나타내기도 한다.

예제 6.31 2차 정사각 행렬 $\boldsymbol{A}=[a_{ij}]$의 행렬식은 구해보자. 우선 행렬은 2차 정사각 행렬이므로 원소 2개의 집합 $\{1,\ 2\}$의 치환을 고려하는데, 이때 치환은 $\sigma_1=(12)$, $\sigma_2=(21)$이고, $\mathrm{sgn}(\sigma_1)=1$, $\mathrm{sgn}(\sigma_2)=-1$이므로 정의 6.24에 의해 $\boldsymbol{A}$의 행렬식은 $\det(\boldsymbol{A})=a_{11}a_{22}-a_{12}a_{21}$이다.

예제 6.32 3차 정사각 행렬 $\boldsymbol{A}=[a_{ij}]$의 행렬식을 구해보자. 집합 $\{1,\ 2,\ 3\}$의 치환을 모두 구하면

$$\sigma_1=(123),\ \sigma_2=(132),\ \sigma_3=(213),\ \sigma_4=(231),\ \sigma_5=(312),\ \sigma_6=(321)$$

와 같이 6개이고, 반전의 개수와 부호는

치환	반전의 개수	부호
σ_1	0	1
σ_2	1	-1
σ_3	1	-1
σ_4	2	1
σ_5	2	1
σ_6	3	-1

와 같다. 그러므로, 정의 6.24에 의해 $\det(\boldsymbol{A})$는

$$\begin{aligned}\det(\boldsymbol{A}) = a_{11}a_{22}a_{33} &+ (-1)a_{11}a_{23}a_{32} \\ &+ (-1)a_{12}a_{21}a_{33} + a_{12}a_{23}a_{31} \\ &+ a_{13}a_{21}a_{32} + (-1)a_{13}a_{22}a_{31}\end{aligned}$$

이므로

$$\det(\boldsymbol{A}) = a_{11}a_{22}a_{33} + a_{12}a_{23}a_{31} + a_{13}a_{21}a_{32} - a_{11}a_{23}a_{32} - a_{12}a_{21}a_{33} - a_{13}a_{22}a_{31}$$

이다.

정의 6.24에서의 n차 정사각 행렬 $\boldsymbol{A} = [a_{ij}]$의 행렬식 $\det(\boldsymbol{A})$는 정의 6.25와 같이 다시 쓸 수 있다.

정의 6.25 n차 정사각 행렬 $\boldsymbol{A} = [a_{ij}]$의 행렬식 $\det(\boldsymbol{A})$는 자연수 n에 따라 다음과 같이 정의된다.

(1) $n = 1$이면 $\det(\boldsymbol{A}) = a_{11}$이다.

(2) $n \geq 2$인 자연수일 때, n차 정사각 행렬 $\boldsymbol{A}$의 i행과 j열을 제거하고 얻은 $(n-1)$차 행렬의 행렬식을 M_{ij}라고 하고, $A_{ij} = (-1)^{i+j}M_{ij}$라고 놓자. 그러면

$$\det(\boldsymbol{A}) = a_{i1}A_{i1} + a_{i2}A_{i2} + \cdots + a_{in}A_{in} \quad (i = 1, 2, \ldots, n)$$

혹은

$$\det(\boldsymbol{A}) = a_{1j}A_{1j} + a_{2j}A_{2j} + \cdots + a_{nj}A_{nj} \quad (j = 1, 2, \ldots, n)$$

이다. 이때, M_{ij}를 소행렬식(minor)이라고 하고, $A_{ij} = (-1)^{i+j}M_{ij}$를 성분 a_{ij}의 여인수(cofactor)라고 한다. 이처럼 여인수를 이용하여 행렬식을 구하는 방법을 라플라스 전개(Laplace expansion) 혹은 여인수 전개(cofactor expansion)라고 한다.

정의 6.25의 (2)에서 정의된 $\det(\boldsymbol{A})$를 보면 $a_{i1}, \ldots, a_{in}$은 모두 $\boldsymbol{A}$의 i행의 성분들이며 $a_{j1}, \ldots, a_{jn}$은 모두 $\boldsymbol{A}$의 j열의 성분이다. 그래서 두 식을 각각 i행 또는 j열을 선택하여 전개한 여인수 전개식(cofactor expansion)이라고 하고, 둘 다 $n!$개의 항으로 이루어진다. 이때, 행과 열의 선택에 상관없이 항상 같은 값이므로 행렬식은 잘 정의되어 있다. (이에 대한 자세한 증명은 선형대수학 서적을 참고하기 바란다.)

예제 6.33 3차 정사각 행렬

$$\boldsymbol{A} = \begin{bmatrix} a_{11} & a_{12} & a_{13} \\ a_{21} & a_{22} & a_{23} \\ a_{31} & a_{32} & a_{33} \end{bmatrix}$$

의 행렬식을 여인수 전개식을 사용하여 구하면

$$\begin{aligned}\det(\boldsymbol{A}) &= a_{11}(-1)^{1+1}\begin{vmatrix} a_{22} & a_{23} \\ a_{32} & a_{33} \end{vmatrix} + a_{21}(-1)^{2+1}\begin{vmatrix} a_{12} & a_{13} \\ a_{32} & a_{33} \end{vmatrix} + a_{31}(-1)^{3+1}\begin{vmatrix} a_{12} & a_{13} \\ a_{22} & a_{23} \end{vmatrix} \\ &= a_{11}(a_{22}a_{33} - a_{23}a_{32}) - a_{21}(a_{12}a_{33} - a_{13}a_{32}) + a_{31}(a_{12}a_{23} - a_{13}a_{22}) \\ &= a_{11}a_{22}a_{33} - a_{11}a_{23}a_{32} + a_{21}a_{13}a_{32} - a_{21}a_{12}a_{33} + a_{31}a_{12}a_{23} - a_{31}a_{13}a_{22}\end{aligned}$$

으로 예제 6.32에서 구한 행렬식과 일치함을 알 수 있다.

행렬식을 라플라스 전개를 이용하여 구할 때, 성분으로 0이 많은 행 또는 열을 선택하면 여인수의 계산량을 확실히 줄일 수 있다.

예제 6.34 행렬

$$A = \begin{bmatrix} 1 & 3 & 0 \\ 2 & 6 & 4 \\ 1 & 0 & 0 \end{bmatrix}$$

의 행렬식을 구할 때, 1행에 대한 여인수 전개식을 사용하면

$$\det(A) = \begin{vmatrix} 6 & 4 \\ 0 & 0 \end{vmatrix} - 3\begin{vmatrix} 2 & 4 \\ 1 & 0 \end{vmatrix} + 0 = 0 + 12 + 0 = 12$$

이다. 여기서 $a_{13} = 0$이므로 a_{13}의 여인수에 상관없이 그 항은 0이다. $\det(A)$를 3열에 대한 여인수 전개식을 사용하면

$$\det(A) = 0 + 4 \cdot (-1)^{2+3} \cdot \begin{vmatrix} 1 & 3 \\ 1 & 0 \end{vmatrix} + 0 = 0 + 12 + 0 = 12$$

이다. 여기서 3열은 0을 2개나 포함하고 있기 때문에 a_{23}의 여인수만 계산하면 되므로 전체적으로 계산이 1행을 선택하는 경우보다 훨씬 간단해진다.

6.5.2 행렬식의 성질

행렬식은 행렬의 크기가 클수록 계산량이 급격히 늘어난다. 하지만, 앞서 살펴본 바와 같이 0이 많은 행 또는 열을 선택하여 라플라스 전개를 하면 보다 적은 계산량으로 행렬식을 구할 수 있다. 이때, 기본행연산과 행렬식의 관계를 이용하면 행렬식을 쉽게 구할 수 있다.

행렬식의 정의에 의하면 임의의 행이나 열에 대하여 전개해도 그 값이 일정하므로, 행렬 A와 전치 행렬 A^T의 행렬식은 같다. 즉, $\det(A) = \det(A^T)$이다. 따라서 앞으로 소개하는 행렬식의 성질은 행 대신에 열로 바꿔도 그 성질들은 모두 성립한다.

정리 6.15

정사각 행렬 A에 대하여 다음이 성립한다.

(1) A의 두 행을 교환하여 얻은 행렬이 B이면, $\det(B) = -\det(A)$이다.

(2) A의 한 행에 k를 곱하여 얻은 행렬이 B이면, $\det(B) = k \cdot \det(A)$이다.

(3) A의 한 행의 모든 성분이 0이면, $\det(A) = 0$이다.

(4) $\boldsymbol{A}$의 i행이 j행에 k배하여 얻어지면 $\det(\boldsymbol{A})=0$이다. 특히 2개의 행이 같은 성분을 가지면 $\det(\boldsymbol{A})=0$이다.

(5) $\boldsymbol{A}$의 i행 $[a_{i1}\ a_{i2} \cdots a_{in}]$을 $[b_1\ b_2 \cdots b_n]$과 $[c_1\ c_2 \cdots c_n]$으로 바꾼 행렬을 각각 $\boldsymbol{B}$와 $\boldsymbol{C}$라고 할 때, $[a_{i1}\ a_{i2} \cdots a_{in}]=[b_1+c_1,\ b_2+c_2, \cdots,\ b_n+c_n]$이면

$$\det(\boldsymbol{A})=\det(\boldsymbol{B})+\det(\boldsymbol{C})$$

이다.

(6) $\boldsymbol{A}$의 i행에 k를 곱하여 j행에 더하여 얻은 행렬을 $\boldsymbol{B}$라고 하면, $\det(\boldsymbol{B})=\det(\boldsymbol{A})$이다.

>> **증명** 여인수 전개를 이용하면 (1), (2), (3)과 (5)는 자명하다. (4)는 (1)과 (2)에 의하여 성립하고, (6)은 (2)와 (5)에 의하여 성립한다. ■

정리 6.15의 (1), (2), (4)는 기본 행 연산에 의해 행렬식이 어떻게 변하는지 알려준다. 행렬식의 정의에 의하면, 다음과 같은 성질을 쉽게 얻을 수 있다.

정리 6.16

n차 정사각 행렬 $\boldsymbol{A}=[a_{ij}]$가 대각 행렬 또는 삼각 행렬이면,

$$\det(\boldsymbol{A})=a_{11}a_{22}\cdots a_{nn}$$

이다. 즉, $\det(\boldsymbol{A})$는 주 대각선 성분들의 곱이다.

예제 6.35 삼각 행렬

$$\begin{bmatrix} 2 & 1 & 2 \\ 0 & 4 & 0 \\ 0 & 0 & 5 \end{bmatrix}$$

의 행렬식은 주대각선의 곱인 40이다.

예제 6.36 행렬의 성질들을 사용하여 행렬

$$A = \begin{bmatrix} 2 & 4 & 0 & -8 \\ 4 & 3 & 0 & 1 \\ 0 & 1 & 5 & 2 \\ 3 & -1 & 2 & 0 \end{bmatrix}$$

의 행렬식을 구하여라.

>> 풀이 기본 행 연산을 이용하여 행렬을 삼각행렬을 만들어 행렬식을 구한다.

$$\det(A) = \begin{vmatrix} 2 & 4 & 0 & -8 \\ 4 & 3 & 0 & 1 \\ 0 & 1 & 5 & 2 \\ 3 & -1 & 2 & 0 \end{vmatrix} \overset{①\times\frac{1}{2}}{=} 2\begin{vmatrix} 1 & 2 & 0 & -4 \\ 4 & 3 & 0 & 1 \\ 0 & 1 & 5 & 2 \\ 3 & -1 & 2 & 0 \end{vmatrix} \underset{①\times(-3)+④}{\overset{①\times(-4)+②}{=}} 2\begin{vmatrix} 1 & 2 & 0 & -4 \\ 0 & -5 & 0 & 17 \\ 0 & 1 & 5 & 2 \\ 0 & -7 & 2 & 12 \end{vmatrix}$$

$$\overset{②\leftrightarrow③}{=} (-1)\cdot 2\begin{vmatrix} 1 & 2 & 0 & -4 \\ 0 & 1 & 5 & 2 \\ 0 & -5 & 0 & 17 \\ 0 & -7 & 2 & 12 \end{vmatrix} \underset{②\times 7+④}{\overset{②\times 5+③}{=}} (-2)\begin{vmatrix} 1 & 2 & 0 & -4 \\ 0 & 1 & 5 & 2 \\ 0 & 0 & 25 & 27 \\ 0 & 0 & 37 & 26 \end{vmatrix}$$

$$\overset{③\times\left(\frac{-37}{25}\right)+④}{=} (-2)\begin{vmatrix} 1 & 2 & 0 & -4 \\ 0 & 1 & 5 & 2 \\ 0 & 0 & 25 & 27 \\ 0 & 0 & 0 & -\frac{349}{25} \end{vmatrix}$$

$$= (-2)\cdot 1\cdot 1\cdot 25\cdot\left(-\frac{349}{25}\right) = 698$$

이다. □

정리 6.17
두 정사각 행렬 A와 B의 곱의 행렬식은 두 행렬의 행렬식의 곱과 같다. 즉,

$$\det(AB) = \det(A)\det(B)$$

이다.

정리 6.17의 증명은 기본 행렬과 B와의 곱의 행렬식을 살펴본 후 A를 기본 행렬의 곱으로 나타낸다.

정리 6.18
정사각 행렬 A가 가역이면

$$\det(A^{-1}) = \frac{1}{\det(A)}$$

이다.

>> **증명** 정사각 행렬 A가 가역이므로 역행렬 A^{-1}이 존재하고

$$AA^{-1} = A^{-1}A = I$$

이므로 정리 6.17에 의하여

$$\det(A)\det(A^{-1}) = \det(AA^{-1}) = \det(I) = 1$$

이고

$$\det(A^{-1}) = \frac{1}{\det(A)}$$

이다. ■

정리 6.18에서 정사각 행렬이 가역 행렬임과 동치인 조건을 다음과 같이 얻는다.

정리 6.19
정사각행렬 A가 가역 행렬일 필요충분조건은 A의 행렬식이 0이 아닌 것이다.

예제 6.37 행렬

$$A = \begin{bmatrix} 1 & 2 \\ 3 & 4 \end{bmatrix},\ B = \begin{bmatrix} 1 & 1 & 0 \\ 0 & 1 & 0 \\ 0 & 1 & 1 \end{bmatrix},\ C = \begin{bmatrix} 1 & 0 \\ 1 & 0 \end{bmatrix}$$

에 대하여, $\det(A) = -2$, $\det(B) = 1$이므로 A와 B는 가역 행렬이고, $\det(C) = 0$이므로 C는 가역 행렬이 아니다.

예제 6.38 행렬

$$V_3 = \begin{bmatrix} 1 & x_1 & x_1^2 \\ 1 & x_2 & x_2^2 \\ 1 & x_3 & x_3^2 \end{bmatrix}$$

의 행렬식을 구하라.

>> **풀이** 행렬식의 기본 성질을 이용하여 구한 다음 인수분해 하면

$$\det(V_3) = \begin{vmatrix} 1 & x_1 & x_1^2 \\ 1 & x_2 & x_2^2 \\ 1 & x_3 & x_3^2 \end{vmatrix} = \begin{vmatrix} 1 & x_1 & x_1^2 \\ 0 & x_2 - x_1 & x_2^2 - x_1^2 \\ 0 & x_3 - x_1 & x_3^2 - x_1^2 \end{vmatrix} = \begin{vmatrix} x_2 - x_1 & x_2^2 - x_1^2 \\ x_3 - x_1 & x_3^2 - x_1^2 \end{vmatrix}$$

$$= (x_1 - x_2)(x_2 - x_3)(x_3 - x_1)$$

이다. □

정리 6.15의 (2)에 의하여 다음과 같은 성질을 쉽게 얻을 수 있다.

정리 6.20

n차 정사각 행렬 $\boldsymbol{A}$에 상수 k를 곱한 행렬의 행렬식은 $\det(k\boldsymbol{A}) = k^n \cdot \det(\boldsymbol{A})$이다.

예제 6.39 행렬

$$\boldsymbol{A} = \begin{bmatrix} 1 & 2 & 4 \\ 1 & 3 & 9 \\ 1 & 4 & 16 \end{bmatrix}$$

에 대하여, $\det(\boldsymbol{A})$와 $\det(2\boldsymbol{A}^7)$을 각각 구하라.

>> **풀이** 예제 6.38의 결과를 이용하면, $\det(\boldsymbol{A}) = (2-3)(3-4)(4-2) = 2$이다. 따라서 정리 6.15를 이용하면

$$\det(2\boldsymbol{A}^7) = 2^3 \det(\boldsymbol{A}^7) = 2^3 (\det(\boldsymbol{A}))^7 = 2^3 \cdot 2^7 = 2^{10} = 1024$$

이다. □

반데르몽 행렬

예제 6.38의 행렬

$$\boldsymbol{V}_n = \begin{bmatrix} 1 & x_1 & x_1^2 & \cdots & x_1^{n-1} \\ 1 & x_2 & x_2^2 & \cdots & x_2^{n-1} \\ \vdots & \vdots & \vdots & \ddots & \vdots \\ 1 & x_n & x_n^2 & \cdots & x_n^{n-1} \end{bmatrix}$$

을 반데르몽드 행렬(Vandermonde matrix)이라고 한다.

이 행렬은 주어진 n개의 점 (x_1, y_1), ..., (x_n, y_n)들을 지나는 $(n-1)$차의 보간 다항식(interpolating polynomial)을 찾는 문제에서 볼 수 있는데, 이 방법은 보간법(interpolation)이라고 한다. n개의 점 (x_1, y_1), ..., (x_n, y_n)들을 지나는 $(n-1)$차의 다항식을 $p_n(x) = a_0 + a_1x + a_2x^2 + \cdots + a_{n-1}x^{n-1}$이라고 하면, 주어진 점들이 이 식을 만족하므로

$$\begin{cases} a_0 + a_1x_1 + a_2x_1^2 + \cdots + a_{n-1}x_1^{n-1} = y_1 \\ a_0 + a_1x_2 + a_2x_2^2 + \cdots + a_{n-1}x_2^{n-1} = y_2 \\ \qquad\qquad\vdots \\ a_0 + a_1x_n + a_2x_n^2 + \cdots + a_{n-1}x_n^{n-1} = y_n \end{cases} \tag{6.8}$$

와 같은 연립 일차 방정식을 얻는다. 이때 연립 일차 방정식 (6.8)의 미지수는 a_0, a_1, ..., a_{n-1}이고, 계수 행렬은 $\boldsymbol{V}_n$이고 $\boldsymbol{V}_n$의 행렬식은

$$\det(\boldsymbol{V}_n) = \prod_{j>i}(x_j - x_i)$$

이다. 이는 수학적 귀납법으로 증명할 수 있다. 이 행렬식으로부터 주어진 점들이 모두 다른 경우에는 $\det(\boldsymbol{V}_n) \neq 0$이고 $\boldsymbol{V}_n$은 가역이라 a_0, a_1, ..., a_{n-1}이 존재하고, 보간 다항식을 구할 수 있다.

6.5.3 역행렬 구하기

행렬의 행렬식은 역행렬의 존재성을 판정해 준다. 가역 행렬 $\boldsymbol{A}$의 역행렬을 행렬식을 이용해서도 구할 수 있다. 그러기 위해서는 여인수 전개의 특별한 성질을 이용해야 한다. 그 성질은 다음과 같다.

정리 6.21

n차 정사각행렬 $\boldsymbol{A}$에 대하여 다음이 성립한다.

(1) $a_{i1}A_{j1}+a_{i2}A_{j2}+\cdots+a_{in}A_{jn}=\begin{cases}\det(\boldsymbol{A}), & i=j,\\ 0, & i\neq j.\end{cases}$

(2) $a_{1i}A_{1j}+a_{2i}A_{2j}+\cdots+a_{ni}A_{nj}=\begin{cases}\det(\boldsymbol{A}), & i=j,\\ 0, & i\neq j.\end{cases}$

>> **증명** $i=j$이면 행렬식의 정의에서 쉽게 얻을 수 있고, $i\neq j$이면 식의 값은 같은 행 혹은 같은 열을 2개 이상 포함하는 행렬의 행렬식과 같기 때문에 0이다. ■

정리 6.21을 이용하여 다음과 같이 역행렬을 구할 수 있다.

정리 6.22

n차 정사각 행렬 $\boldsymbol{A}$에 대하여,

$$\boldsymbol{A}\,adj(\boldsymbol{A})=\det(\boldsymbol{A})\boldsymbol{I}$$

이다. 여기서 $adj(\boldsymbol{A})=\begin{bmatrix}A_{11} & A_{21} & \cdots & A_{n1}\\ A_{12} & A_{22} & \cdots & A_{n2}\\ \vdots & \vdots & \ddots & \vdots\\ A_{1n} & A_{2n} & \cdots & A_{nn}\end{bmatrix}$이고 A_{ij}는 a_{ij}의 여인수이다.

n차 정사각 행렬 $\boldsymbol{A}$의 여인수 A_{ij}로 이루어진 정사각 행렬을 $\boldsymbol{A}$의 여인수 행렬(cofactor matrix)이라고 하고 $cof(\boldsymbol{A})$로 나타낸다. 그리고 $cof(\boldsymbol{A})$의 전치 행렬을 수반 행렬(adjoint matrix)이라고 하고, $adj(\boldsymbol{A})$로 나타낸다.

정리 6.23

가역행렬 $\boldsymbol{A}$의 역행렬은

$$\boldsymbol{A}^{-1}=\frac{1}{\det(\boldsymbol{A}')}adj(\boldsymbol{A})$$

이다.

>> 증명 A는 가역이므로 $\det(A) \neq 0$이고, 정리 6.22에 의해

$$A^{-1} = \frac{1}{\det(A')} adj(A)$$

이다. ■

예제 6.40 행렬

$$A = \begin{bmatrix} 1 & -1 & 3 \\ 2 & 1 & 4 \\ 0 & 1 & 2 \end{bmatrix}$$

의 역행렬을 구하라.

>> 풀이 $\det(A) = (-1) \cdot (-7) - 13 + 2 \cdot 8 = 8 \neq 0$이므로 A는 가역이다. 그리고 여인수를 모두 구하면

$$A_{11} = \begin{vmatrix} 1 & 4 \\ 1 & 2 \end{vmatrix} = -2,\ A_{21} = -\begin{vmatrix} -1 & 3 \\ 1 & 2 \end{vmatrix} = 5,\ A_{31} = \begin{vmatrix} -1 & 3 \\ 1 & 4 \end{vmatrix} = -7,$$

$$A_{12} = -\begin{vmatrix} 2 & 4 \\ 0 & 2 \end{vmatrix} = -4,\ A_{22} = \begin{vmatrix} 1 & 3 \\ 0 & 2 \end{vmatrix} = 2,\ A_{32} = -\begin{vmatrix} 1 & 3 \\ 2 & 4 \end{vmatrix} = 2,$$

$$A_{13} = \begin{vmatrix} 2 & 1 \\ 0 & 1 \end{vmatrix} = 2,\ A_{23} = -\begin{vmatrix} 1 & -1 \\ 0 & 1 \end{vmatrix} = -1,\ A_{33} = \begin{vmatrix} 1 & -1 \\ 2 & 1 \end{vmatrix} = 3$$

이다. 따라서 정리 6.23을 이용하여 역행렬을 구하면

$$A^{-1} = \frac{1}{8}\begin{bmatrix} -2 & 5 & -7 \\ -4 & 2 & 2 \\ 2 & -1 & 3 \end{bmatrix}$$

이다. □

모든 대각 성분의 곱이 0이 아닌 대각 행렬의 역행렬은 항상 존재하며, 간단히 구할 수 있다. 대각 행렬 $D = [a_{ij}]$에서 $i \neq j$이면 $a_{ij} = 0$이므로, 역행렬 D^{-1}도 대각 행렬이고,

$$D^{-1} = diag(a_{11}^{-1}, \ldots, a_{nn}^{-1})$$

이다.

마지막으로 n차 정사각 행렬의 행렬식을 이용하여 n차 연립 일차 방정식의 해를 구하는 크래머 법칙(Cramer's rule)을 소개한다.

정리 6.24 크래머 법칙

연립 일차 방정식

$$\begin{cases} a_{11}x_1 + a_{12}x_2 + \cdots + a_{1n}x_n = b_1 \\ a_{21}x_1 + a_{22}x_2 + \cdots + a_{2n}x_n = b_2 \\ \quad\vdots \\ a_{n1}x_1 + a_{n2}x_2 + \cdots + a_{nn}x_n = b_n \end{cases}$$

에 대하여, 다음이 성립한다.

(1) 계수 행렬 $\boldsymbol{A} = [a_{ij}]_{n\times n}$의 행렬식 $D = \det(\boldsymbol{A}) \neq 0$이면, 연립 일차 방정식의 해는

$$x_1 = \frac{D_1}{D},\ x_2 = \frac{D_2}{D},\ \ldots,\ x_n = \frac{D_n}{D} \text{ (크래머의 공식)}$$

이다. 여기서 D_i는 $\boldsymbol{A}$의 i열을 연립방정식의 상수행렬 $\begin{bmatrix} b_1 \\ \vdots \\ b_n \end{bmatrix}$로 바꾸어 구한 행렬식이다.

(2) $b_1 = b_2 = \cdots = b_n = 0$인 동차 연립 일차 방정식에서 행렬식 $D \neq 0$이면 $x_1 = 0$, $x_2 = 0$, ..., $x_n = 0$인 자명한 해만을 갖는다.

예제 6.41 크래머 법칙을 이용하여 연립 일차 방정식

$$\begin{cases} x_1 + 5x_2 = 8 \\ 3x_1 + x_2 = 10 \end{cases}$$

에 대하여 계수행렬의 행렬식은

$$\begin{vmatrix} 1 & 5 \\ 3 & 1 \end{vmatrix} = -14 \neq 0$$

이므로 크래머 법칙을 사용할 수 있고, 이에 정리 6.24의 크래머 법칙을 이용하여 해를 구하면

$$x_1 = \frac{\begin{vmatrix} 8 & 5 \\ 10 & 1 \end{vmatrix}}{\begin{vmatrix} 1 & 5 \\ 3 & 1 \end{vmatrix}} = \frac{-42}{-14} = 3, \quad x_2 = \frac{\begin{vmatrix} 1 & 8 \\ 3 & 10 \end{vmatrix}}{\begin{vmatrix} 1 & 5 \\ 3 & 1 \end{vmatrix}} = \frac{-14}{-14} = 1$$

이다. □

n차 정사각 행렬 $\boldsymbol{A}$와 연립 일차 방정식에 관해 지금까지 나온 결과들을 종합하면 다음과 같이 정리할 수 있다.

정리 6.25

다음은 서로 동치이다.

(1) $\boldsymbol{A}$의 기약 행 사다리꼴 행렬은 단위 행렬이다.

(2) $\boldsymbol{A}$의 유한 개의 기본 행렬의 곱으로 나타낼 수 있다.

(3) $\boldsymbol{A}$는 가역 행렬이다.

(4) 임의의 벡터 $\boldsymbol{B}$에 대하여 $Ax = \boldsymbol{B}$의 해가 유일하게 존재한다.

(5) $\boldsymbol{AX} = \boldsymbol{O}$은 자명한 해 $\boldsymbol{O}$만을 갖는다.

(6) $\det(\boldsymbol{A}) \neq 0$이다.

연습 문제

01 다음 행렬식의 값을 구하여라.

(1) $\begin{vmatrix} 4 & 5 & 0 \\ 3 & 3 & 1 \\ 3 & -1 & 2 \end{vmatrix}$ (2) $\begin{vmatrix} 2 & 4 & 6 & 4 \\ 2 & 4 & 0 & 5 \\ 1 & 2 & 0 & 2 \\ 0 & 2 & 3 & 0 \end{vmatrix}$

02 크래머의 법칙을 이용하여 연립방정식

$$\begin{cases} 3x_1 - 5x_2 - 2x_3 = 1 \\ x_1 - x_2 - x_3 = 4 \\ -x_1 + 2x_2 + x_3 = 5 \end{cases}$$

의 해를 구하여라.

03 n차 정사각행렬 $\boldsymbol{A}$와 임의의 실수 k에 대하여, $\det(kA) = k^n \det A$임을 증명하여라.

04 n차 정사각행렬 $\boldsymbol{A}$가 $\boldsymbol{A}^T = -\boldsymbol{A}$를 만족할 때, n이 홀수이면 $\det(\boldsymbol{A}) = 0$임을 보여라.

05 다음 행렬의 역행렬이 존재한다면 그 역행렬을 구하여라.

(1) $\begin{bmatrix} 3 & 1 \\ 4 & 2 \end{bmatrix}$ (2) $\begin{bmatrix} 6 & 2 & 3 \\ 1 & 1 & 0 \\ 8 & 4 & 3 \end{bmatrix}$

06 행렬 $\boldsymbol{A}$가 비가역행렬이면 $\boldsymbol{A}$는 영인자임을 보여라.

6.6 벡터 공간

벡터는 물리 혹은 정보처리이론에서 종종 사용된다. 특히 암호이론 혹은 부호이론 등의 정보처리이론에서 벡터는 정보를 표현하는 방법 중 하나이다. 정보를 나타내는 벡터를 연산하고 처리함으로써 정보를 숨기거나 숨겨진 정보를 찾아내기도 하고, 멀리 있는 곳까지 정보를 정확히 전달하기도 한다. 수학에서 벡터는 벡터공간이라는 특별한 집합의 원소를 말하는데, 벡터공간은 체 위에 정의되며 벡터들의 덧셈, 스칼라라고 하는 체의 원소와 벡터 사이의 곱들이 특별한 대수적 성질을 만족하는 집합이다. 벡터공간의 성질은 암호이론에 적용되기도 하고 부호이론에 적용되기도 한다.

이 절에서는 벡터공간의 정의를 살펴보고 벡터들과 스칼라가 작용하여 생기는 성질들에 대하여 살펴볼 것이다.

정의 6.26 체 F에 대하여, 집합 V가 다음 조건을 모두 만족하면 $(V, +, \cdot)$를 F 위에서의 벡터 공간(vector space)이라고 한다.

(i) 임의의 $v, w \in V$와 $k \in F$에 대하여 $v+w \in V$, $kv \in V$이다.

(ii) 임의의 $u, v, w \in V$와 $k, l \in F$에 대하여

(A.1) $(u+v)+w = u+(v+w)$

(A.2) $u+v = v+u$

(A.3) 모든 $v \in V$에 대하여 $v+0 = 0+v = v$인 0가 V에 존재한다.

(A.4) $v+(-v) = (-v)+v = 0$

(SM.1) $k(u+v) = ku+kv$

(SM.2) $(k+l)u = ku+lu$

(SM.3) $k(lu) = (kl)u = l(ku)$

(SM.4) $1v = v$

이때, V의 원소를 벡터(vector)라 하고, F의 원소를 스칼라(scalar)라고 한다. 또 연산 $+$는 벡터 덧셈(vector addition), $\cdot$는 스칼라 곱이라고 한다.

정의 6.26의 (ii)에서 (A.1)~(A.4)까지는 V가 벡터덧셈에 대하여 아벨군을 이루고 있음을 의미한다. 여기서 0은 영벡터라 하며 덧셈의 항등원이다. 덧셈에 대한 항등원과 역원은

모두 유일하다. 스칼라 곱에 대해서는 분배법칙과 스칼라 1이 곱셈에서의 항등원과 비슷한 역할을 하는지 확인함으로써 V가 벡터공간인지 확인할 수 있다.

예제 6.42 $\mathbb{R}^n = \{(a_1, a_2, \dots, a_n) \mid a_i \in \mathbb{R}\}$이다. $\mathbb{R}^n$에 $+$를

$$(a_1, a_2, \dots, a_n) + (b_1, b_2, \dots, b_n) = (a_1 + b_1, a_2 + b_2, \dots, a_n + b_n)$$

와 같이 정의하고, 임의의 $k \in \mathbb{R}$에 대해 스칼라 곱을

$$k(a_1, a_2, \dots, a_n) = (ka_1, ka_2, \dots, ka_n)$$

로 정의하면 $\mathbb{R}^n$은 정의 6.26의 (i)과 (ii)를 모두 만족함을 어렵지 않게 보일 수 있다. 따라서 $\mathbb{R}$ 상에서 벡터 공간이다.

예제 6.43 체 F 위의 다항식 환 $F[x]$에서 다항식의 덧셈 $+$와 다항식의 상수 곱 $\cdot$이 주어지면 정의 6.26의 조건을 모두 만족한다. 따라서 $F[x]$는 F 위의 벡터공간이다.

예제 6.44 체 F와 F의 확대체 E에 대하여, 체 F와 E의 덧셈 $+$와 곱셈 $\cdot$은 정의 6.26의 모든 조건을 만족한다. 따라서 E는 F 위의 벡터공간이다. 확대체 E를 체 F 위의 벡터공간으로 이해하면 E의 성질을 파악하는 데에 많은 도움이 된다. 실제로 4장에서 다루었던 확대체의 지수, 기저 등은 확대체 E를 F 위의 벡터공간으로 생각해서 나온 결과들이다.

체의 성질과 환에서의 증명과 비슷한 방법으로 우리는 다음 사실을 증명할 수 있다.

정리 6.26

V가 체 F 위의 벡터 공간이면 다음이 성립한다.

(1) 임의의 $v \in V$에 대해서 $0v = 0$, $(-1)v = -v$이다.

(2) 임의의 스칼라 $k \in F$에 대해서 $k0 = 0$이다.

(3) $kv = 0$이면 $k = 0$ 또는 $v = 0$이다.

정의 6.27 체 F 위의 벡터공간 V에 대하여, $a_1, a_2, \dots, a_n \in F$, $v_1, v_2, \dots, v_n \in V$일 때 $w = a_1v_1 + a_2v_2 + \cdots + a_nv_n$인 벡터를 벡터 $v_1, v_2, \dots, v_n$의 일차 결합(linear combination)이라고 부른다. 또 이때 스칼라 a_i를 v_i의 계수(coefficient)($1 \le i \le n$)라고 한다.

예제 6.45 복소수체 $\mathbb{C}$는 $\mathbb{R}$의 확대체이다. 따라서 복소수 $\mathbb{C}$는 실수 $\mathbb{R}$ 위의 벡터 공간으로 볼 수 있다. 그런데 임의의 복소수 z는 $a+bi$(a, b는 실수)의 꼴로 나타낼 수 있다. 즉, $\mathbb{C} = \{a+bi \mid a, b \in \mathbb{R}\}$이므로 결국 모든 복소수는 1, i의 일차 결합으로 표시할 수 있다.

정의 6.28 체 F 위의 벡터공간 V에 대하여, $S \subseteq V$이고 V의 모든 원소가 S의 원소의 일차 결합으로 표시될 때 '집합 S는 V를 생성한다(S spans V)' 또는 'V는 S에 의해서 생성된다(V is generated by S)'라고 한다.

예제 6.46 복소수체 $\mathbb{C}$는 $S_1 = \{1, i\}$에 의해서 생성된다. 마찬가지로 임의의 복소수 $z = a+bi$는

$$z = (a+b) - b(1+i) + b(2i)$$

와 같이 나타낼 수 있기 때문에 $S_2 = \{1, 1+i, 2i\}$도 $\mathbb{C}$를 생성한다.

예제 6.47 체 $\mathbb{Q}$ 위의 다항식환 $\mathbb{Q}[x]$는 $\mathbb{Q}$ 위의 벡터 공간이다. $S = \{1, x, x^2, \dots\}$라고 하면 S는 $\mathbb{Q}[x]$를 생성한다.

예제 6.48 집합 $S = \{1, \sqrt{5}\}$는 $\mathbb{Q}$ 위에서 실수체 $\mathbb{R}$을 생성하지 못한다. 왜냐하면 $\sqrt{3} \in \mathbb{R}$은 계수를 유리수로 하는 1과 $\sqrt{5}$의 일차 결합으로 표시할 수 없기 때문이다.

정의 6.29 체 F 위의 벡터공간 V에 대하여, $S \subseteq V$이고 만일

$$a_1v_1 + a_2v_2 + \cdots + a_nv_n = 0,\ a_i \in F,\ v_i \in S$$

일 때 모든 $a_i = 0$이면 S를 일차 독립(linearly independent)이라고 한다. S가

일차 독립이 아닐 때 일차 종속(linearly dependent)이라고 한다.

벡터공간 V의 부분집합 S가 일차 독립이라는 것은 S의 원소들의 일차 결합으로 0을 나타내는 방법이 유일하다는 것을 의미한다. 이와 반대로 0을 나타낼 수 있는 일차 결합의 방법이 유일하지 않으면 S는 일차 종속이다.

예제 6.49 복소수체 $\mathbb{C}$에서 $a+bi=0$이면 $a=b=0$이므로 $S=\{1, i\}$는 일차 독립이다. 마찬가지로 $a+b\sqrt{5}=0$, a, $b\in\mathbb{Q}$이면 $a=b=0$이므로 벡터공간 $\mathbb{Q}[\sqrt{5}]$의 부분집합 $S=\{1, \sqrt{5}\}$는 $\mathbb{Q}$ 위에서 일차 독립인 부분집합이다.

예제 6.50 복소수체의 부분집합 $S=\{1, 1+i, 2i\}$는 일차 종속이다. 왜냐하면 $2(1)-2(1+i)+1(2i)=0$와 같이 0이 아닌 계수를 가지는 0을 표현하는 일차 결합이 존재하기 때문이다.

다음의 정리들은 정의 6.29에서 쉽게 얻을 수 있으므로 증명은 생략한다.

정리 6.27

체 F 위의 벡터공간 V에 대하여 다음이 성립한다.

(1) $S\subseteq V$, $0\in S$이면 S는 일차 종속이다.

(2) $v\neq 0$이면 $\{v\}$는 일차 독립이다.

정리 6.28

체 F 위의 벡터공간 V에 대하여, V의 부분집합 $S=\{v_1, v_2, \ldots, v_n\}$가 일차 종속일 필요충분조건은 S의 적당한 한 벡터가 다른 벡터들의 일차 결합으로 표현되는 것이다. 즉, 적당한 $i_0(1\leq i_0\leq n)$에 대하여

$$v_{i_0}=a_1v_1+\cdots+a_{i_0-1}v_{i_0-1}+a_{i_0+1}v_{i_0+1}+\cdots+a_nv_n$$

인 것이다.

>> 증명 V의 부분집합 $S=\{\boldsymbol{v}_1, \boldsymbol{v}_2, ..., \boldsymbol{v}_n\}$가 일차 종속이면 적어도 하나 이상은 0이 아닌 적당한 a_1, ..., $a_n \in F$에 대하여

$$a_1\boldsymbol{v}_1+\cdots+a_n\boldsymbol{v}_n=0$$

이다. 이때 0이 아닌 계수가 적어도 하나 존재하므로 이를 $a_{i0} \neq 0(1 \leq i_0 \leq n)$라 하면

$$a_{i_0}\boldsymbol{v}_{i_0}=-(a_1\boldsymbol{v}_1+\cdots+a_{i_0-1}\boldsymbol{v}_{i_0-1}+a_{i_0+1}\boldsymbol{v}_{i_0+1}+\cdots+a_n\boldsymbol{v}_n)$$

이고 $a_{i_0} \neq 0$이므로

$$\boldsymbol{v}_{i_0}=-\frac{1}{a_{i_0}}(a_1\boldsymbol{v}_1+\cdots+a_{i_0-1}\boldsymbol{v}_{i_0-1}+a_{i_0+1}\boldsymbol{v}_{i_0+1}+\cdots+a_n\boldsymbol{v}_n)$$

이다.

이제 역으로 S의 적당한 벡터 하나가 다른 벡터들의 일차 결합으로 나타내어진다고 하자. 일반성을 잃지 않고 $\boldsymbol{v}_1=a_2\boldsymbol{v}_2+\cdots+a_n\boldsymbol{v}_n$라고 하자. 그러면

$$0=(-1)\boldsymbol{v}_1+a_2\boldsymbol{v}_2+\cdots+a_n\boldsymbol{v}_n$$

이므로 모든 계수가 동시에 0이 아니면서 0을 나타내는 $\boldsymbol{v}_1$, ..., $\boldsymbol{v}_n$의 일차 결합이 존재한다. 따라서 S는 일차 종속이다. ■

정리 6.29
체 F 위의 벡터공간 V에 대하여, $S \subseteq V$일 때, 다음이 성립한다.
(1) S가 V를 생성하면 S를 포함하는 V의 모든 부분집합은 V를 생성한다.
(2) S가 일차 독립이면 S의 임의의 부분집합도 일차 독립이다.

>> 증명 (1) S를 포함하는 집합 중 V를 생성하지 못하는 집합이 있다고 가정하고 이를 T라고 하자. 그러면 V의 원소 중 T의 원소들의 일차 결합으로 나타낼 수 없는 원소가 있다. 하지만 S의 원소들의 일차 결합으로는 그 원소를 표현해야 하고 $S \subseteq T$이므로 모순이다.

(2) S의 부분집합 중 일차 종속인 집합이 있다 하고 이를 X라고 하면 X의 적당한 원소는 다른 X의 원소로 표현되어야 한다. 그런데 X의 원소는 S

의 원소이므로 S의 원소가 다른 원소들의 일차 결합으로 나타내어진다. 그러면 S는 일차 종속인데 이는 가정에 위배된다. ■

벡터공간 V를 생성하는 집합 S의 원소들이 일차 종속이라면 S의 원소들 중 하나는 나머지 원소들의 적당한 일차 결합으로 나타낼 수 있다. 결국 S의 원소에서 일차 결합으로 나타내어지는 원소가 없더라도 V를 생성하는 데에는 문제가 없다. 이러한 성질은 정리 6.30과 같이 정리할 수 있다.

정리 6.30
체 F 위의 벡터공간 V에 대하여, 만일 집합 $S=\{v_1, v_2, ..., v_n\}\subseteq V$가 V를 생성하고 v_i가 v_1, ..., v_{i-1}, v_{i+1}, ..., v_n의 일차 결합이면 $S-\{v_i\}$도 V를 생성한다.

예제 6.51 실수체 $\mathbb{R}$ 위의 복소수체 $\mathbb{C}$에서 $\{1, 1+i, 2i\}$는 $\mathbb{C}$를 생성한다. 또 $2i$는 $\{1, 1+i\}$의 일차 결합으로 표시되므로 $\{1, 1+i\}$도 $\mathbb{C}$를 생성한다.

정의 6.30 체 F 위의 벡터공간 V에 대하여 V의 부분집합 S가 일차 독립이고 V를 생성할 때 S를 V의 기저(basis)라고 한다.

예제 6.52 복소수체 $\mathbb{C}$의 부분집합 $\{1, i\}$는 $\mathbb{C}$의 기저이다. 또 $\{1, 1+i\}$도 역시 $\mathbb{C}$의 기저이다. 그러나 $\{1, 1+i, 2i\}$는 $\mathbb{C}$를 생성하기는 하지만 일차 독립이 아니므로 $\mathbb{C}$의 기저가 아니다.

예제 6.52에서 보는 바와 같이 벡터 공간은 수많은 서로 다른 기저를 가질 수 있다. 그리고 기저는 벡터공간을 생성하는 벡터공간의 가장 작은 부분집합이다. 기저가 여러 가지 있을 수 있지만 모든 기저 사이에는 한 가지 공통점이 있는데, 모든 기저에 속하는 원소의 개수는 동일하다는 것이다.

정리 6.31
체 F 위의 벡터공간 V에 대하여, V의 부분집합 $S=\{v_1, v_2, \ldots, v_n\}$은 V를 생성하고 $T=\{u_1, u_2, \ldots, u_m\} \subseteq V$이 일차 독립이면 $m \leq n$이다.

>> 증명 u_1은 v_1, v_2, ..., v_n의 일차 결합으로 표현되므로 정리 6.28과 6.29에 의해서 집합 $\{u_1, v_1, \ldots, v_n\}$은 일차 종속이다. 따라서 정리 6.28에 의해서 적당한 v_i는 u_1, v_1, ..., v_{i-1}, v_{i+1}, ..., v_n의 일차 결합으로 표현되고, $\{u_1, v_1, v_2, \ldots, v_n\}$도 역시 V를 생성하므로 정리 6.30에 의해서 집합

$$S_1 = \{u_1, v_1, v_2, \ldots, v_n\} - \{v_i\}$$

도 V를 생성한다. 집합 S_1에 대해서 다시 u_2를 적용해서 같은 방법을 반복하면 $\{u_2, u_1, v_1, \ldots, v_n\} - \{v_i\}$는 일차 종속이고, u_1과 u_2는 일차 독립이므로 v_j가 일차 결합으로 나타내어지고 v_j를 뺀 나머지 집합

$$S_2 = \{u_2, u_1, v_1, \ldots, v_n\} - \{v_i, v_j\}$$

는 일차 독립이며 V를 생성한다. 이와 같은 방법을 k번 반복하여 만든 집합 S_k는

$$S_k = \{u_k, u_{k-1}, \ldots, u_1, v_1, \ldots, v_n\} - \{v_{i_1}, \ldots, v_{i_k}\}$$

이고 V를 생성한다. 그런데 $m > n$라고 하자. 위 방법을 n번 반복하여 얻은 집합 S_n은

$$S_n = \{u_1, \ldots, u_n\}$$

이고 V를 생성한다. 따라서 u_{n+1}, ..., u_m은 각각 S_n의 원소들의 일차 결합으로 나타낼 수 있다. 이는 T가 일차 종속임을 의미하는데 이것은 가정에 모순이다. 결국 $m \leq n$이다. ■

벡터공간 V의 기저는 일차 독립이고 또 V를 생성하므로 서로 다른 두 기저에 대하여 서로의 역할을 한 번씩 바꾸면 다음 결과를 얻을 수 있다.

정리 6.32
체 F 위의 벡터공간 V의 서로 다른 두 기저의 원소의 개수는 같다.

정의 6.31 체 F 위의 벡터공간 V에 대하여, B를 V의 기저라고 할 때, $|B|$를 체 F 위의 벡터공간 V의 차원(dimension)이라고 하고 $\dim_F V$ 혹은 $\dim V$로 나타낸다. V의 차원이 유한하면 V를 유한 차원 벡터 공간(finite dimensional vector space), V의 차원이 무한하면 V를 무한 차원 벡터 공간(infinite dimensional vector space)이라 부른다.

예제 6.53 체 F 위의 다항식환 $F[x]$의 부분집합 $\{1, x, x^2, ...\}$은 $F[x]$의 F 위에서의 기저이므로 $F[x]$는 무한 차원 벡터 공간이다. $\{1, i\}$는 $\mathbb{R}$ 위의 벡터공간 $\mathbb{C}$의 기저이므로 $\mathbb{C}$의 차원은 2이다.

벡터공간 V의 기저는 V를 생성하는 가장 작은 V의 부분집합이며 가장 큰 일차 독립인 부분집합이다. 이는 정리 6.33으로 정리할 수 있다.

정리 6.33
체 F 위의 유한 차원 벡터공간 V에 대하여 집합 S가 $S = \{v_1, v_2, ..., v_n\} \subseteq V$이면, 다음이 성립한다.
(1) S가 V를 생성하면 $B \subseteq S$인 V의 기저 B가 존재한다.
(2) S가 일차 독립이면 $S \subseteq B$인 V의 기저 B가 존재한다.

정리 6.33의 성질을 이용하고 기저는 벡터공간을 생성하는 가장 작은 집합이며 가장 큰 일차 독립인 집합임을 이용하면 다음과 같은 성질을 얻을 수 있다.

정리 6.34
체 F 위의 n차원 벡터공간 V에 대하여 다음이 성립한다.

(1) n개의 원소를 가진 집합 $S=\{v_1, v_2, ..., v_n\}$이 일차 독립이면 S는 V의 기저이다.
(2) $T=\{w_1, ..., w_n\}$이 V를 생성하면 T는 V의 기저이다.

정리 6.35
집합 $B=\{v_1, v_2, ..., v_n\}$가 체 F 위의 벡터 공간 V의 기저이면 V의 임의의 원소는 B의 원소들의 유일한 일차 결합으로 나타낼 수 있다.

>> **증명** B는 기저이므로 임의의 $v \in V$는 B의 원소들의 일차 결합으로 나타낼 수 있다. 그런데 결론을 부정하여 그 표현이 유일하지 않다고 가정하자. 즉

$$v = a_1v_1 + a_2v_2 + \cdots + a_nv_n = b_1v_1 + b_2v_2 + \cdots + b_nv_n, \ a_i, \ b_i \in F$$

라고 하자. 그러면

$$(a_1 - b_1)v_1 + (a_2 - b_2)v_2 + \cdots + (a_n - b_n)v_n = 0$$

이다. 그런데 v_1, ..., v_n은 일차 독립이므로 $a_i - b_i = 0$, 즉 $a_i = b_i (i = 1, 2, ..., n)$이다. 따라서 v는 B의 원소들의 유일한 일차 결합으로 나타내어진다. ■

정리 6.35에 따르면 벡터공간의 기저의 원소들을 이용하여 벡터를 일차 결합으로 나타내는 방법은 유일하다. 이러한 성질을 이용하여 벡터공간의 모든 원소들은 기저 원소들의 일차 결합에 사용되는 계수들만으로 구별할 수 있다. 이때 계수들로 표현하는 방법이 바로 벡터의 좌표 혹은 벡터의 성분이다. 기저가 주어지면 벡터들은 좌표로 나타낼 수 있고 기저가 달라지면 같은 벡터라 하더라도 좌표는 달라질 수 있다.

이 밖에 벡터공간은 다른 대수구조들처럼 부분구조를 생각할 수 있다. 벡터공간의 부분집합이 다시 벡터공간이 되는 경우, 그 부분집합을 부분공간이라고 한다. 부분공간에 대한 성질은 군의 부분군, 환의 부분환, 체의 부분체와 비슷한 성질들을 품고 있으며 이에 대한 증명도 다른 대수구조의 부분구조와 비슷한 방법으로 가능하다. 벡터공간의 부분구조에 대해 더 많은 성질을 알고 싶다면 선형대수와 추상대수 서적을 참고하기 바란다.

연습 문제

01 집합 $\mathbb{R}^n = \{(a_1, a_2, ..., a_n) | a_i \in \mathbb{R}\}$에 대하여 $+$를

$$(a_1, a_2, ..., a_n) + (b_1, b_2, ..., b_n) = (a_1 + b_1, a_2 + b_2, ..., a_n + b_n)$$

와 같이 정의하고, 임의의 $k \in \mathbb{R}$에 대해 스칼라 곱을

$$k(a_1, a_2, ..., a_n) = (ka_1, ka_2, ..., ka_n)$$

로 정의할 때, $\mathbb{R}^n$이 벡터공간임을 확인하여라.

02 V가 체 F 위의 벡터 공간이면 다음이 성립함을 증명하여라.

(1) 임의의 $v \in V$에 대해서 $0v = 0$, $(-1)v = -v$이다.

(2) 임의의 스칼라 $k \in F$에 대해서 $k0 = 0$이다.

(3) $kv = 0$이면 $k = 0$ 또는 $v = 0$이다.

03 체 F 위의 벡터공간 V에 대하여 다음이 성립함을 증명하여라.

(1) $S \subseteq V$, $0 \in S$이면 S는 일차 종속이다.

(2) $v \neq 0$이면 $\{v\}$는 일차 독립이다.

04 체 F 위의 벡터공간 V의 서로 다른 두 기저의 원소의 개수는 같음을 보여라.

제7장

암호와 확률, 통계

Cryptography, Probability, and Statistics

암호학에서의 확률은 다양한 암호체계 안전성의 이론적 증명, 암호체계에 대한 공격과 난수생성과 관련하여 중요한 역할을 한다. 암호체계에 대한 공격은 키를 모르는 상태에서 암호문, 혹은 암호문과 평문의 쌍 등의 일부 수집된 정보와 어떤 암호 알고리즘이 사용되었는지만을 가지고 암호화 키나 평문을 알아내는 방법이다. 이때 공격은 수학적으로 정확히 계산되어 구해지기보다는 다양한 가능성 중 가장 발생확률이 높은 정보들에 대하여 분석과 추론을 통해 이루어진다.

암호체계에 대한 공격은, 아주 취약한 암호체계의 경우, 암호문만을 가지고 평문을 알아낼 수도 있지만 대부분은 여러 정보들을 이용하여 이루어진다. 이렇게 필요한 정보의 종류에 따라 크게 다음과 같이 분류한다.

- 암호문 공격
- 알려진 평문 공격
- 선택된 평문 공격
- 선택된 암호문 공격

암호문 공격(ciphertext-only attack)은 동일한 암호화 키로 암호화된 암호문을 가진 상태에서 평문이나 키를 알아내는 방법이다. 키의 전수조사(exhaustive key search) 또는 무작위 대입 공격(brute force attack)이라고 불리는 공격방법이 대표적으로, 가능한 모든 키를 모두 적용해보는 방법이다. 예를 들어 은행 계좌의 비밀번호라면 0000에서 9999까지 가능한 모든 숫자를 시도해보는 것이다.

알려진 평문 공격(known-plaintext attack)은 암호문과 평문을 알고 있는 상태에서 암호화 키를 찾아내거나 평문을 모르는 다른 암호문을 해독하는 방법이다. 예를 들어 어떤 양식에 의한 전문들을 암호화하여 전송한다고 할 때 그 전문들을 살펴보면 특정 부분에 대한 평문의 정보를 얻을 수 있을 것이다. 이 특정부분의 평문에 대한 정보를 이용하여 암호문과 평문 사이의 관계를 이용하여 암호화 키 또는 평문이 알려지지 않은 암호문을 해독하는 방법이다.

선택된 평문 공격(chosen-plaintext attack)은 평문과 암호문의 쌍들을 알 뿐만 아니라 공격자가 자신이 원하는 평문에 대한 암호문을 가지고 키나 다른 암호문을 해독하는 방법이다.

선택된 암호문 공격(chosen-ciphertext attack)은 여러 암호문에 대해서 원하는 암호문에 대응하는 평문을 얻을 수 있을 때, 이 정보를 가지고 암호를 분석하는 방법이다.

이러한 공격은 주어진 암호문에 대한 평문이 무엇이라고 정확히 선택하여 결정론적으로 공격하기보다는 주어진 암호문에 대한 평문이 어떤 것일지에 대한 확률을 계산하여 확률이 높은 정보들을 이용하여 공격하는 확률론적 방법이 주를 이룬다. 즉, 암호체계를 통해 얻어지는 데이터를 공격자가 관찰하면서 수집되며, 수집된 데이터들은 확률 분포를 이루고, 이렇게 얻어진 확률분포를 이용하여 암호화 키 혹은 평문 등의 숨겨진 정보를 찾는다. 여기서 찾을 수 있는 정보의 정도를 이용하여 암호체계의 안전성을 평가하게 된다. 보통 암호체계에서 발생하는 데이터는 예측하는 것을 어렵게 하려고 균일 분포를 이루도록 하는데, 만약 균일 분포가 아닌 확률분포가 발생하면 특별한 정보를 담고 있는 것으로 추측할 수 있으며 해당 암호체계를 공격할 수 있는 실마리가 된다. 사실 대부분의 고전 암호가 평문이 갖고 있는 통계적 특성이 유지되어 해독되었다. 이처럼 확률과 통계는 암호학에서 안전도 평가, 공격 가능성 여부 확인, 난수성 확인 등 여러 가지로 중요한 역할을 한다.

7.1 확률

확률은 관찰 가능한 결과가 발생할 가능성을 수치화한 것으로 이해할 수 있다. 수치화된 가능성을 통해 우리는 모르는 상태를 추측할 수 있다. 이러한 가능성은 제2차 세계 대전 당시 연합군이 독일군의 암호전문을 해독할 수 있게 하여 연합군의 승리를 이끌어냈다. 이 절에서는 확률에 대한 기본 개념과 여러 성질에 대해 살펴볼 것이다.

7.1.1 표본 공간과 사건

실험을 시행하고 나면 발생 가능한 모든 결과를 알 수 있지만, 실험을 시행하기 전에는 확실한 결과를 예측할 수 없다. 이처럼 발생 가능한 결과를 확인하기 위한 실험이나 관찰 또는 조사를 확률 실험(random experiment)이라 하고 간단히 실험(experiment) 혹은 시행(trial)이라고도 한다. 확률 실험의 결과(outcome)란 그 실험에서 가능한 관측(observation)을 의미한다.

이제 확률을 다루면서 고려해야 할 개념들을 살펴보자.

정의 7.1 확률 실험에서 일어날 수 있는 가능한 모든 결과의 집합을 그 실험의 표본 공간(sample space)이라 하고 Ω로 나타낸다. 표본 공간을 구성하는 원소를 표본점(sample point) 혹은 표본(sample)이라 한다. 표본 공간의 부분집합을 사건(event)이라 한다. 사건 E의 한 원소가 그 실험의 결과로 나타나면, '사건 E가 일어났다'고 한다.

확률에서 다루는 사건의 개념은 집합의 개념과 비교해서 생각하면 쉽게 이해할 수 있다. 전체집합이 바로 표본 공간이며 전체집합의 부분집합이 사건이다. 그리고 집합의 원소는 바로 표본점이다. 그런데 부분집합은 전체집합 자신도 부분집합이므로 표본 공간 그 자체도 사건이다. 공집합 역시 전체집합의 부분집합이므로 표본점이 하나도 없는 집합도 사건이다. 따라서 확률 실험의 표본 공간이 Ω일 때, Ω를 전사건(sure event)이라 하고, $\varnothing$를 공사건(impossible event)이라고 한다. 또 1개의 표본점으로 이루어진 사건을 근원 사건

(elementary event) 또는 한 원소 사건(single-element event)이라 한다.

확률 실험에 대한 다음 예제들을 통해 표본 공간과 몇 가지 사건들에 대해 살펴보자.

예제 7.1 2개의 동전을 던지는 실험에서 보이는 면이 앞면이면 H로, 보이는 면이 뒷면이면 T로 나타내자. 이 실험에서 표본 공간, 표본점, 사건 등을 살펴보면 다음과 같다.

(1) 표본 공간은 $\Omega = \{HH, HT, TH, TT\}$이고, 4개의 표본점을 가진다.

(2) HT는 첫 번째 동전은 앞면이, 두 번째 동전은 뒷면이 나온 결과이다.

(3) 두 번째 동전이 앞면이 나온 사건을 E라 하면 $E = \{HH, TH\}$이다.

예제 7.2 크기가 서로 다른 두 주사위를 던지는 실험에서 큰 주사위의 윗면에 보이는 점의 개수를 i, 작은 주사위의 윗면에 보이는 점의 개수를 j, 1회 실험 시행의 결과를 (i, j)로 나타내자. 이때 실험의 표본 공간, 표본점, 사건 등을 살펴보면 다음과 같다.

(1) 표본 공간은 $\Omega = \{(i, j) | i, j = 1, 2, 3, 4, 5, 6\}$이고 36개의 표본점으로 이루어져 있다.

(2) 두 주사위의 점의 개수의 합이 7인 사건은

$$E = \{(1, 6), (2, 5), (3, 4), (4, 3), (5, 2), (6, 1)\}$$

이다.

표본 공간은 표본점을 셀 수 있느냐에 따라 이산 표본 공간(discrete sample space)과 연속 표본 공간(continuous sample space)으로 구분된다. 이산 표본 공간은 표본 공간의 표본점의 개수가 유한하거나 하나씩 셀 수 있는 공간이며 연속 표본 공간은 이산 표본 공간이 아닌 표본 공간을 말한다. 즉 표본점의 수가 무한하며 셀 수 없는 표본 공간이다.

예제 7.3 다음 표본 공간들이 이산 표본 공간인지 연속 표본 공간인지 구별해 보자.

(1) 동전 하나를 던지는 실험에서 보이는 면이 앞면이면 H, 뒷면이면 T라 하면 이 실험의 표본 공간은 $\Omega_1 = \{H, T\}$이고 표본점의 수가 2개이므로 Ω_1은 이산 표본 공간이다.

(2) 동전 하나를 보이는 면이 앞면이 될 때까지 던지고, 이때 동전을 던진 횟수를 관찰하는 실험에서 표본 공간은 $\Omega_2 = \{1, 2, 3, ...\}$이다. Ω_2는 무한 집합이지만 표본점을 셀 수 있는 가산 집합이므로 Ω_2는 이산 표본 공간이다.

(3) 한 사람의 이동전화를 이용한 통화 시간을 기록하여 통화 시간을 관찰하는 실험을 생각해보자. 물론 이동전화는 배터리의 한계가 있기 때문에 t는 적당한 M에 대하여 $t \leq M$이다. 즉 표본 공간은 $\Omega_3 = \{t \mid 0 \leq t \leq M,\ t\text{는 실수}\}$이다. Ω_3는 무한집합이며 표본점을 하나씩 셀 수 없기 때문에 연속 표본 공간이다.

표본 공간과 사건들은 모두 집합이다. 따라서 집합의 연산을 이용하면 여러 사건들을 이용하여 새로운 사건을 만들어 낼 수 있는데, 이를 사건의 결합(combination of events)이라 한다.

정의 7.2 Ω가 한 실험의 표본 공간이고, E_1, E_2, E가 Ω의 부분집합인 사건들이라 할 때, 사건의 결합은 다음과 같이 정의되며 집합의 연산으로 나타낼 수 있다.

(1) 두 사건 E_1과 E_2의 합사건(union event)은 $E_1 \cup E_2$로 나타내며

$$E_1 \cup E_2 = \{\omega \in \Omega \mid \omega \in E_1 \text{ 또는 } \omega \in E_2\}$$

와 같이 정의하며, 사건 E_1 또는 사건 E_2가 일어나는 사건을 의미한다.

(2) 두 사건 E_1과 E_2의 곱사건(intersection event)은 $E_1 \cap E_2$로 나타내며

$$E_1 \cap E_2 = \{\omega \in \Omega \mid \omega \in E_1 \text{이고 } \omega \in E_2\}$$

와 같이 정의되며, 사건 E_1과 사건 E_2가 동시에 일어나는 사건[1])을 의미한다.

(3) 사건 E의 여사건(complement event)은 E^c로 나타내며

$$E^c = \{\omega \in \Omega \mid \omega \notin E\}$$

와 같이 정의되며 사건 E가 일어나지 않는 사건을 의미한다.

---

1) 정의 7.2의 (2)에서 정의된 곱사건의 경우, 집합론적 의미는 교집합이다. 즉 동시에 일어난다는 의미가 여기서는 사건 E_1의 표본점, E_2의 표본점 중 서로 공통된 표본점들의 사건을 의미한다. 정확한 용어를 사용하자면 '교사건'이라는 표현이 더 어울릴 것이다.

(4) 두 사건 E_1과 E_2의 차사건(difference event)[2)]은 $E_1 - E_2$로 나타내고

$$E_1 - E_2 = \{\omega \in \Omega \mid \omega \in E_1 \text{이고 } \omega \notin E_2\}$$

와 같이 정의되며 사건 E_1은 일어나지만 E_2는 일어나지 않는 사건을 의미한다.

정의 7.2의 (4)는 곱사건과 여사건을 이용하여

$$E_1 - E_2 = E_1 \cap E_2^c$$

으로 나타낼 수 있다.

정의 7.3 두 사건 E_1과 E_2가 동시에 일어나는 경우가 없을 때[3)], 즉 $E_1 \cap E_2 = \varnothing$일 때, E_1과 E_2는 배반 사건(exclusive event)이라 한다. 그리고 사건들 E_1, E_2, ...이 서로 다른 i, j에 대하여 $E_i \cap E_j = \varnothing$이면, 사건 E_1, E_2, ...는 서로 배반적이라고 한다.

예제 7.4 하나의 주사위를 던지는 실험에서 홀수의 눈이 나오는 사건을 E_1, 짝수의 눈이 나오는 사건을 E_2, 소수의 눈이 나오는 사건을 E_3라고 하면 다음과 같은 결과를 얻을 수 있다.

(1) $E_1 = \{1, 3, 5\}$이고 $E_2 = \{2, 4, 6\}$이며 $E_3 = \{2, 3, 5\}$이다.

(2) E_1과 E_2의 합사건은 홀수의 눈이 나오거나 짝수의 눈이 나오는 사건을 말하며 결국

$$E_1 \cup E_2 = \{1, 2, 3, 4, 5, 6\}$$

이 되어 표본 공간 전체가 된다.

(3) E_1과 E_3의 곱사건은 홀수의 눈이면서 소수의 눈이 나오는 사건을 말하며

$$E_1 \cap E_3 = \{3, 5\}$$

이다.

---

2) E_1과 E_2의 순서에 주의하자.

3) 두 사건이 공통된 표본점을 가지고 있지 않을 때를 말한다.

(4) E_2와 E_3의 차사건은 짝수이지만 소수가 아닌 눈이 나오는 사건을 말하며

$$E_2 - E_3 = \{4,\ 6\}$$

이다.

(5) E_1과 E_2는 서로 공통된 표본점이 없기 때문에 서로 배반적이다. 즉 E_1과 E_2는 배반사건이다.

7.1.2 확률의 정의와 기본 성질

사건 E의 확률(probability)은 E가 일어날 가능성을 수치화한 것이다. 수치화의 기본 전제는 표본공간의 모든 근원사건은 나타날 가능성이 모두 동일하다는 것이다. 이러한 전제를 통해 관찰 가능한 사건 E의 확률은 표본공간 전체의 크기에 대한 사건 E의 크기의 비로 정의할 수 있다. 이러한 생각은 파스칼(Blaise Pascal)과 페르마에 의하여 제안되었으며 다음과 같이 서술할 수 있다.

정의 7.4 **(수학적 확률)** 표본 공간 Ω의 각 근원 사건이 동일한 가능성으로 일어난다고 가정할 때, Ω의 사건 E가 일어날 확률 $P(E)$는

$$P(E) = \frac{|E|}{|\Omega|}$$

이고, 이러한 확률을 수학적 확률(mathematical probability)이라고 한다.

예제 7.5 2개의 주사위를 던지는 실험에서 두 주사위에 나타나는 점의 수의 쌍을 $(i,\ j)$로 나타내면, 표본 공간은 $\Omega = \{(1,\ 1),\ (1,\ 2),\ \ldots,\ (6,\ 6)\}$이고 표본 공간의 크기는 36이다. 두 주사위의 점의 수가 같은 사건을 E라고 하면 $E = \{(1,\ 1),\ (2,\ 2),\ (3,\ 3),\ (4,\ 4),\ (5,\ 5),\ (6,\ 6)\}$이다. 이제 사건 E가 일어날 확률은

$$P(E) = \frac{6}{36} = \frac{1}{6}$$

이다.

수학적 확률은 근원 사건의 발생 가능성이 모두 동일하다는 가정에 의해 정의되며, 이때 표본 공간과 사건의 크기를 이용하여 확률을 정의한다. 두 집합의 크기는 이산 표본 공간이든 연속 표본 공간이든 상관없이 집합의 크기, 즉 이산 표본 공간의 경우에는 원소의 개수를, 연속 표본 공간의 경우에는 집합의 농도를 이용하여 정의할 수 있다.

그런데 실제의 사회현상이나 자연현상 등에서 발생하는 사건들은 그 근원 사건의 발생 가능성이 모두 동일하다고 할 수는 없다. 실제 상황에서의 확률은 실험을 충분히 반복하여 정해진 사건을 일어나게 한 횟수를 기초로 하는 상대 도수 근사값으로 확률을 정의할 수 있다.

정의 7.5 **(통계적 확률)** 어떤 실험을 n번 반복할 때 사건 E가 r_n번 일어난다고 하자. 이때 n을 충분히 크게 함에 따라 상대 도수 $\frac{r_n}{n}$이 일정한 값 p에 가까워지면, 즉

$$\lim_{n\to\infty}\frac{r_n}{n}=p$$

이면 p를 사건 E가 일어날 통계적 확률(statistical probability) 또는 경험적 확률(empirical probability)이라 한다.

정의 7.5와 극한의 정의에 의하면, 실험 횟수 n이 충분히 크다면, 이때 발생하는 사건 E의 n에 대한 상대 도수 $\frac{r_n}{n}$을 E의 통계적 확률로 정의해도 무방하다. 이와 같은 반복적인 실험은 모두 본질적으로 동일한 조건에서 반복되어야 하지만 실제로는 완벽하게 동일한 조건에서의 실험은 불가능하므로 수학적인 공리를 도입하여 확률을 다음과 같이 공리적으로 정의한다.

정의 7.6 표본 공간 Ω에서 세 조건

(1) 모든 사건 $E\in\Omega$에 대하여 $0\le P(E)\le 1$,

(2) $P(\Omega)=1$,

(3) 서로 배반인 사건 $E_1,\ E_2,\ \dots\in\Omega$에 대하여

$$P\left(\bigcup_{i=1}^{\infty}E_i\right)=\sum_{i=1}^{\infty}P(E_i),$$

을 만족하는 표본 공간 Ω에서 실수 전체 집합으로의 함수 $P:\Omega\to\mathbb{R}$을

Ω에서 정의된 확률 함수(probability function)라고 한다. 이때 사건 E에 대한 함수값 $P(E)$를 E의 확률(probability)이라 한다.

다음의 성질들은 확률의 정의와 집합의 성질로부터 쉽게 얻을 수 있다.

정리 7.1

표본 공간 Ω의 사건 $E_1, E_2, \ldots, E_n$에 대하여, 다음이 성립한다.

(1) $P(\varnothing) = 0$

(2) $P(E_1 \cup E_2) = P(E_1) + P(E_2) - P(E_1 \cap E_2)$

(3) $E_1 \subseteq E_2$이면 $P(E_1) \leq P(E_2)$이다.

(4) $P(E_1 \cup E_2 \cup \cdots \cup E_n) \leq P(E_1) + P(E_2) + \cdots + P(E_n)$

(5) 임의의 사건 E에 대하여 $P(E^c) = 1 - P(E)$이다.

예제 7.6 주사위를 던지는 실험에서 소수의 눈이 나오는 사건을 E_1라 하고 짝수의 눈이 나오는 사건 E_2라고 할 때, $E_1 = \{2, 3, 5\}$이고 $E_2 = \{2, 4, 6\}$이다. 그러므로 두 사건의 곱사건은 $E_1 \cap E_2 = \{2\}$이고 각각의 확률은 $P(E_1) = \frac{3}{6} = \frac{1}{2}$, $P(E_2) = \frac{3}{6} = \frac{1}{2}$, $P(E_1 \cap E_2) = \frac{1}{6}$이므로 E_1와 E_2의 합사건 $E_1 \cup E_2$의 확률을 구하면, 정리 7.1의 (2)에 의해

$$P(E_1 \cup E_2) = P(E_1) + P(E_2) - P(E_1 \cap E_2) = \frac{1}{2} + \frac{1}{2} = \frac{1}{6} = \frac{5}{6}$$

이다. 그런데 실제로 $E_1 \cup E_2 = \{2, 3, 4, 5, 6\}$이므로 $P(E_1 \cup E_2) = \frac{5}{6}$임을 확인할 수 있다.

예제 7.7 길이가 8인 2진수열(binary sequence)을 임의로 생성할 때 이 수열에 적어도 2개의 0이 포함될 확률을 구하여라.

>> 풀이 길이가 8인 2진수열에 적어도 2개의 0을 포함하는 사건을 E라 하면, E^c는 길이가 8이며 0을 하나만 포함하거나 혹은 하나도 포함하지 않는 2진수열이 생

성되는 사건이다. 따라서 정리 7.1의 (5)에 의해 $P(E)=1-P(E^c)$이다. 그런데 길이가 8인 2진수열은 총 $2^8=256$개가 있고, 그중 모두 1로 되어 있는 2진수열은 하나이고 0을 하나만 가지는 2진수열은 8개이므로 $P(E^c)=\frac{9}{256}$이다. 따라서 구하는 확률은

$$P(E)=1-P(E^c)=1-\frac{9}{256}=\frac{247}{256}$$

이다. □

3개 이상의 사건의 합의 확률을 구하는 것은 3개 이상의 집합들의 합집합의 원소의 개수를 구하는 것과 마찬가지로 포함과 배제의 원리가 사용된다. 이는 수학적 귀납법을 이용하면 어렵지 않게 성립함을 보일 수 있으며 이 성질은 다음과 같이 서술할 수 있다.

정리 7.2

표본 공간 Ω의 n개의 사건 $E_1,\ E_2,\ \dots,\ E_n$에 대하여

$$\begin{aligned}P(E_1\cup E_2\cup\cdots\cup E_n)&=\sum_{i=1}^{n}P(E_i)-\sum_{1\le i_1<i_2\le n}P(E_{i_1}\cap E_{i_2})\\&+\cdots+(-1)^{r+1}\sum_{1\le i_1<i_2<\cdots<i_r\le n}P(E_{i_1}\cap E_{i_2}\cap\cdots\cap E_{i_r})\\&+\cdots+(-1)^{n+1}P(E_1\cap E_2\cap\cdots\cap E_n)\end{aligned}$$

이 성립한다.

연습 문제

01 서로 배반적인 표본 공간 S의 두 사건 E_1과 E_2에 대하여, $E_1 \cup E_2 = S$이고 $P(E_1) = 2P(E_2)$일 때, $P(E_1)$의 값을 구하여라.

02 두 면에는 1이 적혀 있고, 나머지 네 면에는 2가 적혀 있는 정육면체 모양의 주사위가 있다. 이 주사위를 다섯 번 던질 때 1이 적어도 세 번 연속해서 나오게 될 확률을 구하여라.

03 갑의 주머니에는 검은 공 2개, 흰 공 2개가 들어 있고, 을의 주머니에는 검은 공 1개, 흰 공 2개가 들어 있다. 갑의 주머니에서 임의로 2개의 공을 꺼내어 을의 주머니에 넣은 다음, 을의 주머니에서 임의로 1개의 공을 꺼내었을 때, 이 공이 흰 공일 확률을 구하여라.

04 세 점 A, B, C가 직선 위에 A, B, C의 순서대로 나열되어 있을 때 다음과 같은 규칙의 게임을 하려고 한다.

규칙

i. 게임 말은 점 A에서 출발한다.
ii. 게임 말은 동전을 던져서 앞면이 나오면 인접한 오른쪽 점으로 이동하고, 뒷면이 나오면 인접한 왼쪽 점으로 이동한다. 단, 점 A에서 동전의 뒷면이 나오면 말은 이동하지 않는다.
iii. 게임 말이 점 C에 도착하면 게임은 끝난다.

동전을 여섯 번 던진 후 게임 말의 위치가 점 A일 확률을 구하여라.

05 정리 7.1의 (3)을 증명하여라.

06 정리 7.1의 (5)를 증명하여라.

07 정리 7.2를 수학적 귀납법을 이용하여 증명하여라.

7.2 조건부 확률과 독립

관찰 가능한 사건의 발생 가능성을 수치화한 확률은 과거의 현상을 토대로 미래를 예측하는 분야에서 자주 활용된다. 확률을 계산할 때 일반적으로 표본 공간 전체 중에서 관찰하고자 하는 사건의 발생 가능성을 생각한다. 하지만 비교하고자 하는 대상이 전체가 아닌 특정한 환경에서 관찰하고자 하는 사건의 발생 가능성을 이야기해야 하는 경우가 실제로 자주 발생한다.

이 절에서는 확률론에서 가장 기본이 되는 개념이자 특수한 상황에서의 확률인 조건부 확률에 관하여 알아보고, 두 사건이 확률적으로 독립이라는 것의 정의와 의미를 살펴보며 이와 관련된 예제들을 살펴보고자 한다.

7.2.1 조건부 확률

표본 공간 Ω의 사건 E_1과 E_2에 대하여 E_1과 E_2가 각각 발생할 확률 $P(E_1)$과 $P(E_2)$는 Ω의 크기에 대한 E_1과 E_2의 크기의 비로 계산된다. 이때, 사건 E_1이 발생한 상황에서 E_2가 발생할 가능성을 계산하고자 한다면 어떻게 하는 것이 좋을까? 우리가 살펴볼 상황은 E_1이 발생했다고 하는 상황이므로 굳이 Ω 전체를 모두 살필 필요는 없을 것이다. 다음 예제를 통해 이러한 상황을 다시 살펴보자.

예제 7.8 흰 공과 검은 공 각각 100개씩 담겨 있는 어떤 주머니에서 공을 1개씩 두 번 꺼내려고 한다. 이때, 사건 E_1은 첫 번째 꺼낸 공이 흰 공인 사건이고, 사건 E_2는 두 번째 꺼낸 공이 흰 공인 사건이라고 하자. 이제 확률 $P(E_1)$과 $P(E_2)$를 생각해 보자. 그러면 이들 확률은 복원 추출(sampling with replacement)인지 비복원 추출(sampling without replacement)인지에 따라 달라질 것이다. 우선 복원 추출이라면 꺼낸 공을 다시 집어넣기 때문에 공의 수는 변하지 않아

$$P(E_1) = P(E_2) = \frac{100}{200} = \frac{1}{2}$$

와 같이 확률을 계산할 수 있다. 하지만, 비복원 추출이라면 꺼낸 공을 다시 집

어넣지 않기 때문에 공의 수가 변하므로 어떤 공을 꺼냈는지가 확률에 영향을 끼칠 것이다. 따라서 비복원 추출인 경우의 확률을 계산하면, $P(E_1)$은 첫 번째 공을 꺼내는 것이므로

$$P(E_1)=\frac{100}{200}=\frac{1}{2}$$

이지만, $P(E_2)$를 구하려면 E_1이 일어나고 흰 공을 꺼내는 경우와 E_1이 일어나지 않고 흰 공을 꺼내는 경우, 두 경우의 합사건이다. 따라서

$$P(E_2)=\frac{100}{200}\cdot\frac{99}{199}+\frac{100}{200}\cdot\frac{100}{199}=\frac{1}{2}$$

이다.

$P(E_1)$과 $P(E_2)$는 구하는 방법은 다르지만 확률은 같다. 그런데 사건 E_2에 대하여 조건을 붙여 E_1이 일어났을 때 E_2가 일어날 확률을 생각해보면 E_1이 일어났고 공은 다시 주머니에 넣지 않았으므로 흰 공 99개, 검은 공 100개가 되어 두 번째 공을 꺼낼 때 이 공이 흰 공일 확률은 $\frac{99}{199}$이다. 하지만 E_1이 일어나지 않았다면, 즉 첫 번째에 검은 공이 뽑혔다면 흰 공 100개, 검은 공 99개가 되어 두 번째에 흰 공을 꺼낼 확률은 $\frac{100}{199}$로 E_1이 일어난 경우와 확률은 달라지며 $P(E_2)$와도 달라지는 것을 확인할 수 있다.

예제 7.8의 E_1이 발생한 후 E_2가 발생할 확률, 혹은 E_1이 발생하지 않고 E_2가 발생할 확률과 같이 확률을 계산하는 상황에 특별한 조건이 주어져 계산된 확률을 조건부 확률(conditional probability)이라고 한다. 조건부 확률은 다음과 같이 정의된다.

정의 7.7 **(조건부 확률)** 두 사건 E_1, E_2에 대하여 $P(E_1)>0$일 때, 사건 E_1이 일어났을 때 E_2가 일어날 확률을 E_1에 대한 E_2의 조건부 확률이라 하며, $P(E_2|E_1)$으로 나타내고

$$P(E_2|E_1)=\frac{P(E_1\cap E_2)}{P(E_1)}$$

과 같이 계산한다.

두 사건 E_1과 E_2에 대하여 $P(E_1 \cap E_2)$와 $P(E_2|E_1)$는 비슷한 것 같으면서 전혀 다른 의미를 가진다. 두 가지 모두 E_1과 E_2가 모두 발생했다는 사실은 틀림없다. 하지만 이러한 사건의 발생 가능성을 살펴볼 때, 표본 공간 전체 중에 E_1과 E_2가 모두 발생할 가능성을 살펴볼 것인가, 아니면 E_1이 발생하는 상황 속에서 E_2가 발생했는지를 살펴볼 것인가가 다른 점이다. 예를 들어 표본 공간 Ω가 유한 집합일 경우,

$$P(E_1 \cap E_2) = \frac{|E_1 \cap E_2|}{|\Omega|}$$

로 계산되지만

$$P(E_2|E_1) = \frac{|E_1 \cap E_2|}{|E_1|}$$

으로 계산되는 점이 다르다.

예제 7.9 네 자리 2진수를 같은 확률로 생성하는 난수 발생기를 이용하여 네 자리 2진수를 생성할 때, 첫 번째 자리가 1이었다는 조건하에 1을 연속적으로 2개 포함하고 있는 2진수가 생성될 확률을 구하여라.

>> 풀이 1을 연속적으로 2개 포함하고 있는 네 자리 2진수가 생성되는 사건을 E, 첫 번째 자리가 1인 네 자리 2진수가 생성되는 사건을 F라 하면, 구하고자 하는 확률은 $P(E|F)$이다. 그런데

$$E = \{0011, 0110, 0111, 1011, 1100, 1101, 1110, 1111\}$$

이고

$$F = \{1000, 1001, 1010, 1011, 1100, 1101, 1110, 1111\}$$

이며

$$E \cap F = \{1011, 1100, 1101, 1110, 1111\}$$

이므로 $P(E) = \frac{1}{2}$, $P(F) = \frac{1}{2}$, $P(E \cap F) = \frac{5}{16}$이다. 따라서 정의 7.7에 의해

$$P(E|F) = \frac{P(E \cap F)}{P(F)} = \frac{\frac{5}{16}}{\frac{1}{2}} = \frac{5}{8}$$

이다. □

정리 7.3은 정의 7.7을 이용하면 쉽게 증명할 수 있다.

정리 7.3

표본 공간 Ω의 사건 $E_1, E_2, \ldots, E_n$에 대하여 $P(E_1 \cap E_2 \cap \cdots \cap E_{n-1}) > 0$이면

$$P(E_1 \cap E_2 \cap \cdots \cap E_n)$$
$$= P(E_1) \cdot P(E_2|E_1) \cdot P(E_3|E_1 \cap E_2) \cdot \cdots \cdot P(E_n|E_1 \cap \cdots \cap E_{n-1})$$

이다.

정의 7.8 표본 공간 Ω에서 주어지는 사건 $E_1, E_2, \ldots, E_n$이 다음을 모두 만족하면, 사건 $E_1, E_2, \ldots, E_n$을 Ω의 분할(partition)이라고 한다.

(i) 서로 다른 모든 i, j에 대하여 E_i와 E_j는 서로 배반, 즉 $E_i \cap E_j = \varnothing$

(ii) $\bigcup_{i=1}^{n} E_i = \Omega$

서로소이면서 합집합이 전체집합이 되는 부분집합을 집합의 분할이라고 하듯이 분할 사건은 집합의 분할과 같은 개념이다.

예제 7.10 사건 E와 E의 여사건 E^c는 $E \cap E^c = \varnothing$이고 $E \cup E^c = \Omega$이므로 표본 공간 Ω의 분할이다.

정리 7.4 전 확률의 공식

사건 $E_1, E_2, \ldots, E_n$은 표본 공간 Ω의 분할이고 $P(E_i) > 0(\forall\ i = 1, 2, \ldots, n)$이라고 할 때, Ω의 임의의 사건 F에 대하여

$$P(F) = \sum_{i=1}^{n} P(E_i)P(F|E_i)$$

이다.

>> **증명** 사건 E_1, ..., E_n은 Ω의 분할이므로, 모두 서로 배반적이고,

$$F = \Omega \cap F = \left(\bigcup_{i=1}^{n} E_i\right) \cap F = \bigcup_{i=1}^{n} (E_i \cap F)$$

이다. 그런데 E_1, ..., E_n이 모두 서로 배반적이므로 $E_i \cap E_j = \varnothing\,(i \neq j)$이므로

$$(E_i \cap F) \cap (E_j \cap F) = (E_i \cap E_j) \cap F = \varnothing$$

이다. 따라서 $E_i \cap F$도 서로 배반적이다. 결국 정의 7.7.에 의해

$$P(F) = P\left(\bigcup_{i=1}^{n} (E_i \cap F)\right) = \sum_{i=1}^{n} P(E_i \cap F) = \sum_{i=1}^{n} P(E_i)P(F \mid E_i)$$

이다. ■

사건 E_1, ..., E_n이 n가지 원인이라면, 확률 $P(E_j)$를 사건 E_j의 사전 확률(prior probability)이라 하고, 조건부 확률 $P(E_j \mid F)$를 사건 F가 일어난 후의 사건 E_j의 사후 확률(posterior probability)이라 한다. 이때 조건부 확률 $P(E_j \mid F)$는 사건 F가 일어난 원인이 사건 E_j에 있을 확률이라는 뜻이다. 전 확률의 공식을 이용하여 사후 확률을 계산하여 얻은 것이 베이즈 정리(Bayes' theorem)이다.

정리 7.5 베이즈 정리

사건 E_1, ..., E_n은 표본 공간 Ω의 분할이고, $P(E_i) > 0(\forall\ i = 1, 2, ..., n)$이라고 할 때, Ω의 임의의 사건 F에 대하여

$$P(E_j \mid F) = \frac{P(E_j)P(F \mid E_j)}{\sum_{i=1}^{n} P(E_i)P(F \mid E_i)}$$

이다.

>> **증명** 정의 7.7과 정리 7.4에 의해

$$P(E_j \mid F) = \frac{P(E_j \cap F)}{P(F)}$$

$$= \frac{P(E_j)P(F|E_j)}{\sum_{i=1}^{n} P(E_i)P(F|E_i)}$$

이다. ■

예제 7.11 제품 P는 공장 F_1, F_2, F_3에서 각각 생산품 전체의 50%, 30%, 20%가 생산된다. 각 공장에서 불량품을 생산할 비율은 각각 2%, 3%, 4%라고 할 때, 다음 물음에 답하여라.

(1) 제품 하나를 임의로 뽑았을 때, 그것이 불량일 확률을 구하여라.

(2) 제품 하나를 선택했을 때 선택된 제품이 불량이었다면, 그 제품이 공장 F_2의 제품일 확률을 구하여라.

>> 풀이 선택된 제품이 F_1의 제품일 사건을 E_1, F_2의 제품일 사건을 E_2, F_3의 제품일 사건을 E_3, 그리고 불량품이 선택될 사건을 E라고 하자. 그러면 E_1, E_2, E_3는 제품을 선택한다는 표본 공간의 분할이다.

(1) 우리가 구하는 확률은 $P(E)$이다. 각각의 확률은

$$P(E_1) = 0.5,\ P(E_2) = 0.3,\ P(E_3) = 0.2$$
$$P(E|E_1) = 0.02,\ P(E|E_2) = 0.03,\ P(E|E_3) = 0.04$$

이다. 그러면 구하는 확률 $P(E)$는 정리 7.4에 의하여

$$\begin{aligned} P(E) &= P(E \cap E_1) + P(E \cap E_2) + P(E \cap E_3) \\ &= P(E_1)P(E|E_1) + P(E_2)P(E|E_2) + P(E_3)P(E|E_3) \\ &= 0.5 \cdot 0.02 + 0.3 \cdot 0.03 + 0.2 \cdot 0.04 \\ &= 0.01 + 0.009 + 0.008 \\ &= 0.027 \end{aligned}$$

이다.

(2) 우리가 구하는 확률은 $P(E_2|E)$인데, 이는 정리 7.5에 의하여

$$P(E_2|E) = \frac{P(E_2)P(E|E_2)}{P(E_1)P(E|E_1) + P(E_2)P(E|E_2) + P(E_3)P(E|E_3)}$$

$$= \frac{0.3 \cdot 0.03}{0.027}$$
$$= \frac{1}{3}$$

이다. □

7.2.2 독립 사건과 종속 사건

두 가지 이상의 사건이 한꺼번에 일어나는 상황에서 한 사건의 발생은 다른 사건의 발생에 영향을 끼치는 경우가 있다. 하지만 서로 다른 두 사건이 서로의 발생에 전혀 영향을 주지 않는 경우도 있다. 여러 사건들이 서로에게 영향을 주거나 주지 않는 경우를 정의 7.9와 같이 수학적 용어로 서술할 수 있다.

정의 7.9 사건 E_1과 E_2에 대하여, $P(E_1 | E_2) = P(E_1)$이고 $P(E_2 | E_1) = P(E_2)$이면 두 사건 E_1과 E_2는 독립(independent)이라고 한다. 독립이 아닌 경우 두 사건 E_1과 E_2는 종속(dependent)이라고 한다.

두 사건 E_1과 E_2가 독립이면 정의 7.9에 의해

$$P(E_1 | E_2) = P(E_1) \Leftrightarrow \frac{P(E_1 \cap E_2)}{P(E_2)} = P(E_1) \Leftrightarrow P(E_1 \cap E_2) = P(E_1)P(E_2)$$

이다. 그런데 이는 그 역도 성립하므로 독립인 두 사건에 대한 필요충분조건을 다음과 같이 서술할 수 있다.

정리 7.6
두 사건 E_1과 E_2가 독립이면

$$P(E_1 \cap E_2) = P(E_1) \cdot P(E_2)$$

이고, 그 역도 성립한다.

실제로 두 사건이 독립임은 정리 7.6을 이용하여 판단하는 것이 편리하다. 그래서 정리 7.6을 정의처럼 사용하기도 한다.

예제 7.12 네 자리 2진수를 생성하는 난수 발생기에서 1로 시작하는 2진수가 생성되는 사건을 E, 1을 하나도 가지고 있지 않거나 1을 짝수 개 가지고 있는 2진수가 생성되는 사건을 F라고 하면 $P(E)=\frac{1}{2}$이고 $P(F)=\frac{1}{2}$이다. 그런데 1로 시작하면서 1의 개수가 짝수 개인 네 자리 2진수가 발생할 확률 $P(E\cap F)$는 $\frac{1}{4}$인데 $P(E\cap F)=P(E)P(F)$이므로 두 사건 E와 F는 독립인 사건이다.

정리 7.7

사건 E와 F가 독립이면, E는 F^c와도 독립이다.

>> 증명 E와 F가 독립이므로, 정리 7.6에 의해 $P(E\cap F)=P(E)P(F)$가 성립한다. 그런데 $E=(E\cap F)\cup(E\cap F^c)$이고 $E\cap F$와 $E\cap F^c$는 서로 배반적이므로

$$P(E)=P(E\cap F)+P(E\cap F^c)$$

이다. 따라서

$$\begin{aligned}P(E\cap F^c)&=P(E)-P(E\cap F)\\&=P(E)-P(E)P(F)=P(E)(1-P(F))\\&=P(E)P(F^c)\end{aligned}$$

이므로 E와 F^c는 독립이다. ■

세 사건 E, F, G에 대하여 E와 F가 독립이고 E와 G가 독립이면 E와 $F\cap G$도 독립일까? 불행하게도 항상 그렇지는 않다. 예제 7.14는 E와 $F\cap G$가 종속인 예를 보여준다.

예제 7.13 주사위를 두 번 던져서 나오는 눈의 합이 7인 사건을 E라 하고, 주사위를 첫 번째 던져 나온 눈이 2인 사건을 F, 주사위를 두 번째 던져 나온 눈이 5인 사건을 G라 하자. 이때

$$E = \{(1,\ 6),\ (2,\ 5),\ (3,\ 4),\ (4,\ 3),\ (5,\ 2),\ (6,\ 1)\},$$
$$F = \{(2,\ 1),\ (2,\ 2),\ (2,\ 3),\ (2,\ 4),\ (2,\ 5),\ (2,\ 6)\},$$
$$G = \{(1,\ 5),\ (2,\ 5),\ (3,\ 5),\ (4,\ 5),\ (5,\ 5),\ (6,\ 5)\},$$
$$E \cap F = E \cap G = F \cap G = \{(2,\ 5)\}$$

이므로 $P(E \cap F) = \frac{1}{36} = \frac{1}{6} \cdot \frac{1}{6} = P(E)P(F)$ 이고, $P(E \cap G) = \frac{1}{36} = \frac{1}{6} \cdot \frac{1}{6} = P(E)P(G)$이다. 따라서 E와 F, E와 G는 독립이다. 하지만

$$P(E \cap (F \cap G)) = \frac{1}{36} \neq \frac{1}{6} \cdot \frac{1}{36} = P(E)P(F \cap G)$$

이므로 E와 $F \cap G$는 종속이다.

독립 사건의 정의는 3개 이상의 사건들에 대해서도 귀납적으로 정의할 수 있다.

정의 7.10 표본 공간 Ω의 n개의 사건 E_1, E_2, ..., E_n에 대하여

$$P\left(\bigcap_{i=1}^{n} E_i\right) = P(E_1)P(E_2)\cdots P(E_n)$$

이면, E_1, E_2, ..., E_n은 독립이라고 한다.

연습 문제

01 흰 공 3개와 검은 공 2개가 들어 있는 주머니에서 하나의 공을 임의로 골라 꺼내어 공의 색을 조사한 후 다시 넣고 그 공과 같은 색의 공을 하나 더 주머니에 넣은 다음 주머니에 있는 공 중 2개의 공을 임의로 다시 뽑을 때, 흰공이 적어도 하나 뽑힐 확률을 구하여라.

02 볼트를 만드는 공장에서 두 대의 기계 M_1, M_2가 각각 전체 생산량의 40%와 60%를 생산하는데, 두 기계에서 만든 볼트의 각각 5%와 3%가 불량이라고 한다. 생산된 볼트 가운데 임의로 하나의 볼트를 꺼냈을 때, 그 볼트가 불량이었다고 하자. 이 불량 볼트가 M_2에서 생산되었을 확률을 구하여라.

03 어느 해 4월 1일부터 어제까지의 강수일을 조사하여 보니 비가 온 날의 다음 날에 비가 온 확률이 $\frac{1}{2}$이고 비가 오지 않은 날의 다음 날에 비가 온 확률이 $\frac{1}{3}$이었다고 한다. 이와 같은 확률이 유지된다고 가정할 때, 월요일에 비가 왔을 때 같은 주 목요일에 비가 올 확률을 구하여라.

04 365일 중 하루하루 출생 확률이 모두 동일하다 가정하고 한 반의 학생이 n명일 때, 생일이 같은 학생이 있을 확률을 n에 관한 식으로 나타내어라.

05 사건 E와 F가 독립이면 E^c와 F^c도 독립임을 보여라.

7.3 확률 변수

세상의 현상을 수학으로 풀기 위해서는 현상을 수에 대응하여 대수구조 혹은 해석구조를 만들어야 한다. 사건의 발생 가능성을 수치화한 확률의 경우도 마찬가지로 사건을 수학적 대상에 대응하여 수학적 언어로 설명해야 한다. 사건과 수학적 언어의 대응이 바로 확률 변수이다. 이 절에서는 확률론에서 가장 중요한 개념 중 하나인 확률 변수를 소개하고, 기댓값과 분산, 체비쇼프 부등식에 관하여 알아본다.

7.3.1 확률 변수

표본 공간을 수학적으로 다루기 위해서 사건을 수치로 표현할 필요가 있다. 예제 7.15는 동전 2개를 던지는 실험에서 나타나는 사건을 관찰하고자 하는 대상인 앞면의 개수로 대응하는 관계의 예를 보여주는 것이다.

예제 7.14 동전 2개를 임의로 던지는 실험에서 동전의 앞면이 나오는 경우를 H로 나타내고 동전의 뒷면이 나오는 경우를 T로 나타내면, 표본 공간 Ω는 $\Omega=\{HH, HT, TH, TT\}$이다. 이때 앞면이 나오는 개수를 X라 하면, $X=0,\ 1,\ 2$가 될 것이다. 이제 Ω의 원소와 관찰하고자 하는 대상인 앞면이 나오는 개수 X는

$$X(HH)=2,\ X(HT)=1,\ X(TH)=1,\ X(TT)=0$$

와 같이 대응시킬 수 있다. 결국 X는 Ω에서 $\{0, 1, 2\}$로 대응하는 함수이다. 여기서 함수 X가 각 값을 취할 확률은

$$P(X=0)=P(\{TT\})=\frac{1}{4}$$
$$P(X=1)=P(\{HT, TH\})=\frac{1}{2}$$
$$P(X=2)=P(\{HH\})=\frac{1}{4}$$

이다.

이처럼 사건을 특정 수와 대응하는 함수를 정의함으로써 확률을 이야기할 때 정의된 함수를 이용하여 수학적으로 설명할 수 있다. 정의 7.11은 이 함수에 대한 것이다.

정의 7.11 표본 공간 Ω에서 정의된 실수 값 함수 $X: \Omega \to \mathbb{R}$을 Ω 위의 확률 변수(random variable)[4]라고 한다. 특별히 혼란의 여지가 없다면 확률 변수 X가 가질 수 있는 값의 집합도 X로 나타내기도 한다.

확률 변수 X는 함수로서 치역이 유한하거나 가산집합인 경우 이산 확률 변수(discrete random variable)라고 한다. 하지만 X의 치역이 비가산집합이라면 연속 확률 변수(continuous random variable)라고 한다.

예제 7.15 (1) 동전 하나를 다섯 번 던져 앞면이 나오는 횟수를 X라 하면, 확률 변수 X는 0, 1, 2, 3, 4, 5 중 하나의 값을 가지므로 X는 이산 확률 변수이다.

(2) 누군가의 전화 통화 시간을 T라 하면, 확률 변수 T는 $\{t \in \mathbb{R} \mid t \geq 0\}$의 원소 중 하나를 가진다. 그런데 집합 $\{t \in \mathbb{R} \mid t \geq 0\}$는 비가산집합이므로 T는 연속 확률 변수이다.

정의 7.12 확률 변수 X에 대하여, $F(x) = P(X \leq x)$로 정의된 함수 $F: \mathbb{R} \to [0, 1]$를 확률 변수 X의 누적 분포 함수(cumulative distribution function of a random variable X) 또는 분포 함수(distribution function)라고 한다. 이때 누적 분표 함수 $F(x)$는 모든 실수 x에 대하여 확률 변수 X가 x 이하일 확률이다.

정의 7.13 이산 확률 변수 X에 대하여, $p(x) = P(X = x)$로 정의되는 함수 $p: \mathbb{R} \to [0, 1]$를 확률 변수 X의 확률 질량 함수(probability mass function) 또는 확률 함수(probability function)라고 한다. 그리고 집합 $\{(x, p(x) \mid x$는 X가 가질 수 있는 값$\}$를 X의 확률 분포(probability distribution)라고 한다.

정의 7.13에서의 X의 확률 분포는 X가 이산 확률 변수이므로 이산 확률 분포이다. 정

4) 확률 변수는 사건 하나하나에 수학적 의미를 불어넣는 함수임을 명심하자. 확률론은 사건 그 자체보다는 사건에 의미를 부여하는 확률 변수를 대상으로 설명하고 있다.

의 7.13에서 $p(x)$를 확률 질량 함수라고 정의했는데, 여기서 '질량'이라는 단어를 자세히 살펴볼 필요가 있다. 이산 확률 변수의 경우 그 값이 서로서로 구별되므로 확률 변수의 값 하나하나가 의미를 갖는 수이다. 따라서 이 확률 변수가 대응하는 함숫값 역시 하나의 의미 있는 값이다.

예제 7.16 동전 2개를 임의로 던질 때, 표본 공간 Ω는 $\Omega = \{HH, HT, TH, TT\}$이다. 이때, 앞면이 나오는 동전의 개수를 X라 하면, $X(HH)=2$, $X(HT)=1$, $X(TH)=1$, $X(TT)=0$이다. 그러므로 X의 누적 분포 함수 $F(x)$는

$$F(0) = P(X \le 0) = \frac{1}{2},$$
$$F(1) = P(X \le 1) = P(X=0) + P(X=1) = \frac{3}{4},$$
$$F(2) = P(X \le 2) = P(X=0) + P(X=1) + P(X=2) = 1$$

이므로

$$F(x) = \begin{cases} 0, & x < 0, \\ \frac{1}{2}, & 0 \le x < 1, \\ \frac{3}{4}, & 1 \le x < 2, \\ 1, & x \ge 2 \end{cases}$$

이다. 확률 질량 함수 $p(x)$는

$$p(0) = \frac{1}{4},\ p(1) = \frac{1}{2},\ p(2) = \frac{1}{4}$$

이고, $x \ne 0,\ 1,\ 2$이면 $p(x) = 0$이다.

정의 7.14 연속 확률 변수 X에 대하여, 함수 $f : \mathbb{R} \to \mathbb{R}$가 다음을 모두 만족하면 함수 f를 확률 밀도 함수(probability density function)라고 한다.

(1) 모든 $x \in \mathbb{R}$에 대하여, $f(x) \ge 0$,

(2) $\int_{-\infty}^{\infty} f(x)dx = 1$

이때 확률 $P(a \le X \le b)$는

$$P(a \le X \le b) = \int_a^b f(t)dt$$

로 정의한다.

정의 7.14는 연속 확률 변수에 대한 확률의 정의에 대해 설명하고 있다. 연속 확률 변수의 경우, 이산 확률 변수와 달리 표본점 하나에 대한 확률은 계산할 수 없다. 따라서 밀도의 개념을 빌려 밀도가 일정 부피로 보이면 질량을 가지며 의미가 있듯이 연속 확률 변수의 확률도 확률 밀도 함수를 이용하여 일정 구간에 해당하는 밀도를 합해서 확률을 정의한다.

정의 7.15 연속 확률 변수 X에 대하여, 함수 F: $\mathbb{R} \to \mathbb{R}$이

$$F(x) = P(X \le x) = \int_{-\infty}^{x} f(t)\ dt$$

와 같이 정의되었을 때, F를 연속 확률 변수 X에 대한 확률 분포 함수(probability distribution function)라고 한다.

정리 7.8

확률 변수 X의 확률 분포 함수 F는 다음을 만족한다.

(1) $x_1 < x_2$이면, $F(x_1) \le F(x_2)$이다.

(2) $\lim_{x \to -\infty} F(x) = 0$이고, $\lim_{x \to \infty} F(x) = 1$이다.

(3) $\lim_{h \to +0} F(x+h) = F(x)$이다.

>> 증명 (1) $x_1 < x_2$이면

$$\begin{aligned} F(x_2) &= P(X \le x_2) \\ &= P(X \le x_1) + P(x_1 < X \le x_2) \ge P(X \le x_1) = F(x_1) \end{aligned}$$

이다.

(2) $F(x) = P(X \le x)$이므로 $\lim_{x \to \infty} F(x) = P(X < \infty) = P(\Omega) = 1$이다. 같은

방법으로 $\lim_{x \to -\infty} F(x) = P(\varnothing) = 0$이다.

(3) $\lim_{h \to +0} F(x+h) = \lim_{h \to 0+} P(X \le x+h)$

$$= P(X \le x) + \lim_{h \to 0+} P(x < X \le x+h)$$

$$= P(X \le x) = F(x)$$

7.3.2 기댓값과 분산

확률 변수를 이용하여 사건이 수치화되면 확률 분포 전체의 특성을 나타낼 수 있는 수가 필요한데 기댓값과 분산은 확률 분포 전체의 특성을 대표하는 대푯값이다.

정의 7.16 표본 공간 Ω와 확률 질량 함수 $p(x)$를 가지는 이산 확률 변수 X에 대하여

$$\mu = E(X) = \sum_{x_i \in \Omega} X(x_i) p(x_i)$$

를 X의 기댓값(expected value) 또는 평균(mean)이라고 한다. 그리고

$$\sigma^2 = V(X) = E((X-\mu)^2) = \sum_{x_i \in \Omega} (X(x_i) - \mu)^2 p(x_i)$$

를 X의 분산(variance)이라고 하며, $\sigma = \sqrt{V(X)}$를 X의 표준 편차(standard deviation)라고 한다. 이때 $X(x_i) - \mu$를 편차(difference)라고 한다.

기댓값은 확률 분포가 주어졌을 때, 일반적으로 기대할 수 있는 확률 변수의 값을 의미하며 표준 편차는 각 표본점에 대한 확률 변수의 값이 기댓값으로부터 얼마나 멀리 떨어져 있는지를 나타내는 수이다.

연속 확률 변수 X에 대한 기댓값과 분산은 이산 확률 변수에 대한 것과 크게 다르지 않다. 즉 $p(x)$가 연속 확률 변수 X의 확률 밀도 함수일 때, X의 기댓값 $E(X)$는

$$E(X) = \int_{-\infty}^{\infty} x p(x) dx$$

이고, X의 분산 $V(X)$는

$$V(X)=\int_{-\infty}^{\infty}(x-E(X))^2p(x)dx$$

이다.

정리 7.9
표본 공간 Ω의 확률 변수 X에 대하여 다음이 성립한다.
(1) 모든 $\alpha,\ \beta\in\mathbb{R}$에 대하여 $E(\alpha X+\beta)=\alpha E(X)+\beta$이다.
(2) $V(X)=E(X^2)-E(X)^2$

>> **증명** (1) 정의 7.16의 기댓값의 정의에 의하여 자명하다.

(2) X가 이산 확률 변수일 때, $\sum_{x\in\Omega}p(x)=1$이고 정의 7.16에 의해

$$\begin{aligned}V(X)&=\sum_{x\in\Omega}(X(x)-E(X))^2p(x)\\&=\sum_{x\in\Omega}\left(X(x)^2-2X(x)E(X)+E(X)^2\right)p(x)\\&=\sum_{x\in\Omega}X(x)^2p(x)-2E(X)\sum_{x\in\Omega}X(x)p(x)+E(X)^2\sum_{x\in\Omega}p(x)\\&=E(X^2)-2E(X)E(X)+E(X)^2\\&=E(X^2)-E(X)^2\end{aligned}$$

이다. X가 연속 확률 변수일 때도 비슷한 방법으로 성립함을 보일 수 있다. ■

예제 7.17 주사위 하나를 던져 나오는 눈의 수를 확률 변수 X라 할 때, X는 1, 2, 3, 4, 5, 6을 각각 $\frac{1}{6}$의 확률로 가진다. 따라서 X의 기댓값 $E(X)$는

$$E(X)=1\cdot\frac{1}{6}+2\cdot\frac{1}{6}+3\cdot\frac{1}{6}+4\cdot\frac{1}{6}+5\cdot\frac{1}{6}+6\cdot\frac{1}{6}=\frac{21}{6}=\frac{7}{2}$$

이다. 주사위를 던지면 눈은 1부터 6까지 다양하게 나타나겠지만, 평균적으로 3.5 정도의 눈의 수를 기대할 수 있다는 의미다. 이제 분산 $V(X)$를 구하면

$$V(X)=\left(1-\frac{7}{2}\right)^2\cdot\frac{1}{6}+\left(2-\frac{7}{2}\right)^2\cdot\frac{1}{6}+\left(3-\frac{7}{2}\right)^2\cdot\frac{1}{6}$$

$$+\left(4-\frac{7}{2}\right)^2 \cdot \frac{1}{6}+\left(5-\frac{7}{2}\right)^2 \cdot \frac{1}{6}+\left(6-\frac{7}{2}\right)^2 \cdot \frac{1}{6}$$
$$=\frac{35}{12}$$

이다. 정리 7.9에 의하면 $V(X)=E(X^2)-(E(X))^2$이고 $E(X^2)=\frac{91}{6}$이므로 이를 이용하면

$$V(X)=\frac{91}{6}-\left(\frac{7}{2}\right)^2=\frac{35}{12}$$

와 같이 계산할 수도 있다. 그리고 표준편차 $\sigma(X)=\sqrt{\frac{35}{12}}$이다.

기댓값과 관련된 확률론의 중요한 부등식인 마르코프 부등식(Markov's inequality)과 체비쇼프 부등식(Chebyshev's inequality)을 소개하겠다.

마르코프 부등식은 기댓값을 알고 있을 때 특정 확률의 상계를 알려준다는 데에 의미가 있다. 마르코프 부등식의 정리는 다음과 같다.

정리 7.10 마르코프 부등식

확률 변수 X가 음이 아닌 값을 가질 때, 임의의 $a>0$에 대해

$$P(x \geq a) \leq \frac{E(X)}{a}$$

이다.

>> 증명 X가 연속 확률 변수일 때, f를 X의 확률 밀도 함수라 하면

$$\begin{aligned} E(X) &= \int_0^\infty xf(x)\ dx = \int_0^a xf(x)\ dx + \int_a^\infty xf(x)\ dx \\ &\geq \int_a^\infty xf(x)\ dx \\ &\geq \int_a^\infty af(x)\ dx = a\int_a^\infty f(x)\ dx = aP(X \geq a) \end{aligned}$$

이다. 따라서 $P(X \ge a) \le \dfrac{E(X)}{a}$ 이다. X가 이산 확률 변수인 경우에도 이와 비슷하게 증명할 수 있다. ■

마르코프 부등식을 이용하면 양측 검증에서 많이 사용되는 확률의 상계를 알려주는 체비쇼프 부등식을 설명할 수 있다. 체비쇼프 부등식의 정리는 다음과 같다.

정리 7.11 체비쇼프 부등식

확률 변수 X의 기댓값을 μ, 분산을 σ^2이라 하면, 임의의 $k > 0$에 대하여

$$P(|X-\mu| \ge k) \le \frac{\sigma^2}{k^2}$$

이다.

>> 증명 $Y = (X-\mu)^2$라고 하면 Y는 음이 아닌 값을 가지는 확률 변수이므로, 마르코프 부등식에 의해

$$P\left((X-\mu)^2 \ge k^2\right) \le \frac{E((X-\mu)^2)}{k^2}$$

이다. 그런데 $P\left((X-\mu)^2 \ge k^2\right) = P(|X-\mu| \ge k)$이고 $\sigma^2 = E((X-\mu)^2)$이므로

$$P(|X-\mu| \ge k) \le \frac{\sigma^2}{k^2}$$

이다. ■

마르코프 부등식과 체비쇼프 부등식은 확률 분포의 평균만 알거나 평균과 분산을 모두 알고 있을 때, 확률의 한계를 알려주지만 이 한계는 이론적인 한계이므로 실제 확률보다는 크고 차이가 있다.

예제 7.18. 확률 변수 X의 분산이 $\dfrac{1}{4}$일 때, X가 평균에서 3 이상 떨어질 확률의 상계를 정리 7.11의 체비쇼프 부등식을 이용하여 구해보면,

$$P(|X-\mu| \geq 3) \leq \frac{\sigma^2}{9} = \frac{1}{36}$$

이므로 확률의 상계는 $\frac{1}{36}$이다.

7.3.3 결합 확률

하나의 확률 실험에서 두 가지 이상의 요소에 대해 관찰할 경우가 있다. 이런 경우, 2개 이상의 확률 변수를 사용하게 되는데, 이렇게 2개 이상의 확률 변수를 사용하는 경우의 확률 분포에 대하여 소개하겠다. 연속 확률 변수의 경우, 다변수 미적분이 사용되기 때문에 여기서는 이산 확률 변수의 경우를 중심으로 정의와 정리만 다룰 것이다.

정리 7.12

표본 공간 Ω 위의 확률 변수 $X_1, X_2, \dots, X_n$에 대하여,

$$E\left(\sum_{i=1}^{n} \alpha_i X_i\right) = \sum_{i=1}^{n} \alpha_i E(X_i)$$

이다.

예제 7.19 2개의 주사위를 던져 나오는 눈의 수의 합의 기댓값을 구해보자. 2개의 주사위를 던졌을 때, 첫 번째 주사위의 눈의 수를 X_1, 두 번째 주사위의 눈의 수를 X_2라고 하면

$$E(X_1) = E(X_2) = \frac{7}{2}$$

이다. 그러므로 2개의 주사위를 던졌을 때 나온 숫자의 합 $X_1 + X_2$에 대한 기댓값은

$$E(X_1 + X_2) = E(X_1) + E(X_2) = \frac{7}{2} + \frac{7}{2} = 7$$

이다. 실제로 $Y = X_1 + X_2$로 확률 변수를 정해 $E(Y)$를 구하면 $E(Y) = 7$임을 쉽게 알 수 있다.

정의 7.17 이산 확률 변수 X_1와 X_2에 대하여

$$p(x_1, x_2) = P(X_1 = x_1, X_2 = x_2)$$

가 다음을 모두 만족할 때, $p(x_1, x_2)$를 X_1와 X_2의 결합 확률 질량 함수(joint probability mass function)라고 한다.

(1) 모든 $x_1 \in X_1$, $x_2 \in X_2$에 대하여 $p(x_1, x_2) \geq 0$,

(2) 모든 $x_1 \in X_1$, $x_2 \in X_2$에 대하여 $\sum_{x_1 \in X_1, x_2 \in X_2} p(x_1, x_2) = 1$

그리고

$$F(x_1, x_2) = P(X_1 \leq x_1, X_2 \leq x_2)$$

를 결합 분포 함수(joint distribution function)라고 한다.

결합 확률 분포의 경우, 두 가지 이상의 사건을 다루므로 사건들 간의 독립성이 확률에 영향을 준다. 두 확률 변수의 독립성은 사건의 독립성과 크게 다르지 않다.

정의 7.18 두 확률 변수 X_1와 X_2에 대하여

$$P(X_1 = x_1, X_2 = x_2) = P(X_1 = x_1)P(X_2 = x_2)$$

가 성립할 때, X_1과 X_2는 독립(independence)이라고 한다.

예제 7.20 2개의 주사위를 던졌을 때, 첫 번째 주사위의 눈의 수를 X_1, 두 번째 주사위의 눈의 수를 X_2라고 하자. 이때 X_1과 X_2의 독립성에 대해 살펴보자. 2개의 주사위를 던지면 모두 36가지의 경우가 생기고 각 경우는 나타날 확률이 같으므로, $1 \leq i,\ j \leq 6$인 두 자연수 $i,\ j$에 대하여

$$P(X_1 = i, X_2 = j) = \frac{1}{36}$$

이다. 그런데 첫 번째 주사위의 눈이 i일 확률과 두 번째 주사위의 눈이 j일 확률은 모두 똑같이 $\frac{1}{6}$이므로,

$$P(X_1 = i, X_2 = j) = \frac{1}{36} = \frac{1}{6} \cdot \frac{1}{6} = P(X_1 = i)P(X_2 = j)$$

이 되어 X_1과 X_2는 독립이다.

표본 공간의 근원사건은 확률 변수에 의해 의미있는 수로 대응되며 그 수의 발생정도에 따라 확률 질량 함수 혹은 확률 밀도 함수에 의해 확률이 부여된다. 이렇게 결정된 확률과 확률 변수의 값으로부터 정의 7.16에서처럼 기댓값을 계산할 수 있다. 정의 7.16의 계산을 표본 공간, 확률 변수로 분리하여 이해하면 다음 보조정리와 같이 설명할 수 있다.

보조정리 7.13

표본공간 Ω의 이산 확률 변수 X에 대하여,

$$P(X=r)=\sum_{x\in\Omega,\ X(x)=r} P(x)$$

이라고 하면 X의 기댓값은

$$E(X)=\sum_{r\in X(\Omega)} P(X=r)\cdot r$$

이다.

정리 7.14

표본 공간 Ω의 독립인 두 확률 변수 X와 Y에 대하여, 다음이 성립한다.

(1) $E(XY)=E(X)E(Y)$

(2) $V(X+Y)=V(X)+V(Y)$

>> 증명 (1) 확률 변수 X와 Y가 독립이고 보조정리 7.13에 의하여

$$\begin{aligned}
E(XY) &= \sum_{x\in\Omega} X(x)Y(x)p(x) \\
&= \sum_{r_1\in X(\Omega),r_2\in Y(\Omega)} r_1r_2P(X(x)=r_1,Y(x)=r_2) \\
&= \sum_{r_1\in X(\Omega),r_2\in Y(\Omega)} r_1r_2P(X(x)=r_1)\cdot P(Y(x)=r_2) \\
&= \left(\sum_{r_1\in X(\Omega)} r_1P(X(x)=r_1)\right)\left(\sum_{r_2\in Y(\Omega)} r_2P(Y(x)=r_2)\right)
\end{aligned}$$

$$= E(X)E(Y)$$

이다.

(2) 정리 7.9의 (2)에 의하여 $V(X+Y) = E((X+Y)^2) - E(X+Y)^2$이고 이를 정리하면

$$\begin{aligned} V(X+Y) &= E(X^2 + 2XY + Y^2) - (E(X) + E(Y))^2 \\ &= E(X^2) + 2E(XY) + E(Y^2) - E(X)^2 - 2E(X)E(Y) - E(Y)^2 \end{aligned}$$

이다. 그런데 X와 Y는 독립이므로 (1)에 의해

$$\begin{aligned} V(X+Y) &= E(X^2) + 2E(XY) + E(Y^2) - E(X)^2 - 2E(X)E(Y) - E(Y)^2 \\ &= \left(E(X^2) - E(X)^2\right) + \left(E(Y^2) - E(Y)^2\right) \\ &= V(X) + V(Y). \end{aligned}$$

이다. ■

연습 문제

01 이산 확률 변수 X와 임의의 실수 α에 대하여

$$V(\alpha X) = \alpha^2 V(X)$$

임을 보여라.

02 100원짜리 동전 4개를 던지는 실험에서 앞면이 나오는 동전의 개수를 확률 변수 X라고 할 때, X의 확률 질량 함수를 구하고, 확률 분포를 나타내는 표를 구하여라.

03 함수 $f(x)$가

$$f(x) = \begin{cases} ax, & \left(0 \le x < \frac{1}{2}\right) \\ a(1-x), & \left(\frac{1}{2} \le x \le 1\right) \\ 0, & (x < 0,\ x > 1) \end{cases}$$

일 때, 다음을 구하여라.

(1) 함수 $f(x)$가 연속 확률 변수 X의 확률 밀도 함수가 되도록 a를 결정하여라.

(2) $f(x)$가 연속 확률 변수 X의 확률 밀도 함수일 때, 확률 $P(0.3 \le X \le 1)$을 구하여라.

(3) $f(x)$가 연속 확률 변수 X의 확률 밀도 함수일 때, $E(X)$와 $\sigma(X)$를 구하여라.

04 주사위 2개를 던져서 나오는 눈의 수를 각각 확률 변수 X와 Y라고 할 때, 새로운 확률 변수 $W = XY$, $Z = X + Y$라고 하자. 이때 $E(W)$와 $V(Z)$를 구하여라.

05 500원 짜리 동전 100개를 던져서 나오는 앞면의 수를 각각 확률 변수 X_1, X_2, ..., X_{100}이라고 할 때, $E(X_1 + \cdots + X_{100})$과 $V(X_1 + \cdots + X_{100})$을 구하여라.

06 확률 변수 X에 대하여 평균이 m, 표준편차를 σ라고 할 때, $E\left(\frac{X-m}{\sigma}\right)$와 $\sigma\left(\frac{X-m}{\sigma}\right)$를 구하여라.

7.4 확률 분포

표본 공간의 사건을 수치화하여 확률을 구하면 확률 변수에 따른 확률의 변화를 살펴 확률값이 어떻게 분포하고 있는지에 따라 관찰하는 사건과 관련된 확률을 구한다. 정의 7.13에 의하면 확률 변수와 그때의 확률의 순서쌍들의 집합을 확률 분포라고 정의했는데 결국 확률 변수를 정의역, 확률값을 함수값으로 생각하면 함수의 그래프이다.

사건의 종류, 표본 공간의 크기에 따라 여러 가지 확률 분포가 존재하며 역으로 확률 분포는 사건의 특성을 나타내기도 한다. 본 절에서는 이산 확률 변수에 대한 분포와 연속 확률 변수에 대한 분포, 그리고 이산 확률 분포와 연속 확률 분포 중 특별한 분포들에 대해 간략히 다룰 것이다.

7.4.1 이산 확률 분포

확률 변수가 이산적일 때, 이때 나타나는 확률 분포를 이산 확률 분포라고 한다. 이산 확률 분포의 표현은 확률 질량 함수 $f(x)$를 구체적으로 명시하기도 하고, $f(x)$의 그래프로 나타내기도 하며, 확률 질량 함수 $f(x)$와 확률 변수 값 x_1, …, x_n에 대하여

X	x_1	x_2	$\cdots$	x_n
$P(X=x)$	$f(x_1)$	$f(x_2)$	$\cdots$	$f(x_n)$

와 같은 확률 분포표를 이용해서 나타내기도 한다. 이제 이산 확률 분포 중 특별한 확률 분포들을 소개하고 확률 분포에 따른 기댓값과 분산에 대해 살펴보자.

(1) 이산 균등 분포

확률 변수의 확률이 모두 동일한 확률 분포를 이산 균등 분포라고 한다. 정확한 정의는 다음과 같다.

정의 7.19 x_1, x_2, …, x_n 등 서로 다른 n개의 값을 갖는 확률 변수 X에 대하여, 확률 질량 함수 $p(x)$가

$$p(x) = P(X = x) = \frac{1}{n} \quad (x = x_1,\ x_2,\ \dots,\ x_n)$$

로 정의된 확률 분포를 이산 균등 분포(discrete uniform distribution)라고 하고, 이때 확률 변수 X는 이산 균등 분포를 따른다고 한다.

예제 7.21 하나의 주사위를 던졌을 때 나타나는 눈의 수를 X라 하면, 확률 변수 X의 확률 함수는

$$P(X = x) = \frac{1}{6} \quad (x = 1,\ 2,\ 3,\ 4,\ 5,\ 6)$$

이다. 이때, 확률 변수 X는 이산 균등 분포를 따른다고 한다.

정리 7.15

치역이 집합 $\{x_1, x_2, \dots, x_n\}$인 확률 변수 X가 이산 균등 분포일 때, 다음이 성립한다.

(1) $E(X) = \mu = \dfrac{1}{n}\displaystyle\sum_{i=1}^{n} x_i$

(2) $V(X) = \dfrac{1}{n}\displaystyle\sum_{i=1}^{n} (x - \mu)^2$

정리 7.15는 기댓값과 분산의 정의, 그리고 이산 균등 분포에서의 확률이 $\frac{1}{n}$으로 일정하다는 성질에 의해 쉽게 증명될 수 있다.

(2) 이항 분포

확률 실험을 할 때, 실험의 결과는 여러 가지가 나타나겠지만 관심을 가지고 있는 사건이 발생했는지 그렇지 않은지의 두 가지 형태로 구분하여 결과를 나타낼 수 있다. 예를 들어, 임의의 한 자리 2진수를 생성할 경우, 가능한 결과는 0과 1뿐이므로 결과는 두 가지이다. 주사위를 던지는 경우라 해도 짝수의 눈이 나오는 경우가 관심이 있는 사건이라면 짝수의 눈이 나오는 경우와 그렇지 않은 경우, 두 가지로 구분하여 관찰할 수 있다. 이와 같이 결과를 두 가지로 구분하여 관찰하는 실험을 베르누이 시행(Bernoulli trial)이라고 하며, 베르누이 시행의 가능한 결과를 관심이 있는 사건이 발생하는 성공(success)과 그렇지 않은 실

패(failure), 두 가지로 나누어 이야기한다. 성공의 확률을 p, 실패의 확률을 q라 하면 당연히 $p+q=1$이다.

베르누이 시행에서 확률 변수 X를

$$X=\begin{cases}0, & (\text{실패}),\\ 1, & (\text{성공})\end{cases}$$

으로 정의하면, 이때 X의 확률 질량 함수는

$$p(0)=P(X=0)=1-p,\quad p(1)=P(X=1)=p$$

이다. 이러한 확률 분포를 베르누이 분포(Bernoulli distribution)라고 하고, $B(1,\ p)$로 나타낸다.

예제 7.22 성공의 확률이 p인 베르누이 분포에서 확률 변수 X의 기댓값은

$$E(X)=0\cdot(1-p)+1\cdot p=p$$

이고, X의 분산은

$$\begin{aligned}V(X)&=E(X^2)-E(X)^2\\ &=(0^2\cdot(1-p)+1^2\cdot p)-p^2\\ &=p-p^2=p(1-p)\end{aligned}$$

이다.

정의 7.20 성공 확률이 p인 베르누이 시행을 n번 독립적으로 시행할 때 성공할 횟수를 확률 변수 X라 하면, 확률 변수 X는 이항 분포(binomial distribution)를 따른다고 하고 $B(n,\ p)$로 나타낸다. 이때, 확률 변수 X는 이항 확률 변수(binary random variable)라고 한다.

X가 $B(n,\ p)$를 따를 때, 임의의 음이 아닌 정수 k에 대하여 $P(X=k)$는 n회의 시행 중 k번 성공 $n-k$번 실패이므로 $p^k(1-p)^{n-k}$만큼의 확률을 가지는데, 이러한 경우는 n개 중 k개의 성공 결과를 선택하는 것과 같은 횟수만큼 발생한다. 이를 정리하면 정리 7.16과 같이 서술할 수 있다.

정리 7.16
확률 변수 X가 성공 확률이 p이고 시행 횟수가 n인 이항 분포를 따를 때, 음이 아닌 정수 k에 대하여 확률 $P(X=k)$는

$$P(X=k)=\binom{n}{k}p^k(1-p)^{n-k}$$

이다.

정리 7.17
확률 변수 X가 이항 분포 $B(n,\ p)$를 따를 때, $E(X)=np$이고 $V(X)=np(1-p)$이다.

>> **증명** n번의 시행은 모두 독립적으로 시행되는데, 각 시행에서 성공하는 횟수를 확률 변수 X_1, ..., X_n라고 하면 $X_i=0$ 또는 $1(i=1,\ ...,\ n)$이다. 그리고 모든 $i=1$, ..., n에 대하여, $E(X_i)=p$이고 $V(X_i)=p(1-p)$이다. 그런데 X_1, ..., X_n은 독립인 사건이므로 $E(X_1+\cdots+X_n)=E(X_1)+\cdots+E(X_n)$이고 $V(X_1+\cdots+X_n)=V(X_1)+\cdots+V(X_n)$이므로

$$E(X)=E(X_1+\cdots+X_n)=E(X_1)+\cdots+E(X_n)=np$$
$$V(X)=V(X_1+\cdots+X_n)=V(X_1)+\cdots+V(X_n)=np(1-p)$$

이다. ■

정리 7.18 큰 수의 법칙
이항 분포 $B(n,\ p)$를 따르는 확률 변수 X와 임의의 양의 실수 ε에 대해서

$$\lim_{n\to\infty}P(|X-p|>\varepsilon)=0$$

이다.

>> **증명** 베르누이 시행을 n회 했을 때의 평균은 $\mu=np$이므로 체비쇼프 부등식에 의해

$$P(|X-p|>\varepsilon)=P(|nX-np|>n\varepsilon)$$

$$= P(|nX - \mu| > n\varepsilon)$$
$$\leq \frac{npq}{n^2\varepsilon^2}$$
$$= \frac{pq}{n\varepsilon^2}$$

이다. 따라서 n이 충분히 크다면 $\frac{pq}{n}\varepsilon^2$은 0에 충분히 가까워지므로

$$\lim_{n\to\infty} P(|X - p| > \varepsilon) = 0$$

이다. ■

정리 7.18은 실제 시행에서 일어날 확률은 p와 조금 다를 수 있지만 시행을 충분히 많이 한다고 하면 1회 시행에 성공할 확률 p와 실제 시행의 확률의 오차가 생길 가능성은 0에 가깝다는 것을 말한다. 즉 확률 실험을 충분히 많은 횟수를 시행한다면 수학적으로 계산된 확률에 수렴함을 의미한다.

예제 7.23 동전을 n번 던졌을 때, 동전의 앞면이 나오는 횟수를 확률 변수 X라 하면 X는 $\frac{1}{2}$인 베르누이 시행을 독립적으로 n번 시행했을 때의 성공 횟수이다. 정리 7.17에 의하여 $E(X) = \frac{n}{2}$, $V(X) = \frac{n}{4}$이다. 이제 $k = \sqrt{n}$에 대해서 체비쇼프 부등식을 이용하면,

$$P\left(\left|X - \frac{n}{2}\right| \geq \sqrt{n}\right) \leq \frac{\frac{n}{4}}{\sqrt{n^2}} = \frac{1}{4}$$

이다. 따라서 동전을 n번 던졌을 때, 동전의 앞면이 나오는 횟수는 평균과 $\sqrt{n}$ 이상 차이가 생길 확률은 $\frac{1}{4}$을 넘지 않는다. 즉 4번 던졌을 때 최대 1번 정도 $\sqrt{n}$만큼 차이나고 나머지 경우는 차이가 $\sqrt{n}$만큼이 안 된다는 것을 의미한다.

(3) 포아송 분포

확률 변수 X가 이항 분포 $B(n, p)$를 따를 때, 확률의 계산은 정리 7.16과 같이

$$P(X=k)=\binom{n}{k}p^k(1-p)^{n-k}$$

를 이용하여 구할 수 있다. 하지만 n이 큰 수이거나 p가 작은 수라면 실제 $P(X=k)$를 계산하는 것은 쉽지 않다. 따라서 이를 직접 계산하기보다는 연속 확률 변수로 근사하여 연속 확률 분포를 이용하여 근사적으로 계산한다. 이제 성공 확률 p가 거의 0에 가까운 경우를 생각해보자.

확률 변수 X가 충분히 작은 성공확률 p를 가지는 이항 분포 $B(n,\ p)$를 따른다고 가정하자. p가 충분히 작기 때문에 n을 충분히 크게 하여 실제 기댓값 np는 어느 정도의 크기가 되어 관찰 가능한 횟수가 되게 하면, 즉 $n\to\infty$이고 $p\to 0$이라고 하면 확률 변수 X에서의 확률 질량 함수 $p(x)$는

$$\begin{aligned}p(x)&=P(X=x)=\binom{n}{x}p^x(1-p)^{n-x}\\&=\frac{n(n-1)(n-2)\cdots(n-x+1)}{x!}p^x(1-p)^{n-x}\\&=\frac{1}{x!}\left(\frac{n}{n}\frac{n-1}{n}\frac{n-2}{n}\cdots\frac{n-x+1}{n}\right)n^xp^x(1-p)^{n-x}\end{aligned}$$

이고 $\lambda=np$라고 하면,

$$p(x)=\frac{1}{x!}\left(1-\frac{1}{n}\right)\left(1-\frac{2}{n}\right)\cdots\left(1-\frac{x-1}{n}\right)\lambda^x\left(1-\frac{\lambda}{n}\right)^{n-x}$$

이다. 여기서 성공 횟수 x는 유한한 값이고 n는 충분히 큰 수이므로 $p(x)$의 극한을 구하면

$$\begin{aligned}\lim_{n\to\infty}p(x)&=\lim_{n\to\infty}\frac{1}{x!}\lambda^x\left(1-\frac{\lambda}{n}\right)^{n-x}\\&=\frac{\lambda^x}{x!}\lim_{n\to\infty}\left(1-\frac{\lambda}{n}\right)^n\\&=\frac{\lambda^x}{x!}e^{-\lambda}\end{aligned}$$

이다. 이때 $f(x)=\dfrac{\lambda^x}{x!}e^{-\lambda}$라고 하면, $f(x)$는 다음과 같은 성질을 가진다.

정리 7.19
양의 실수 λ에 대하여, 음이 아닌 정수에서 실수로의 함수 $f(x)$를

$$f(x) = \frac{\lambda^x}{x!}e^{-\lambda}$$

와 같이 정의하면
(1) 모든 음이 아닌 정수 x에 대하여, $f(x) \geq 0$이고,
(2) $\sum_x f(x) = 1$
이다.

>> **증명** (1) 모든 음이 아닌 정수 x에 대하여 자명하다.

(2) e^{λ}을 테일러 급수 전개하면 $e^{\lambda} = \sum_{x=0}^{\infty} \frac{\lambda^x}{x!}$이므로

$$\sum_x f(x) = e^{-\lambda}\left(\sum_{x=0}^{\infty} \frac{\lambda^x}{x!}\right) = e^{-\lambda}e^{\lambda} = 1$$

이다. ■

정리 7.19에 의하면 $f(x) = \frac{\lambda^x}{x!}e^{-\lambda}$는 확률 질량 함수의 성질을 만족한다. 성공 확률 p가 충분히 작은 사건, 즉 거의 일어나지 않는 사건에 대한 이항분포는 확률 질량 함수를 $p(x) = \frac{\lambda^x}{x!}e^{-\lambda}$로 정의하여 확률을 살펴보면 특별한 확률 분포를 이룬다.

정의 7.21 양의 실수 λ에 대하여, 확률 변수 X의 확률 질량 함수 $p(x)$가

$$p(x) = \frac{\lambda^x}{x!}e^{-\lambda}$$

이면, X는 모수(parameter)가 λ인 포아송 분포(Poisson distribution)를 따른다고 한다.

정리 7.20

확률 변수 X가 모수가 λ인 포아송 분포를 따르면, $E(X)=\lambda$이고 $V(X)=\lambda$이다.

>> 증명 확률 변수 X가 모수가 λ인 포아송 분포를 따르면, 확률 질량 함수는 $p(x)=\frac{\lambda^x}{x!}e^{-\lambda}$이고, $\sum_{x=0}^{\infty}\frac{\lambda^x e^{-\lambda}}{x!}=1$이므로

$$\begin{aligned}E(X) &= \sum_{x=0}^{\infty} x\frac{\lambda^x e^{-\lambda}}{x!} = \sum_{x=1}^{\infty} x\frac{\lambda^x e^{-\lambda}}{x!}\\ &= \lambda\sum_{x=1}^{\infty}\frac{\lambda^{x-1}e^{-\lambda}}{(x-1)!}\\ &= \lambda\sum_{x=0}^{\infty}\frac{\lambda^x e^{-\lambda}}{x!}\\ &= \lambda\end{aligned}$$

이다. 또한 $E(X^2)=E(X(X-1)+X)=E(X(X-1))+E(X)$이고,

$$\begin{aligned}E(X(X-1)) &= \sum_{x=0}^{\infty} x(x-1)\frac{e^{-\lambda}\lambda^x}{x!}\\ &= \sum_{x=2}^{\infty} x(x-1)\frac{e^{-\lambda}\lambda^x}{x!}\\ &= \lambda^2\sum_{x=2}^{\infty}\frac{e^{-\lambda}\lambda^{x-2}}{(x-2)!}\\ &= \lambda^2\sum_{x=0}^{\infty}\frac{e^{-\lambda}\lambda^x}{x!}\\ &= \lambda^2\end{aligned}$$

이다. 따라서

$$\begin{aligned}V(X) &= E(X^2)-E(X)^2\\ &= E(X(X-1))+E(X)-E(X)^2\\ &= \lambda^2+\lambda-\lambda^2\\ &= \lambda\end{aligned}$$

이다. ■

포아송 분포는 단위 시간 내에 전화 신청 횟수, 책 한 페이지에 있는 오타의 수 등 이항 분포이지만 발생할 확률이 상당히 적은 상황 등의 통계 분포에 사용되고 있다.

예제 7.24 서류 한 장에서 나오는 오타의 수 X가 $\lambda = 1$인 포아송 분포를 따른다고 할 때, 오타가 하나도 없을 확률과 5개의 오타가 있을 확률을 구해보자. X의 확률 질량 함수가 $p(x) = \frac{1}{x!}e^{-1}$이므로 오타가 하나도 없을 확률은 $p(0) = e^{-1} \approx 0.367$이고 5개의 오타가 있을 확률은 $p(5) = \frac{1}{5!}e^{-1} \approx 0.003$이다.

이항분포 중 n이 충분히 크고 p가 충분히 작은 경우 포아송 분포를 이용하여 확률의 근사값을 계산할 수 있다.

예제 7.25 어느 공장에서 생산되는 제품은 1,000개당 평균적으로 1개가 불량품이라고 한다. 8,000개의 제품 중에서 불량품이 7개 미만일 확률을 구해보자. 불량품의 개수는 $n = 8000$이고 불량품일 확률 $p = 0.001$이므로 X는 이항분포 $\mathrm{B}(8000, 0.001)$을 따른다. 그러나 n은 충분히 크고 p는 충분히 작으므로 이항분포를 $\lambda = 8000 \times 0.001 = 8$인 포아송 분포로 근사시킬 수 있다. 따라서, 구하는 확률은 $\mathrm{P}(X < 7) = \sum_{k=0}^{6} \frac{e^{-8}8^k}{k!} \approx 0.3134$이다.

7.4.2 연속 확률 분포

연속 확률 변수 X에 대하여, $P(X = x)$는 x에 상관없이 항상 0이다. 연속으로 변화하는 상황 속에서 그 찰나의 현상, 사건을 관찰하는 것은 불가능하다는 의미이다. 우리가 버스를 기다릴 때에도 그 순간순간 버스가 도착할 확률은 시간의 차이가 0일 때에는 존재 자체가 불가능하여 확률을 계산할 수 없다. 따라서 연속적으로 변화하는 상황 속에서 우리가 확률을 계산한다는 것은 아무리 짧은 순간이라 하더라도 시간의 차이, 사건의 유지되는 시간이 0을 초과해야 한다는 것이다. 따라서 연속 확률 변수의 경우 확률은 순간 가질 수 있는 가중치를 정하고 이 가중치를 사건이 존재하는 기간 동안 합하여 확률을 결정한다. 즉, 임의의 실수 x에 대하여, 확률 밀도 함수 $f(x)$를 가지는 연속 확률 변수 X에서의 확률

$P(X \le x)$는 정의 7.14에서와 같이

$$P(X \le x) = \int_{-\infty}^{x} f(t)\ dt$$

로 정의된다.

이산 확률 분포와 다르게 연속 확률 분포의 경우, 확률 변수의 확률 밀도 함수를 구하는 것은 어려운 문제이다. 따라서 이 절에서는 다양한 분야에서 주로 사용되는 연속 균등 분포와 정규 분포만을 소개할 것이다.

(1) 연속 균등 분포

정의 7.22 $-\infty < a < b < \infty$인 실수 a, b에 대하여, 확률 변수 X의 확률 밀도 함수가

$$f(x) = \begin{cases} \dfrac{1}{b-a}, & (a \le x \le b), \\ 0, & (x < a,\ x > b) \end{cases}$$

로 정의될 때, X는 연속 균등 분포(continuous uniform distribution)를 따른다고 한다.

연속 균등 분포는 구간 (a, b)에서 정의되며, 연속 균등 분포의 모수는 구간의 양 끝 a, b이다. 확률 밀도 함수의 그래프를 보면 구간 (a, b)를 밑변으로 하고 높이가 $\dfrac{1}{b-a}$인 직사각형 모양으로 나타난다.

정리 7.21
확률 변수 X가 연속 균등 확률 변수이면, $E(X) = \dfrac{a+b}{2}$이고 $V(X) = \dfrac{(b-a)^2}{12}$이다.

>> 증명 기댓값과 분산의 정의에 의해 자명하다. ■

(2) 정규 분포

정규 분포는 가장 중요하며 통계적 추론에 빈번히 사용되는 연속 확률 분포 중 하나이다. 처음 통계학이 대두되었을 때 어떤 자료이건 그 확률 분포를 나타내는 xy 평면 위의 그래

프가 양 끝으로 갈수록 0에 수렴하고 가운데 부분이 볼록한 종 모양이 아니면 자료 수집에 문제가 있었다고 생각했기 때문에 종 모양의 정상적인 분포를 정규 분포(normal distribution)라 불렀다. 정규 분포의 확률 밀도 함수는 가우스가 측정값 오차의 확률 분포를 구하기 위해 유도하였으며, 이 분포를 '오차의 정규 법칙(normal law of errors)'이란 용어로 표현하였다. 그러므로 정규 분포를 가우스 분포(Gaussian distribution) 또는 오차 분포(error distribution)라고도 한다.

정의 7.23 확률 변수 X의 확률 밀도 함수가

$$f(x) = \frac{1}{\sqrt{2\pi}\,\sigma} e^{-\frac{(x-\mu)^2}{2\sigma^2}}, \quad -\infty < x < \infty$$

로 주어지면, X는 정규 분포(normal distribution)를 따른다고 하고 X를 정규 확률 변수(normal random variable)라고 한다. 기호로는 $X \sim N(\mu,\ \sigma^2)$로 나타낸다.

확률 변수 X가 정규 분포를 따를 때, X의 확률 밀도 함수는 다음과 같은 성질을 갖는다.

1) 모든 $x \in \mathbb{R}$에 대하여, $f(x) \geq 0$이고 $\int_{-\infty}^{\infty} f(x)\ dx = 1$이 된다.
2) 확률 밀도 함수 $f(x)$의 그래프를 정규 곡선(normal curve)이라 하며 그림 7.1과 같다.
3) 정규 곡선은 $x = \mu$에서 가장 큰 값, 즉 가장 큰 확률 밀도를 가지며 μ의 양쪽으로 멀어짐에 따라 급속히 하강하여 $x = \mu \pm 3\sigma$에서는 거의 x축에 접하는 대칭 곡선이다.
4) 확률 밀도 함수 $f(x)$에 대하여

$$F(x) = \frac{1}{\sqrt{2\pi}\,\sigma} \int_{-\infty}^{x} e^{-\frac{(t-\mu)^2}{2\sigma^2}} dt$$

로 정의된 함수를 정규 분포 함수(normal distribution function)라 하고 확률 $P(X \geq x)$은 $P(X \geq x) = F(x)$이다.

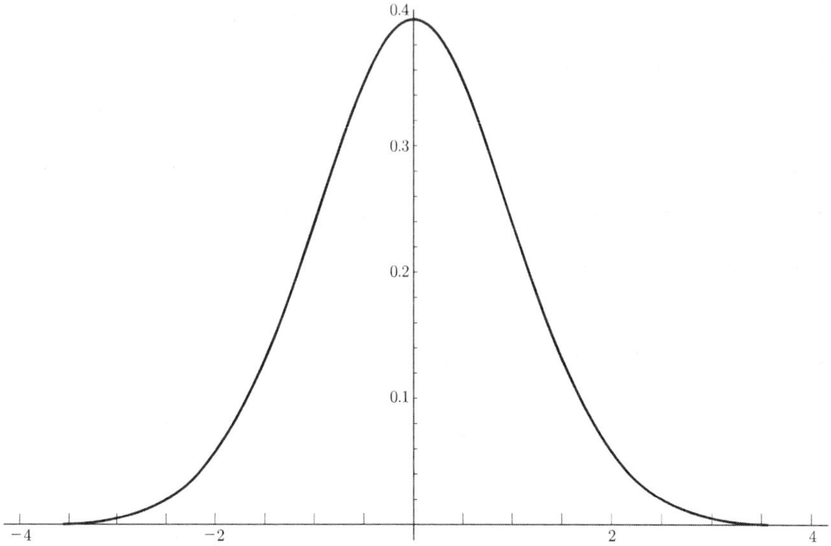

그림 7.1 정규 분포 $N(0,\ 1)$의 확률 밀도 함수 그래프

정규 분포를 따르는 확률 변수의 기댓값과 분산은 다음과 같다. 계산을 위해서는 이중 적분과 이상 적분을 이용하는 미적분학적인 기법이 필요한데 이 과정은 생략하기로 한다.

정리 7.22
확률 변수 X가 정규 분포 $N(\mu,\ \sigma^2)$를 따를 때, $E(X)=\mu$, $V(X)=\sigma^2$이다.

정의 7.24 평균이 0이고 분산이 1인 정규 분포를 표준 정규 분포(standard normal distribution)라 한다. $Z \sim N(0,\ 1)$인 확률 변수 Z를 표준 정규 확률 변수(standard normal random variable)라고 하고, 이때 Z의 확률 밀도 함수와 정규 분포 함수는

$$f(z)=\frac{1}{\sqrt{2\pi}}e^{-\frac{z^2}{2}}, \quad F(z)=\int_{-\infty}^{z} f(u)\ du$$

이다.

일반적인 정규 분포는 적당한 치환을 통해 표준 정규 분포로 바꿀 수 있다. 정리 7.23은

이에 대한 내용을 설명하고 있다.

정리 7.23
$X \sim N(\mu, \sigma^2)$인 확률 변수 X에 대하여, 확률 변수 Z를 $Z = \dfrac{(X-\mu)}{\sigma}$라 정의하면 새로운 확률 변수 Z는 표준 정규 분포 $N(0, 1)$를 따른다.

실제 정규 분포에서의 확률을 구하는 것은 어렵다. 하지만 모든 정규 분포는 정리 7.23에서와 같은 방법으로 표준 정규 분포로 바꿀 수 있다. 즉 표준 정규 분포에서 확률을 구할 수 있다면 정규 분포에서의 확률도 구할 수 있다. 예를 들어, $X \sim N(\mu, \sigma^2)$인 확률 분포 X에서 확률 $P(a \le X \le b)$를 구하려면

$$P(a \le X \le b) = \frac{1}{\sqrt{2\pi}\,\sigma} \int_a^b e^{-\frac{(t-\mu)^2}{2\sigma^2}} dt$$

를 계산해야 한다. 이때 정리 7.23을 이용하면

$$P(a \le X \le b) = P(a \le \sigma Z + \mu \le b) = P\left(\frac{a-\mu}{\sigma} \le Z \le \frac{b-\mu}{\sigma}\right)$$

이 되고 마지막 확률은 표준 정규 분포에서의 확률 분포 함수를 이용하여 계산할 수 있다. 결국 표준 정규 분포에서의 계산 결과만 알고 있으면 되기 때문에 이 계산 결과들은 정규 분포표로 정리되어 이용된다.

7.4.3 이항 분포의 정규 근사식

이항 분포는 이산 확률 분포이고 조합과 확률의 거듭제곱을 이용하여 계산한다. 하지만 시행의 횟수가 상당히 크고, 확률도 복잡할 경우 조합과 확률의 거듭제곱을 계산하는 것은 쉽지 않다. 이런 경우 이항 분포를 정규 분포에 근사시켜 정규 분포에서의 확률을 계산함으로써 이항 분포의 확률을 구한다.

그림 7.2는 주사위를 10번, 30번, 50번 던져서 1의 눈이 나올 확률을 나타낸 그래프이다.

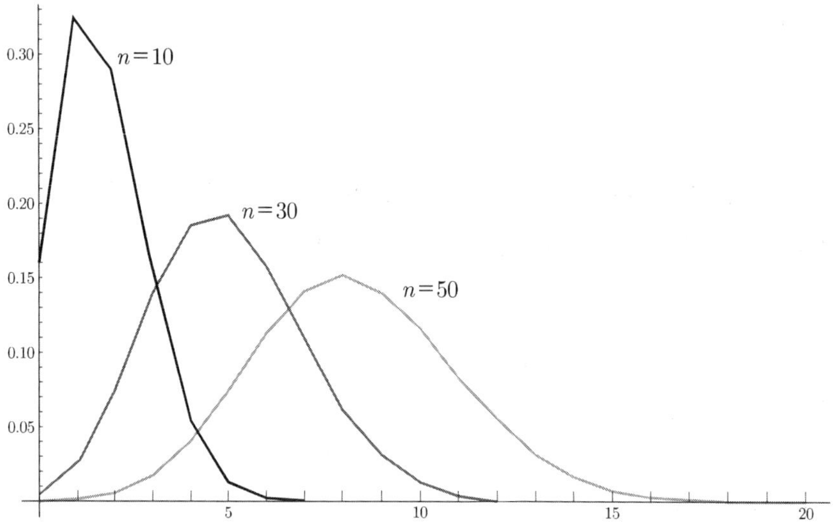

그림 7.2 이항 분포 - 주사위 n번 시행 ($n=10,\ 30,\ 50$)

이때 주사위를 n번 던져 1의 눈이 x번 나올 확률을 이항분포 $B\left(n,\ \frac{1}{6}\right)$에서의 확률을 이용하여 구하면

$$P(X=x)=\binom{n}{x}\left(\frac{1}{6}\right)^x\left(\frac{5}{6}\right)^{n-x}$$

이다. $n=10$인 경우만 되고 6^{10}을 계산해야 하므로 쉬운 계산은 아니다. 그런데 그림 7-2를 보면 시행 횟수가 많아질수록 이항 분포의 그래프는 정규 분포의 그래프에 가까워지는 것을 관찰할 수 있다. 이는 이항 분포에서 n이 충분히 크면 정규 분포처럼 계산할 수 있음을 의미한다.

정리 7.24 중심 극한의 정리

확률 변수 X_n은 서로 독립이고 성공할 확률이 p인 베르누이 확률 변수들일 때, n이 충분히 크면

$$\frac{S_n-np}{\sqrt{np(1-p)}}\to N(0,\ 1)$$

이다. 여기서 $S_n=\sum_{k=1}^{n}X_n$이고, 수렴은 분포 수렴을 의미한다.

정리 7.24에 의하면 n번 시행된 베르누이 시행에서 성공한 횟수와 이항 분포의 평균 사이의 차이를 이항 분포에서의 표준 편차로 나눈 값의 분포는 n이 충분히 커지면 표준 정규분포를 따른다. 다시 말해 그림 7-2에서처럼 이항 분포는 충분히 큰 시행 횟수를 갖는다면 이는 $N(np, np(1-p))$인 정규 분포로 수렴한다는 것을 의미한다.

따라서 $X \sim B(n, p)$이고 n이 충분히 큰 경우, 임의의 x_1, $x_2 \in \mathbb{R}$에 대하여 근사식

$$P(x_1 < X < x_2) = \sum_{x=x_1}^{x_2} P(X=x)$$

$$\approx \int_{x_1-0.5}^{x_2+0.5} \frac{1}{\sqrt{2\pi np(1-p)}} e^{-\frac{(t-np)^2}{2np(1-p)}} dt$$

이 성립한다. 여기서 적분 구간에 0.5씩의 오차는 이산 확률 변수와 연속 확률 변수의 차이이고 반올림하여 정수가 되는 범위가 반영된 것이다.

연습 문제

01 주사위 하나를 두 번 던져 나오는 눈의 수의 합을 확률 변수 X라고 할 때, X의 확률 분포표를 구하고, 확률 $P(3 \le X \le 4)$를 구하여라.

02 확률 변수 X가 이항 분포 $B(n, p)$를 따를 때, X의 확률 분포표를 구하여라.

03 어느 농구 선수의 자유투 성공률이 80%이다. 매번 자유투를 던지는 시행이 독립적이라고 할 때, 8번의 자유투를 던져서 2번 이상 성공할 확률을 구하여라.

04 빨간 공 a개와 흰 공 b개가 들어 있는 주머니에서 공을 n개 꺼낼 때, 빨간 공의 수를 확률 변수 X라고 하자. 이때 X는 어떤 확률 분포를 따르는지 말하고, X의 확률 질량 함수를 구하여라.

05 지난 10년 동안의 조사에 의하면 우리나라 인구의 약 4%에 해당하는 사람이 색약이었다. 올해의 상황을 알아보기 위하여 200명을 조사하고자 한다. 올해에도 지난 10년 동안의 수준이 그대로 유지된다고 가정하면 200명 중 5명 이하가 색약일 확률을 구하여라.

06 확률 변수 X는 구간 $[0, 10]$에서 균등하게 분포되어 있을 때, 다음을 구하여라.

(1) $P(2 < X < 9)$

(2) $P(X < 5)$

07 확률 변수 X가 $N(20, 5^2)$인 정규분포를 따를 때, 다음을 구하여라.

(1) $P(X \ge 30)$

(2) $P(10 \le X < 25)$

08 어느 방송국의 드라마 시청률이 20%였다. 새로운 드라마를 편성하여 100명의 시청자를 임의로 선정하여 새 드라마의 시청 여부를 조사하였다.

(1) 이 드라마의 시청률이 전과 동일하다면 100중 15명 이하가 시청할 확률을 구하여라.

(2) 시청자가 25명보다 많을 확률을 구하여라.

참고문헌

[1] M. Bellare and P. Rogaway, *Introduction to Modern Cryptography*, Available at http://www-cse.ucsd.edu/users/mihir/crypto-lecnotes.html.

[2] J. Fraleigh, *A first course in abstract algebra - 7th edition*, Addison Wesley, 2003.

[3] S. Goldwasser and M. Bellare, *Lecture Notes on Cryptography*, Available at http://www-cse.ucsd.edu/users/mihir/crypto-lecnotes.html.

[4] J. Katz and Y. Lindell, *Introduction to Modern Cryptography - 2nd edition*, CRC, 2014.

[5] M. Luby and C. Rackoff, *How to Construct Pseudorandom Permutations from Pseudorandom Functions*, SIAM Journal of Computing, vol. 17, no. 2, pp. 373-386, 1988.

[6] A. Menezes, P. Oorschot, and S. Vanstone, *Handbook of applied cryptography*, CRC, 1996.

[7] M. Naor and O. Reingold, *Constructing Pseudo-Random Permutations with a Prescribed Structure*, Journal of Cryptology, vol. 15, no. 2, pp. 97-102, 2002.

[8] K. Nyberg, *Differentially uniform mappings for cryptography*, Advances in Cryptology - EUROCRYPT'93, LNCS 765, pp. 55-64, Springer-Verlag, 1994.

[9] K. Rosen, *Elementary number theory and its applications - 4th edition*, Addison Wesley Longman, 2000.

[10] S. Ross, *A first course in probability - 7th edition*, Prentice Hall, 2005.

[11] D. Stinson, *Cryptography theory and practice - 3rd edition*, Champan & Hall/CRC, 2006.

[12] G. Strang, *Linear algebra and its applications - 4th edition*, International Thomson Business Press, 2006.

[13] 김상목, 김영희, 정보수학개론, 도서출판 들샘, 2007.

[14] 김응태, 박승안, 선형대수학, 제5판, 경문사, 2010.

[15] 김응태, 박승안, 현대대수학, 제8판, 경문사, 2011.

[16] 김주필, 즐거운 현대대수 III (문제탐구), 교우사, 2010.

[17] 김주필, 최은미, 즐거운 현대대수 I, 교우사, 2010.

[18] 김주필, 최은미, 즐거운 현대대수 II, 교우사, 2010.

[19] 박승안, 대수학과 암호학, 경문사, 1999.

[20] 박창섭, 암호이론과 보안, 대영사, 2003.

[21] 손승원, 이재광, 임종인, 전태일, 암호학과 네트워크 보안, McGraw-Hill Korea, 2008.

[22] 이민섭, 현대암호학, 교우사, 1999.

[23] 이민영, 확률 및 통계입문 개정판, 경문사, 2014.

[24] 이외숙, 임용빈, 성내경, 소병수, 통계합 입문(제2판), 경문사, 2002.

[25] 이장우, 알기쉬운 선형대수 개정9판, 범한서적, 2006.

[26] 허걸, 채갑병, 추상대수학, 경문사, 2015.

찾아보기

암호수학

지은이 정민석
펴낸이 조경희
펴낸곳 경문사
펴낸날 2017년 9월 5일 1판 1쇄
등 록 1979년 11월 9일 제313-1979-23호
주 소 04057, 서울특별시 마포구 와우산로 174
전 화 (02)332-2004 팩스 (02)336-5193
이메일 kyungmoon@kyungmoon.com
facebook facebook.com/kyungmoonsa

값 25,000원

ISBN 979-11-6073-053-1

★ 경문사 홈페이지에 오시면 즐거운 일이 생깁니다.
http://www.kyungmoon.com

한국과학기술출판협회 회원사